“十三五”国家重点出版物出版规划项目
材料科学研究与工程技术系列

夹竹桃化学成分及生物活性研究

唐万侠 赵 明 李 军 编著

哈爾濱工業大學出版社

内容简介

本书共3章,第1章绪论,主要包括夹竹桃的药理作用、国内外学者对夹竹桃药理活性成分和生物活性的研究;第2章夹竹桃树枝和树叶化学成分研究,主要介绍夹竹桃树枝和树叶的溶剂提取方法,提取浸膏的分离方法以及结构鉴定方法;第3章生物活性测定,对从夹竹桃树枝和树叶中分离得到的三萜类化合物、强心苷类化合物和甾体类化合物分别测定抗炎、抗癌和MDR活性。

本书可作为各大中院校从事教学、科研的药学技术人员和药学专业学生的参考书,也可供药厂的药学人员和从事中药提取工作的专业人员参考使用。

图书在版编目(CIP)数据

夹竹桃化学成分及生物活性研究/唐万侠,赵明,李军编著. —哈尔滨:哈尔滨工业大学出版社,2021.4

(材料科学研究与工程技术系列)

ISBN 978-7-5603-9005-5

Ⅰ.①夹… Ⅱ.①唐… ②赵… ③李… Ⅲ.①夹竹桃科-化学成分-研究②夹竹桃科-生物活性-研究 Ⅳ.①Q949.776.5

中国版本图书馆CIP数据核字(2020)第151033号

材料科学与工程
图书工作室

策划编辑 杨 桦
责任编辑 王 娇 杨 硕
封面设计 卞秉利
出版发行 哈尔滨工业大学出版社
社 址 哈尔滨市南岗区复华四道街10号 邮编150006
传 真 0451-86414749
网 址 http://hitpress.hit.edu.cn
印 刷 黑龙江艺德印刷有限责任公司
开 本 787mm×1092mm 1/16 印张16 字数380千字
版 次 2021年4月第1版 2021年4月第1次印刷
书 号 ISBN 978-7-5603-9005-5
定 价 58.00元

前　言

中药在我国具有数千年的临床应用经验，对一些慢性疾病、老年疾病和疑难杂症的治疗显示出了西药所不具有的治疗功效，从而受到各国相关研究领域的重视。中药主要用药形式是中药复方，为了深入研究中药复方的作用机制，从中药复方中寻找先导化合物，从而创制新药，必须仔细研究其药理作用的物质基础，即中药复方的有效成分。

夹竹桃是用于治疗心脑血管疾病中药复方方剂中的一味，为了明确其有效成分及药理作用，使其更有效地应用于相关治疗，作者撰写了本书。本书共3章，第1章绪论，主要包括夹竹桃的药理作用、国内外学者对夹竹桃药理活性成分和生物活性的研究；第2章夹竹桃树枝和树叶化学成分研究，主要介绍夹竹桃树枝和树叶的溶剂提取方法，提取浸膏的分离方法以及结构鉴定方法；第3章生物活性测定，对从夹竹桃树枝和树叶中分离得到的三萜类化合物、强心苷类化合物和甾体类化合物分别测定抗炎、抗癌和MDR活性。

本书的撰写由唐万侠（第2章2.1、2.3.1、2.3.2）、赵明（第1章、第2章2.2、第3章）、李军（第2章2.3.3、2.3.4）合作完成。本书内容专业，论述详细，可作为各大中院校从事教学、科研的药学技术人员，药学院校学生的参考书，也可供药厂的药学人员和从事中药提取工作的专业人员参考使用。

本书撰写过程中，日本新潟大学Ando Masayoshi教授、沈阳药科大学付立伟教授、齐齐哈尔大学张树军教授和白丽明教授给予了大力支持，并对书稿部分章节提出很多宝贵的意见和建议。同时，本书得到了黑龙江省高等教育教学改革项目（SJGY20190722）、省优势特色学科“植物性食品加工技术特色学科”专项项目（YSTSXK201846）、省教育厅基本业务专项（粮头食尾）（LTSW201736）的支持，以及哈尔滨工业大学出版社的鼎力相助和热情鼓励。在此一并表示衷心的感谢！

由于作者知识水平有限，书中不足之处在所难免，恳请读者批评指正。

作　者

2020年6月

目　　录

第1章　绪　　论

1.1　夹竹桃属植物简介

夹竹桃(*Nerium oleander* L.),亦称柳叶桃,因其叶像竹花像桃而得名。其隶属于双子叶植物纲目,龙胆目,夹竹桃科,夹竹桃属植物,是一种夹竹桃科常绿灌木或小乔木,是具有观赏价值的中草药。该科中的许多种类均为药用植物,例如抗癌的长春花属、止痢的止泻木属、降血压的萝芙木属、鸡蛋花属、通络活血的络石属及狗牙花属等。夹竹桃植株高可达5 m,茎中含大量水液,叶3~4枚轮生,全绿、革质,叶面含蜡质,侧脉呈羽状平行而密生,花两性,花冠合瓣,呈漏斗形,裂片呈现覆瓦状,花期在每年5~10月。主要花色有黄色、红色(玫瑰红色)、白色等多种,气味芳香。夹竹桃产自摩洛哥与葡萄牙以东延伸至地中海地区,同时包括亚洲南部及我国的云南等地,在我国多地为常见的观赏植物。

1.2　夹竹桃研究现状

1.2.1　化学成分

有关夹竹桃的化学成分研究,研究者主要为日本学者Abe、巴基斯坦学者Bina和日本的Ando教授等。夹竹桃中含有大量的三萜类、强心苷类、孕甾类、生物碱类和油脂类化合物。

1. 三萜类化合物

三萜(triterpenes)是由30个碳原子组成的萜类化合物,分子中有6个异戊二烯单元,通式为$(C_5H_8)_6$,三萜类化合物在自然界分布广泛,有的游离存在于植物体,称为三萜皂苷元(triterpenoid sapogenins);有的与糖结合成苷的形式存在,称为三萜皂苷(triterpenoid saponins)。三萜皂苷的苷元又称为皂苷元(sapogenins),目前常见的皂苷元均为四环三萜类及五环三萜类化合物。夹竹桃中已经被分离出的三萜骨架主要有达玛烷型、乌苏烷型和齐墩果烷型,结构骨架如图1.1所示。

Ishidate和他的同事们在研究夹竹桃的各个生长阶段的化学成分的报道中分离的化学成分主要有三萜烯羟基酸、乌苏酸和齐墩果酸。从那时开始,许多乌苏烷和羽扇烷类型的五环萜类三萜,如kaneric酸、齐墩果酸和夹竹桃醇(oleanderol)等被分离出来。Salimuzzaman Siddiqui等人在1986年从夹竹桃叶中分离出kaneric酸和熊果醇,他们又于1988年从夹竹桃叶中分离出夹竹桃醇(oleanderol)、桦木醇和桦木酸。赵明等人从夹竹桃的叶中分离出20β,28-环氧-28α-甲氧tarasteran-3β-ol、20β,28-环氧蒲公英甾-21-烯-3β-醇、28-去甲-乌苏-12-烯-3β,17β-二醇和3β-羟基乌苏-12-烯-28-醛。2005年,付

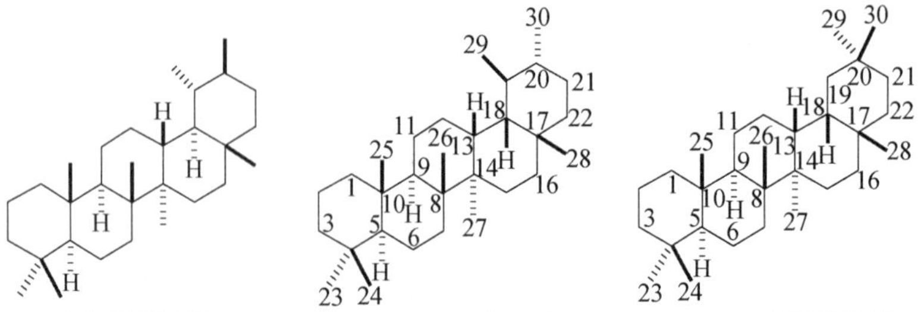

（a）达玛烷型　（b）乌苏烷型　（c）齐墩果烷型

图 1.1 夹竹桃中已被分离出的三萜骨架结构

立伟等人从夹竹桃叶中分离得到 3β,20α-二羟基乌苏-21-烯-28-羧酸、3β,12α-二羟基-齐墩果-28,13β-内酯和(20S,24S)-环氧达玛烷-3β,25-二醇等三萜类化合物。

2. 强心苷类化合物

强心苷(cardiac glycosedes)是指生物界中一类对心脏有显著生理活性的甾体苷类化合物,主要存在于黄花夹竹桃、铃蓝和福寿草中,是由苷元和糖缩合而产生的一类苷。天然存在的强心苷元是 C-17 位侧链为不饱和内酯环的甾体化合物,苷元母核为具有 A、B、C、D 4 个环的稠合结构,稠合构象对强心苷的理化及生理活性有一定影响。苷元母核构型如图 1.2 所示。

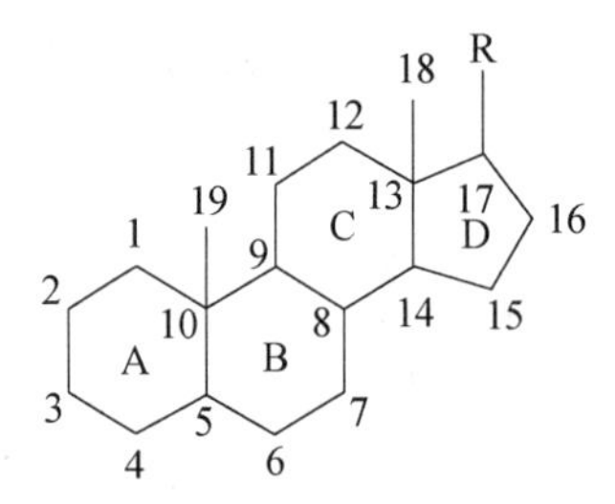

图 1.2 强心苷苷元母核结构

自然界存在的强心苷元 B/C 环是反式;C/D 环是顺式;A/B 环大多数为顺式-洋地黄毒苷元(digitoxigenin),少数为反式-乌沙苷元(uzarigenin)。苷元母核上的 C-3、C-14 位上都有羟基。

取代基:C-3 位-OH 多为 β-型-洋地黄毒苷元,少数为 α-型(命名时冠以“表”字)3-表洋地黄毒苷元(3-epidigitoxigenin)。C-14 位-OH 都是 β-型(C/D 环顺式)。C-10、C-13和 C-17 位有侧链,C-10、C-13 位多为β—CH_3。C-17 位侧链为不饱和内酯环 C-11、C-12 和 C-19 位可能连羰基;C-4,5、C-5,6、C-9,11、C-16,17 位可能有双键。

Mostaqul 等人从夹竹桃根部分离得到 3β-羟基-5α-强心苷-14(15),20(22)-二烯酯和 3β-O-(D-洋地黄糖)-21-羟基-5β-carda-8,14,16, 20(22)-四烯酯。Siddiqui 等从夹竹桃叶中分离得到 3β-O-(D-2-O-甲基洋地黄糖)-14β-羟基-5β-强心苷-16,20(22)-二烯酯和 3β-羟基-8,14-环氧-5β-强心苷-16,20(22)-二烯酯。白丽明等从夹竹桃茎中分离得到 3β-O-[β-D-葡萄吡喃糖-(1→6)-β-D-葡萄吡喃糖-(1→4)-β-D-地芰吡喃糖]-7β,8-环氧-14-羟基-5β,14β-强心苷-20(22)-酯。赵明、白丽明和 Masayoshi等从夹竹桃茎中分离得到 3β-O-(β-D-蔓茎毒毛旋花子糖)-14-羟基-5β,

14β-强心苷-20(22)-酯、3β-O-(β-D-蔓茎毒毛旋花子糖)-8,14-环氧-5β,14β-强心苷-16,20(22)-二烯酯、3β-O-(β-D-洋地黄糖)-8,14、16α,17-二环氧-5β,14β-强心苷-20(22)-酯和3β-O-(β-D-洋地黄糖)-16β-乙酰-14-羟基-5α,14β-强心苷-20(22)-酯。

目前已报道多种由洋地黄毒苷元(digitoxigenin)、夹竹桃苷元(oleandrigenin)、乌沙苷元(uzarigenin)、欧夹竹桃苷元(adynerigenin)、奈利苷元(neriagenin)等与不同的糖(其中主要有欧夹竹桃苷丙、葡萄糖尼哥苷、龙胆二糖夹竹桃苷A等)组成的强心苷类化合物,如图1.3所示。

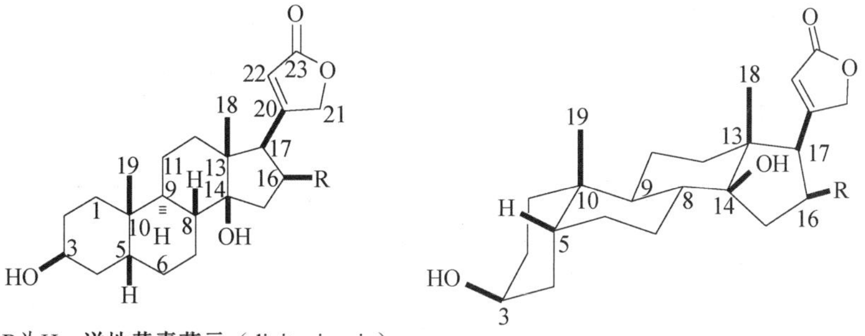

R为H:洋地黄毒苷元(digitoxigenin)
R为OH:羟基洋地黄毒苷元(gitoxigenin)
R为OAc:夹竹桃苷元(oleandrigenin)

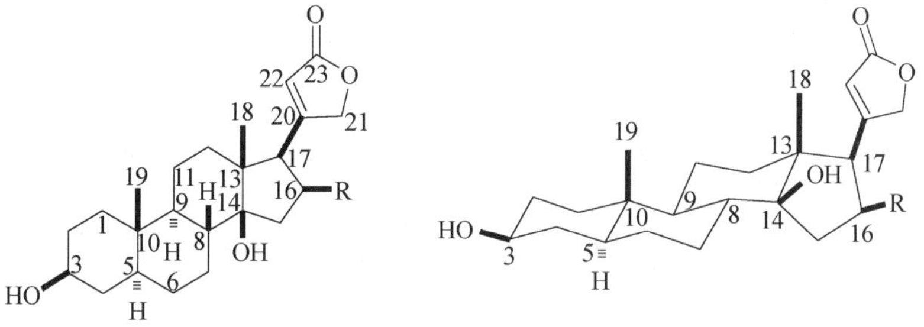

R为H:乌沙苷元(uzarigenin)
R为OAc:5α-夹竹桃苷元(5α-oleandrigenin)

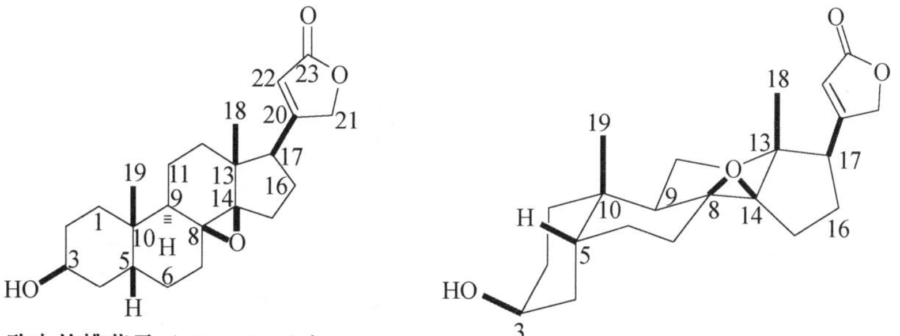

欧夹竹桃苷元(adynerigenin)

图1.3 已报道的强心苷类化合物

16-去氢欧夹竹桃苷元乙
（Δ16-dehydroadynerigenin）

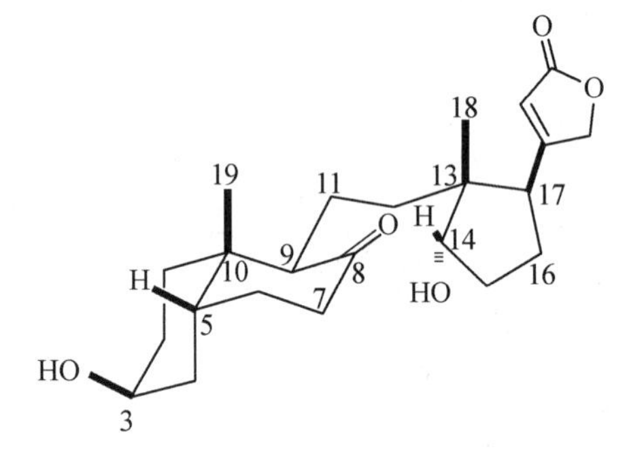

欧夹竹桃苷元（oleagenin）

奈利苷元（neriagenin）

续图 1.3

构成强心苷的糖有 20 多种，根据 C-3 位上有无—OH分为α-OH糖及 α-去氧糖两类，后者主要见于强心苷。糖部分结构如图 1.4 所示。

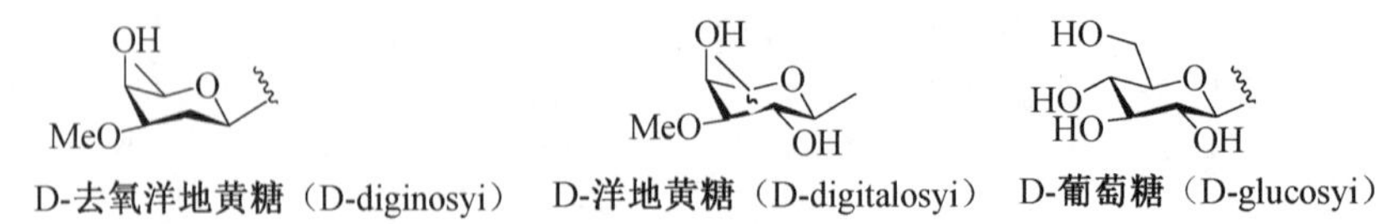

D-去氧洋地黄糖（D-diginosyi） D-洋地黄糖（D-digitalosyi） D-葡萄糖（D-glucosyi）

L-齐墩果糖（L-oleandrosyi） D-箭毒羊角糖（D-sarmentosyi）

图 1.4 构成强心苷的单糖

3. 孕甾烷类化合物

甾体化合物结构类型及数目繁多,广泛存在于动植物体内。按其结构方面的特点可分为孕甾烷类、雌甾烷类和雄甾烷类。孕甾烷类物质按其药理性质的不同又可以分为孕激素类药物和肾上腺皮质激素类药物。

白丽明等对夹竹桃枝进行提取分离,得到东莨菪内酯、对羟基苯乙酮、白桦脂酸和齐墩果酸。

4. 生物碱类化合物

生物碱(alkaloid)是存在于自然界(主要为植物,但有的也存在于动物)中的一类含氮的碱性有机化合物,有类似碱的性质。其大多数有复杂的环状结构,氮元素多包含在环内,有显著的生理活性,是中草药中重要的有效成分之一,且多具有光学活性。

刘宝亮、屠明玉等研究发现,夹竹桃本种及相近种的植株含有生物碱利血平、萝芙木甲素等,质量分数为1% ~2% 。利血平能降低血压和减慢心率,作用缓慢、温和而持久,对中枢神经系统有持久的安定作用,是一种很好的镇静药。董道青等只是对总生物碱、总提取物进行活性实验,而不是对分离的单一化合物进行结构鉴定和生理活性实验。

5. 油脂类化合物

在夹竹桃的种子油中含有脂肪酸:油酸(oleic acid)、亚油酸(linoleic acid)、硬脂酸(stearic acid)、棕榈酸(palmitic acid);雨季采收的不成熟种子中含肉豆蔻酸(myristic acid)、月桂酸(lauric acid)和癸酸(caprica acid)等。

1.2.2 药理活性

现代医学研究证明,夹竹桃具有强心、抗炎、抑菌和化感等药理作用。

1. 强心功效

夹竹桃的叶、茎、皮、木质和花均有较显著的强心作用,以叶的作用最强。其叶的醇提取物所含欧夹竹桃苷 C 对实验动物心脏及心电图表现有强心作用,可增强心肌纤维收缩力、延长不应期、抑制心脏传导和刺激迷走神经使心脏传导功能降低。其有效剂量使实验动物心肌收缩加强,在收缩振幅加大的同时,血压随之升高,接近中毒时,血压开始下降、心律失常。它是一种迟效强心苷,作用强于洋地黄,弱于毒毛旋花三糖。

另外夹竹桃枝、叶中含有的夹竹桃苷以及花含洋地黄苷、苷元、桃苷等成分具有显著的强心利尿、发汗催吐和镇痛作用,效果与洋地黄相似,属于慢性强心苷类药物。临床报道,夹竹桃的水煎液适用于各种原因引起的心脏病、心力衰竭、癫痫和哮喘等疾病。2011年陈德森等人报道夹竹桃浸出液能增强在体及离体蟾蜍心脏收缩力、降低心率,对蟾蜍心脏有更显著的强心作用。

2. 抗炎作用

生理活性实验结果表明夹竹桃有很强的抗炎活性。有关研究表明,夹竹桃的氯仿提取液能有效地抑制癌基因,夹竹桃醋液热敷对于腰椎间盘突出症有一定的疗效;并且夹竹桃提取液具有利尿的功效。Chi-I Chang 等人报道了分离得到的三萜类化合物具有细胞毒活性。

3. 抑菌作用

Hussain 等人利用夹竹桃根和叶的萃取物进行短小芽孢杆菌、枯草杆菌素、金黄色酿脓葡萄球菌、大肠杆菌、黑曲霉等抗菌活性实验，得到其具有非常强的抗菌活性的结论；Wu-Yang Huang 等人报道了夹竹桃内生真菌的抗氧化活性；Dietrich 等人报道了对夹竹桃在生物转化方面的研究。

谭宏亮，李昌灵等人采用二倍稀释法，以大肠埃希氏菌、普通变形杆菌、铜绿假单胞菌、金黄色葡萄球菌、粪肠球菌、八叠球菌为供试菌种，研究了不同浓度的夹竹桃叶乙醇提取液的抑菌作用。不同浓度的乙醇夹竹桃叶提取液对 6 种供试菌种有不同程度的抑制作用，其中 70% 乙醇提取液对金黄色葡萄球菌的抑制效果最明显。翟兴礼为研究夹竹桃叶提取液对细菌的抑制作用，以枯草芽孢杆菌和巨大芽孢杆菌为供试菌种，用贴片法对夹竹桃叶提取液的抑菌作用进行了研究。实验结果表明，夹竹桃提取液对以上两种供试菌种所产生的抑菌圈大小不同，不同浓度的夹竹桃叶提取液有不同程度的抑菌作用，随着其浓度的增大，抑菌作用增强。

4. 化感作用

王万贤等人分析了强化感作用植物夹竹桃新鲜叶中强心总甙的灭螺活性，并在微观领域探究其化感作用导致钉螺的形态病理以及糖代谢、蛋白质代谢等生理变化等方面所表现出的杀伤钉螺的机理给予探讨。结果显示夹竹桃强心总甙具有很好的毒杀钉螺活性，用 20 mg/L 的夹竹桃强心总甙的水溶液处理 3 ~4 日的效果与1.0 mg/L氯硝柳胺溶液处理 2 ~3 日的灭螺效果相当。经统计分析：用其水溶液灭螺的 LD50 质量浓度和 LD90 质量浓度分别为 4.050 0 mg/L 和 22.250 0 mg/L。李睿玉等用不同浓度的夹竹桃叶提取液对 4 种作物（莴笋、白菜、萝卜和玉米）种子萌发和幼苗生长的化感影响进行了研究。结果表明不同浓度的夹竹桃叶提取液对 4 种作物种子的萌发和幼苗生长都有很强的化感抑制作用，并且随着化感物质浓度的增加，抑制作用明显增强。

5. 镇静作用

邢晓娟总结出，夹竹桃煎剂及醇提取液对实验白鼠有镇静作用，表现为自发活动减少、嗜睡，并能延长巴比妥的睡眠时间，但无抗惊厥作用，其镇静作用出现在心律变化之后。

6. 其他作用

欧夹竹桃苷 C 有较强的致吐作用，小剂量时抑制子宫收缩，扩张血管，大剂量时使子宫肌张力增强，收缩血管平滑肌。另外，叶对小鼠艾氏腹水癌有抑制作用。常燕等对夹竹桃根、茎、叶内生菌分离并测定其抗虫活性。结果表明夹竹桃内生细菌对供试昆虫杀虫效果不明显，内生真菌对蚜虫有明显的杀虫活性，对斜纹夜蛾 3 龄幼虫有明显的触杀活性。朱雪姣等对变色夜蛾幼虫进行添食实验，研究了夹竹桃提取液对变色夜蛾幼虫的毒杀效果。结果表明，夹竹桃干叶量的 0.005 ~0.05 倍提取液对变色夜蛾幼虫有较好的毒杀作用，添食死亡率均达到 100%。权俊娇等用夹竹桃叶提取液对红蜡蚧若虫防治效果进行了研究。结果表明，夹竹桃叶提取液对红蜡蚧初孵若虫有较好的防治效果：随着提取液浓度的增加，防治效果增强；随着处理时间的延长，死亡率上升。夹竹桃叶提取液的质量比为 1 ∶ 10、夹竹桃叶醇提液的质量比为 1 ∶ 10 配比的防治效果最好。

1.2.3 环保功效

夹竹桃叶中含有发达的蜡质层和角质层，有利于抵抗各种有害气体（如SO_2、Cl_2等有毒气体）的侵害，夹竹桃叶片的两面长有微毛，具有超强的吸附毒气、尘埃的能力。根据测定：夹竹桃的每层叶片每个月能吸收硫（SO_2形式）69 mg，1 m^2 的叶能够吸附灰尘5 g，1 kg的干叶能够吸收汞96 mg，在氯气容易扩散处依然能正常生长。因此，夹竹桃素有“抗污绿色冠军”和“大自然的肺”的美誉，是净化空气、绿化环境的理想品种，非常适合在工矿区进行绿化。因此，国内对于夹竹桃的研究更多地关注在环保、栽培以及植物抑菌等方面，刘仁林等报道夹竹桃、大青有较高的抗铅性活性。

1.2.4 临床应用

夹竹桃不同部位治疗心力衰竭，用法用量各不相同。一般都是采用不老不嫩的鲜叶擦净，低温烘干或晒干，研末过筛，装入胶囊或打成片剂，每片含生药0.05 g，给药分快速给药法和缓给药法，前者0.2~0.6 g，分2~3次服用，第2、3日根据症状和心律变化酌情给药，产生疗效后改用维持量，每日0.05~0.1 g，1周或症状消失后停药。不同团队研究报道夹竹桃花的剂量从150~800 mg不等（多数为200 mg左右）。有的研究认为夹竹桃花剂量相当于老叶的0.5~1片，可于1~4日内完成（一般为2~3日），然后维持每日50~100 mg缓给法，每日1次为维持量。由于叶子有老嫩，采集的气候、时间、炮制方法都会影响强心苷的含量，故临床用量也不同，难于统一规格。用夹竹桃治疗各种心脏病导致的心力衰竭，多数研究表明其疗效较好，其作用比洋地黄快而蓄积作用较小，一般用药后12~72 h产生疗效。患者的症状和体征均有好转和改善。表现为心律减慢、尿量增多、水肿消退或改善，肝脏缩小、咳喘、胸闷、发绀等症状消失或减轻，肺部啰音减小或消失等。有的房颤患者可恢复窦性心律，多数心衰在1周左右可以得到控制，一般有效率在90%以上。对于伴有心绞痛的心力衰竭，夹竹桃治疗效果更好。据文献记载夹竹桃有缓解冠状动脉痉挛的作用。应注意的是它对活动性风湿性心脏病无效，可能对心肌炎不利，应慎用。

使用“黄夹苷”（从黄花夹竹桃果核中的果仁提取而得的一种静脉注射剂）和夹竹桃胶囊配合用于治疗21例心力衰竭患者，取得显著疗效，19例患者口服夹竹桃的量最小为0.4 g，最大为1.6 g，一般平均量为0.4~0.9 g，即能有效地增加患者的尿量、消除全身水肿、降低静脉压，用药持续至症状消失后改用维持量。在21例患者中仅有2例口服夹竹桃发生一般性的胃肠道及心律失常等不良反应，经停药、补钾处理后很快恢复正常。

用夹竹桃后，最常见的反应为呕吐，有研究认为与洋地黄的过量呕吐不同，可能仅仅是一种不良反应，有的患者出现呕吐后继续用药，其消化道症状反而日渐减轻。

总之，夹竹桃含多种强心苷，其强心作用较强。临床上用夹竹桃叶煎剂口服过量可致死亡，服用有效剂量而发生毒性反应者占30%左右，而且与患者的耐受程度及敏感性等有很大关系，故临床用药应密切观察病情，如心电图观察，以确保安全。

本章参考文献

[1] 王永强,李娜. 夹竹桃的开发利用[J]. 特种经济动植物,2005, 3: 36.

[2] HANADA R, ABE F, YAMAUCHI T. Steroid glycosides from the roots of *Nerium odorum* [J]. Phytochemistry, 1992, 31(9): 3183-3187.

[3] ABE F, YAMAUCHI T. Digitoxigenin oleandroside and 5α-adynerin in the leaves of *Nerium odorum*[J]. Chemical & Pharmaceutical bulletin,1978, 26(10): 3023-3027.

[4] YAMAUCHI T M, ABE F. Cardiac glycosides of the root bark of *Nerium odorum*[J]. Phytochemistry, 1976, 15(8): 1275-1278.

[5] SIDDIQUI B S, NASIMA K, SABIRA B, et al. Two new triterpenoid isomers from *Nerium oleander* leaves[J]. Natural Product Research, 2009, 23(17): 1603-1608.

[6] SIDDIQUI B S, SULTANA R, BEGUM S, et al. Cardenolides from the methanolic extract of *Nerium oleander* leaves possessing central nervous system depressant activity in mice [J]. Journal of Natural Products, 1997, 60: 540-544.

[7] DIQUI S, BEGUM S, SIDDIQUI B S. Kanerin and 12,13-dihydroursolic acid, two new pentacylic triterpenes from the leves of *Nerium oleander*[J]. Journal of Natural Products, 1989, 52: 57-62.

[8] IDDIQUI S, AFEEZE F, BEGUM S, et al. Kaneric acid, a new triterpene from the leaves of *Nerium oleander*[J]. Journal of Natural Products, 1986, 49: 1086-1090.

[9] DIQUI S, AFEEZE F, BEGUM S, et al. Oleanderol, a new pentacylic triterpene from the leaves of *Nerium oleander*[J]. Journal of Natural Products, 1988, 51: 229-233.

[10] 张娟,熊玉卿. 五环三萜类化合物吸收特征的研究进展[J]. 中草药,2009, 40 (9): 259-261.

[11] 刘强,从丽娜,张宗申. 植物甾醇与三萜皂苷生物合成基因调控的研究进展[J]. 安徽农业科学,2006, 34(19): 4844-4846.

[12] 巫军,易杨华,吴厚铭,等. 黑乳海参中两个新的四环三萜化合物[J]. 中国天然药物,2005, 3(5): 276-279.

[13] 张云峰,魏东,邓雁如,等. 三萜皂苷的生物活性研究新进展[J]. 中成药,2006, 28 (9): 1349-1353.

[14] 廖一帆. 五环三萜皂苷的合成途径及生物活性研究进展[J]. 湖北中医药大学学报, 2010, 12(3): 60-62.

[15] 王晓颖,刘大有,夏忠庭,等. 三萜皂苷定性定量分析方法研究进展[J]. 中草药, 2002, 33(9): 861-862.

[16] 臧静. 几种齐墩果酸皂苷的合成[D]. 青岛:中国海洋大学,2004.

[17] CONNOLLY J D, HILL R A. Dictionary of terpenoids[M]. London: Chapman and Hall, 1991.

[18] SIDDIQUI S, HAFEEZ F, BEGUM S, et al. Oleanderol, a new pentacyclic triterpene

from the leaves of *Nerium oleander*[J]. Journal of Natural Products, 1988, 51: 229-233.

[19] ZHAO M, ZHANG S J, FU L W, et al. Taraxasterane and ursane-type triterpenes from *Nerium oleander* and their biological activities[J]. Journal of Natural Products, 2006, 69: 1164-1167.

[20] FU L W, ZHANG S J, LI N, et al. Three new triterpenes from *Nerium oleander* and biological activity of the isolated compounds[J]. Journal of Natural Products, 2005, 68: 198-206.

[21] HUQ M M, JABBAR A, MOHAMMAD A, et al. Steroids from the roots of *Nerium oleander*[J]. Journal of Natural Products, 1999, 62: 1065-1067.

[22] BAI L M, HASEGAWA A, ANDO M, et al. A new cardenolide triglycoside from stems and twigs of *Nerium oleander*[J]. Heterocycles, 2009, 78(9): 2361-2367.

[23] ZHAO M, BAI L M, ANDO M, et al. Bioactive cardenolides from the stems and twigs of *Nerium oleander*[J]. Journal of Natural Products, 2007, 70: 1098-1103.

[24] CABRERRA G M, DELUCA M E, SELDES A M, et al. Cardenolide glycosides from the roots of mandevilla pentlandiana[J]. Phytochemistry, 1993, 32(5): 1253-1259.

[25] JOLAD S D, HOFFMANN J J, COLE J R, et al. 3′-O-methylevomonoside: a new cytotoxic cardiac glycoside from Thevetia ahouia A. DC (Apocynaceae)[J]. Journal of Organic Chemistry, 1981, 46(9): 1946-1947.

[26] CHOPRA R N, NAYARA S L, CHOPRA I C. Glossary of Indian medicinal plants[J]. Council of Scientific Research, 1956, 1: 175-177.

[27] 白丽明,王金兰,高立娣,等. 日本夹竹桃化学成分及细胞毒活性研究[J]. 安徽农业科学,2009, 37 (20): 9480-9488.

[28] 刘宝亮,屠明玉. 夹竹桃中生物碱的提取及鉴定[J]. 生物质化学工程,2009, 43(6): 44-66.

[29] 董道青,陈建明,俞晓平,等. 夹竹桃不同溶剂提取物对福寿螺的毒杀作用评价[J]. 浙江农业学报,2009, 21(2): 154-158.

[30] 陈德森,郭俐宏,李莉,等. 夹竹桃浸出液和毒毛旋花子甙 K 对心肌收缩力心率的影响及比较研究[J]. 长春中医药大学学报,2011, 27(3): 349-350.

[31] 王士威. 夹竹桃叶有抗癌作用[J]. 中国农村科技,1997, 3: 51.

[32] 黄颖. 夹竹桃醋液热敷治疗腰椎间盘突出症[J]. 广西中医药,2005, 28(5): 21.

[33] CHANG C I, HUO C C, CHANG J Y, et al. Three new oleanane-type triterpenes from Ludwigia octovalvis with cytotoxic activity against two human cancer cell lines[J]. Journal of Natural Products, 2004, 67: 91-93.

[34] AL-YAHYA M A, AL-FARHAN A H, ADAM S E. Toxicological interactions of Cassia senna and *Nerium oleander* in the diet of rats[J]. American Journal of Chinese Medicine, 2002, 30(4): 579-587.

[35] HUSSAIN M A, GORSI M S. Antimicrobial activity of *Nerium oleander* Linn[J]. Asian

Journal of Plant Sciences, 2004, 3(2): 177-180.

[36] HUANG W Y, CAI Y Z, HYDE K D, et al. Endophytic fungi from *Nerium oleander* L. (apocynaceae): main constituents and antioxidant activity[J]. World Journal of Microbiology & Biotechnology, 2007, 23: 1253-1263.

[37] DIETRICH H P, GERHARD F. Biotransformation of 5βH-pregnan-3βol-20-one and cardenolides in cell suspension cultures of *Nerium oleander* L. [J]. Plant Cell Reports, 1990, 8: 651-655.

[38] SUSANA U, JOSÉL G, ISABEL L. Molecular, Biochemical and physiological characterization of gibberellin biosynthesis and catabolism genes from *Nerium oleander*[J]. Journal of Plant Growth Regulation, 2006, 25: 52-68.

[39] 谭宏亮,刘红卫,朱建新.夹竹桃叶提取物抑菌活性的初步研究[J].安徽农业科学, 2007, 35(35): 11508-11513.

[40] 谭宏亮,黎鹄志.夹竹桃叶水提取物抑菌作用研究[J].宜春学院学报,2007, 29(4): 70-71.

[41] 李昌灵,牛友芽,刘胜.夹竹桃叶提取物的抑菌作用研究[J].安徽农业科学,2008, 36(2): 575-577.

[42] 翟兴礼.对夹竹桃叶片水提液对细菌的抑制作用[J]. 商丘师范学院学报, 2014, 30(3): 79-81.

[43] 王万贤,杨毅,王宏,等.夹竹桃强心总甙灭螺活性与机理[J].生态学报,2006, 26(3): 954-959.

[44] 王万贤,张勇,杨毅,等.钉螺对夹竹桃化感物质三萜总皂甙毒理作用的反应[J].动物学报,2008, 54(3): 489-499.

[45] 李睿玉, 王跃华, 马丹炜,等. 夹竹桃水浸提液对 4 种植物的化感作用[J]. 种子, 2014, 33(8): 44-47.

[46] 邢晓娟. 夹竹桃的药理作用与临床应用[J]. 现代医药卫生,2007, 23(16): 24-66.

[47] 常燕,曹军,王兆慧,等. 夹竹桃内生菌杀虫活性研究[J]. 安徽农业科学,2011, 39(1): 202-203.

[48] 朱雪姣,周晓慧,董小丽,等. 夹竹桃水提液对变色夜蛾幼虫的毒杀效果[J]. 安徽农业科学,2012, 40(13) : 7731-7732.

[49] 权俊娇,马行,刘莹莹,等. 夹竹桃叶提取液对红蜡蚧若虫防治效果的研究[J]. 河北林果研究,2014, 29(3): 310-313.

[50] 吴丹丹,周云龙.常见盆栽植物对室内空气的净化[J].生物学通报,2006, 41(9): 5-9.

[51] 刘乃珩.夹竹桃的功效[J].河北农业科技,1990, 2: 251-253.

[52] 刘仁林,叶晓燕,朱艳.大青、夹竹桃抗铅污染以及污染区植物种类的变化[J].江西科学,2006, 24(4): 175-178.

第2章　夹竹桃树枝和树叶化学成分研究

2.1　夹竹桃树枝化学成分研究

2.1.1　夹竹桃树枝提取方法

将空气中自然干燥的夹竹桃小树枝和树皮(19.46 kg)用甲醇(MeOH,85.0 L)室温浸提20日,甲醇浸提液减压浓缩到4.0 L,然后用正己烷(hexane)萃取(1.0 L×8),得到正己烷萃取物65.17 g,再将水(1.3 L)加入甲醇层,用乙酸乙酯(EtOAc)萃取(3.0 L×3)。乙酸乙酯提取液用无水硫酸钠干燥,浓缩得到油状物96.51 g。最后将饱和食盐水(1.2 L)加入甲醇层,用正丁醇(*n*-BuOH)萃取(2.0 L×4),正丁醇萃取液浓缩得到油状物质244.02 g。萃取流程如图2.1所示。

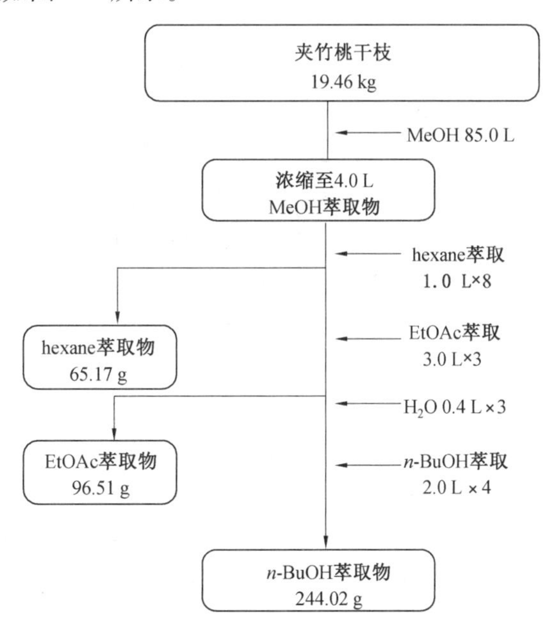

图2.1　夹竹桃树枝的萃取流程图

2.1.2　乙酸乙酯萃取物的分离

取夹竹桃树枝乙酸乙酯层萃取物(94.29 g),用硅胶(1.1 kg)制备柱色谱,干法上样后,用流动相洗脱,经正己烷(φ(hexane):φ(EtOAc)=1:1)、乙酸乙酯(φ(EtOAc):φ(MeOH)=1:1)、甲醇梯度洗脱分离得到A(4.293 g)、B(29.583 g)、C(23.333 g)、

D(32.149 g)、E(1.862 g)5 个馏分。从 C 中取 5.028 2 g 样品,将溶于乙酸乙酯的部分(4.663 g)经正相 HPLC(φ(hexane):φ(EtOAc)= 1:59)分离得到 C1 ~ C6,对 C3 ~ C6 的样品做进一步分离。分离流程如图 2.2 所示。

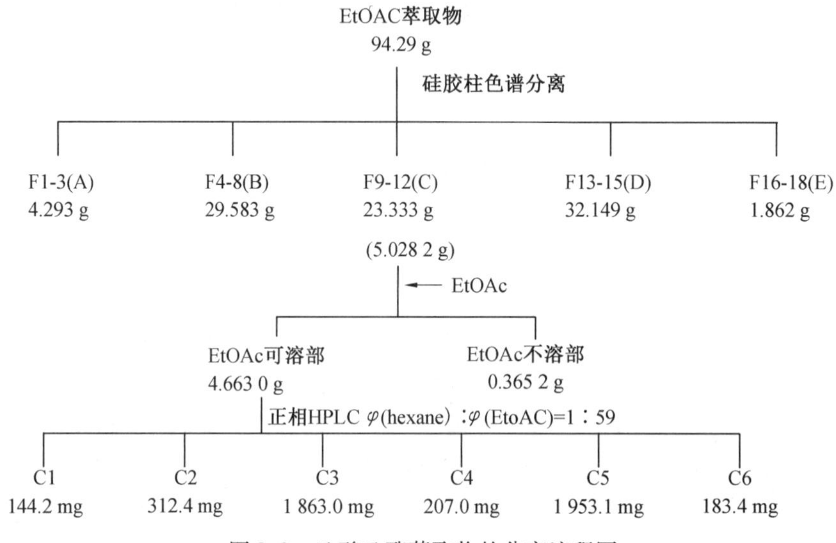

图 2.2 乙酸乙酯萃取物的分离流程图

2.1.3 孕甾烷的分离

图 2.2 中的馏分 C3(1 863.0 mg)经正相 HPLC(φ(hexane):φ(EtOAc)= 3:7)分离得到 C3-1 ~ C3-5,C3-3 经反相 HPLC(φ(MeOH):φ(MeCN):φ(H_2O)= 1:6:9)分离得到 C33-1 ~ C33-14。C33-4 (8.7 mg, 0.000 048%)经鉴定为化合物 **1**,C33-9 (190.0 mg)用甲醇(20.0 L×5)结晶后的滤液浓缩物(173.4 mg)经反相 HPLC (φ(MeOH):φ(MeCN):φ(H_2O)= 4:4:9)分离得到 C339-1 ~ C339-6,其中 C339-1(8.6 mg, 0.000 048%)经鉴定为化合物 **2**。分离流程如图 2.3 所示。

图 2.4 中的馏分 C3-4(244.8 mg)经氯仿结晶,滤液浓缩后可溶于甲醇的部分(172.4 mg)经反相 HPLC(φ(MeOH):φ(MeCN):φ(H_2O)= 2:2:5)分离得到 C34-7 (3.5 mg,0.000 019%),经鉴定为化合物 **3**。分离流程如图 2.4 所示。

取图 2.5 中 C4(200.2 mg),经正相 HPLC(φ(hexane):φ(EtOAc)= 1:4)分离得到 C4-1 ~ C4-9。C4-8(4.8 mg)经反相 HPLC(φ(MeOH):φ(MeCN):φ(H_2O)= 1:9:10)分离得到 C48-1 和 C48-2,其中 C48-1(2.1 mg, 0.000 014%)经鉴定为化合物 **4**。分离流程如图 2.5 所示。

图 2.6 中的馏分 D(30.66 g),用乙酸乙酯(75 mL×2)溶解,可溶部分(17.058 6 g)经硅胶柱色谱(φ($CHCl_3$):φ(MeOH)= 49:1,φ($CHCl_3$):φ(MeOH)= 19:1,φ($CHCl_3$):φ(MeOH)= 9:1,φ($CHCl_3$):φ(MeOH)= 4:1,φ($CHCl_3$):φ(MeOH)= 3:2),MeOH 梯度洗脱分离得到 D1 ~ D12 共 12 个馏分。分离流程如图 2.6 所示。

图 2.7 中的馏分 D4-5(467.2 mg)经反相 HPLC(φ(MeOH):φ(MeCN):φ(H_2O)= 2:2:5)分离得到 D45-1 ~ D45-5。D45-3 (86.2 mg)经反相 HPLC (φ(MeOH):

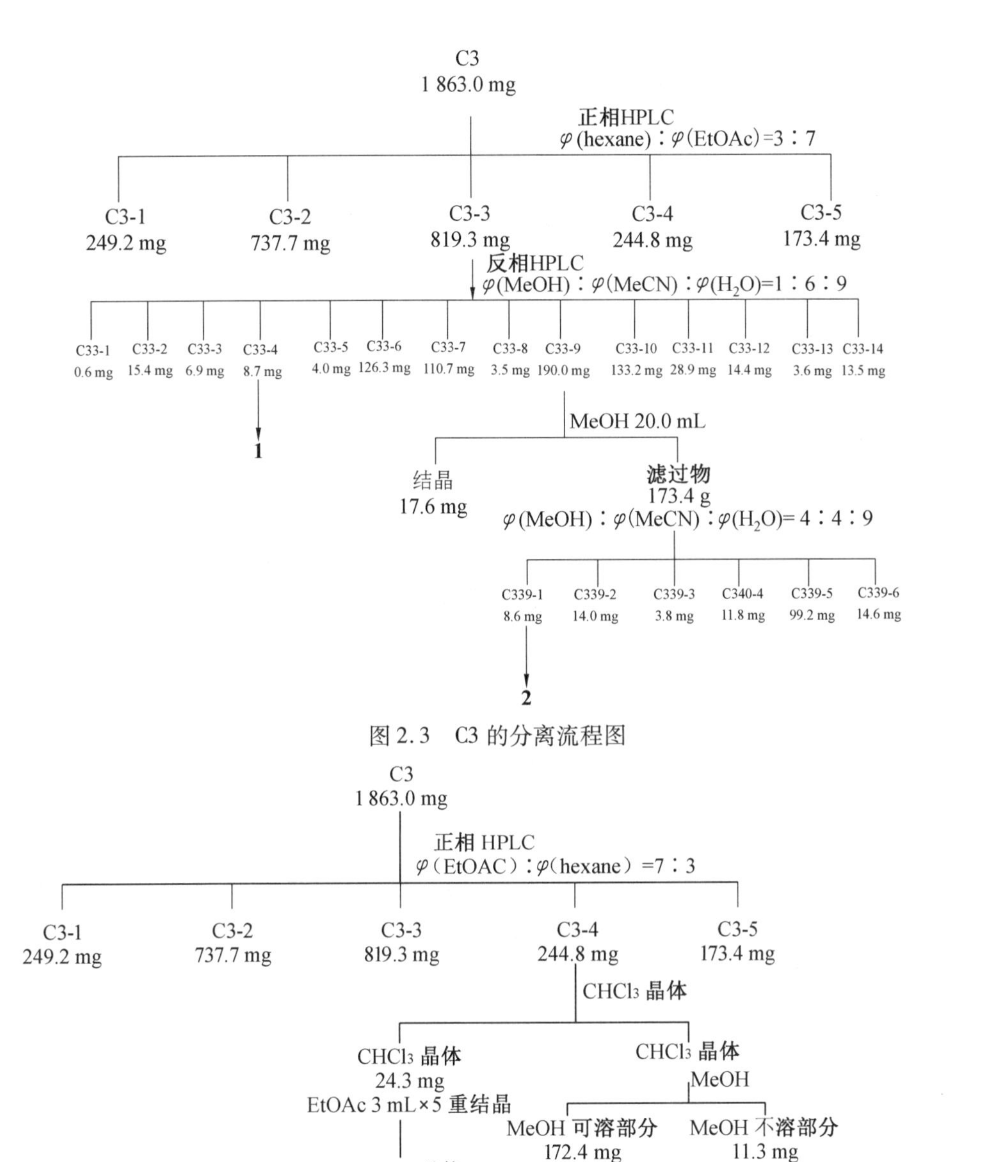

图 2.3 C3 的分离流程图

图 2.4 C3-4 的分离流程图

φ(MeCN)：φ(H_2O) = 1：1：3)分离得到D453-1 ~ D453-2,其中 D453-1(53.7 mg, 0.001 017%)经鉴定为化合物**5**,D453-2(24.7 mg, 0.000 17%)经鉴定为化合物**6**。另外,将 D45-1(24.3 mg)溶于甲醇,可溶部分 D451-1(16.3 mg)经反相 HPLC (φ(MeOH)：φ(MeCN)：φ(H_2O) = 1：1：3)分离得到 D4511-1 ~ D4511-3,其中 D4511-3(6.3 mg)经鉴定为化合物**5**,D4511-1(1.1 mg)经鉴定为化合物**7**,D4511-2 (2.0 mg)经鉴定为化合物**8**。分离流程如图 2.7 所示。

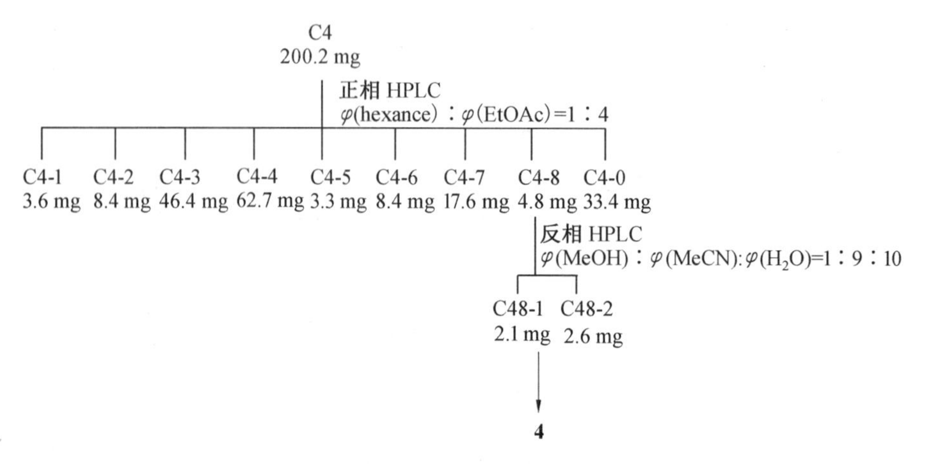

图 2.5　C4 的分离流程图

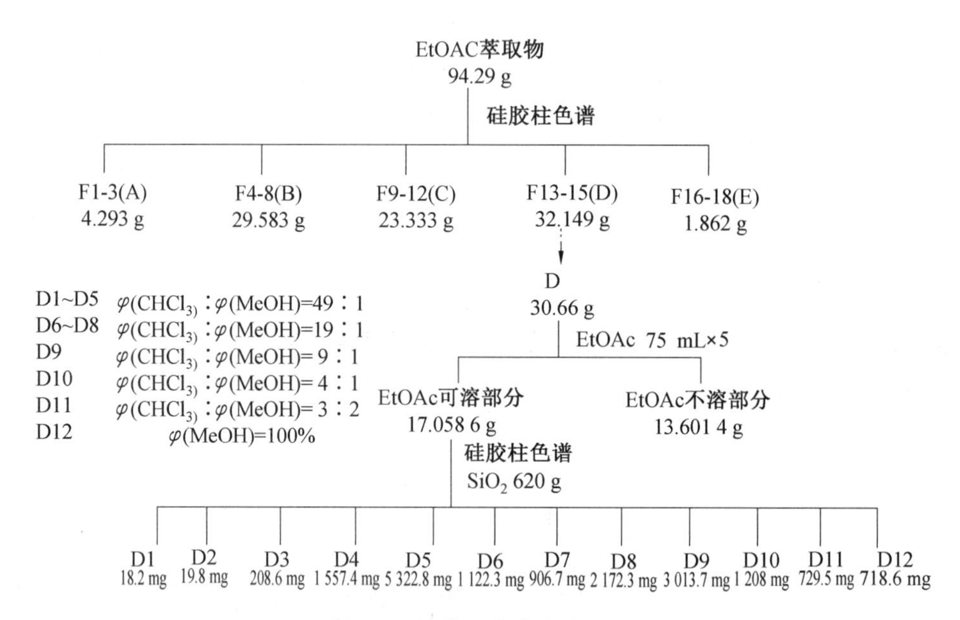

图 2.6　馏分 D 的分离流程图

综上所述，分离得到的化合物 **1～6** 的结构式如图 2.8 所示，化合物 **1～6** 在乙酸乙酯萃取物和干燥夹竹桃树枝中的质量分数分别如下：化合物 **1**（10.4 mg 为 0.003 65% 和 0.000 048%）、化合物 **2**（8.6 mg）为 0.269 6% 和 0.000 048%、化合物 **3**（2.6 mg 为 0.161 3% 和 0.000 014%、化合物 **4**（3.5 mg）为 0.003 23% 和 0.000 019%、化合物 **5**（184.4 mg）为 0.052 2% 和 0.001 017%、化合物 **6**（24.7 mg）为 0.075 8% 和 0.000 17%。

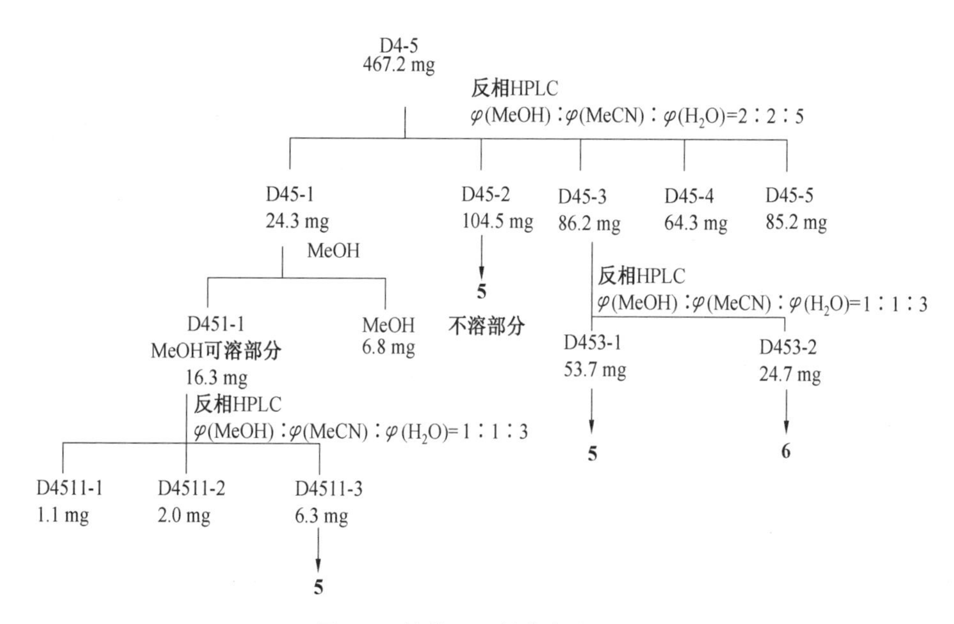

图 2.7 馏分 D45 的分离流程图

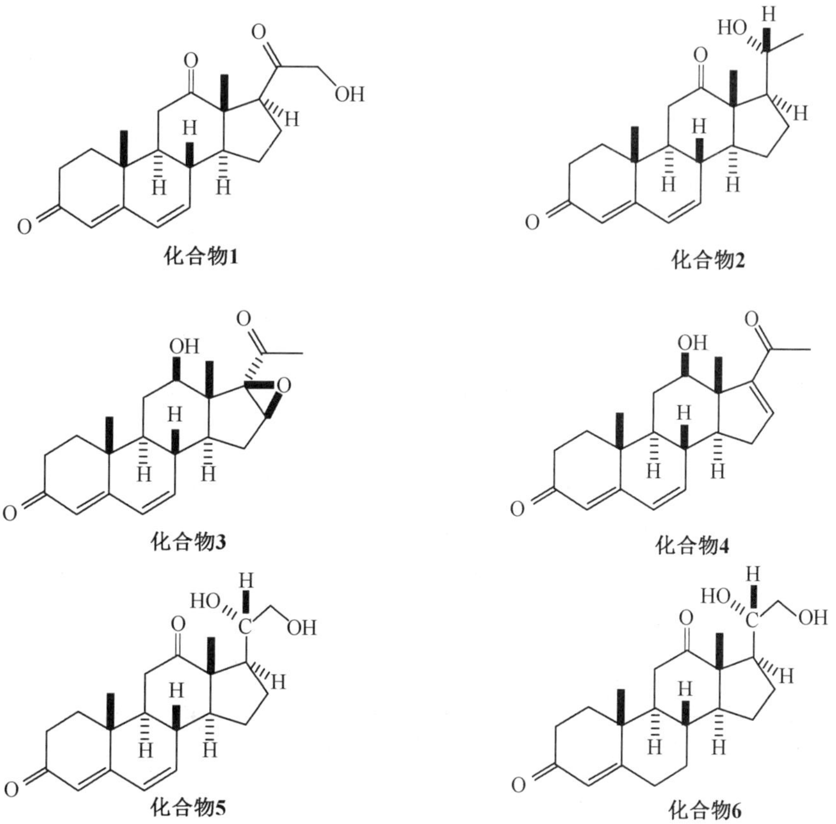

化合物1

化合物2

化合物3

化合物4

化合物5

化合物6

图 2.8 化合物 **1** ~ **6** 的结构式

2.1.4 低极性强心苷的分离

将图 2.3 中的馏分 C3-2(737.7 mg)经正相 HPLC(φ(hexane):φ(EtOAc)= 3:7)分离得到 C32-1 ~ C32-3。C32-1(54.4 mg)经鉴定为化合物 **14**。C32-2 (551.6 mg)经反相 HPLC(φ(MeOH):φ(MeCN):φ(H_2O)= 1:6:12)分离得到C322-1 ~ C322-10,其中 C322-2 (6.9 mg)经鉴定为化合物 **13**,C322-5(255.8 mg)经鉴定为化合物 **14**,C322-6(3.8 mg)经鉴定为化合物 **20**,C322-7(19.8 mg)经鉴定为化合物 **17**,C322-9(79.5 mg)经鉴定为化合物 **16**。分离流程如图 2.9 所示。

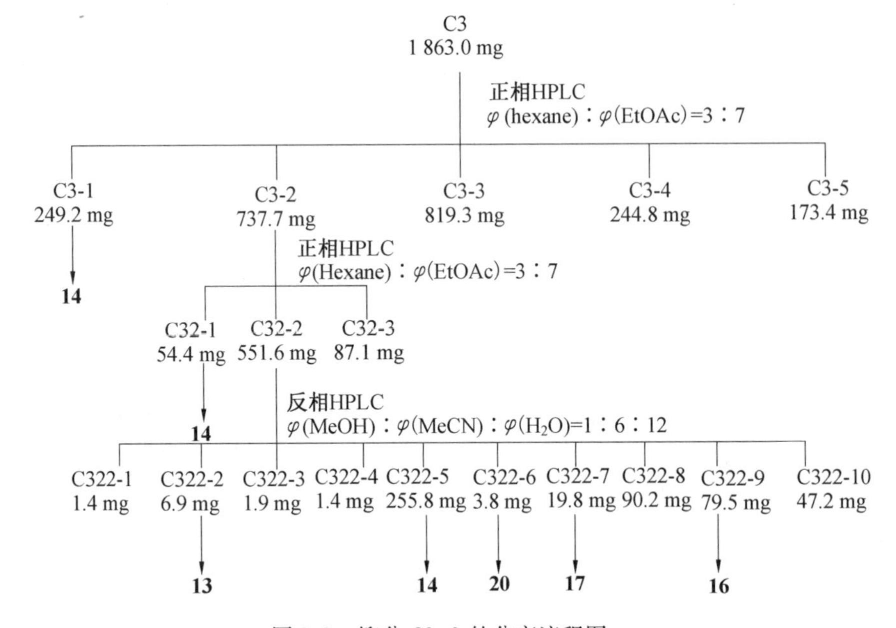

图 2.9 馏分 C3-2 的分离流程图

将图 2.9 中的馏分 C3-3(819.3 mg)经反相 HPLC(φ(MeOH):φ(MeCN):φ(H_2O)= 1:6:12)分离得到 C33-1 ~ C33-14,其中 C33-3(6.9 mg)经鉴定为化合物 **9**,C33-7(110.7 mg)经鉴定为化合物 **21**,C33-8(3.5 mg)经鉴定为化合物 **10**,C33-10(133.2 mg)经鉴定为化合物 **15**,C33-11(28.9 mg)经鉴定为化合物 **17**,C33-12 (14.4 mg)经鉴定为化合物 **16**,C33-13(3.6 mg)经鉴定为化合物 **11**。分离流程如图 2.10 所示。

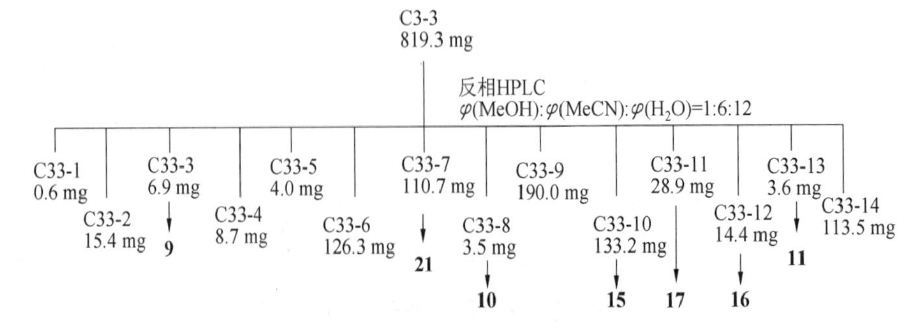

图 2.10 馏分 C3-3 的分离流程图

将图2.10中的馏分C33－6（126.3 mg）经反相HPLC（φ（MeOH）：φ（MeCN）：φ（H_2O）= 3：4：7）分离得到C336－1～C336－7。C336－1（2.2 mg）经鉴定为化合物**24**，C336－5（12.4 mg）经鉴定为化合物**21**。C336－6（80.1 mg）经正相HPLC（φ（hexane）：φ（EtOAc）= 3：7）分离得到C3366－1～C3366－4。C3366－1（7.9 mg）经鉴定为化合物**12**。C3366－2（57.3 mg）经反相HPLC（φ（MeOH）：φ（MeCN）：φ（H_2O）= 4：6：5）分离得到C33662－2（8.0 mg），经鉴定为化合物**19**。分离流程如图2.11所示。

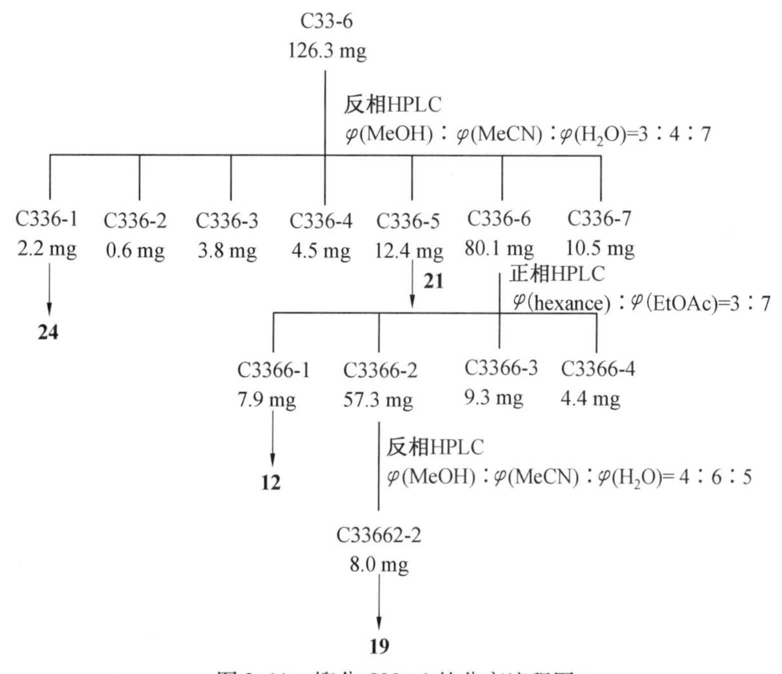

图2.11 馏分C33－6的分离流程图

将图2.10中的馏分C33－9（190.0 mg）用甲醇（20.0 mL×5）重结晶得到晶体（17.6 mg），经鉴定为化合物**33**。滤过物（173.4 mg）经反相HPLC（φ（MeOH）：φ（MeCN）：φ（H_2O）= 4：4：9）分离得到C339－1～C339－6。C339－2（14.0 mg）经鉴定为化合物**15**，C339－4（11.8 mg）经鉴定为化合物**33**。C339－5（99.2 mg）用甲醇（5.0 mL×5）重结晶得晶体C339－5（82.6 mg），经鉴定为化合物**33**，滤过物（12.5 mg）经反相HPLC（φ（MeOH）：φ（MeCN）：φ（H_2O）= 4：6：5）分离得到C3395－1和C3395－2，C3395－1（7.1 mg）经鉴定为化合物**33**。分离流程如图2.12所示。

将图2.9中的馏分C3－4（244.8 mg）用氯仿溶解，可溶部分（24.3 mg）用乙酸乙酯（3.0 mL×5）结晶，重结晶得晶体（17.7 mg）经鉴定为化合物**16**，不溶部分用甲醇溶解，除去不溶部分，可溶部分（172.4 mg）经反相HPLC（φ（MeOH）：φ（MeCN）：φ（H_2O）= 2：2：5）分离得到C34－1～C34－9。其中，C34－2（3.4 mg）经鉴定为化合物**28**；C34－4（1.2 mg）经鉴定为化合物**20**；C34－5（4.6 mg）经鉴定为化合物**23**；C34－6（17.4 mg）经鉴定为化合物**21**；C34－7（11.2 mg）经鉴定为化合物**18**；C34－8（11.1 mg）经鉴定为化合物**33**。C34－9（53.2 mg）用甲醇（6.0 mL×5）重结晶得晶体（49.1 mg），经鉴定为化合物**16**。分离流程如图2.13所示。

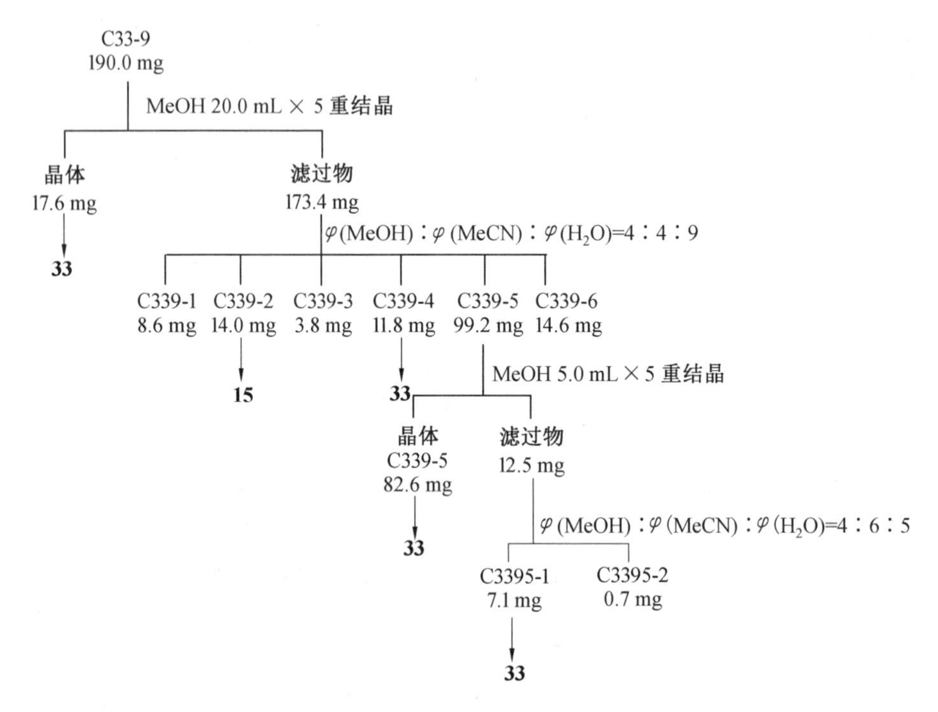

图 2.12 馏分 C33-9 的分离流程图

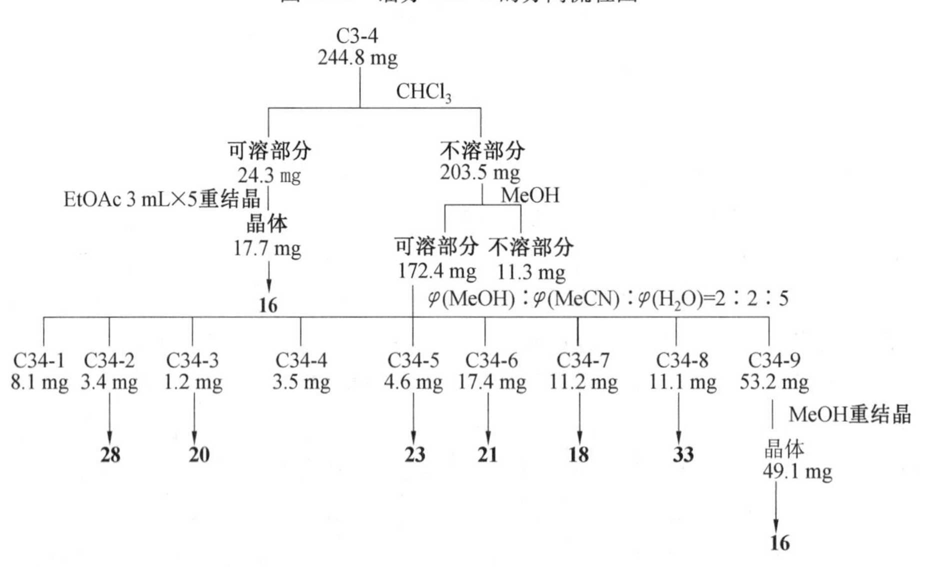

图 2.13 馏分 C3-4 的分离流程图

如图 2.14 所示，C4-3(46.4 mg)用乙酸乙酯(5.0 mL×5)结晶，所得晶体(20.2 mg)经鉴定为化合物 **32**，C4-7(17.6 mg)被鉴定为化合物 **25**。

如图 2.15 所示，C5(1 953.1 mg)经正相 HPLC(φ(hexane)：φ(EtOAc)=9：91)分离得到C5-1～C5-3。C5-1(246.7 mg)经鉴定为化合物 **9**；C5-2(153.7 mg)用甲醇(5.0 mL×5)结晶，重结晶所得晶体(35.7 mg)经鉴定为化合物 **9**；C5-3(465.4 mg)经反相 HPLC(φ(MeOH)：φ(MeCN)：φ(H_2O)=2：2：5)分离得到 C53-1～C53-11，其中

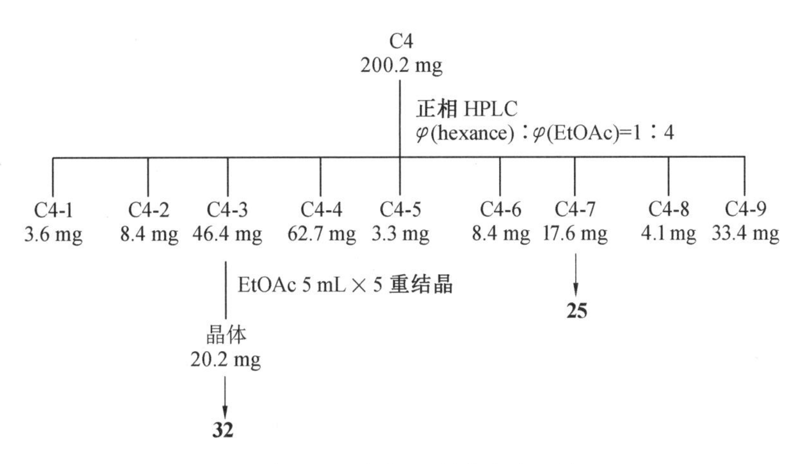

图 2.14 馏分 C4 的分离流程图

C53-6(97.3 mg)经鉴定为化合物**11**,C53-10(30.7 mg)经鉴定为化合物**9**。

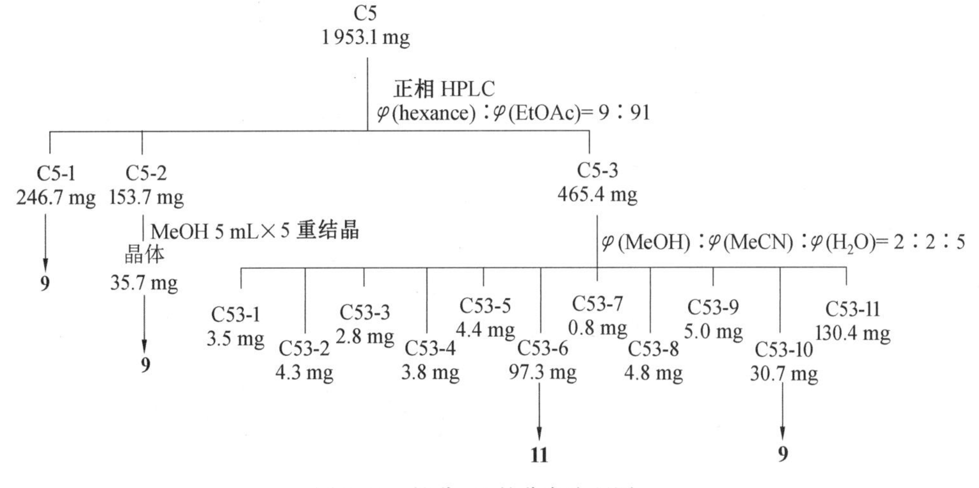

图 2.15 馏分 C5 的分离流程图

如图 2.16 所示,C6(153.4 mg)用乙酸乙酯溶解,可溶部分(143.2 mg)经正相 HPLC (EtOAc)分离得到 C6-1 ~ C6-5。其中 C6-2(50.8 mg)用乙酸乙酯(5.0 mL×3)结晶,重结晶得到晶体(23.1 mg),经鉴定为化合物**30**。

如图 2.17 所示,D3(208.6 mg)经正相 HPLC(EtOAc)分离得到 D3-1 ~ D3-5。D3-3 (57.9 mg)经反相 HPLC(φ(MeOH)：φ(MeCN)：φ(H_2O)= 1：6：10)分离得到 D33-1 ~ D33-8,其中 D33-5(7.1 mg)经鉴定为化合物**33**,D33-7(7.6 mg)经鉴定为化合物**17**,D33-8 (7.0 mg)经鉴定为化合物**16**。

如图 2.18 所示,D4(1 557.3 mg)经正相 HPLC(EtOAc)分离得到 D4-1 ~ D4-6。对 D4-1(185.6 mg)、D4-2(178.4 mg)、D4-3(384.8 mg)做进一步分离纯化。

将图 2.18 中的 D4-1(185.6 mg)经正相 HPLC(φ(hexane)：φ(EtOAc)= 1：4)分离得到D41-1 ~ D41-6。其中,对 D41-4(51.1 mg)、D41-5(94.6 mg)分别以反相 HPLC (φ(MeOH)：φ(H_2O)= 3：2)进行分离,D41-4(51.1 mg)分离得到 D414-1 ~ D414-4,其中 D414-2(3.5 mg)经鉴定为化合物**13**,D414-3(1.4 mg)经鉴定为化合物**21**,D414-4

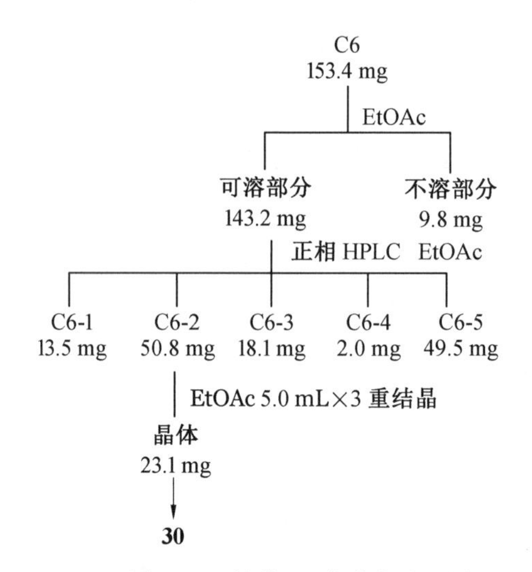

图 2.16　馏分 C6 的分离流程图

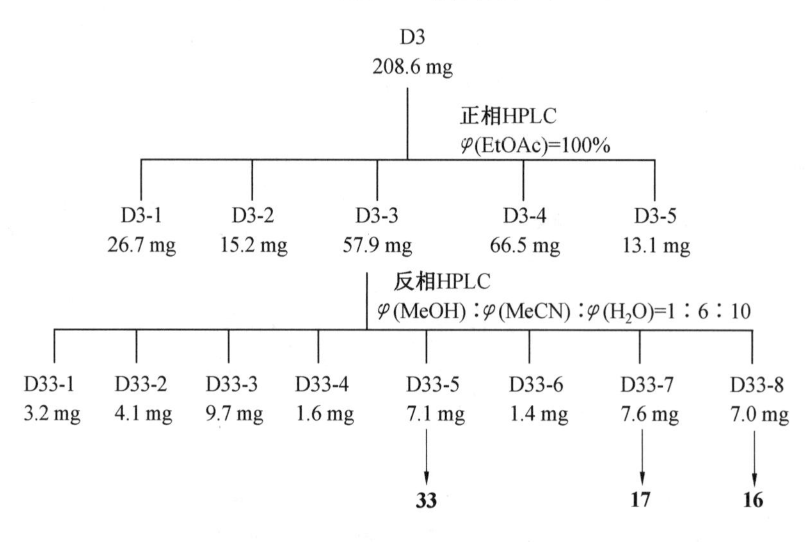

图 2.17　馏分 D3 的分离流程图

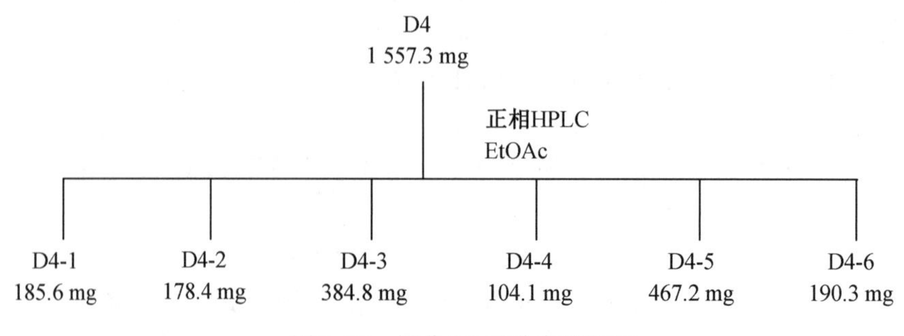

图 2.18　馏分 D4 的分离流程图

(17.6 mg)经鉴定为化合物 **14**。D41-5(94.6 mg)分离得到 D415-1 ~ D415-7,其中 D415-2(4.0 mg)经鉴定为化合物 **20**,D415-7(23.1 mg)经鉴定为化合物 **15**。另外,D415-5(16.5 mg)经反相 HPLC(φ(MeOH):φ(H_2O)=3:2)分离得到 D4155-1 和 D4155-2,其中 D4155-2(13.6 mg)经鉴定为化合物 **21**。分离流程如图 2.19 所示。

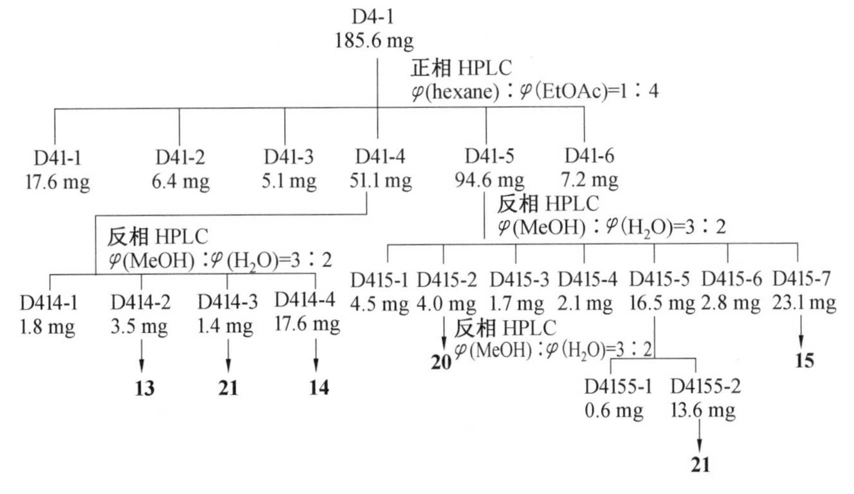

图 2.19　馏分 D41 的分离流程图

将图 2.18 中的馏分 D4-2(178.4 mg)经正相 HPLC(EtOAc)分离得到 D42-1 ~ D42-5。D42-3(55.3 mg)以反相 HPLC(φ(MeOH):φ(H_2O)=11:9)进行分离得到D423-1 ~ D423-5,其中 D423-4(18.6 mg)经鉴定为化合物 **34**。分离流程如图 2.20 所示。

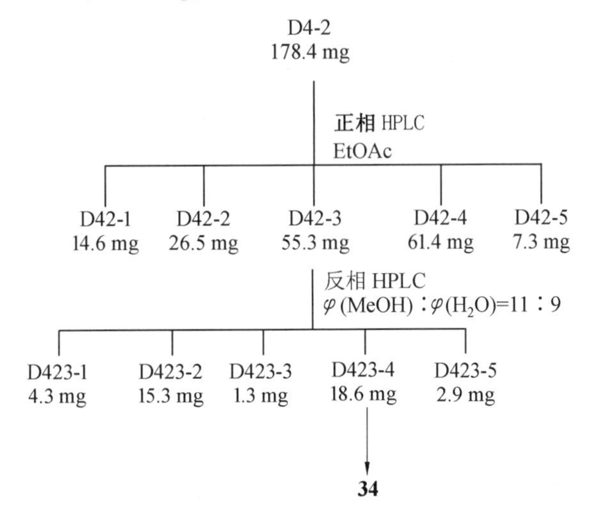

图 2.20　馏分 D4-2 的分离流程图

如图 2.21 所示,D4-3(384.8 mg)用乙酸乙酯溶解,分别对可溶部分 D43-1(314.3 mg)和不溶部分 D43-2(68.6 mg)以反相 HPLC(φ(MeOH):φ(H_2O)=11:9)进行分离。D43-1(314.3 mg)分离得到 D431-1 ~ D431-5,其中 D431-2(56.2 mg)经鉴定为化合物 **26**,D431-3(46.7 mg)经鉴定为化合物 **31**,D431-4(40.2 mg)经鉴定为化合物 **25**。D43-2 分离得到 D432-1 ~ D432-5,其中 D432-3(4.2 mg)经鉴定为化合物 **22**,

D432-5(9.6 mg)经鉴定为化合物 **31**。D432-4(28.6 mg)以反相 HPLC(φ(MeOH):φ(MeCN):$\varphi(H_2O)$=2:2:5)进行分离,得到 D4324-1 ~ D4324-3,其中 D4324-1(5.4 mg)经鉴定为化合物 **22**,D4324-3(6.8 mg)经鉴定为化合物 **31**。

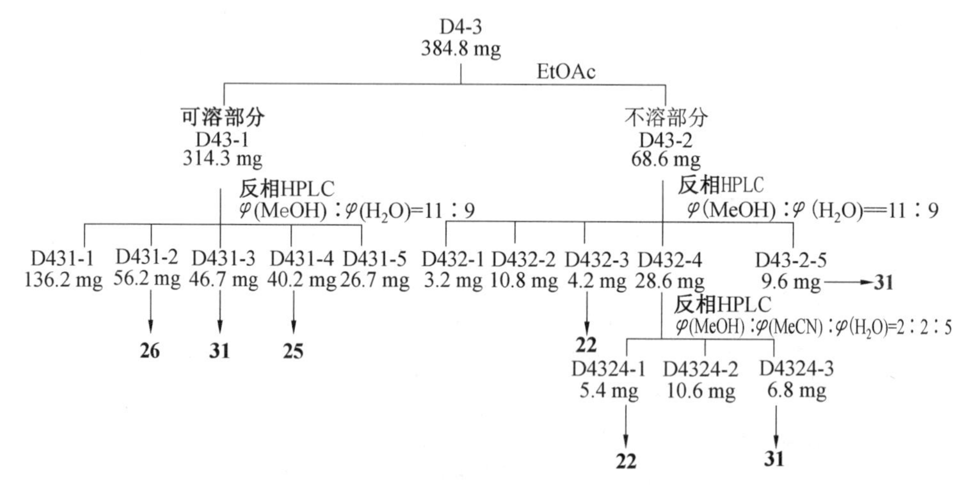

图 2.21 馏分 D4-3 的分离流程图

综上所述,分离得到的化合物 **9** ~ **34** 的结构式如图 2.22 所示。

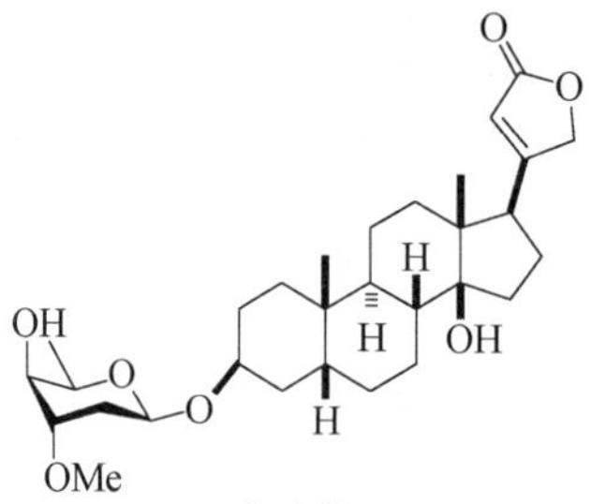

化合物9

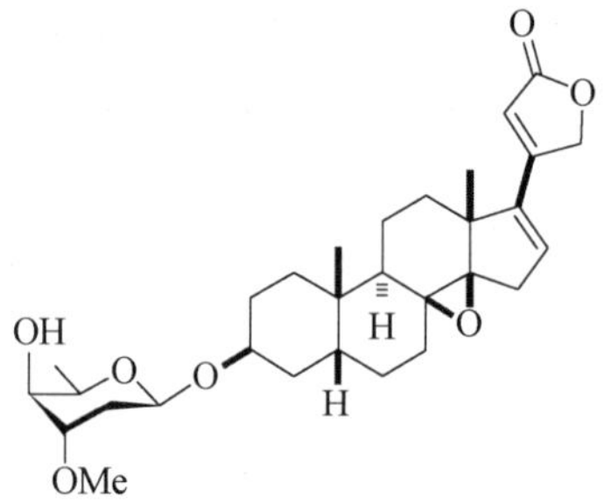

化合物10

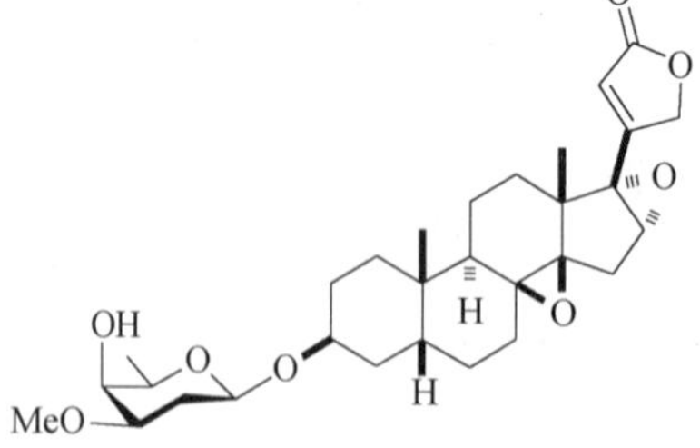

化合物11

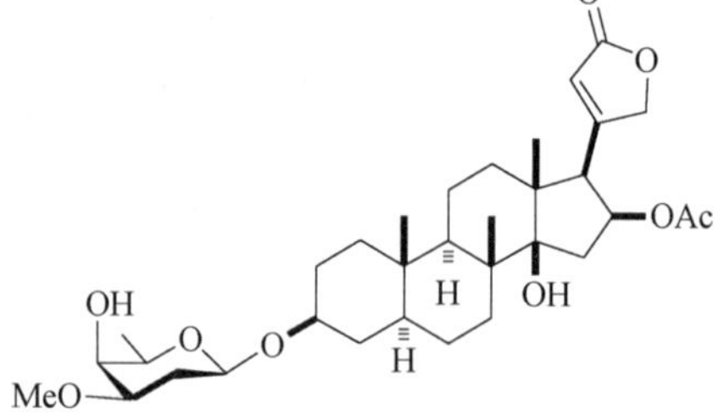

化合物12

图 2.22 化合物 **9** ~ **34** 的结构式

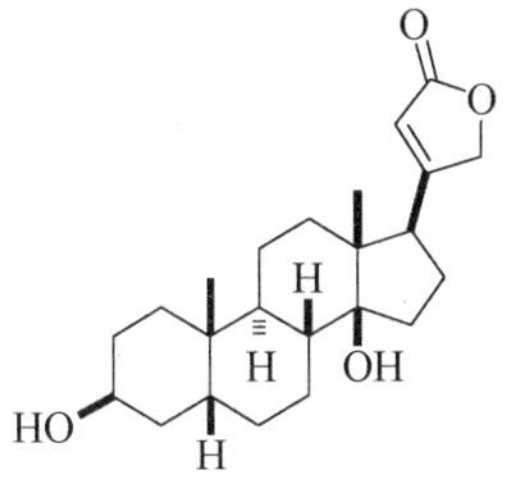

化合物13

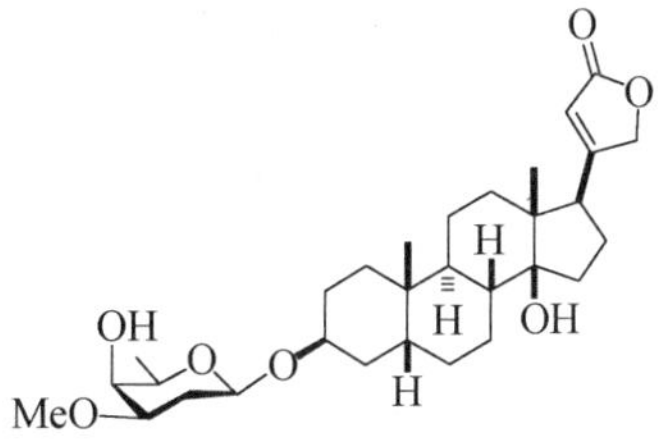

化合物14

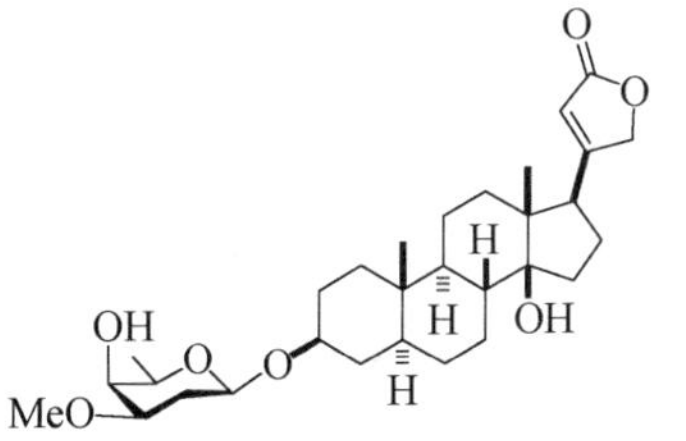

化合物15

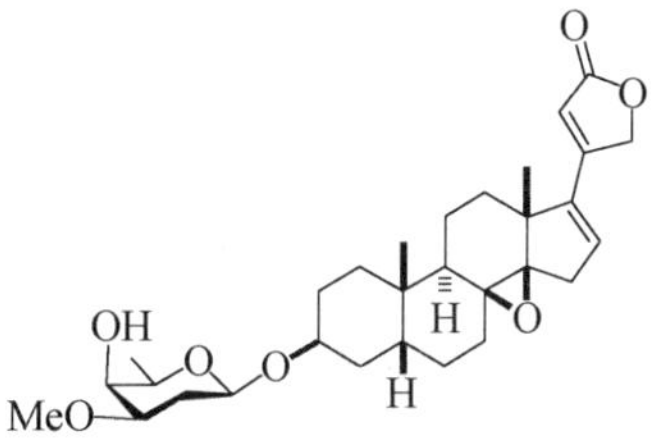

化合物16

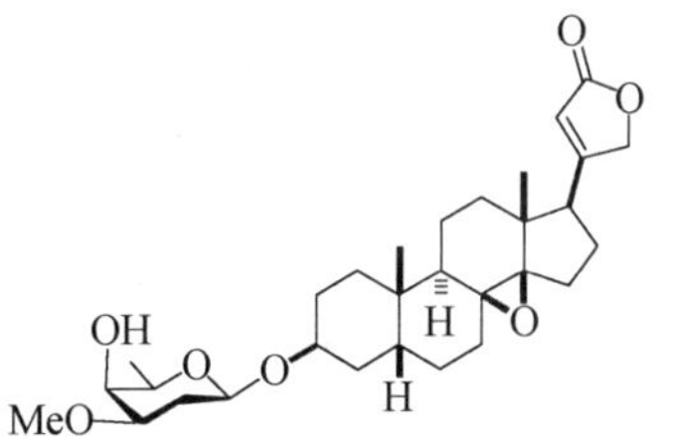

化合物17

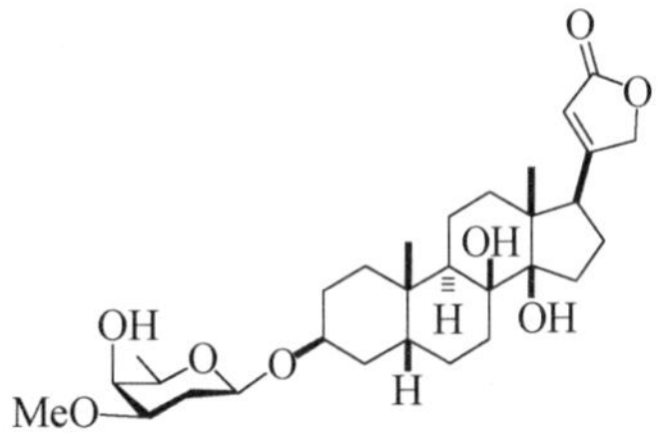

化合物18

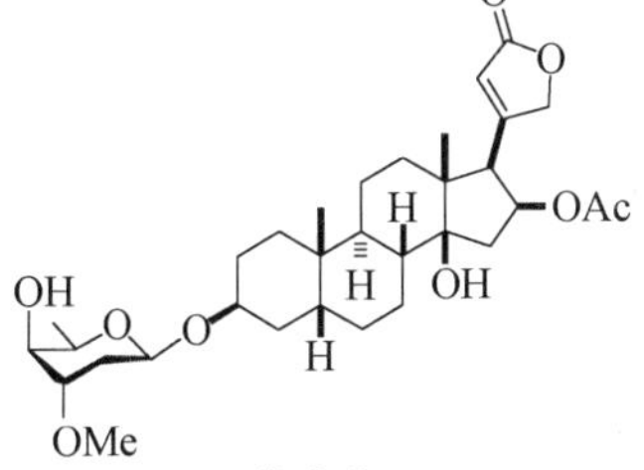

化合物19

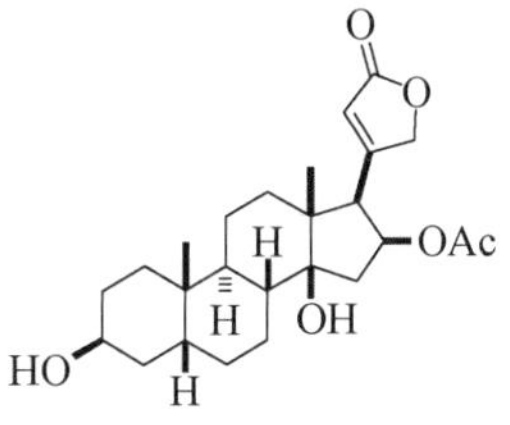

化合物20

续图2.22

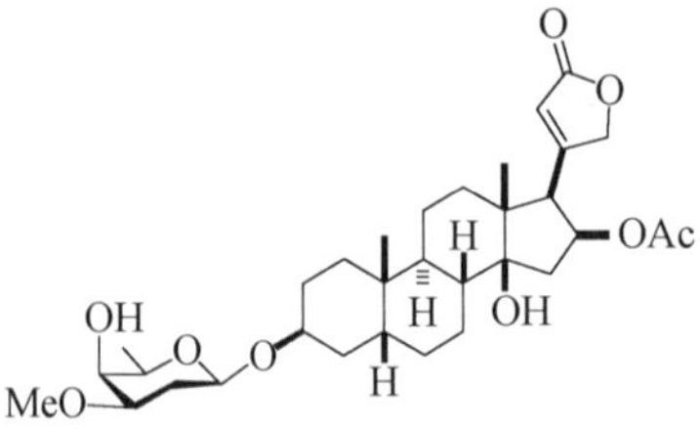

化合物21

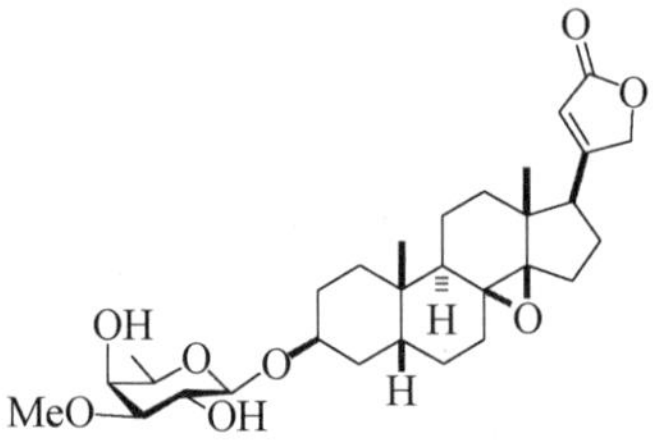

化合物22

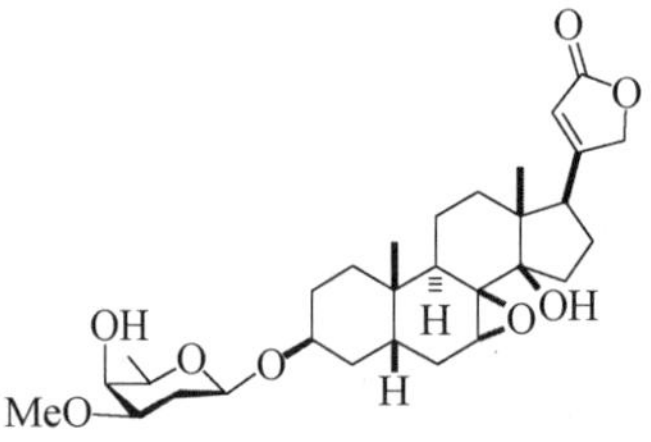

化合物23

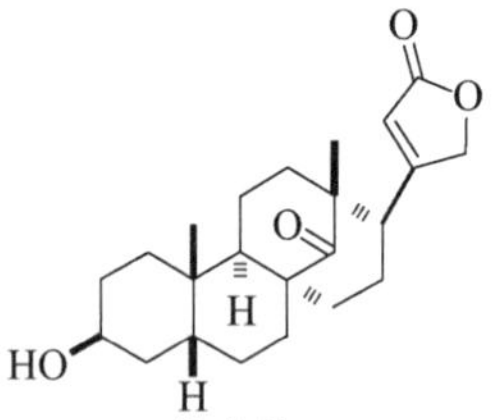

化合物24

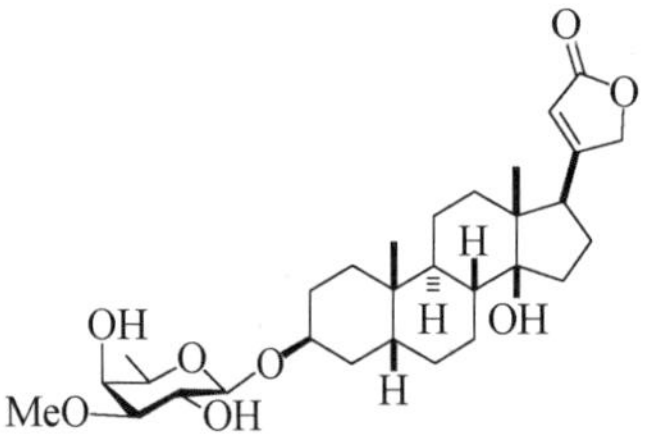

化合物25

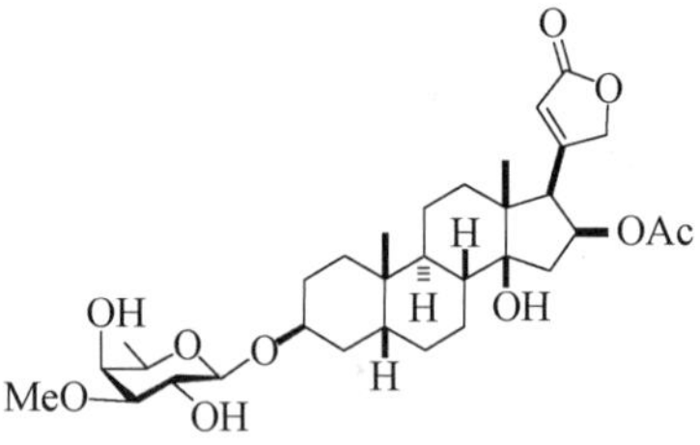

化合物26

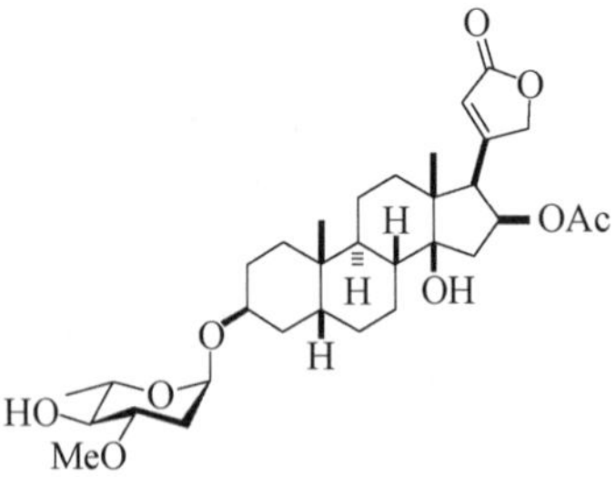

化合物27

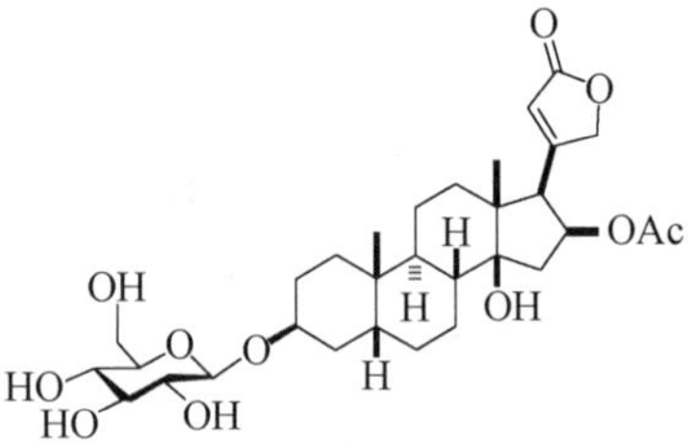

化合物28

续图 2.22

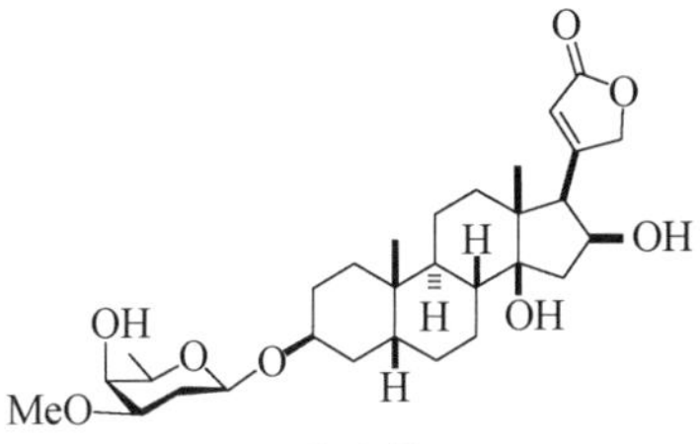

化合物29 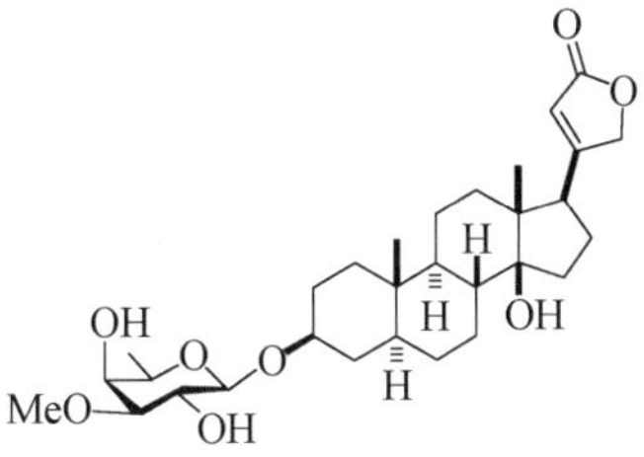　化合物30

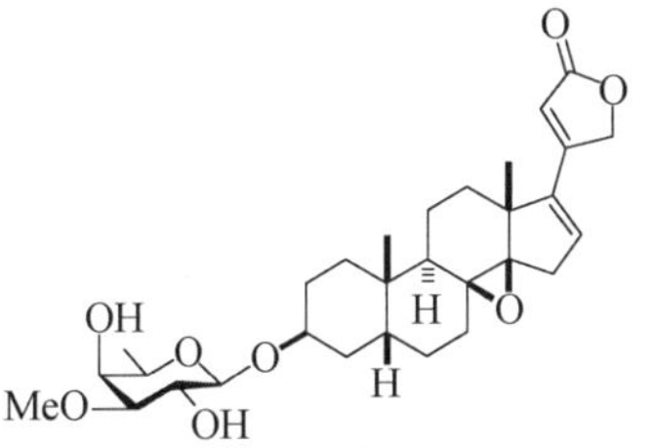

化合物31 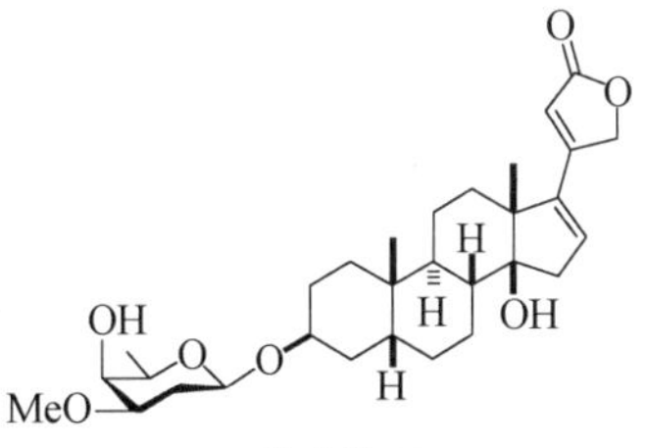　化合物32

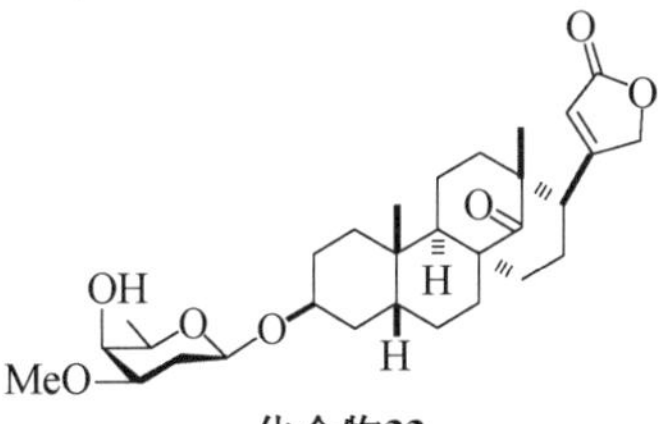

化合物33 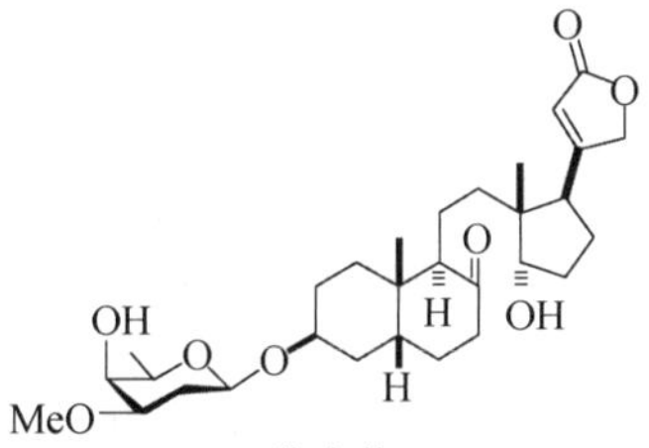　化合物34

续图 2.22

2.2 夹竹桃树叶化学成分研究

2.2.1 夹竹桃树叶提取方法

将空气中自然干燥的夹竹桃树叶(9.91 kg)用甲醇(144.0 L)室温浸提 7 日,甲醇浸提液减压浓缩到 10.0 L,然后用正己烷萃取(5.0 L×5)。正己烷提取液用无水硫酸钠干燥,减压浓缩得到油状物质(120.24 g)。然后将水(10.0 L×2)加入甲醇层,用乙酸乙酯萃取(10.0 L×4)。乙酸乙酯提取液用无水硫酸钠干燥,浓缩得到油状物 518.98 g。然后将饱和食盐水 10.0 L 加入甲醇层,用正丁醇萃取(10.0 L×4)。正丁醇萃取液浓缩得到油状物质 527.98 g。萃取流程如图 2.23 所示。

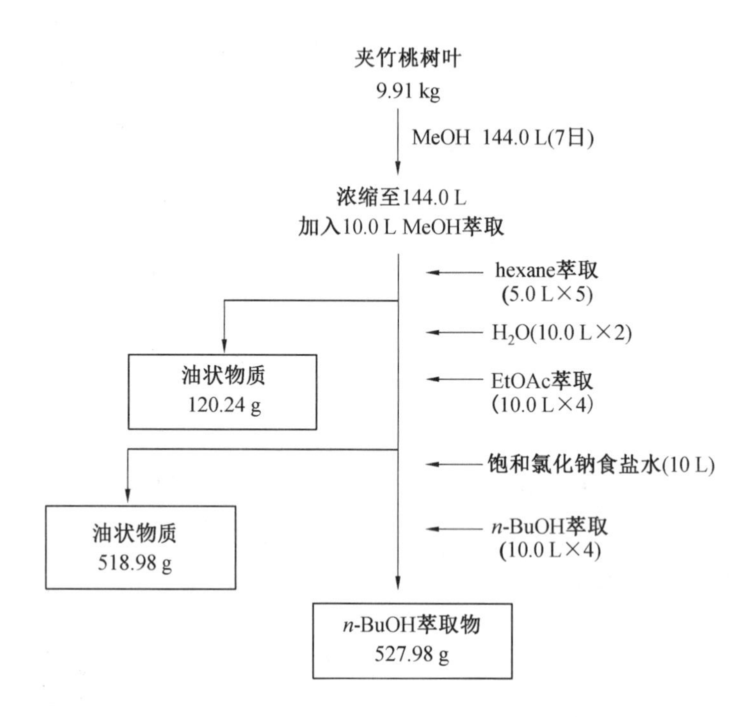

图 2.23　夹竹桃树叶的萃取流程图

2.2.2　正丁醇萃取物的分离

将夹竹桃树叶的甲醇提取物的正丁醇层(53.76 g)用 150 mL 甲醇溶解,不溶部分过滤得残渣 NB-0(6.32 g),用 1 100 mL 滤液($\varphi(CHCl_3):\varphi(MeOH)=9:1$)萃取,过滤。滤液经浓缩后得 NB-1(18.75 g);残渣用 250 mL 滤液($\varphi(CHCl_3):\varphi(MeOH)=8:2$)进一步萃取,过滤。滤液经浓缩后得 NB-2(4.81 g)。用上述同样的方法依次用200 mL $\varphi(CHCl_3):\varphi(MeOH)=7:3$,140 mL $\varphi(CHCl_3):\varphi(MeOH)=6:4$,90 mL $\varphi(CHCl_3):\varphi(MeOH)=5:5$,84 mL $\varphi(CHCl_3):\varphi(MeOH)=4:6$,143 mL $\varphi(CHCl_3):\varphi(MeOH)=3:7$,38 mL $\varphi(CHCl_3):\varphi(MeOH)=2:8$,33 mL $\varphi(CHCl_3):\varphi(MeOH)=1:9$ 萃取,得到的滤液依次浓缩得到 NB-3(2.76 g)、NB-4(2.42 g)、NB-5(2.65 g)、NB-6(3.98 g)、NB-7(6.92 g)、NB-8(1.40 g)和 NB-9(0.28 g)。最后,得剩余残渣 NB-10(2.45 g)。分离流程如图 2.24 所示。

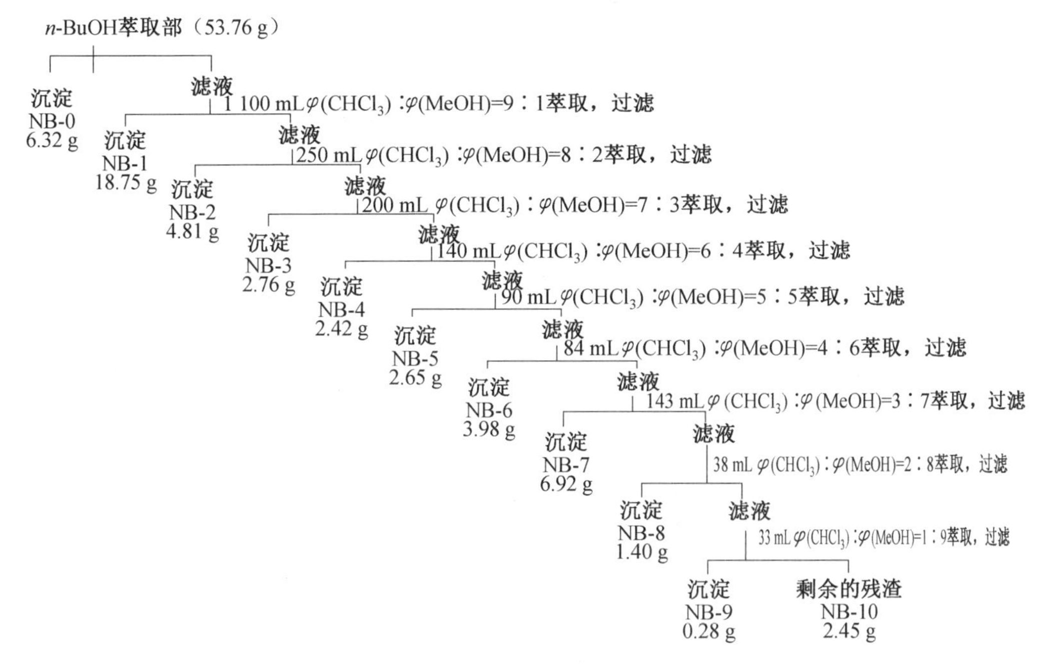

图 2.24　正丁醇萃取物的分离流程图

2.2.3　二糖和三糖强心苷的分离

对馏分 NB-2(4.81 g)的进一步分离如图 2.25 所示,取 240 g 硅胶,运用柱色谱分离法。采用 $\varphi(CHCl_3):\varphi(MeOH):\varphi(H_2O)=90:10:1$ 的滤液进行洗脱,得到NB2-1 ~ NB2-5;采用 $\varphi(CHCl_3):\varphi(MeOH):\varphi(H_2O)=40:10:1$ 的滤液进行洗脱,得到 NB2-6 ~ NB2-8;采用 $\varphi(CHCl_3):\varphi(MeOH):\varphi(H_2O)=12:6:1$ 的滤液进行洗脱,得到 NB2-9和 NB2-10;采用 $\varphi(CHCl_3):\varphi(MeOH):\varphi(H_2O)=15:8:2$ 的滤液进行洗脱,得到 NB2-11 和 NB2-12;采用 $\varphi(CHCl_3):\varphi(MeOH):\varphi(H_2O)=5:5:1$ 的滤液进行洗脱,得到 NB2-13;采用 $\varphi(CHCl_3):\varphi(MeOH):\varphi(H_2O)=15:35:6$ 的滤液进行洗脱,得到 NB2-14;采用 MeOH 进行洗脱,得到 NB2-15。对 NB2-7 进行反相 HPLC（$\varphi(MeOH):\varphi(MeCN):\varphi(H_2O)=1:1:2$）分离得到 NB27-1 ~ NB27-6。对 NB27-3 (80.1 mg)进行反相 HPLC（$\varphi(MeOH):\varphi(MeCN):\varphi(H_2O)=1:4:10$）分离得到 NB273-1 ~ NB273-4,其中:NB273-1(11.3 mg)经鉴定为化合物 **46**;NB273-3(11.6 mg)经鉴定为化合物 **60**。NB273-2(44.4 mg)经反相 HPLC($\varphi(MeOH):\varphi(H_2O)=7:18$)分离得到 NB2732-1 ~ NB2732-5,NB2732-1(4.9 mg)经鉴定为化合物 **46**。NB2732-2 (15.2 mg)和 NB2732-3(17.4 mg)合并,再次经反相 HPLC ($\varphi(MeOH):\varphi(H_2O)=6:19$分离得到 NB27322-2(9.0 mg),经鉴定为化合物 **50**。NB27-4(41.8 mg)经反相 HPLC($\varphi(MeOH):\varphi(H_2O)=3:7$)分离得到 NB274-1 ~ NB274-6,其中 NB274-4 (9.8 mg)经鉴定为化合物 **53**。

如图 2.26 所示,NB27-2(232.4 mg)经反相 HPLC($\varphi(MeCN):\varphi(H_2O)=3:7$)分离得到 NB272-1 ~ NB272-8。NB272-3 经反相 HPLC($\varphi(MeOH):\varphi(H_2O)=1:1$)分

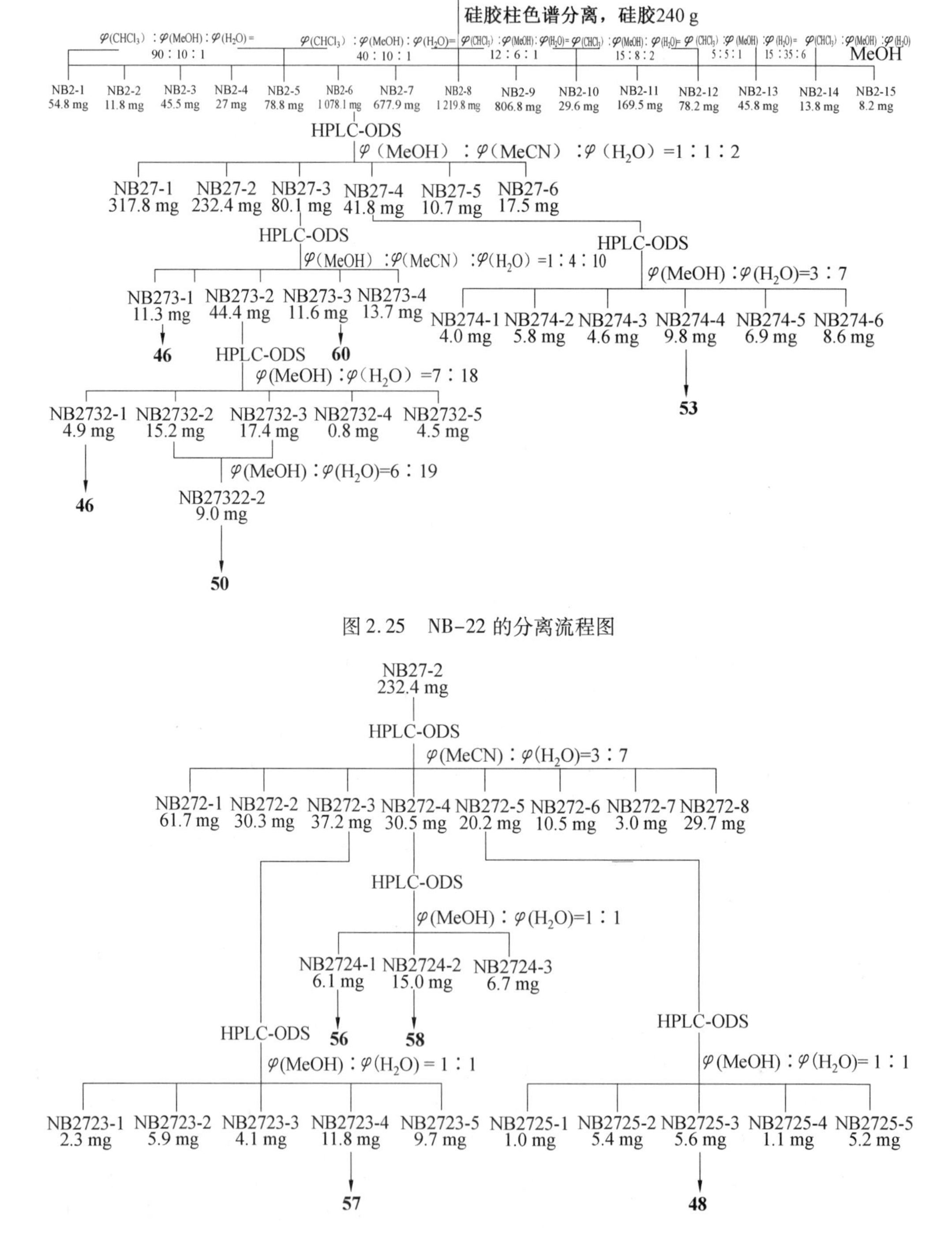

图 2.25　NB-22 的分离流程图

图 2.26　NB27-2 的分离流程图

离得到 NB2723-1 ~ NB2723-5,其中 NB2723-4(11.8 mg)经鉴定为化合物 **57**。NB272-4(30.5 mg)经反相 HPLC(φ(MeOH):φ(H_2O)=1:1)分离得到 NB2724-1 ~ NB2724-3,其中 NB2724-1 (6.1 mg)经鉴定为化合物 **56**, NB2724-2(15.0 mg)经鉴定为化合物 **58**。NB272-5(20.2 mg) 经反相 HPLC(φ(MeOH):φ(H_2O)=1:1)分离得到 NB2725-1 ~ NB2725-5,其中 NB2725-3 (5.6 mg)经鉴定为化合物 **48**。

NB2 的分离流程如图 2.27 所示,馏分 NB2-6(1 078.1 mg)经反相 HPLC(φ(MeOH):φ(MeCN):φ(H_2O)=1:4:10)分离得到 NB26-1 ~ NB26-12。NB26-4(48.3 mg) 经反相 HPLC(φ(MeCN):φ(H_2O)=3:10)分离得到 NB264-1 ~ NB264-4,其中 NB264-4 经鉴定为化合物 **48**。NB26-11(108.9 mg)经鉴定为化合物 **53**。NB2-8(1 219.8 mg)中结晶部分(776.3 mg)重结晶后得到 NB28-晶体(45.5 mg)经鉴定为化合物 **49**,滤液部分(420.3 mg)经反相 HPLC(φ(MeOH):φ(H_2O)=3:7)分离得到 NB28-1 ~ NB28-4,NB28-3 经反相 HPLC(φ(MeOH):φ(H_2O)=47:53)分离得到 NB283-1 和 NB283-2,其中 NB283-1(14.5 mg)经鉴定为化合物 **47**。

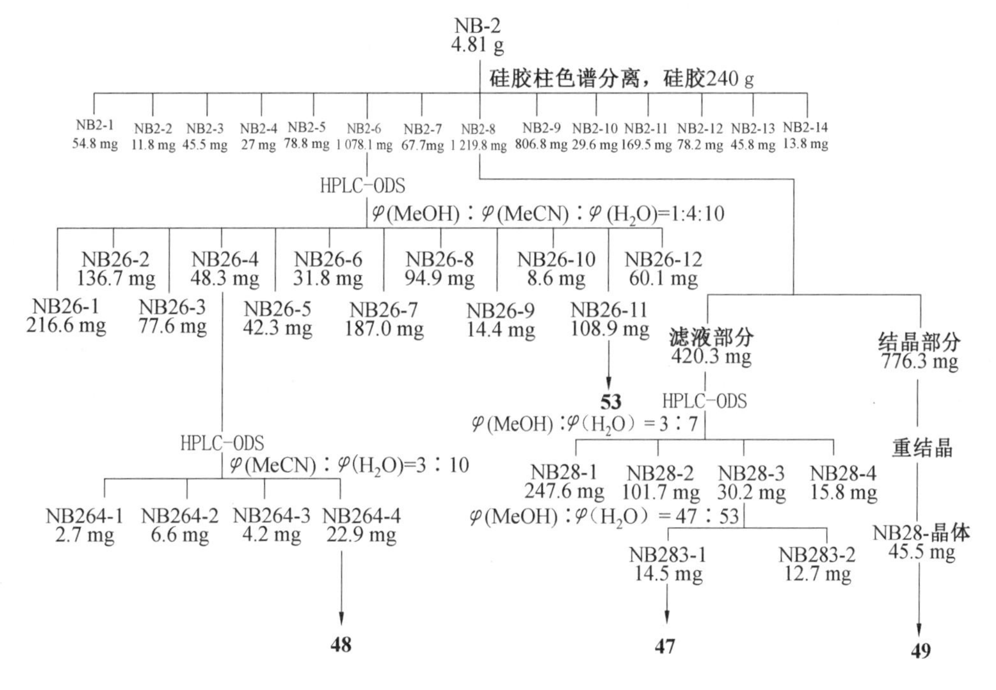

图 2.27 NB2 的分离流程图

如图 2.28 所示,NB2-6(1 078.1 mg)经反相 HPLC(φ(MeOH):φ(MeCN):φ(H_2O)=1:4:10)分离得到 NB26-1 ~ NB26-12。其中 NB26-5(42.3 mg)经反相 HPLC(φ(MeOH):φ(MeCN):φ(H_2O)=1:4:13)分离得到 NB265-1 ~ NB265-4,NB265-3 经鉴定为化合物 **59**。NB26-6 (31.8 mg)与 NB26-7(187.1 mg)合并经反相 HPLC(φ(MeOH):φ(MeCN):φ(H_2O)=1:4:12)分离得到 NB267-1 ~ NB267-6,其中 NB267-3(12.3 mg)经鉴定为化合物 **46**,NB267-5(134.1 mg)经鉴定为化合物 **50**。NB26-8(94.9 mg)经反相 HPLC(φ(MeOH):φ(MeCN):φ(H_2O)=1:4:12)分离得到

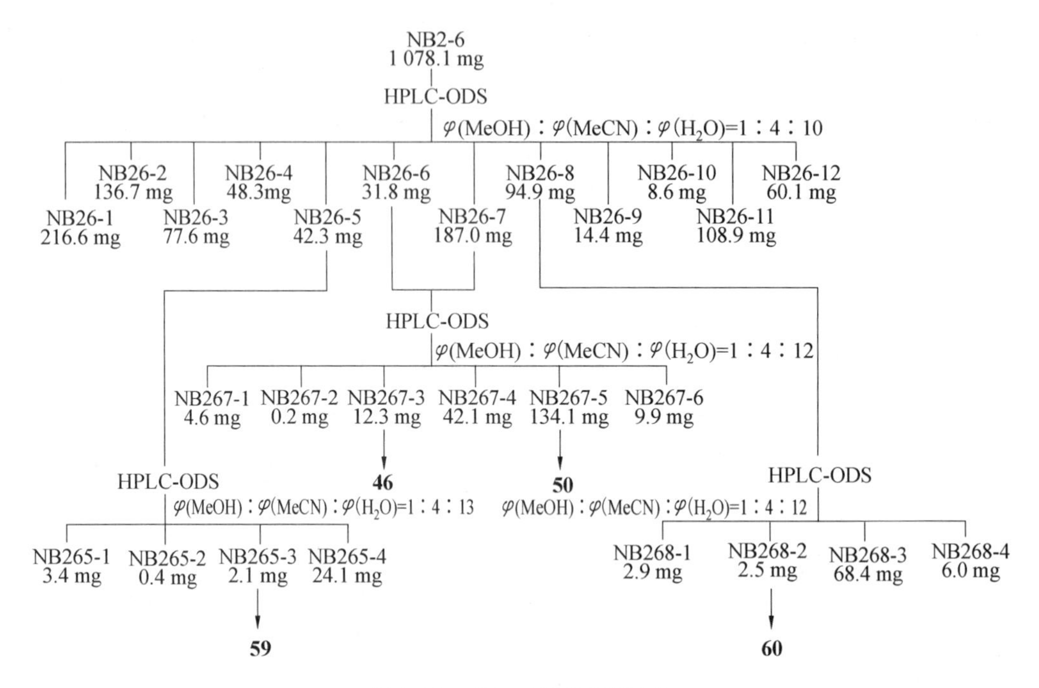

图 2.28 NB2-6 的分离流程图

NB268-1 ~ NB268-4，其中 NB268-2(2.5 mg)经鉴定为化合物 **60**。

将图 2.24 中的馏分 NB1(18.75 g)做进一步的分离，如图 2.29 所示，先加入 200 mL 水，然后用氯仿(200 mL ×5)萃取，氯仿溶液干燥得 BC (5.538 7 g)，水层再用乙酸乙酯(200 mL ×5)萃取，乙酸乙酯溶液经干燥得样品 3.435 5 g，水层得 7.877 6 g。BC (5.538 7 g)经硅胶柱色谱(硅胶:275 g)分别以 $\varphi(CHCl_3):\varphi(MeOH)=19:1$，$\varphi(CHCl_3):\varphi(MeOH)=9:1$，$\varphi(CHCl_3):\varphi(MeOH)=4:1$，$\varphi(CHCl_3):\varphi(MeOH)=7:3$，$\varphi(CHCl_3):\varphi(MeOH)=1:1$，MeOH，$H_2O$，溶剂梯度洗脱，分别得到如图2.29所示的馏分 BC-1 ~ BC-11。

如图 2.30 所示，BC-2(232.8 mg)经反相 HPLC($\varphi(MeOH):\varphi(H_2O)=9:1$)分离得到BC2-1 ~ BC2-5，其中 BC2-3 (52.0 mg)经鉴定为化合物 **42** 和 **45** 的混合物，BC2-4 (24.5 mg)经鉴定为化合物 **42**。BC2-1(128.5 mg)经反相 HPLC($\varphi(MeOH):\varphi(H_2O)=4:1$)分离得到 BC21-1 ~ BC21-5。BC21-3(2.1 mg)经鉴定为化合物 **44**。BC21-1 (108.5 mg)经反相 HPLC($\varphi(MeOH):\varphi(H_2O)=3:2$)分离得到 BC211-1 ~ BC211-9，其中:BC211-3(24.3 mg)结晶后得晶体 BC2113(6.1 mg)，经鉴定为化合物 **40**；BC211-4 (13.5 mg)结晶后得晶体 BC2114(5.3 mg)，经鉴定为化合物 **43**。

将图 2.29 中的馏分 BC-3(606.7 mg)经反相 HPLC($\varphi(MeOH):\varphi(H_2O)=9:1$)分离得到 BC3-1 ~ BC3-3，BC3-1(542.8 mg)经反相 HPLC($\varphi(MeOH):\varphi(H_2O)=13:7$)分离得到BC31-1 ~ BC31-5，其中，BC31-2(143.3 mg)经 HPLC-ODS ($\varphi(MeOH):\varphi(H_2O)=1:1$)分离得到 BC312-1 ~ BC312-6，BC312-2(23.9 mg)经鉴定为化合物 **35**，BC312-4(67.5 mg)经鉴定为化合物 **36**，BC312-5(16.5 mg)经鉴定为化合物 **44**。BC31-3(71.7 mg)经 HPLC-ODS($\varphi(MeOH):\varphi(MeCN):\varphi(H_2O)=1:6:12$)分离得到

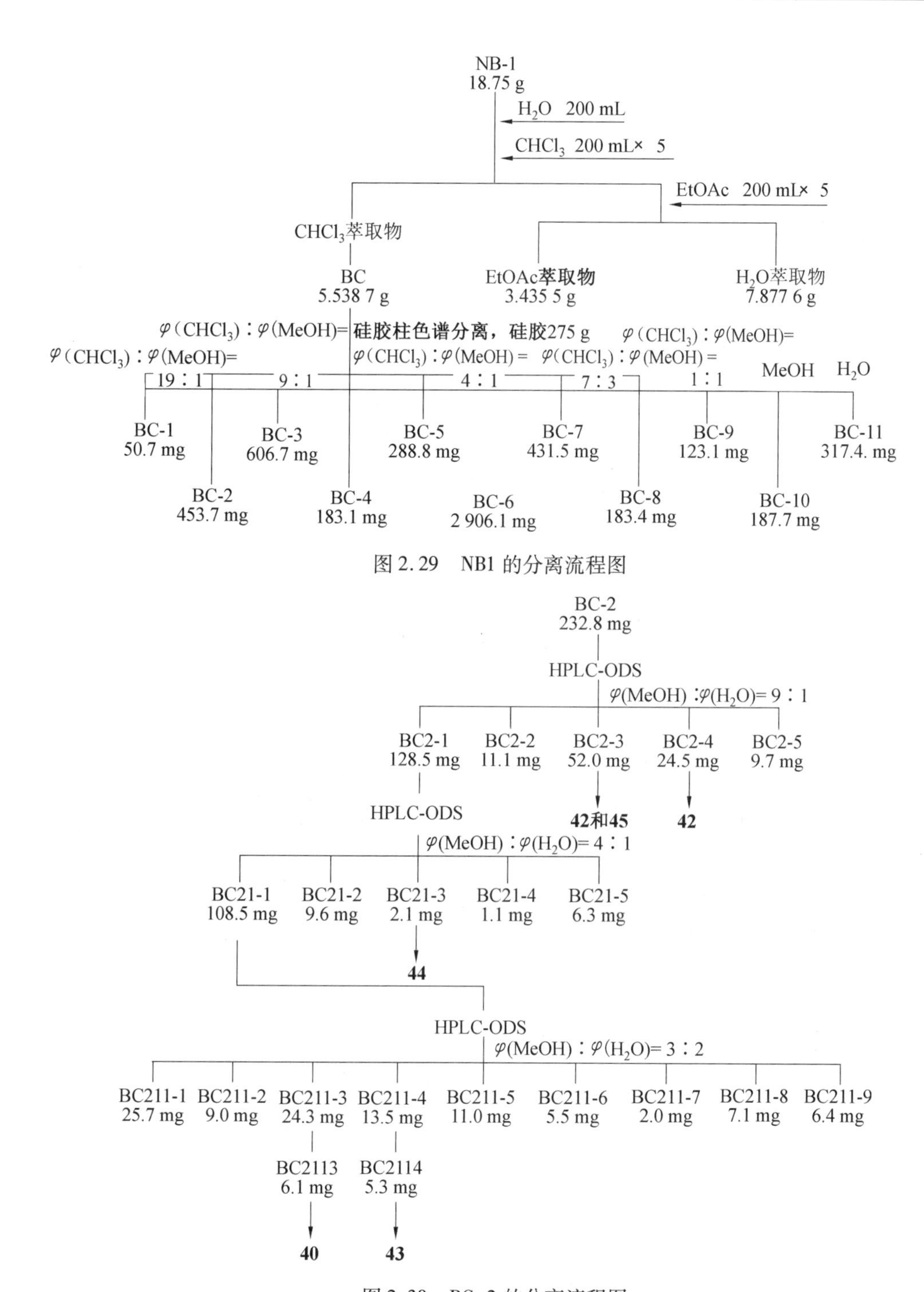

图 2.29 NB1 的分离流程图

图 2.30 BC-2 的分离流程图

BC313-1 ~ BC313-5，其中 BC313-2 (41.2 mg) 经鉴定为化合物 **39**，BC313-3(16.8 mg) 经鉴定为化合物 **37**。分离流程如图 2.31 所示。

如图2.32 所示，BC-4(183.1 mg)与 BC-5(288.8 mg)分别经反相 HPLC (φ(MeOH)∶

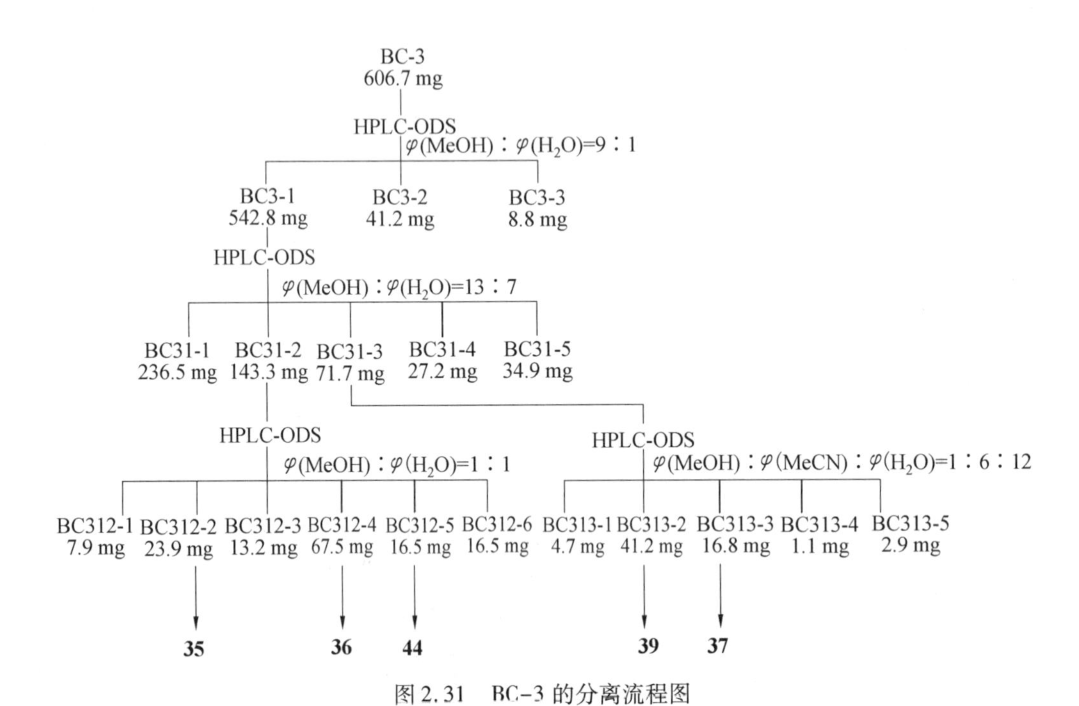

图 2.31 BC-3 的分离流程图

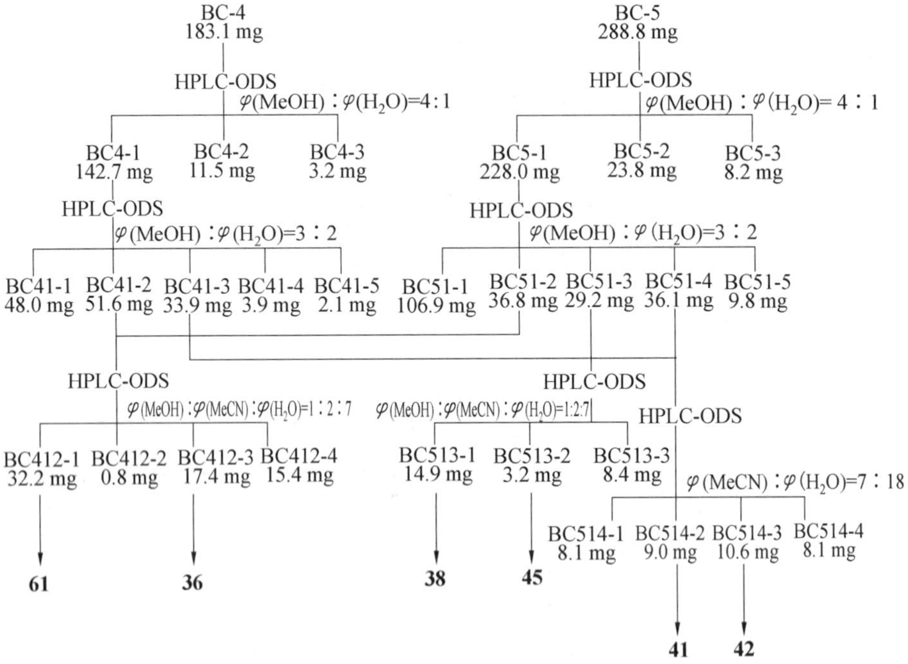

图 2.32 BC-4 和 BC-5 的分离流程图

$\varphi(H_2O)=4:1$)分离得到 BC4-1 ~ BC4-3, BC5-1 ~ BC5-3,其中 BC4-1(142.7 mg)与 BC5-1(228.0 mg)分别经反相 HPLC(φ(MeOH):$\varphi(H_2O)=3:2$)分离得到 BC41-1 ~ BC41-5、BC51-1 ~ BC51-5。BC41-2(51.6 mg)和 BC51-2(36.8 mg)合并经反相 HPLC

(φ(MeOH):φ(MeCN):φ(H_2O)= 1:2:7)分离得到 BC412-1 ~ BC421-4,其中 BC412-1(32.2 mg)经鉴定为化合物**61**, BC412-3(17.4 mg)经鉴定为化合物**36**。BC41-3(33.9 mg)和 BC51-4 (36.1 mg)合并经反相 HPLC (φ(MeCN):φ(H_2O)= 7:18)分离得到 BC514-1 ~ BC514-4,其中 BC514-2(9.0 mg)经鉴定为化合物**41**, BC514-3(10.6 mg)经鉴定为化合物**42**。BC51-3(29.2 mg)经反相 HPLC(φ(MeOH):φ(MeCN):φ(H_2O)= 1:2:7)分离得到 BC513-1 ~ BC513-3,其中 BC513-1(14.9 mg)经鉴定为化合物**38**,BC513-2(3.2 mg)经鉴定为化合物**45**。

综上,从正丁醇萃取物中分离得到的化合物**35 ~ 61** 的结构式如图 2.33 所示。

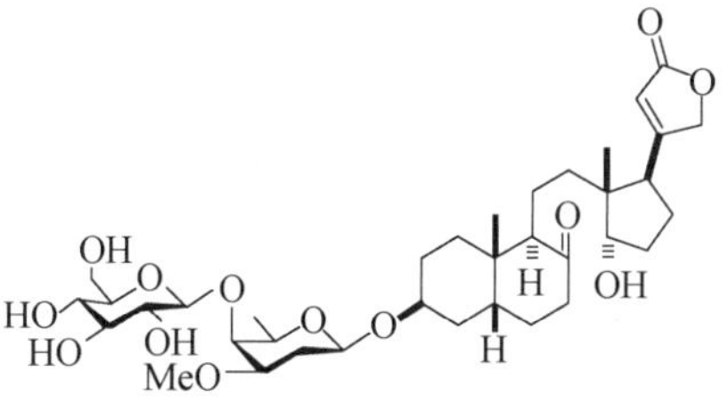

化合物35 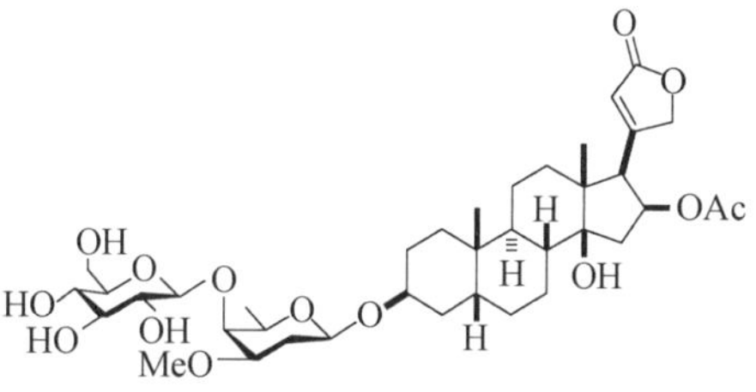　　化合物36

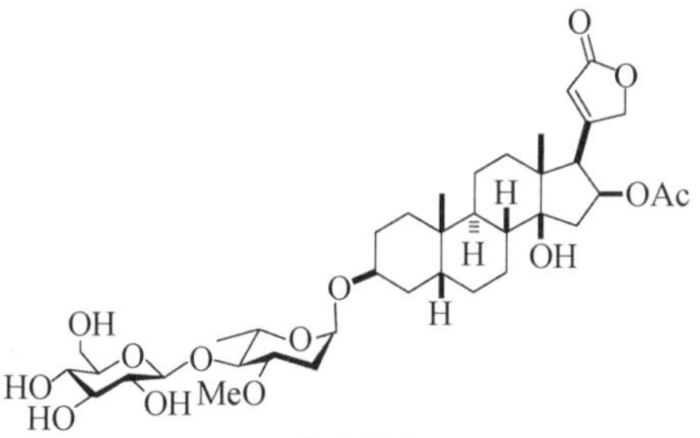

化合物37 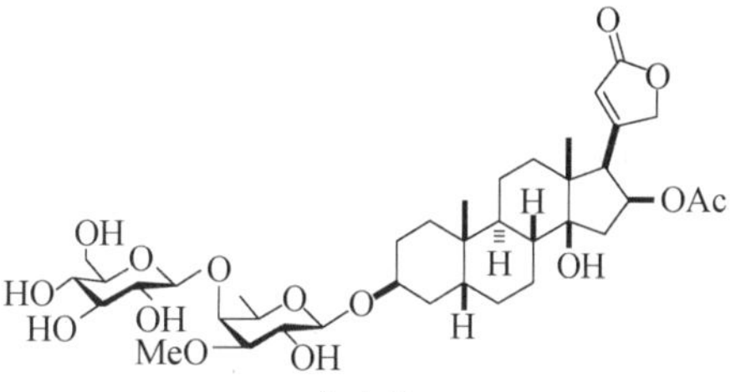　　化合物38

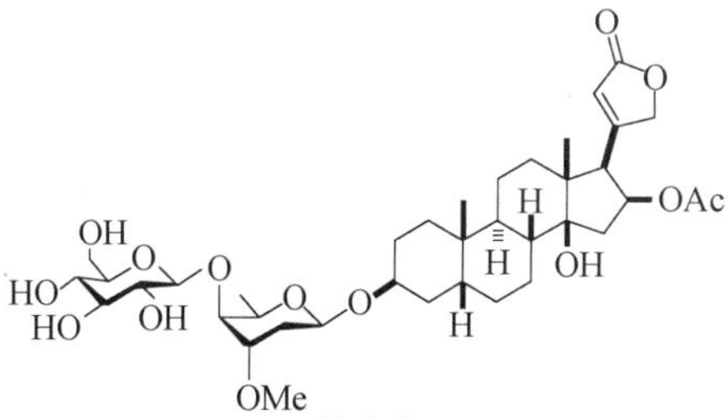

化合物39 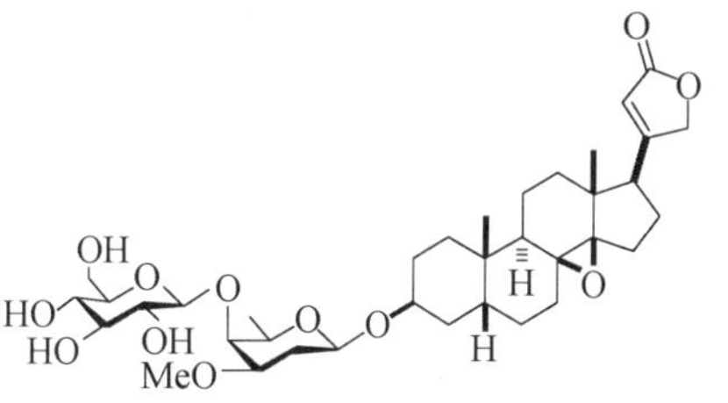　　化合物40

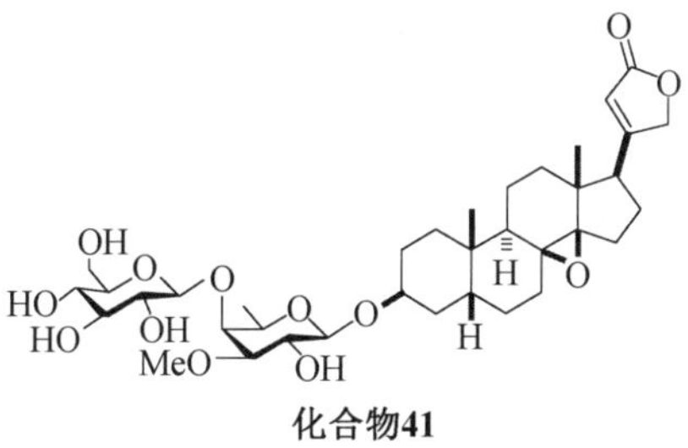

化合物41 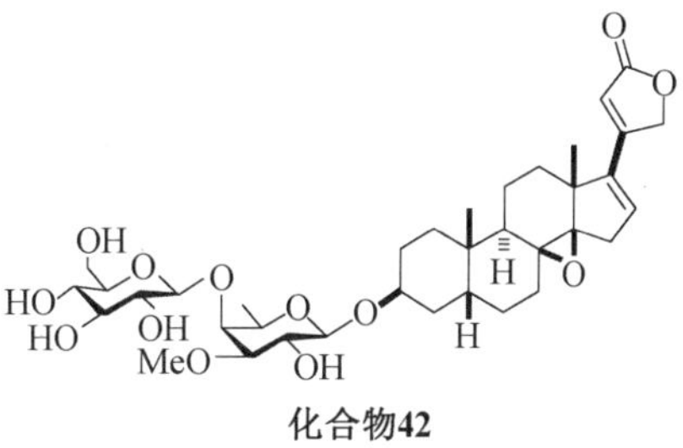　　化合物42

图 2.33　化合物 **35 ~ 61** 的结构示意图

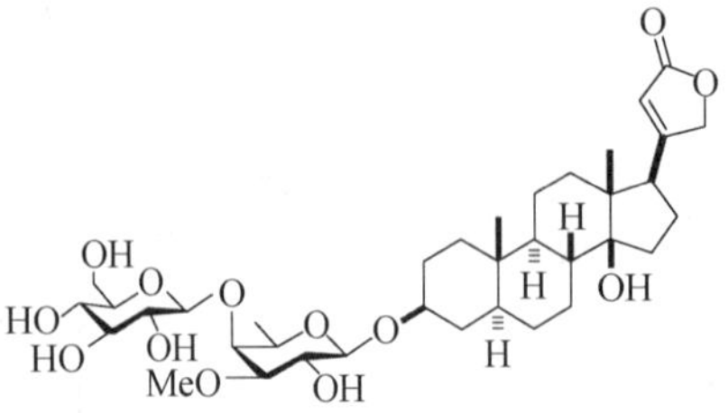

化合物**43** 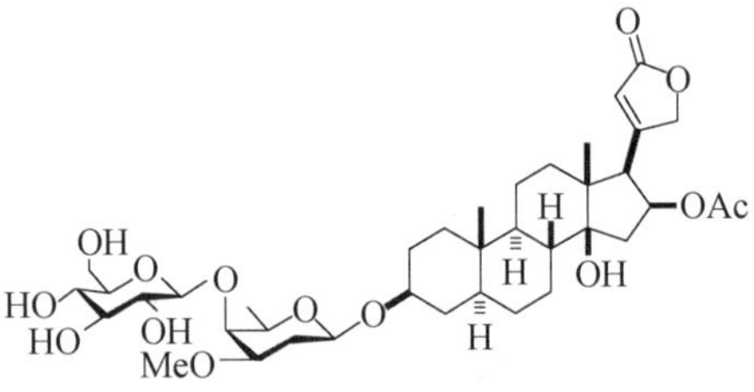 化合物**44**

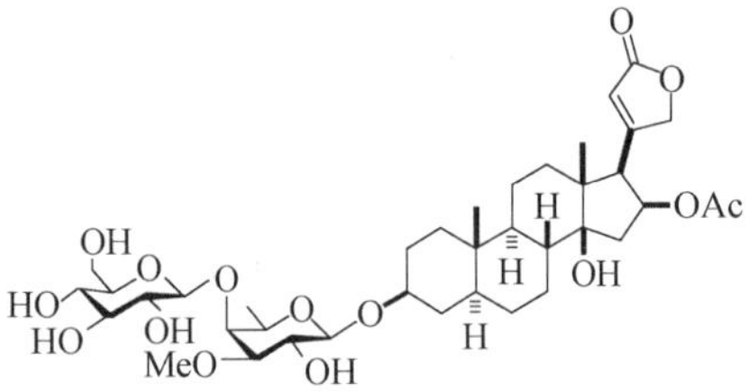

化合物**45** 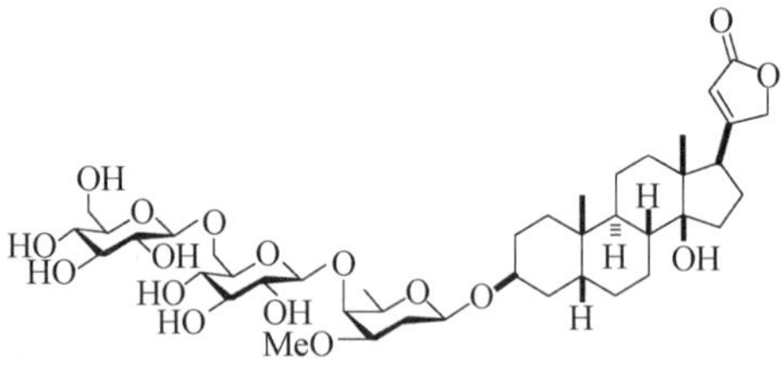 化合物**46**

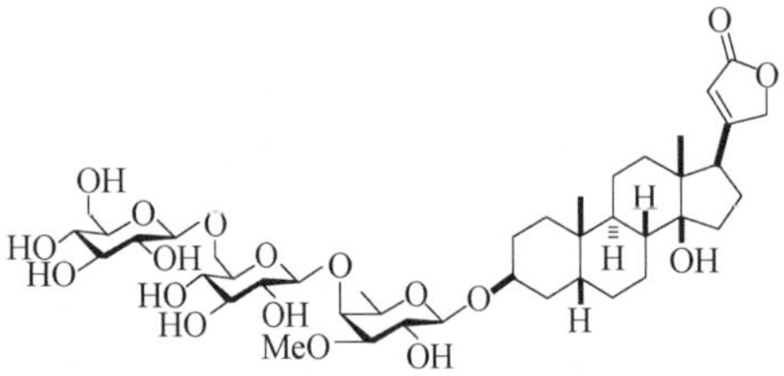

化合物**47** 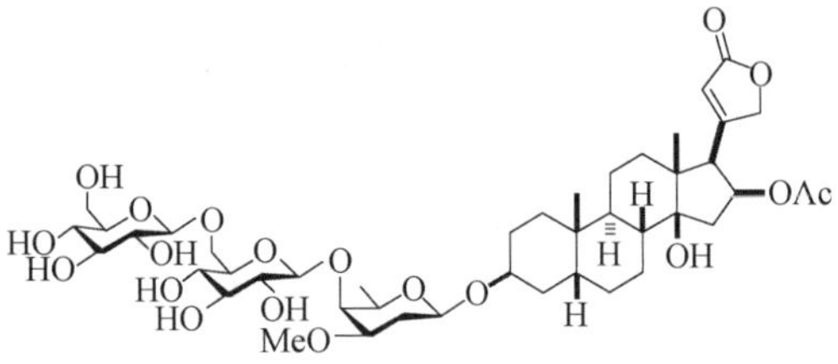 化合物**48**

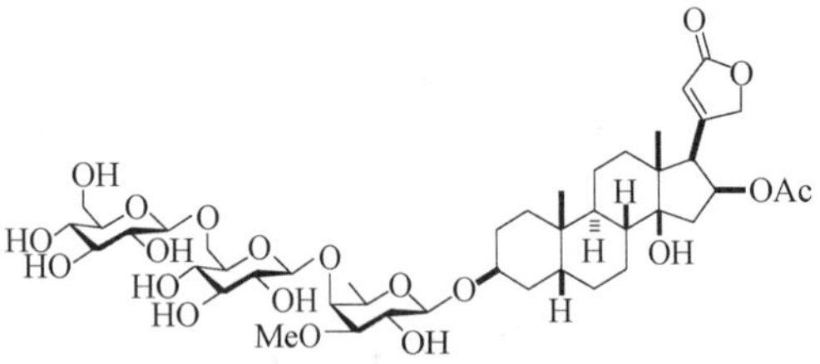

化合物**49** 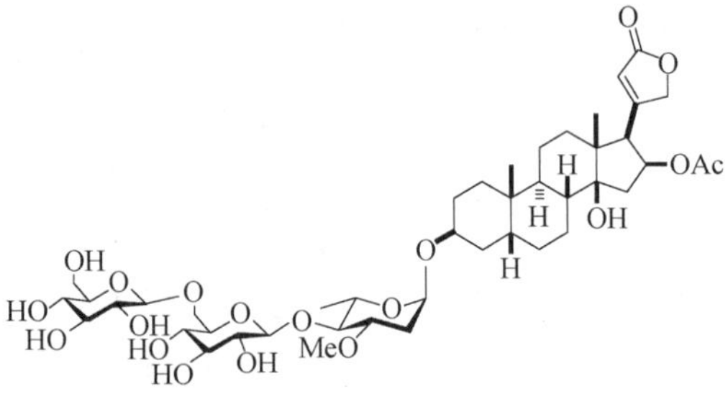 化合物**50**

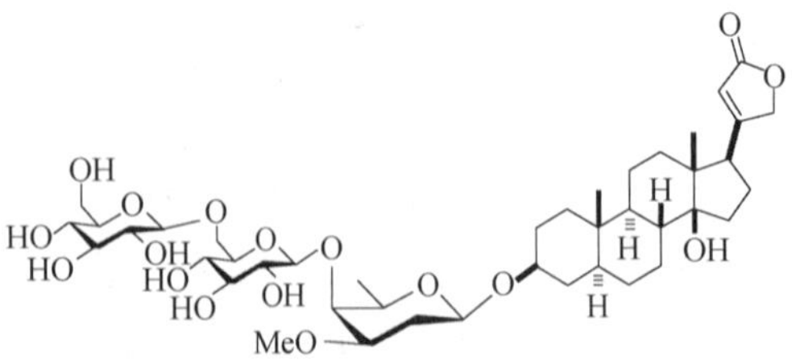

化合物**51** 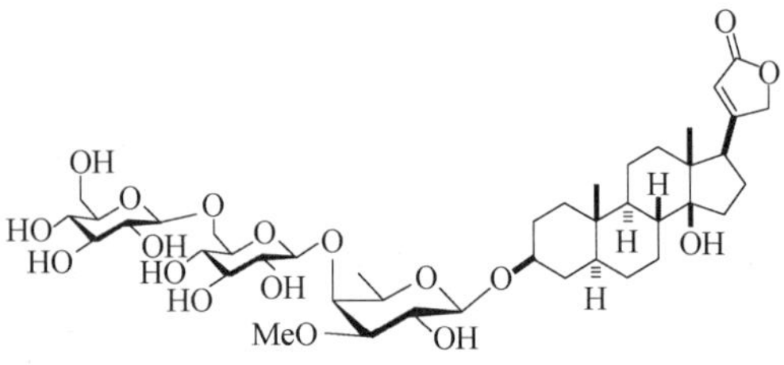 化合物**52**

续图 2.33

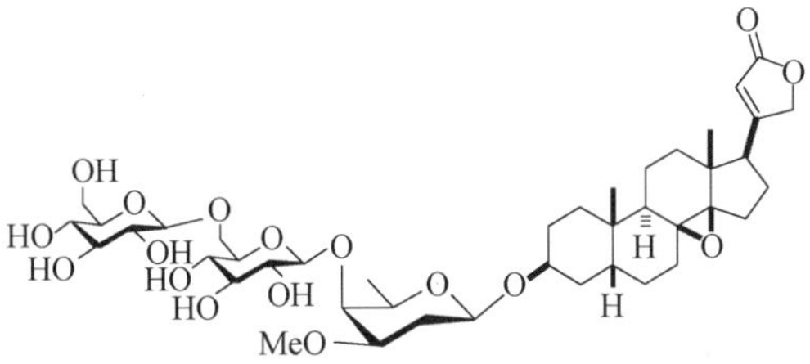

化合物53

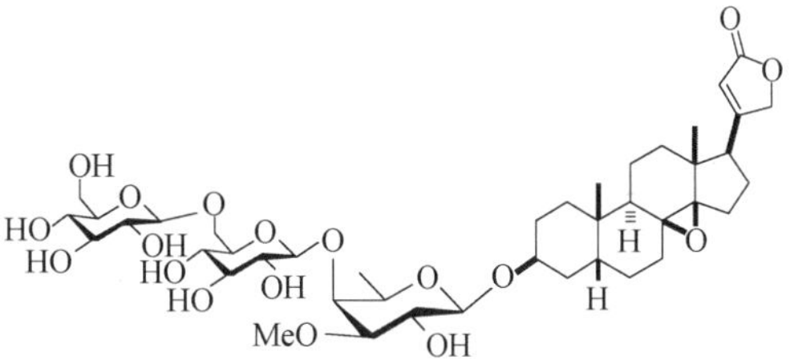

化合物54

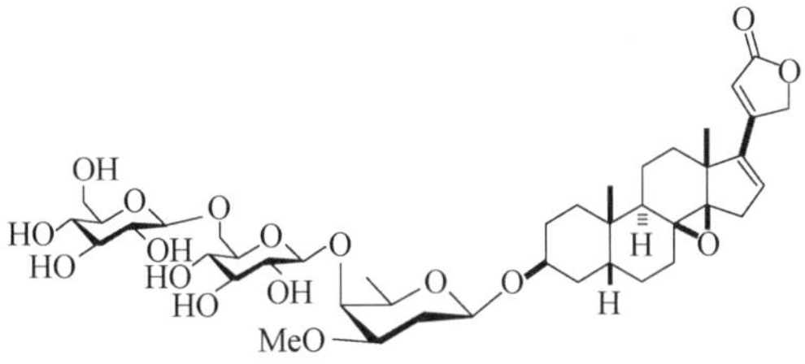

化合物55

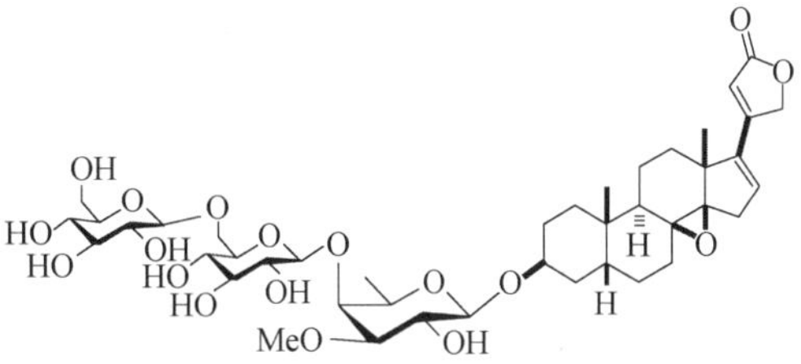

化合物56

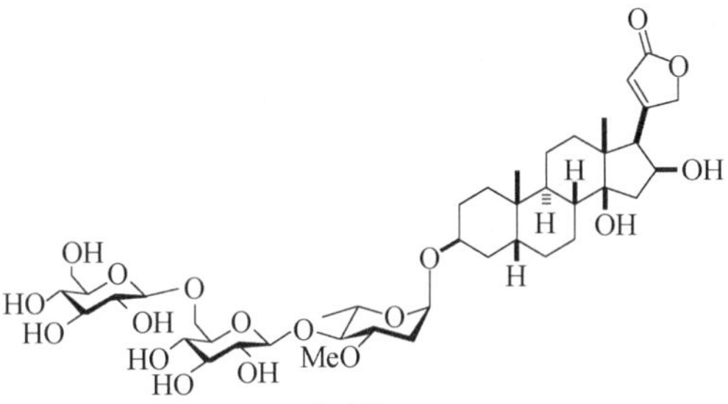

化合物57

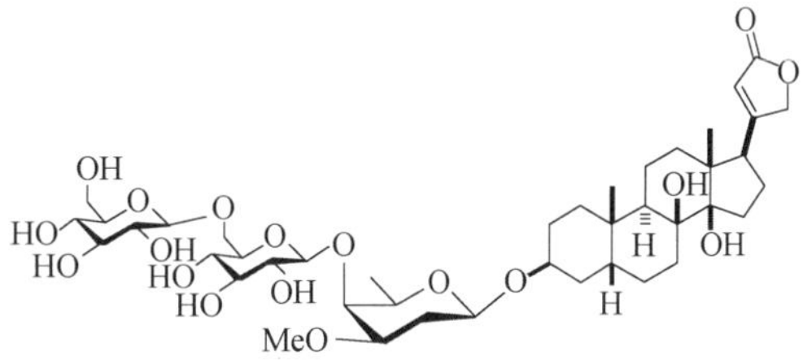

化合物58

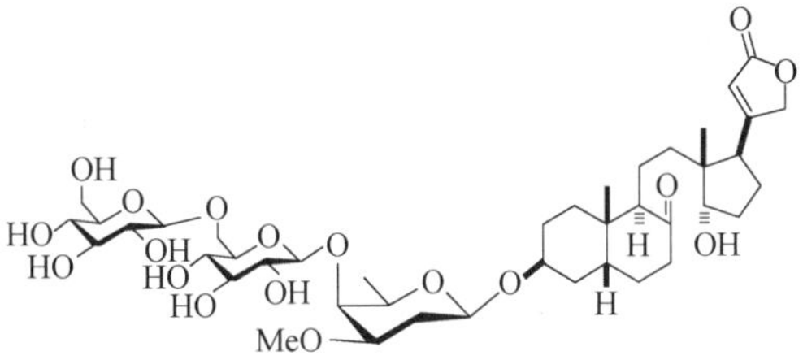

化合物59

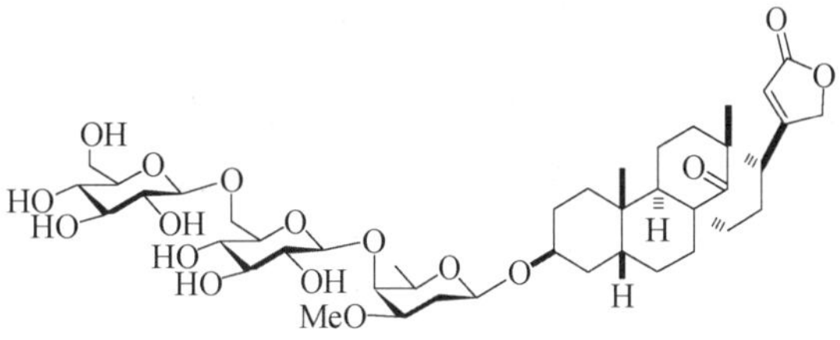

化合物60

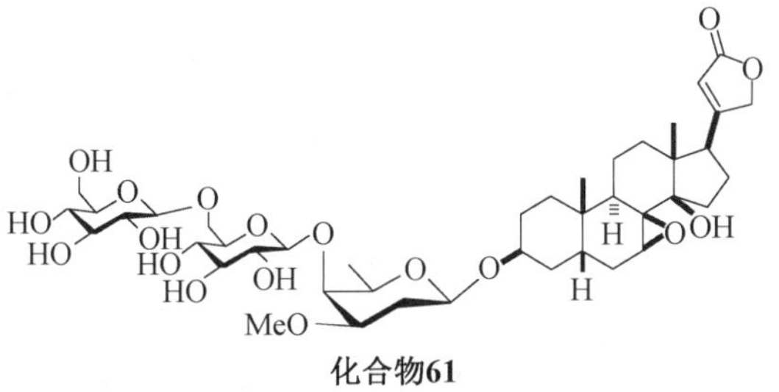

化合物61

续图 2.33

2.2.4 三萜类化合物的分离

取夹竹桃树叶的乙酸乙酯层萃取物(80.64 g),溶于乙酸乙酯,滤除不溶物,滤液浓缩得到固体36.96 g,然后取硅胶3.4 kg,经硅胶柱色谱分离得到NE-1～NE-17。将NE-5(4.466 1 g)溶于乙酸乙酯滤除不溶物(NE-5P),滤液浓缩得到的NE-5F(2.946 7 g)用硅胶柱色谱法进行分离(硅胶:274 g),得到NE-5F-1～NE-5F-7。将NE-5F-1、NE-5F-2、NE-3和NE-4合并得到样品NE-A(2.350 2 g)。分离流程如图2.34所示。

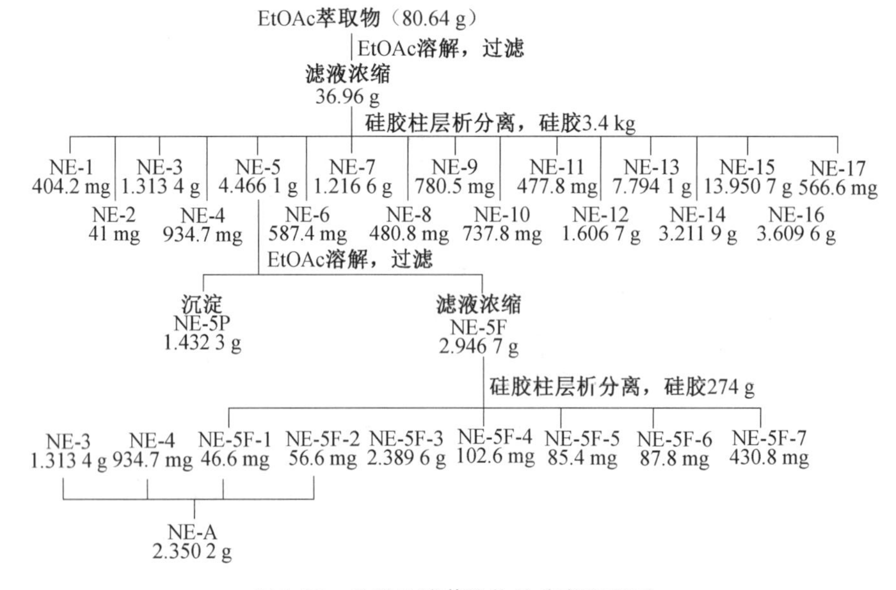

图2.34 乙酸乙酯萃取物的分离流程图

对样品NE-A的分离如图2.35所示,采用硅胶柱色谱法进行分离(硅胶:235 g),得到NE-A-1～NE-A-9。采用HPLC(φ(hexane):φ(EtOAc)=3:1)法对样品NE-A-4(450.8 mg)进行分离得到NE-A4-1～NE-A4-7,首先用乙酸乙酯对NE-A4-4(81.7 mg)重结晶,过滤,得到晶体NE-A4-4P(12.7 mg),再经反相HPLC(φ(MeOH):φ(MeCN):φ(H_2O)=20:15:3)得到NE-A4-4P2-1(3.5 mg),经NMR鉴定为化合物**66**。同时对滤液NE-A4-4F(68.1 mg)采用与晶体同样的条件进行分离,得到NE-A4-4F-1～NE-A4-4F-5,其中NE-A4-4F-4(14.1 mg)经鉴定为化合物**66**。

如图2.36所示,采用HPLC(φ(hexane):φ(EtOAc)=4:1)法对图2.35中的馏分NE-A4-3(280.1 mg)进行分离得到NE-A43-1～NE-A43-7。对NE-A43-2(195.1 mg)进行HPLC(φ(hexane):φ(EtOAc)=9:1)分离得到NE-A432-1～NE-A432-8。对NE-A432-2(9.7 mg)、NE-A432-3(91.1 mg)、NE-A432-4(9.6 mg)3个样品进行了进一步处理,其中:NE-A432-2经HPLC-ODC(φ(MeOH):φ(H_2O)=19:1)处理得到NE-A4322-1～NE-A4322-4,NE-A4322-2(2.5 mg)经鉴定为化合物**66**;NE-A432-4经HPLC-ODC(φ(MeOH):φ(H_2O)=9:1)处理得到NE-A4324-1～NE-A4324-5,NE-A4324-2(3.5 mg)经鉴定为化合物**67**。

如图2.37所示,NE-A432-3(91.1 mg)经HPLC-ODC(φ(MeOH):φ(H_2O)=

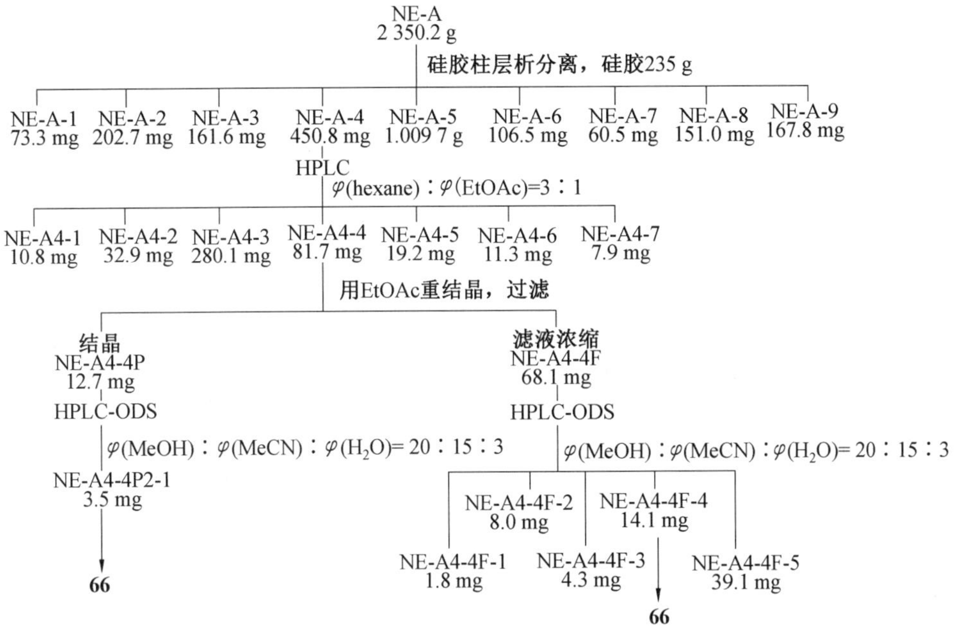

NE-A
2 350.2 g
硅胶柱层析分离，硅胶235 g
NE-A-1 73.3 mg
NE-A-2 202.7 mg
NE-A-3 161.6 mg
NE-A-4 450.8 mg
NE-A-5 1.009 7 g
NE-A-6 106.5 mg
NE-A-7 60.5 mg
NE-A-8 151.0 mg
NE-A-9 167.8 mg
HPLC
φ(hexane)：φ(EtOAc)=3：1
NE-A4-1 10.8 mg
NE-A4-2 32.9 mg
NE-A4-3 280.1 mg
NE-A4-4 81.7 mg
NE-A4-5 19.2 mg
NE-A4-6 11.3 mg
NE-A4-7 7.9 mg
用EtOAc重结晶，过滤
结晶
NE-A4-4P
12.7 mg
HPLC-ODS
φ(MeOH)：φ(MeCN)：φ(H_2O)= 20：15：3
NE-A4-4P2-1
3.5 mg
66
滤液浓缩
NE-A4-4F
68.1 mg
HPLC-ODS
φ(MeOH)：φ(MeCN)：φ(H_2O)= 20：15：3
NE-A4-4F-1 1.8 mg
NE-A4-4F-2 8.0 mg
NE-A4-4F-3 4.3 mg
NE-A4-4F-4 14.1 mg
NE-A4-4F-5 39.1 mg
66

图 2.35 NE-A 的分离流程图

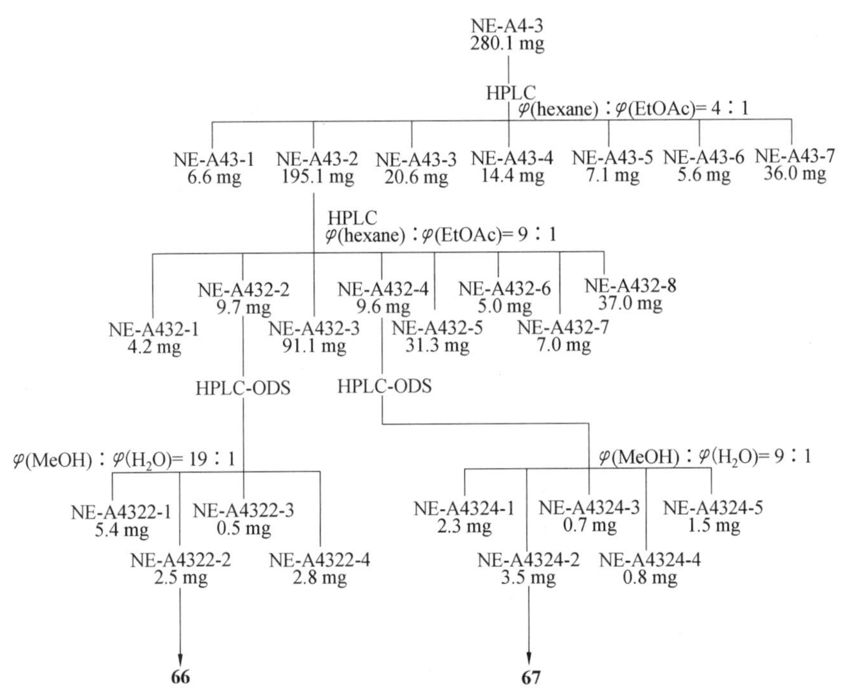

图 2.36 NE-A4-3 的分离流程图

19：1)分离得到 NE-A4323-1～NE-A4323-7。再对 NE-A4323-2(36.4 mg)、NE-A4323-4(4.3 mg)、NE-A4323-5(5.8 mg)进行进一步分离。首先，NE-A4323-2(36.4 mg)经反相 HPLC(φ(MeOH)：φ(H_2O)= 3：1)处理得到 NE-A43232-1～NE-

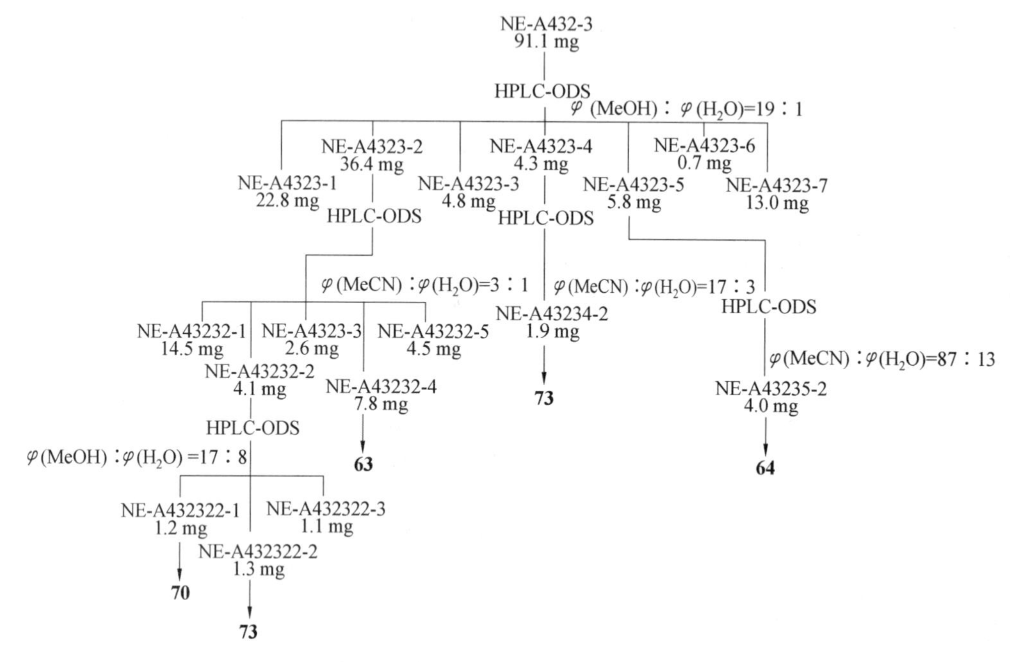

图 2.37 NE-A432-3 的分离流程图

A43232-5，其中 NE-A43232-4 (7.8 mg)被鉴定为化合物 **63**，NE-A43232-2(4.1 mg)经反相 HPLC(φ(MeOH)：φ(H_2O)= 17：8)进一步处理得到 NE-A432322-1 (1.2 mg)、NE-A432322-2 (1.3 mg)和 NE-A432322-3 (1.1 mg)。NE-A432322-1 经 NMR 鉴定为化合物 **70**，NE-A432322-2 经 NMR 鉴定为化合物 **73**。其次，NE-A4323-4(4.3 mg)经反相 HPLC(φ(MeOH)：φ(H_2O)= 17：3)进一步处理得到 NE-A43234-2(1.9 mg)，经鉴定为化合物 **73**。最后 NE-A4323-5(5.8 mg)经反相 HPLC(φ(MeCN)：φ(H_2O)= 87：13)进一步处理得到 NE-A43235-2(4.0 mg)，经 NMR 鉴定为化合物 **64**。

综上，从夹竹桃乙酸乙酯萃取物中分离得到 24 个三萜类化合物 **62～85**，结构式如图 2.38 所示。

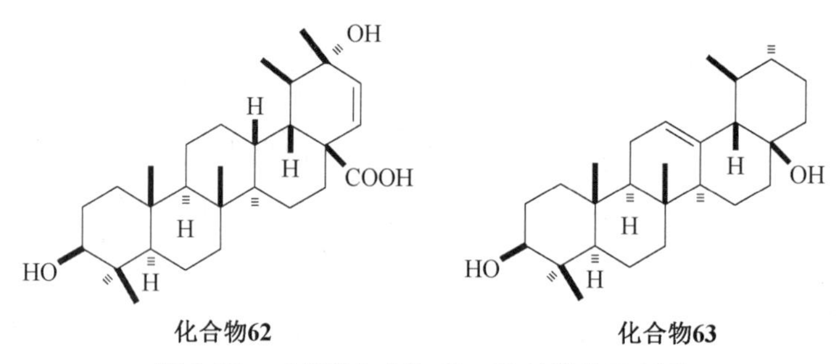

图 2.38 三萜类化合物 **62～85** 的结构示意图

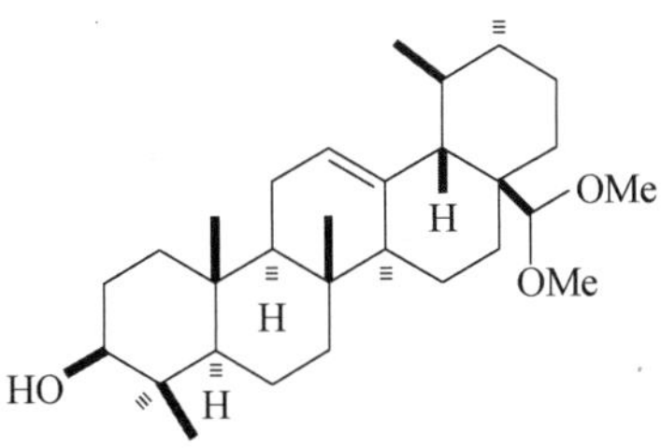

HO
H
H
H
OMe
OMe
化合物64 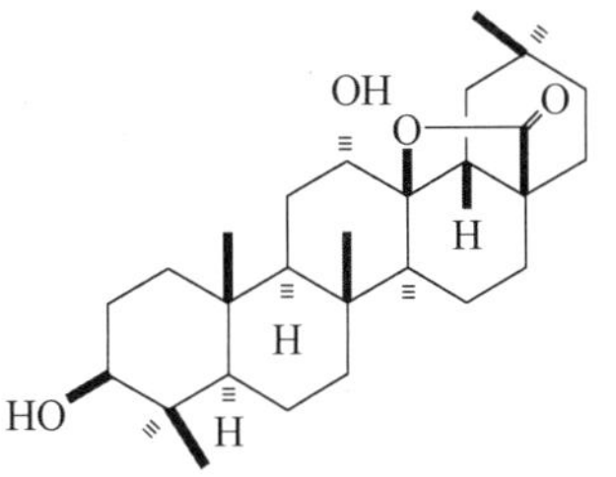
OH
O
O
H
H
H
HO
H
化合物65 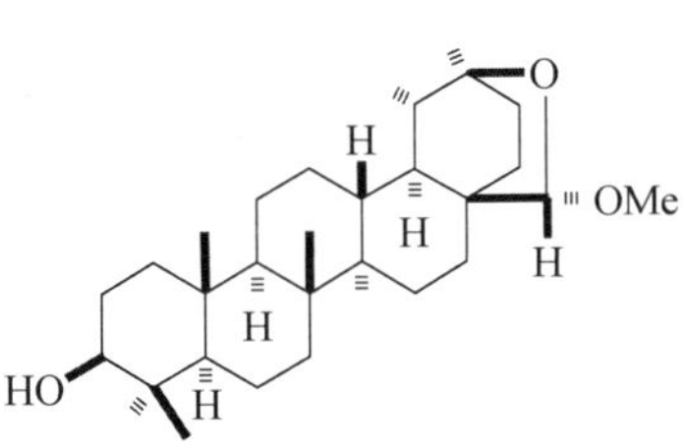
O
H
H
H
OMe
H
HO
H
化合物66 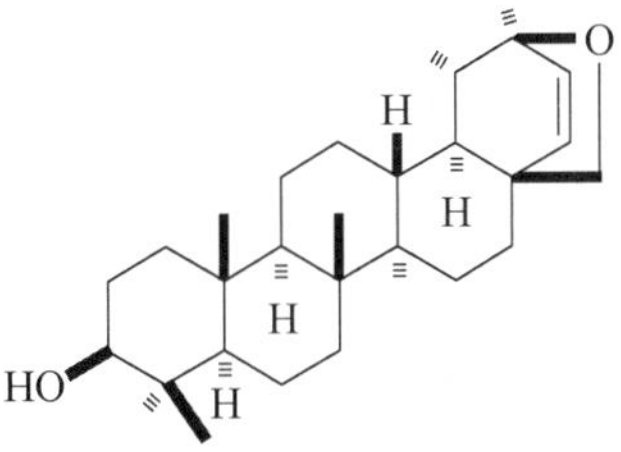
O
H
H
H
HO
H
化合物67 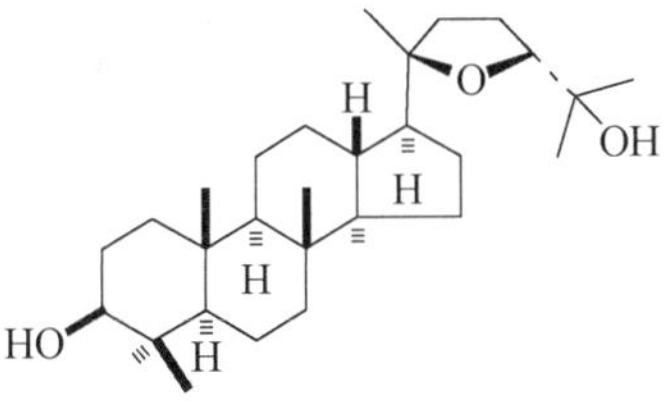
O
OH
H
H
H
HO
H
化合物68 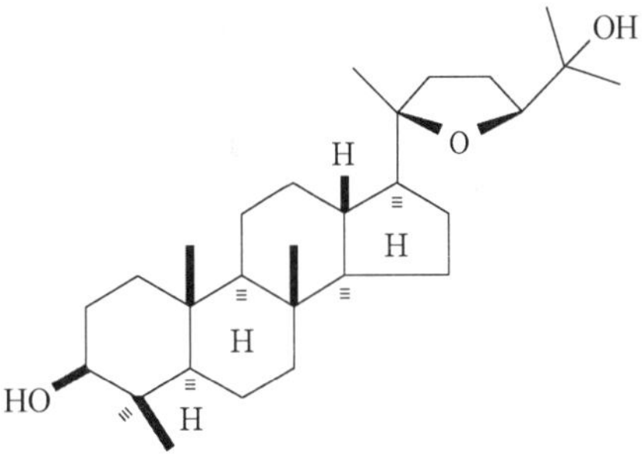
OH
O
H
H
H
HO
H
化合物69 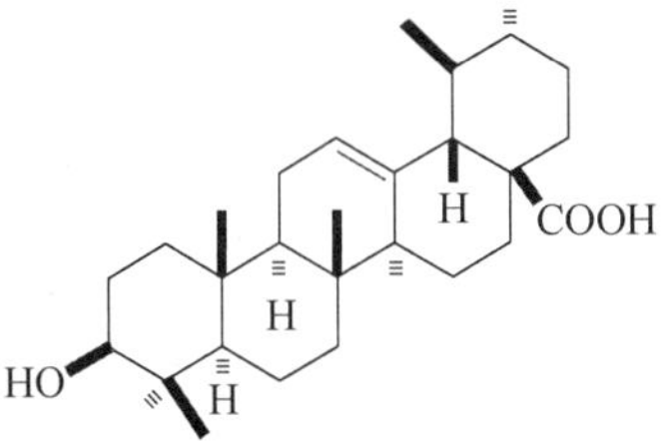
H
COOH
H
HO
H
化合物70 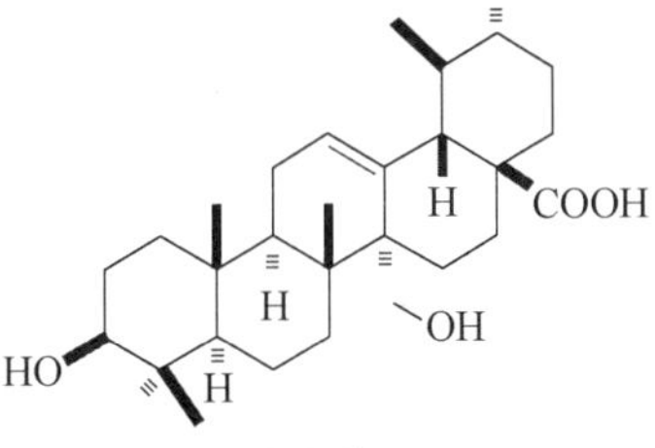
H
COOH
H
OH
HO
H
化合物71 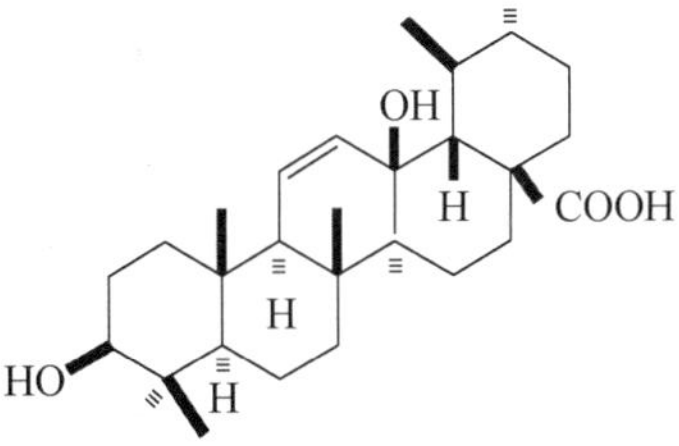
OH
H
COOH
H
HO
H
化合物72 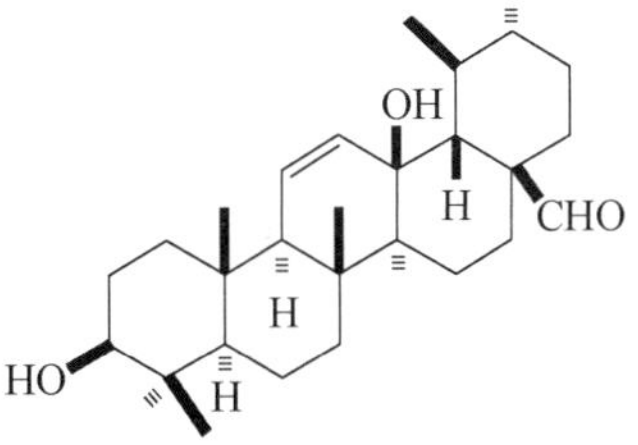
OH
H
CHO
H
HO
H
化合物73

续图 2.38

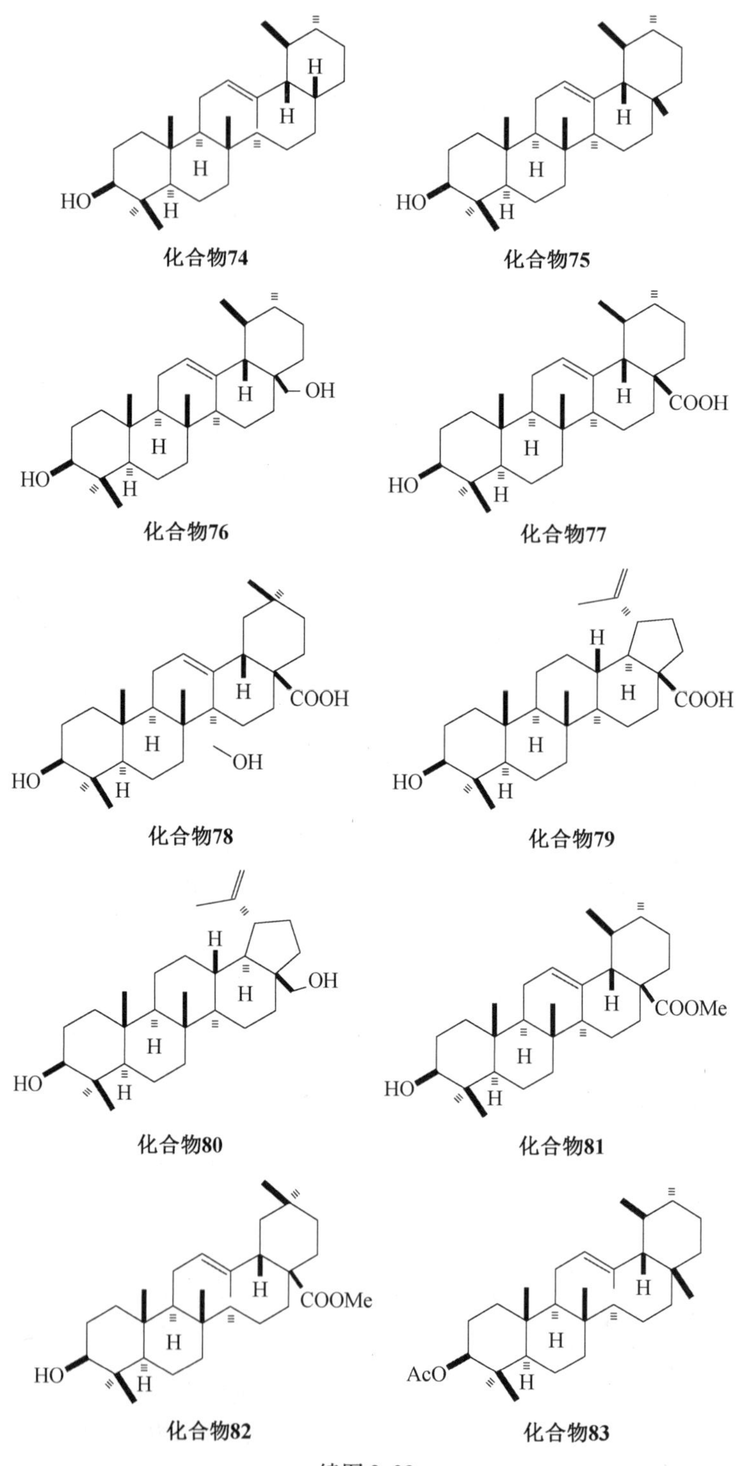
HO
H
化合物74
化合物75
OH
化合物76
COOH
化合物77
OH
化合物78
化合物79
化合物80
COOMe
化合物81
化合物82
AcO
化合物83

续图 2.38

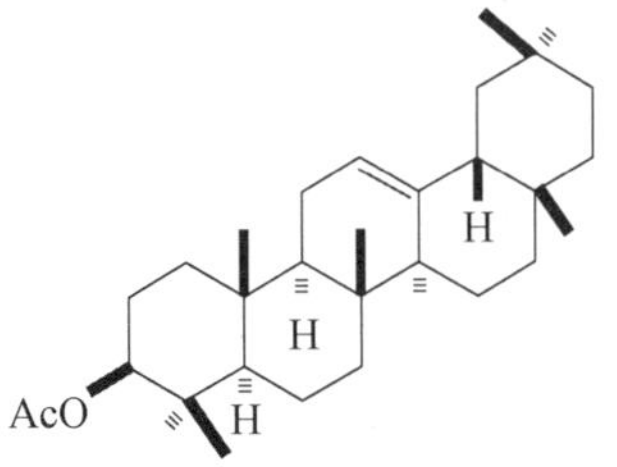

化合物84 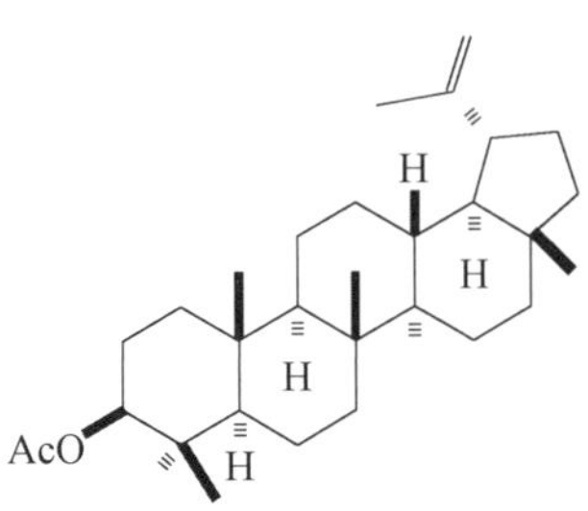　　化合物85

续图 2.38

2.3 化合物结构解析

采用硅胶柱色谱及半制备 HPLC 等现代色谱技术对夹竹桃树叶和树枝甲醇提取物进行系统分离纯化，制备了 85 个单体化合物，并根据理化性质和现代波谱技术（IR、UV、MS、^{1}H NMR、^{13}C NMR、DEPT、COSY、HMQC、HMBC、NOESY 等）鉴定其结构。包括 8 个孕甾烷类化合物（**1～8**）、26 个低极性强心苷类化合物（**9～34**）、11 个二糖强心苷类化合物（**35～45**）、16 个三糖强心苷类化合物（**46～61**）和 24 个三萜类化合物（**62～85**）。

（1）8 个孕甾烷类化合物。

21-羟基孕甾-4,6-二烯-3,12,20-三酮（21-hydroxypregna-4,6-diene-3,12,20-trione,**1**）、20*R*-羟基孕甾-4,6-二烯-3,12-二酮（20*R*-hydroxypregna-4,6-diene-3,12-dione,**2**）、16β,17β-环氧-12β-羟基孕甾-4,6-二烯-3,20-二酮（16β,17β-epoxy-12β-hydroxypregna-4,6-diene-3,20-dione,**3**）、12β,羟基孕甾-4,6,16-三烯-3,20-二酮（欧夹二烯酮 A）[12β,hydroxypregna-4,6,16-triene-3,20-dione(neridienone A, **4**)]、20*S*,21-二羟基孕甾-4,6-二烯-3,12-二酮（欧夹二烯酮 B）[20*S*,21-dihydroxypregna-4,6-diene-3,12-dione(neridienone B, **5**)]、20*S*,21-二羟基孕甾-4,6-二烯-3,12-二酮（20*S*,21-dihydroxypregna-4,6-diene-3,12-dione,**6**）、21-O-(β-吡喃葡萄糖)-4-烯-3,20-二酮 [21-O-(β-glucopyranosyl)-4-ene-3,20-dione, **7**]、3β-O-{β-D-吡喃葡萄糖-(1→2)-[β-D-吡喃葡萄糖-(1→4)]-β-D-吡喃葡萄糖}-17α-孕甾-5-烯-20-酮 {3β-O-{β-D-glucopyranosyl-(1→2)-[β-D-glucopyranosyl-(1→4)]-β-D-glucopyranosyl}-17α-pregn-5-en-20-one,**8**}。

（2）26 个低极性强心苷类化合物。

3β-O-(D-箭毒羊角拗糖)-14-羟基-5β,14β-强心甾-20(22)-烯 [3β-O-(D-sarmentosyl)-14-hydroxy-5β, 14β-card-20(22)-enolide,**9**]、3β-O-(D-箭毒羊角拗糖)-8,14-环氧-5β,14β-强心甾-16,20(22)-二烯 [3β-O-(D-sarmentosyl)-8,14-epoxy-5β,14β-card-16,20(22)-dienolide,**10**]、3β-O-(D-脱氧洋地黄糖)-8,14,16α,17-二环氧-5β,15β-强心甾-20(22)-烯 [3β-O-(D-diginosyl)-8,14,16α,17-diepoxy-5β,15β-card-20(22)-enolide,**11**]、3β-O-(D-脱氧洋地黄糖)-16β-乙酰-14-羟基-5α,14β-强心甾-20(22)-烯 [3β-O-(D-diginosyl)-16β-acetoxy-14-hydroxy-5α,14β-card-20(22)-enolide,**12**]、3β,14-二羟基-5β,14β-强心甾-20(22)-烯 [3β,14-dihydroxy-5β,

14β-card-20(22)-enolide,**13**]、3β-O-(D-脱氧洋地黄糖)-14-羟基-5β,14β-强心甾-20(22)-烯[3β-O-(D-diginosyl)-14-hydroxy-5β,14β-card-20(22)-enolide,**14**]、3β-O-(D-脱氧洋地黄糖)-14β-羟基-5α,14β-强心甾-20(22)-烯[3β-O-(D-diginosyl)-14β-hydroxy-5α,14β-card-20(22)-enolide,**15**]、3β-O-(D-脱氧洋地黄糖)-8,14-环氧-5β,14β-强心甾-16,20(22)-二烯[3β-O-(D-diginosyl)-8,14-epoxy-5β,14β-card-16,20(22)-dienolide,**16**]、3β-O-(D-脱氧洋地黄糖)-8,14-环氧-5β,14β-强心甾-20(22)-烯[3β-O-(D-diginosyl)-8,14-epoxy-5β,14β-card-20(22)-enolide,**17**]、3β-O-(D-脱氧洋地黄糖)-8,14β-二羟基-5β,14β-强心甾-20(22)-烯[3β-O-(D-diginosyl)-8,14β-dihydroxy-5β,14β-card-20(22)-enolide,**18**]、3β-O-(D-箭毒羊角拗糖)-16β-乙酰-14-羟基-5β,14β-强心甾-20(22)-烯[3β-O-(D-sarmentosyl)-16β-acetoxy-14-hydroxy-5β,14β-card-20(22)-enolide,**19**]、16β-乙酰-3β,14-二羟基-5β,14β-强心甾-20(22)-烯[16β-acetoxy-3β,14-dihydroxy-5β,14β-card-20(22)-enolide,**20**]、3β-O-(D-脱氧洋地黄糖)-16β-乙酰-14-羟基-5β,14β-强心甾-20(22)-烯[3β-O-(D-diginosyl)-16β-acetoxy-14-hydroxy-5β,14β-card-20(22)-enolide,**21**]、3β-O-(β-D-洋地黄糖)-8,14-环氧-5β,14β-强心甾-20(22)-烯[3β-O-(β-D-digitalosyl)-8,14-epoxy-5β,14β-card-20(22)-enolide,**22**]、3β-O-(β-D-脱氧洋地黄糖)-7β,8-环氧-14-羟基-5β,14β-强心甾-20(22)-烯[3β-O-(β-D-diginosyl)-7β,8-epoxy-14-hydroxy-5β,14β-card-20(22)-enolide,**23**]、8R-3β-羟基-14-氧络-15(15→8)松香烷型-5β-强心甾-20(22)-烯[8R-3β-hydroxy-14-oxo-15(15→8)abeo-5β-card-20(22)-enolide,**24**]、3β-O-(D-洋地黄糖)-14-羟基-5β,14β-强心甾-20(22)-烯(夹竹桃苷H)[3β-O-(D-digitalosyl)-14-hydroxy-5β,14β-card-20(22)-enolide(odoroside H, **25**)]、3β-O-(D-洋地黄糖)-16β-乙酰-14-羟基-5β,14β-强心甾-20(22)-烯(夹竹桃苷)、[3β-O-(D-digitalosyl)-16β-acetoxy-14-hydroxy-5β,14β-card-20(22)-enolide(neritaloside, **26**)]、3β-O-(L-齐墩果糖)-16β-乙酰-14-羟基-5β,14β-强心甾-20(22)-烯、[3β-O-(L-oleandrosyl)-16β-acetoxy-14-hydroxy-5β,14β-card-20(22)-enolide(oleandrin, **27**)]、3β-O-(D-葡糖基)-16β-乙酰-14-羟基-5β,14β-强心甾-20(22)-烯[3β-O-(D-glucosyl)-16β-acetoxy-14-hydroxy-5β,14β-card-20(22)-enolide,**28**]、3β-O-(D-脱氧洋地黄糖基)-14,16β-二羟基-5β,14β-强心甾-20(22)-烯[3β-O-(D-diginosyl)-14,16β-dihydroxy-5β,14β-card-20(22)-enolide,**29**]、3β-O-(D-洋地黄糖基)-14-羟基-5α,14β-强心甾-20(22)-烯[3β-O-(D-digitalosyl)-14-hydroxy-5α,14β-card-20(22)-enolide,**30**]、3β-O-(D-洋地黄糖基)-8,14-环氧-5β,14β-强心甾-16,20(22)-二烯[3β-O-(D-digitalosyl)-8,14-epoxy-5β,14β-card-16,20(22)-dienolide,**31**]、3β-O-(D-葡萄糖基)-14-羟基-5β,14β-强心甾-16,20(22)-二烯[3β-O-(D-diginosyl)-14-hydroxy-5β,14β-card-16,20(22)-dienolide,**32**]、8R-3β-O-(D-脱氧洋地黄糖基)-14-氧络-15(15→8)松香烷型-5β-强心甾-20(22)-烯(欧夹竹桃苷A)[8R-3β-O-(D-diginosyl)-14-oxo-15(15→8)abeo-5β-card-20(22)-enolide(oleaside A, **33**)]、3β-O-(D-脱氧洋地黄糖基)-8,14-闭联-14α-羟基-8-氧络-5β-强心甾-20(22)-烯(夹竹桃苷)[3β-O-(D-diginosyl)-8,14-seco-14α-hydroxy-8-oxo-5β-card-20(22)-

enolide(neriaside, **34**)]。

(3)11 个二糖强心苷类化合物。

3β-O-[β-D-吡喃葡萄糖基-(1→4)-β-D-吡喃脱氧洋地黄糖基]-14α-羟基-8-氧络-8,14-闭联-5β-强心甾-20(22)-烯{3β-O-[β-D-glucopyranosyl-(1→4)-β-D-diginopyranosyl]-14α-hydroxy-8-oxo-8,14-seco-5β-card-20(22)-enolide,**35**}、3β-O-(4-O-D-吡喃葡萄糖基-D-脱氧洋地黄糖基)-16β-乙酰-14-羟基-5β,14β-强心甾-20(22)-烯[3β-O-(4-O-D-glucopyranosyl-D-diginosyl)-16β-acetoxy-14-hydroxy-5β,14β-card-20(22)-enolide,**36**]、3β-O-(4-O-D-吡喃葡萄糖基-L-夹竹桃糖基)-16β-乙酰-14-羟基-5β,14β-强心甾-20(22)-烯[3β-O-(4-O-D-glucopyranosyl-L-oleandrosyl)-16β-acetoxy-14-hydroxy-5β,14β-card-20(22)-enolide,**37**]、3β-O-(4-O-D-吡喃葡萄糖基-D-洋地黄糖基)-16β-乙酰-14-羟基-5β,14β-强心甾-20(22)-烯[3β-O-(4-O-D-glucopyranosyl-D-digitalosyl)-16β-acetoxy-14-hydroxy-5β,14β-card-20(22)-enolide,**38**]、3β-O-(4-O-D-吡喃葡萄糖基-D-箭毒羊角拗糖基)-16β-乙酰-14-羟基-5β,14β-强心甾-20(22)-烯[3β-O-(4-O-D-glucopyranosyl-D-sarmentosyl)-16β-acetoxy-14-hydroxy-5β,14β-card-20(22)-enolide,**39**]、3β-O-(4-O-D-吡喃葡萄糖基-D-吡喃脱氧洋地黄糖基)-8,14-环氧-5β,14β-强心甾-20(22)-烯[3β-O-(4-O-D-glucopyranosyl-D-diginopyranosyl)-8,14-epoxy-5β,14β-card-20(22)-enolide,**40**]、3β-O-(4-O-吡喃葡萄糖基-D-洋地黄糖基)-8,14-环氧-5β,14β-强心甾-20(22)-烯[3β-O-(4-O-glucopyranosyl-D-digitalosyl)-8,14-epoxy-5β,14β-card-20(22)-enolide,**41**]、3β-O-(4-O-吡喃葡萄糖基-D-洋地黄糖基)-8,14-环氧-5β,14β-强心甾-16,20(22)-二烯[3β-O-(4-O-glucopyranosyl-D-digitalosyl)-8,14-epoxy-5β,14β-card-16,20(22)-dienolide,**42**]、3β-O-(4-O-吡喃葡萄糖基-D-洋地黄糖基)-14β-羟基-5α,14β-强心甾-20(22)-烯[3β-O-(4-O-glucopyranosyl-D-digitalosyl)-14β-hydroxy-5α,14β-card-20(22)-enolide,**43**]、3β-O-(4-O-吡喃葡萄糖基-D-脱氧洋地黄糖基)-16β-乙酰-14-羟基-5α,14β-强心甾-20(22)-烯[3β-O-(4-O-glucopyranosyl-D-diginosyl)-16β-acetoxy-14-hydroxy-5α,14β-card-20(22)-enolide,**44**]、3β-O-(4-O-吡喃葡萄糖基-D-洋地黄糖基)-16β-乙酰-14-羟基-5α,14β-强心甾-20(22)-烯[3β-O-(4-O-glucopyranosyl-D-digitalosyl)-16β-acetoxy-14-hydroxy-5α,14β-card-20(22)-enolide,**45**]。

(4)16 个三糖强心苷类化合物。

3β-O-(4-O-龙胆双糖基-D-脱氧洋地黄糖基)-14-羟基-5β,14β-强心甾-20(22)-烯[3β-O-(4-O-gentiobiosyl-D-diginosyl)-14-hydroxy-5β,14β-card-20(22)-enolide,**46**]、3β-O-(4-O-龙胆双糖基-D-洋地黄糖基)-14-羟基-5β,14β-强心甾-20(22)-烯[3β-O-(4-O-gentiobiosyl-D-digitalosyl)-14-hydroxy-5β,14β-card-20(22)-enolide,**47**]、3β-O-(4-O-龙胆双糖基-D-去氧洋地黄糖基)-16β-乙酰-14-羟基-5β,14β-强心甾-20(22)-烯[3β-O-(4-O-gentiobiosyl-D- diginosyl)-16β-acetoxy-14-hydroxy-5β,14β-card-20(22)-enolide,**48**]、3β-O-(4-O-龙胆双糖基-D-洋地黄糖基)-16β-乙酰-14-羟基-5β,14β-强心甾-20(22)-烯[3β-O-(4-O-gentiobiosyl-D-digitalosyl)-16β-acetoxy-14-hydroxy-5β,14β-card-20(22)-enolide,**49**]、3β-O-(4-O-龙胆双

糖基-L-齐墩果糖基)-16β-乙酰-14-羟基-5β,14β-强心甾-20(22)-烯[3β-O-(4-O-gentiobiosyl-L-oleandrosyl)-16β-acetoxy-14-hydroxy-5β,14β-card-20(22)-enolide,**50**],3β-O-(4-O-龙胆双糖基-D-去氧洋地黄糖基)-14-羟基-5α,14β-强心甾-20(22)-烯(夹竹桃苷K)[3β-O-(4-O-gentiobiosyl-D-diginosyl)-14-hydroxy-5α,14β-card-20(22)-enolide(odoroside K,**51**)]、3β-O-(4-O-龙胆双糖基-D-洋地黄糖基)-14-羟基-5α,14β-强心甾-20(22)-烯[3β-O-(4-O-gentiobiosyl-D-digitalosyl)-14-hydroxy-5α,14β-card-20(22)-enolide,**52**]、3β-O-(4-O-龙胆双糖基-D-去氧洋地黄糖基)-8,14-环氧-5β,14β-强心甾-20(22)-烯[3β-O-(4-O-gentiobiosyl-D-diginosyl)-8,14-epoxy-5β,14β-card-20(22)-enolide,**53**]、3β-O-(4-O-龙胆双糖基-D-洋地黄糖基)-8,14-环氧-5β,14β-强心甾-20(22)-烯[3β-O-(4-O-gentiobiosyl-D-digitalosyl)-8,14-epoxy-5β,14β-card-20(22)-enolide,**54**]、3β-O-(4-O-龙胆双糖基-D-去氧洋地黄糖基)-8,14-环氧-5β,14β-强心甾-16,20(22)-二烯[3β-O-(4-O-gentiobiosyl-D-diginosyl)-8,14-epoxy-5β,14β-card-16,20(22)-dienolide,**55**]、3β-O-(4-O-龙胆双糖基-D-洋地黄糖基)-8,14-环氧-5β,14β-强心甾-16,20(22)-二烯[3β-O-(4-O-gentiobiosyl-D-digitalosyl)-8,14-epoxy-5β,14β-card-16,20(22)-dienolide,**56**]、3β-O-(4-O-龙胆双糖基-L-齐墩果糖基)-14,16β-二羟基-5β,14β-强心甾-20(22)-烯[3β-O-(4-O-gentiobiosyl-L-oleandrosyl)-14,16β-dihydroxy-5β,14β-card-20(22)-enolide,**57**]、3β-O-(4-O-龙胆双糖基-D-去氧洋地黄糖基)-8β,14-二羟基-5β,14β-强心甾-20(22)-烯[3β-O-(4-O-gentiobiosyl-D-diginosyl)-8β,14-dihydroxy-5β,14β-card-20(22)-enolide,**58**]、3β-O-(4-O-龙胆双糖基-D-去氧洋地黄糖基)-14α-羟基-8-氧络-8,14-闭联-5β-强心甾-20(22)-烯[3β-O-(4-O-gentiobiosyl-D-diginosyl)-14α-hydroxy-8-oxo-8,14-seco-5β-card-20(22)-enolide,**59**]、3β-O-(4-O-龙胆双糖基-D-去氧洋地黄糖基)-14-氧络-15(15→8)松香烷型-强心甾-20(22)-烯[3β-O-(4-O-gentiobiosyl-D-diginosyl)-14-oxo-15(15→8)abeo-card-20(22)-enolide,**60**]、3β-O-(4-O-龙胆双糖基-D-去氧洋地黄糖基)-7,8-环氧-14β-羟基-5β,14β-强心甾-20(22)-烯(强心甾B-3)[3β-O-(4-O-gentiobiosyl-D-diginosyl)-7,8-epoxy-14β-hydroxy-5β,14β-card-20(22)-enolide(cardinolide B-3,**61**)]。

(5)24个三萜类化合物。

3,20-二羟基乌苏-21-烯-28-羧酸(夹竹桃酸)[3,20-dihydroxyurs-21-en-28-oic acid(oleanderic acid,**62**)]、28-去甲乌苏-12-烯-3β,17β-二醇(28-norurs-12-en-3β,17β-diol,**63**)、28,28-二甲氧基乌苏-12-烯-3β-醇(28,28-dimethoxyurs-12-en-3β-ol,**64**)、3β,12α-二羟基齐墩果烷-28,13β-内酯(夹竹桃内酯)[3β,12α-dihydroxyoleanan-28,13β-olide(oleanderolide,**65**)],20β,28-环氧-28α-甲氧蒲公英甾烷-3β-醇(20β,28-epoxy-28α-methoxytaraxasteran-3β-ol,**66**)、20β,28-环氧蒲公英甾-21-烯-3β-醇(20β,28-epoxytaraxaster-21-en-3β-ol,**67**)、20*S*,24*R*-环氧达玛烷-3β,25-二醇(20*S*,24*R*-epoxydamarane-3β,25-diol,**68**)、20*S*,24*S*-环氧达玛烷-3β,25-二醇(20*S*,24*S*-epoxydamarane-3β,25-diol,**69**)、乌苏酸(ursolic acid,**70**)、3β,27-二羟基-12-乌苏烯-28-羧酸(3β,27-dihydroxy-12-ursen-28-oic acid,**71**)、3β,13β-二羟基乌苏-11-烯-28-羧酸(3β,13βdihydroxyurs-11-en-28-oic acid,**72**)、3β-羟基乌苏-12-烯-28-醛(3β-hydroxyurs-12-en-28-aldehyde,**73**)、28-去甲乌苏-12-烯-3β-醇(28-norurs-12-en-3β-ol,**74**)、乌苏-12-烯-3β-醇(urs-12-en-3β-ol,**75**)、乌苏-12-烯-3β,28-二醇(urs-12-ene-3β,28-diol,**76**)、3β-羟基-12-齐墩果烯-28-羧酸(齐墩果酸)[3β-hydroxy-12-oleanen-28-oic acid(oleanolic acid, **77**)]、3β,27-二羟基-12-齐墩果烯-28-羧酸(3β,27-dihydroxy-12-oleanen-28-oic acid,**78**)、3β-羟基-20(29)-羽扇豆烯-28-羧酸(白桦酸)[3β-hydroxy-20(29)-lupene-28-oic acid(betulinic acid,**79**)], 20(29)-羽扇豆烯-3β,28-二醇(白桦醇)[20(29)-lupene-3β,28-diol,betulin, **80**]、3β-羟基乌苏-12-烯-28-甲基乌苏酸[3β-hydroxyurs-12-en-28-methyl ursolate,**81**]、3β-羟基-12-齐墩果烯-28-甲基齐墩果酸(甲基齐墩果酸)[3β-hydroxy-12-oleanen-28-methyl oleanolate,**82**]、乌苏-12-烯-3β-乙酰(urs-12-en-3β-acetate,**83**)、β-乙酰-12-齐墩果烯-28-甲基(β-acetate-12-oleanen-28-methyl,**84**)和羽扇-20(29)-烯-3-乙酰(乙酰羽扇豆醇酯)[Lup-20(29)-ene-3-acetate(lupenyl acetate,**85**)]。

2.3.1 孕甾烷类化合物1~8的结构解析

1.21-羟基孕甾-4,6-二烯-3,12,20-三酮(化合物1)

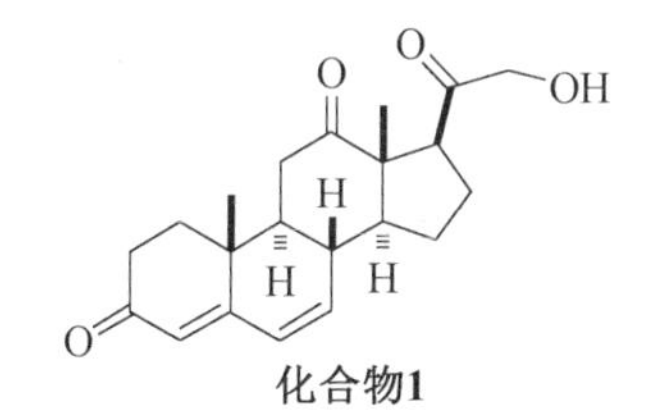

化合物1

化合物**1**为无色粉末,熔点为161~163 ℃,$[\alpha]_D^{20}$ = +90.6°(c(MeOH)=0.223 mol/L),IR($CHCl_3$)v_{max}为3 500、1 709、1 663、1 630和1 618 cm^{-1}。化合物**1**的红外谱图显示在3 500 cm^{-1}处有羟基吸收峰,在1 709、1 663、1 630和1 618 cm^{-1}处有羰基吸收峰及共轭羰基吸收峰。根据HREIMS测得化合物**1**的m/z M^+为342.183 2,计算值为342.183 1,推测化合物**1**的分子式为$C_{21}H_{26}O_4$。紫外谱图中λ_{max}: 265 nm(log ε 4.23),表明化合物**1**包含共轭二烯酮发色团。

^{13}C NMR谱图显示共有21个碳元素信号,其中在δ198.7、210.8和211.6处显示有3个羰基碳信号,在δ124.8(d)、129.2(d)、137.7(d)和161.1(s)处显示有4个烯碳信号,在δ69.5(t)处显示1个与氧相连的碳信号。根据DEPT和HMQC谱图推断出化合物**1**剩余的还包含5个仲碳原子、4个叔碳原子、2个季碳原子以及2个甲基碳原子。^{1}H NMR显示有2个单峰甲基信号(δ1.07和1.20)及3个烯烃质子[δ5.75(s), 6.12(1H, br d, J=9.8 H_2), 6.21(dd,J=9.8、2.7 H_2)]。根据^{1}H-^{1}H COSY的相关性可以判断出连接质子的碳的连接关系(C-1与C-2,C-6与C-7、C-7与C-8、C-8与C-9、C-9与C-11,C-8与C-14、C-14与C-15、C-15与C-16)。根据HMBC相关谱可推测出季碳原子的连接关系[C-10(δ36.2)与H-1、H-2、H-4、H-9、H_2-11、Me-19,C-13(δ59.1)与H-11α、H-14、H-15、H-16、H-17、Me-18]。以上结果表明化合物**1**是具有4个环的甾体类

化合物。HMBC 相关谱中羰基碳(δ198.7)与 H-1β 和 H_2-2 相关,烯碳原子(δ161.1)与 H-1β、Me-19、烯质子 H-4、H-6 和 H-7 相关可确定羰基碳原子和共轭双键分别处于 C-3、C-4 和 C-6 位。HMBC 相关谱中羰基碳原子(δ211.6)与 H-11α 和Me-18,羰基碳原子(δ210.8)与 C-21 位连氧的亚甲基质子(δ4.27 和 4.58)和 C-17 次甲基质子(δ3.30)相关可以推测出 2 个羰基碳原子与 1 个连氧的伯碳原子分别处于 C-12、C-20 和 C-21 位。因此,化合物 **1** 的平面结构被确定为 21-羟基孕甾-4,6-二烯-3,12,20-三酮。^{1}H-^{1}H COSY 及主要 HMBC 相关性如图 2.39 所示。

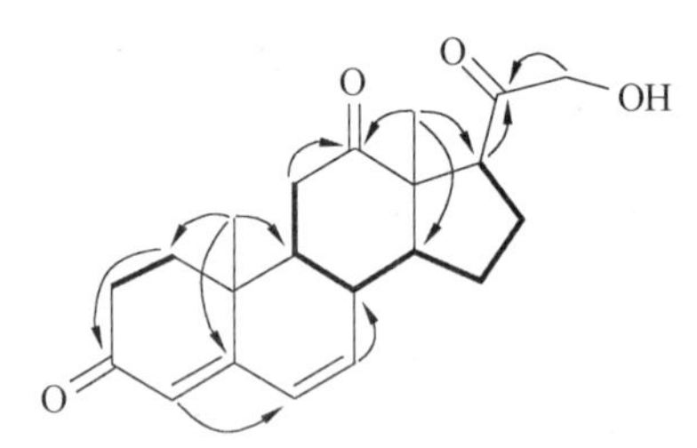

图 2.39 化合物 **1** 的^{1}H-^{1}H COSY 和主要的 HMBC 关系

根据化合物 **1** 的 NOESY 相关性确定其相对立体构型。NOESY 相关谱中 H-2β 与 Me-19,Me-19 与 H-8 和 H-11β,H-8 和 H-11β 与 Me-18,Me-18 与 H-15β 和 H-16β,H-14 与 H-17 和 H-15α,H-15α 与 H-16α,H-21α 与 H-17,H-21β 与 Me-18 和 H-17,H-9 与 H-11α 的相关性表明化合物 **1** 的相对立体构型为 10β-Me,8β-H,9α-H,13β-Me,1 4α-H,和 17α-H。因此,化合物 **1** 的相对立体构型被确定为 21-羟基孕甾-4,6-二烯-3,12,20-三酮。主要 NOESY 相关性如图 2.40 所示,NMR 数据见表 2.1。

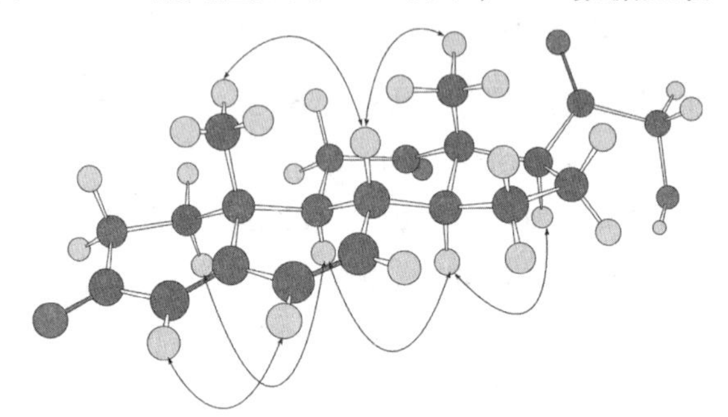

图 2.40 化合物 **1** 的 NOESY

表 2.1 化合物 1 的核磁数据(溶剂为氘代氯仿)

序号	^{13}C NMR[a]	连接的 H[b]	^{1}H-^{1}H COSY[c]	HMBC[d]	NOESY[e]
1	33.6(t)	α 1.76(1H, m) β 1.89(ddd, 13.2, 5.4, 2.2)	H-1β, H-2α,β H-1α, 2β,α	H-2, 19	H-2α H-2α, β, 11α, 19
2	33.6(t)	α 2.47(1H, m) β 2.60(ddd, 3.9, 13.9, 5.4)	H-2β, H-1α,β H-2α, 1α, β	H-1	H-1α H-19
3	198.7(s)			H-1, 2	

续表2.1

序号	^{13}C NMR[a]	连接的 H[b]	^{1}H-^{1}H COSY[c]	HMBC[d]	NOESY[e]
4	124.8(d)	5.75(s)	H-6, 7	H-6, 7	H-6
5	161.1(s)			H-1, 4, 6, 19	
6	129.2(d)	6.21(dd, 9.8, 2.7)	H-7, 8	H-4	H-4, 7
7	137.6(d)	6.12(1H, br d, 9.8)	H-6, 8	H-8	H-6, 8, 15α
8	36.6(d)	2.65(1H, br t, 10.0)	H-6, 7, 9, 14	H-7, 15	H-7, 15β, 19
9	51.4(d)	1.65(ddd, 13.6, 10.0, 4.4)	H-11β, 8, 11α	H-7, 11β, 19	H-11α
10	36.2(s)			H-1, 4, 11	
11	37.2(t)	α 2.33(1H, dd, 13.7, 4.4) β 2.56(1H, dd, 3.7, 13.6)	H-11β, 9 H-11α, 9	H-19	H-1β, 9 H- 19
12	211.6(s)			H-11, 18	
13	59.1(s)			H-14, 15, 17, 18	
14	54.2(d)	1.68(1H, m)	H-8, 15α	H-8, 16, 18	H-17, 15α
15	23.0(t)	α 2.07(1H, m) β 1.69(1H, m)	H-15β, 16α,β H-15α, 16β	H-17, 18	H-7, 14, 16α H-8, 18
16	23.5(t)	α 1.84(1H, m) β 2.31(1H, m)	H-17, 15α, 16β H-17, 15α,16α	H-14, 17	H-15α, 16β, 17 H-16α, 18
17	49.5(d)	3.3(1H, dd, 9.3, 9.5)	H-16α,16β,18	H-15α, 18	H-16α,14
18	13.4(q)	1.07(3H, s)		H-14, 17	H-15β, 16β
19	15.9(q)	1.20(3H, s)		H-1, 2	H-1β, 8, 11β
20	210.8(s)			H-17, 21	
21	69.5(t)	4.27(1H, d, 19.8) 4.58(1H, d, 19.8)			H-17 H-17, 18

注:a. 峰的多重性由 DEPT 谱测定;b. 所连接的 H 的个数由 HMQC 谱及耦合常数进行测定;c. 由 COSY 谱图进行测定;d. 测定相邻 3 个碳之间的碳氢耦合关系;e. 由 NOESY 谱图进行测定。

2. 20R-羟基孕甾-4,6-二烯-3,12-二酮(化合物 2)

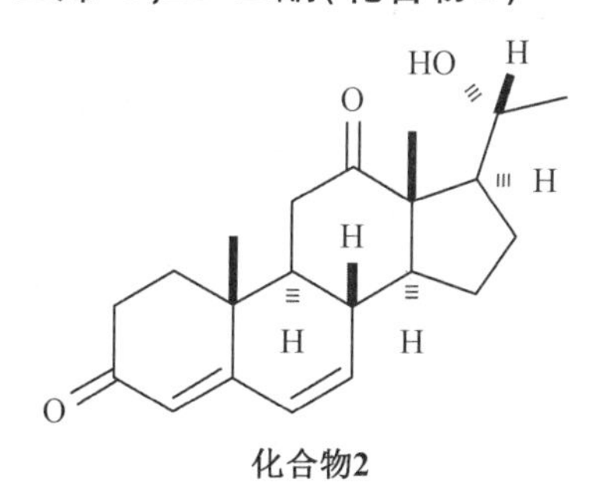

化合物2

化合物 **2** 为无色粉末,熔点为 167 ~ 170 ℃,$[\alpha]_D^{20}$ = +85.3°(c($CHCl_3$) = 0.346 mol/L),IR($CHCl_3$) v_{max}为 3 416、1 694、1 663、1 653 和 1 618 cm^{-1}。红外谱图显示在 3 416 cm^{-1}处有羟基吸收峰,在 1 709、1 663、1 653 和 1 618 cm^{-1}处有羰基吸收峰及共轭羰基吸收峰。根据 HRFABMS 测得化合物 **2** 的 m/z $[M+H]^+$ 为 329.213 3,计算值为

329.211 7,推测化合物**2**的分子式为$C_{21}H_{28}O_3$。

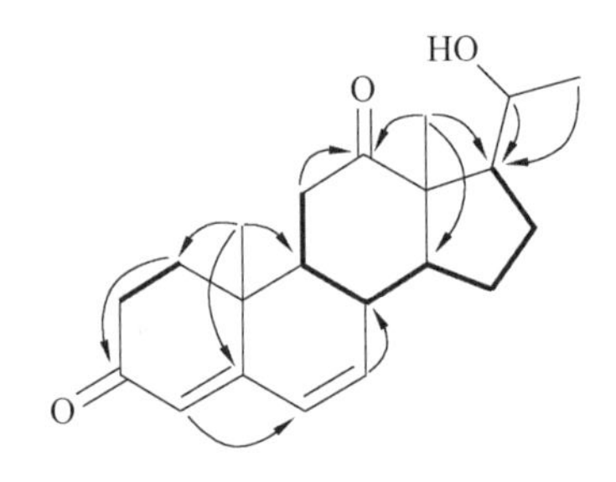

图 2.41 化合物**2**的[1]H-^{1}H COSY 和主要的 HMBC 关系

^{13}C NMR 谱图显示共有 21 个碳元素信号,其中在δ198.8 和 216.6 处显示有 2 个羰基碳信号,在δ124.7(d)、129.0(d)、138.1(d)和 161.4(s)处显示有 4 个烯碳信号,在δ68.0(d) 处显示有 1 个连氧的次甲基碳信号。根据 DEPT 和 HMQC 谱图推断出化合物**2**剩余的还包含有 3 个甲基碳原子、5 个仲碳原子、4 个叔碳原子和 2 个季碳原子。^{1}H NMR 谱显示有 2 个单峰甲基信号(δ1.18 和 1.21)、1 个双峰甲基信号(δ1.17, d, J=6.1 Hz)和 3 个烯烃质子δ5.75(s)、6.14(1H, dd, J=9.8, 1.5 Hz)、6.21(dd, J=9.8, 2.7 Hz)。化合物**2**的[13]C 和[1]H NMR谱数据与化合物**1**对比发现,除了与侧链邻近的C-17外其余部分的数据和化合物**1**相似。通过分析[1]H-^{1}H COSY 及 HMBC 谱图发现,化合物**2**具有孕甾-4,6-二烯-3,12-二酮骨架结构。在[13]C NMR谱图中,C-1 ~ C-11, C-15和C-19的化学位移与化合物**1**的化学位移一致,而 C-20 和 C-21 却明显不同,表明化合物**2**的母核部分与化合物**1**相同,只有17 位的侧链部分结构不同。在 HMBC 相关谱中,H-20,Me-21 与 C-17 的相关性表明,侧链部分为α-羟乙基结构单元,并连接于母核的 C-17 位处。因此,化合物**2**的平面结构被确定为 20R-羟基孕甾-4,6-二烯-3,12-二酮。^{1}H-^{1}H COSY 及主要 HMBC 相关性如图 2.41 所示。

同样化合物**2**的 NOESY 相关谱中除了 C-17 位侧链的 H-20 和 Me-21 之外,其余质子的 NOESY 相关性也与化合物**1**极为相似。因此,化合物**2**中母环部分的立体结构被确定为10β-Me、8β-H、9α-H、13β-Me、14α-H 和 17α-H(图 2.42)。此外,在 H-20 的 NOESY 的相关性中,H-20、Me-18 和 H-16β,Me-21 与 H-16α,β 表明 C-20 构型为 R(图 2.43)。因此,化合物**2**被确定为 20R-羟基孕甾-4,6-二烯-3,12-二酮,NMR 数据见表2.2。

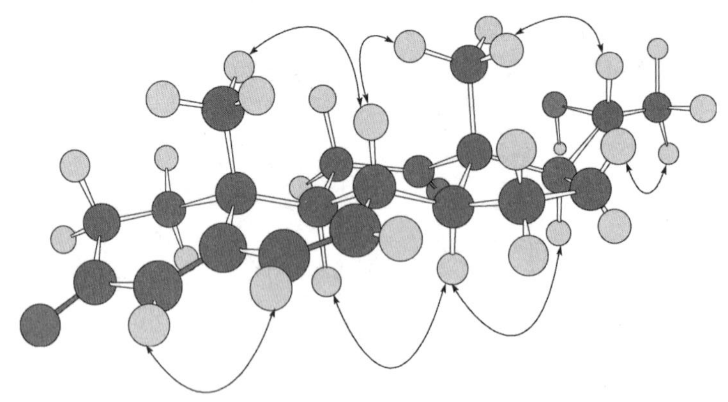
图 2.42 化合物**2**的 NOESY

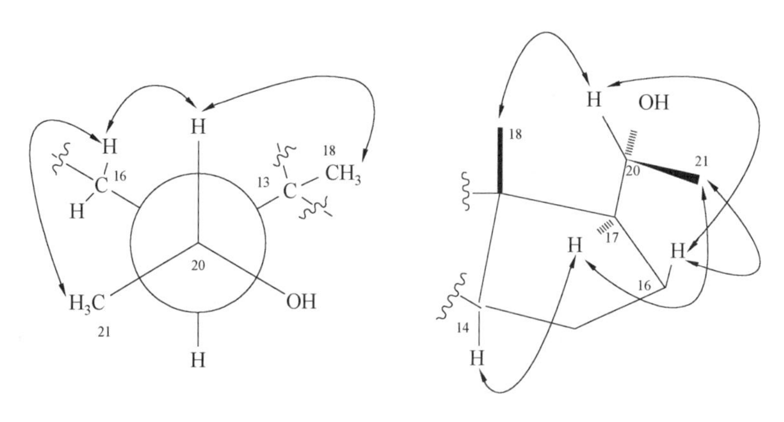

图 2.43 化合物 **2** 侧链的 NOESY

表 2.2 化合物 2 的核磁数据(溶剂为氘代氯仿)

序号	^{13}C NMR	连接的 H	^{1}H-^{1}H COSY	HMBC	NOESY
1	33.5(t)	α 1.74 (ddd, 13.9, 13.6, 5.4) β 1.88 (ddd, 13.5, 5.4, 2.2)	H-2β, 1β, 2αH-1α, 2β, 2α	H-9, 19	H-1β, 2α H-19, 1α
2	33.6(t)	α 2.47(1H , m) β 2.58 (ddd, 13.9, 12.7, 5.4)	H-1α, β, 2β H-1α, 2α, 1β	H-1	H-1α H-1β, 19
3	198.8(s)			H-1 , 2	
4	124.6(d)	5.75(1H, s)	H-2, 6, 7	H-2, 6	H-6
5	161.4(s)			H-1, 6, 7, 9,19	
6	129.0(d)	6.21(dd, 9.8, 2.7)	H-7, 8	H-4,8	H-4 , 7
7	138.1(d)	6.14(dd, 9.8 , 1.5)	H-6, 8	H-8, 9	H-6
8	36.3(d)	2.65(br t, 10.8)	H-6, 7, 9	H-6, 7, 9	H-19
9	51.0(d)	1.64(1H, m)	H-8, 11α, β	H-1,11	H-11α
10	36.2(s)			H-1, 2, 11, 19	
11	37.4(t)	α 2.37(dd, 14.2, 4.4) β 2.56(dd, 14.2, 13.9)	H-11β, 9 H-11α, 9	H-8, 9	H-9,11β H-19
12	216.6(s)			H-9, 11, 17, 18	
13	57.7(s)			H-11, 15α, 16α,17, 18	
14	52.7(d)	1.62(dd, 12.0, 6.1)	H-8, 15β	H-8, 15, 17, 18	H-7, 15α, 17
15	22.9(t)	α 1.99(1H, m) β 1.58(1H, m)	H-15β, 16α,β H-15α, 16α,β	H-14, 16, 17	H-7, 15β, 14 H-16β, 18

续表2.2

序号	^{13}C NMR	连接的 H	^{1}H-^{1}H COSY	HMBC	NOESY
16	24.8(t)	α 1.84(1H, m) β 1.34(1H, m)	H-17, 15β,16β H-17, 15α, β, 16α	H-14, 15, 17	H-17 H-15β,18, 21
17	50.7(d)	2.03(dd, 9.8, 9.8)	H-16, 20	H-15,16,18, 21	H-14, 16α, 21
18	12.1(q)	1.18(3H, s)		H-14, 16, 17	H-15β, 16β, 20
19	15.9(q)	1.21(3H, s)		H-1, 9	H-1β, 11β, 8
20	68.0(d)	3.55(1H, m) 4.40(20-OH, d, 3.66)	H-17,21 H-20	H-17, 21	H-21,16β, 18 H-17
21	23.1(q)	1.17(3H, d, 6.11)	H-20	H-17	H-17, 20, 16β

3. 16β,17β-环氧-12β-羟基孕甾-4,6-二烯-3,20-二酮(化合物 3)

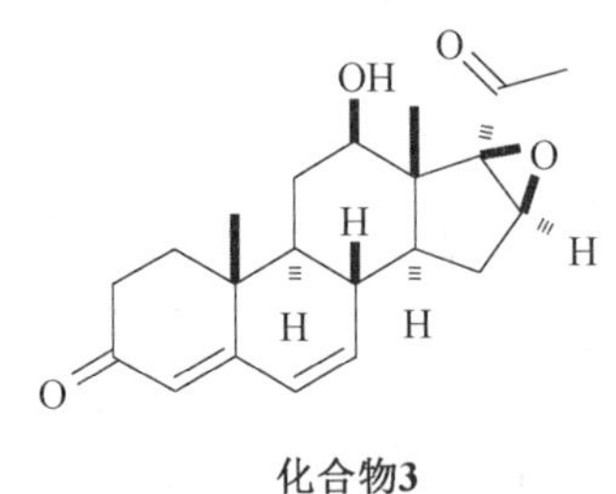

化合物3

化合物 **3** 为无色粉末,熔点为 169 ~ 172 ℃,$[\alpha]_D^{20}$ = -2. 40°(c(CHCl$_3$) = 0.415 mol/L),IR(CHCl$_3$) v_{max}为 3 440、1 709、1 694、1 650 和 1 615 cm^{-1}。红外谱图显示在 3 440 cm^{-1}处有羟基吸收峰,在 1 709、1 694、1 650 和 1 615 cm^{-1}处有羰基及共轭羰基吸收峰。根据 HRFABMS 测得化合物 **3** 的 m/z M^{+}为 342. 183 1,计算值为 342. 183 1,推测化合物 **3** 的分子式为 $C_{21}H_{26}O_4$。对比化合物 **3** 与化合物 **1** 的^{1}H 和^{13}C NMR 谱发现,除了 H-11、C-12、16、17 和 21 有明显不同外,其余部分基本相似。HMBC 相关谱中 C-12(δ72.2)与 H-11、H-14和 Me-18,C-13(δ49.7)与 H-8、H-11α、H-14、H-15 和 Me-18,C-17(δ74.8)与 H-15β、Me-18 和 Me-21,C-16(δ67.1)与 H-14 和 H-15β,C-20(δ208.2) 与 Me-21 相关性表明(图 2.44),羟基处于 C-12 位,另一个羰基处于 C-20 位,环氧基团处于 C-16 和 C-17 位。因此,化合物 **3** 的平面结构被确定为 16,17-环氧-12-羟基孕甾-4,6-二烯-3,20-二酮。

化合物 **3** 的 NOESY 相关谱中,除了在 C-17 位侧链位置的 H-12、H-16 和 Me-21 外其余部分的相关性和化合物 **1** 非常相似。NOESY 相关谱中 H-12 与 H-9、H-14,Me-18 与 H-15β、12-OH, H-16 与 H-15α、Me-21 相关性表明,化合物 **3** 的相对立体构型为 10β-Me、8β-H、9α-H、12β-OH、13β-Me、14α-H 和 16β,17β-环氧(图 2.45)。因此,化合物 **3** 被确定为 16β,17β-环氧-12β-羟基孕甾-4,6-二烯-3,20-二酮,NMR 数据见表2.3。

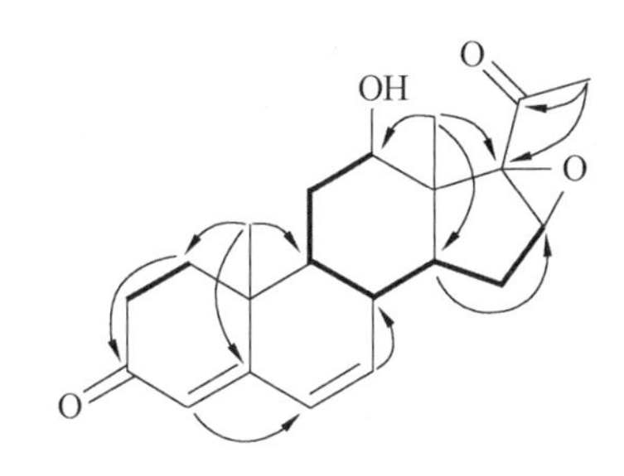

图 2.44 化合物**3**的^{1}H-^{1}H COSY 和主要的 HMBC

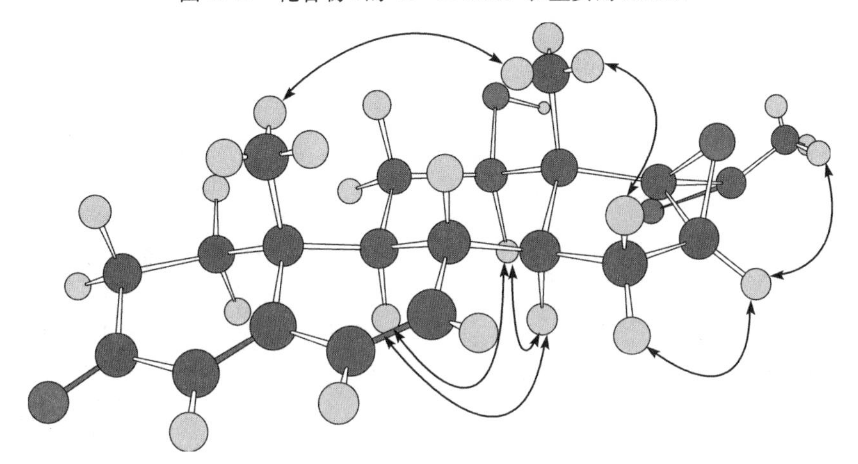

图 2.45 化合物 **3** 的 NOESY

表 2.3 化合物 3 的核磁数据(溶剂为氘代氯仿)

序号	^{13}C NMR	连接的 H	^{1}H-^{1}H COSY	HMBC	NOESY
1	33.5(t)	α 1.75(1H, m) β 2.00(ddd, 13.4, 5.4, 2.2)	H-1β, 2α, 2β H-1α, 2β, 2α	H-2, 9, 19	H-9, 1β, 2α H-19, 2β
2	33.8(t)	α 2.45(br dd, 18.1, 4.4) β 2.56(ddd, 18.1, 14.4, 5.4)	H-2β, 1α H-2α, 1α, 1β	H-1, 4 , 19	H-1α H-1β, 19
3	199.3(s)			H-1 , 2	
4	124.3(d)	5.68(s)	H-6, 7	H-6 , 7	H-6
5	162.4(s)			H-1, 6, 7,19	
6	129.1(d)	6.12(dd, 9.8, 2.7)	H-7, 8	H-4, 7, 8	H-4 , 7
7	138.0(d)	5.93(dd, 9.8, 1.7)	H-6, 8	H-6, 8	H-6, 8, 15α
8	34.9(d)	2.19(1H, m)	H-6, 7, 9	H-6, 7, 11β, 14	H-7, 18, 19
9	48.6(d)	1.32(ddd, 13.3, 9.6, 4.2)	H-11β, 8, 11α,	H-1,7,11, 19	H-1α, 12α, 14
10	36.0(s)			H-1, 2, 4, 9, 11, 19	

续表2.3

序号	^{13}C NMR	连接的 H	^{1}H-^{1}H COSY	HMBC	NOESY
11	28.7(t)	α 1.91(1H, ddd, 13.2, 4.4, 4.2) β 1.57(ddd, 13.2, 13.2, 11.0)	H-11β, 12α, 9 H-11α, 9, H-12α	H-9	H-9, 11β, 12α H-11α, 18, 19
12	72.2(d)	α 4.29(br dd, 11.0, 4.4) β 3.90(s, -OH)	H-11β, H-11α H-12α	H-18, 11, 14	H-9, 14, 12-OH H-12α
13	49.6(s)			H-8, 11, 14,15,18	
14	58.2(d)	1.94(dd, 12.7, 5.6)	H-8, 15α	H-7, 8,9, 15,16, 18	H-9, 12α, 15α
15	28.4(t)	α 2.15(1H, m) β 1.71(1H, m)	H-14, 15β, 16 H-15α, 16	H-14, 16	H-7, 14, 16 H-18
16	67.1(d)	3.91(s)	H-15α,15β	H-15β, 14	H-15α, 21
17	74.8(s)			H-15, 18, 21	
18	10.1(q)	0.99(3H , s)		H- 14, 12α	H-8, 11β, 15β
19	16.0(q)	1.09(3H , s)		H-1β, 9, 11	H-1β, 8, 11β
20	208.2(s)			H- 21	
21	25.3(q)	2.04(3H, s)			H-16

4. 12β-羟基孕甾-4,6,16-三烯-3,20-二酮(欧夹二烯酮 A，化合物 4)

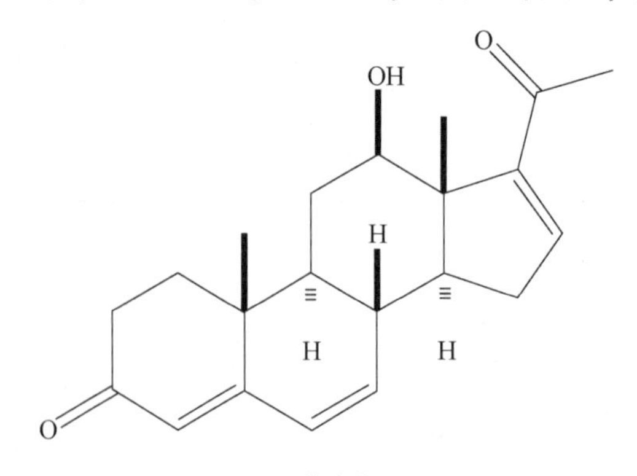

化合物4

化合物 4 为无色粉末，熔点为 187 ~ 192 ℃ (丙酮 - 正己烷)，$[\alpha]_D^{20}$ = +66.59° (c(MeOH)= 0.461 mol/L),IR($CHCl_3$) v_{max}为 3 412、3 312、1 666、1 641、1 616 cm^{-1}。红外谱图显示在 3 412 cm^{-1}处有羟基吸收峰，在 1 666、1 641 和 1 616 cm^{-1}处有共轭羰基峰。紫外谱中281 nm(log ε 4.25) 处有最大吸收表明存在共轭的二烯酮发色团。根据 HREIMS测得化合物 4 的 m/z M^+为326.187 3，计算值为 326.188 2，推测其分子式为

$C_{21}H_{26}O_3$。

^{13}C NMR 显示共有 21 个碳元素信号，在 δ199.4 和 198.8 处显示有 2 个羰基碳信号，在 δ124.3(d)、129.1(d)、138.6(d)、149.0(d)、155.2(s)和 162.7(s)处显示有 6 个烯碳信号，在 δ73.2(t)处显示有 1 个连氧碳原子信号。根据 DEPT 和 HMQC 谱推断出化合物中剩余的碳信号分别是 3 个甲基碳原子、3 个亚甲基碳原子、4 个次甲基碳原子和 2 个季碳原子。^{1}H NMR 谱显示有 3 个单峰甲基信号(δ0.96、1.14 和 2.39)及 4 个烯烃质子[δ5.70(s)、6.11(br d，*J* = 9.8 Hz)、6.17(dd，*J*=9.8，2.4 Hz)、7.00(dd，*J* = 3.2，1.7 Hz)]。根据^{1}H-^{1}H COSY 相关谱表明氢碳原子的连接顺序分别是 C-1 与 C-2、C-6 与 C-7、C-7 与C-8、C-8 与 C-9、C-9 与 C-11、C-8 与 C-14、C-14 与 C-15、C-15 与 C-16。HMBC 相关谱中 C-10(δ36.1)与 H-1、H-2、H-4 和 Me-19，连氧碳原子 C-12 (δ73.2)与 H-11、H-14 和 Me-18，C-13 (δ59.1)与 H-15、H-16、H-17 和 Me-18 的相关性(图 2.46)表明化合物 **4** 是具有甾烷类骨架的化合物。HMBC 相关谱中羰基碳原子 δ199.4 与 H-1 和 H-2，羰基碳原子 δ198.9 与 H-21，烯碳原子 δ162.7 与 H-2β、Me-19；烯碳原子 δ155.2 与 H-15、H-16、H-18，烯碳原子 δ129.1 与 H-4，烯碳原子 δ138.6 与 H-8 的相关性表明羰基基团分别处于 C-3 位和 C-20 位，共轭双键分别在 C-4 与 C-5、C-6 与 C-7、C-16 与C-17之间。因此化合物 **4** 的平面结构被确定为 12-羟基孕甾-4,6,16-三烯-3,20-二酮。

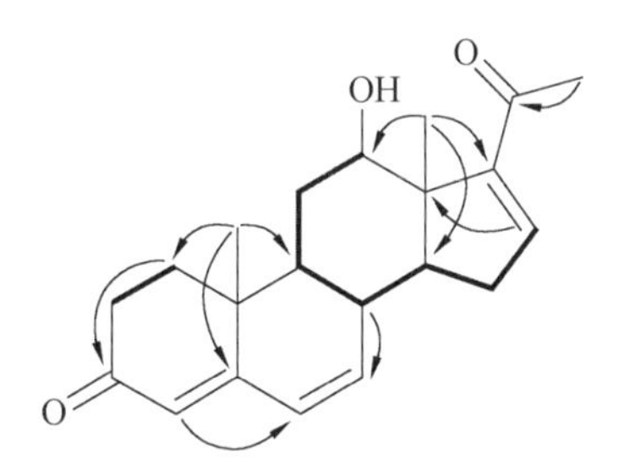

图 2.46 化合物 **4** 的^{1}H-^{1}H COSY 和主要的 HMBC

NOESY 相关谱图(图 2.47)中 H-2β 与 Me-19，Me-19 与 H-8 和 H-11β，H-8 和H-11β与 Me-18，Me-18 与 H-15β 和 H-12-OH，H-14 与 H-9、H-12α 的相关性表明化合物 **4** 的相对立体构型为 10β-Me、8β-H、9α-H、13β-Me、14α-H 和 12β-OH。与文献对照，化合物 **4** 的波谱数据与欧夹二烯酮 A 一致，经鉴定为欧夹二烯酮 A，NMR 数据见表2.4。

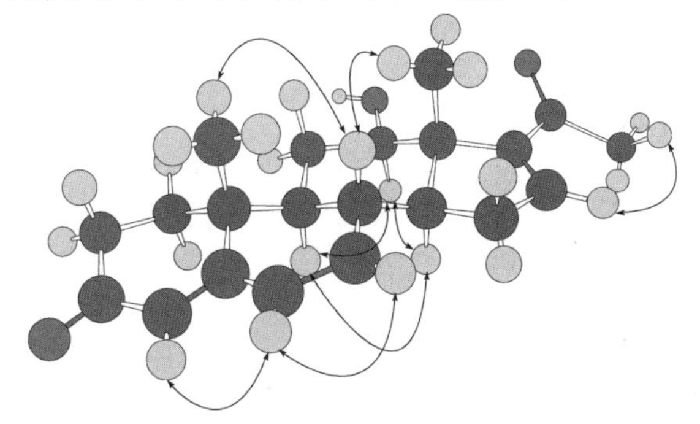

图 2.47 化合物 **4** 的 NOESY

表 2.4 化合物 4 的核磁数据(溶剂为氘代氯仿)

序号	^{13}C NMR	连接的 H	^{1}H-^{1}H COSY	HMBC	NOESY
1	33.6(t)	α 1.74(1H, ddd, 13.7,13.7, 5.1) β 2.03(1H, ddd, 13.7,5.2, 1.7)	H-1β, 2β, 2α H-1α, 2β, 2α	H-2, 19	H-1β, 2α H-19, 2, 1α, 11α
2	33.9(t)	α 2.47(1H, m) β 2.56(1H, m)	H-2β, 1α, 1β H-2α, 1α, 1β	H-1	H-1, 2β H-1β, 19, 2α
3	199.4(s)			H-1, 2	
4	124.3(d)	5.70(1H, s)	H-6, 7		H-6
5	162.7(s)			H-2β, 19	
6	129.1(d)	6.17(1H, dd, 9.8, 2.4)	H-4, 7, 8	H-4	H-4, 7
7	138.6(d)	6.11(1H, br d, 9.8)	H-4, 6, 8	H-8	H-6, 8, 15α
8	34.8(d)	2.34(1H, br dd, 11.8)	H-6, 7, 9, 14	H-6, 7, 11, 14	H-7, 18, 19
9	49.0(d)	1.35(1H, ddd, 13.2, 11.8, 4.2)	H-11β, 8, 11α	H-1, 7, 14, 19	H-12α, 11α, 1α, 14
10	36.1(s)			H-1, 2, 4, 19	
11	28.6(t)	α 1.94(1H, ddd, 13.2, 4.8, 4.2) β 1.50(1H, ddd, 13.2, 13.2, 10.5)	H-11β, 12α, 9 H-11α, 9, 12α	H-9, 12	H-1β, 9, 11β, 12α H-11α, 18, 19
12	73.2(d)	α 3.72(1H, dd, 10.5, 4.8) β 5.82(1H, s, -OH)	H-11β, H-11α H-12α	H-11, 14, 18 H-12α, 11	H-9, 14, 11α,12-OH H-12α, 18
13	155.2(s)			H-15, 16, 18	
14	51.6(d)	1.58(1H, m)	H-8, 15α, 15β	H-7, 15, 16, 18	H-9, 12α, 15α
15	31.7(t)	α 2.58(1H, m) β 2.37(1H, br dd, 11.2, 1.7)	H-14, 16, 15β H-15α, 16, 14	H-14, 16	H-7, 14, 16 H-15α,18
16	149.0(d)	7.00(1H,dd, 3.2, 1.7)	H-15α, 15β	H-15	H-15α, 15β
17	52.8(s)			H-15,18	
18	11.4(q)	0.96(3H,s)		H-12, 14	H-8, 11β, 15β,12-OH
19	16.2(q)	1.14(3H,s)		H-1, 9	H-1β, 2β, 8, 11β
20	198.8(s)			H-21	
21	26.8(q)	2.39(3H,s)			H-16

5. 20*S*,21-二羟基孕甾-4,6-二烯-3,12-二酮(欧夹二烯酮 B，化合物 5)

化合物5

化合物 **5** 为无色粉末，熔点为 178 ~ 182 ℃(丙酮-正己烷)，$[\alpha]_D^{20}$ = +69.30°(c($CHCl_3$)= 0.989 mol/L)，IR($CHCl_3$) v_{max}为 3 520、3 276、1 689、1 615、1 584 cm^{-1}。红外谱图显示在3 520 cm^{-1}处有羟基吸收峰。在 1 666、1 641 和 1 616 cm^{-1}还有共轭羰基吸收峰。根据 HREIMS 测得化合物 **5** 的 m/z $[M]^+$为 344. 198 2，计算值为 344. 198 8，推测化合物 **5** 的分子式为 $C_{21}H_{28}O_4$。

^{13}C NMR 显示有 21 个碳元素信号，在 δ198. 7 和 216. 8 处显示有 2 个羰基碳信号，2 个连氧碳信号 δ72. 1(d)、65. 9(t)和 4 个烯碳信号 δ124. 7(d)、129. 1(d)、137. 9(d)、161. 2(s)。根据 DEPT 和 HMQC 谱推测出化合物 **5**，剩余的碳信号分别是 2 个甲基碳原子、5 个亚甲基碳原子、4 个次甲基碳原子和 2 个季碳原子。^{1}H NMR 谱显示有 2 个单峰甲基信号(δ1. 18 和 1. 20) 及 3 个烯烃质子 [δ5. 73(s)、6. 12(dd, *J*=9. 8, 1. 0)、6. 20(dd, *J*=9. 8, 2. 7)]。根据^{1}H-^{1}H COSY 的相关性(图 2. 48)可以判断出连接质子的碳的连接关系(C-1 与 C-2，C-6 与 C-7、C-7 与C-8、C-8 与 C-9、C-9 与 C-11，C-8 与 C-14、C-14与 C-15、C-15 与C-16)。根据 HMBC 相关谱可推测出季碳原子的连接关系(Me-19 与 C-1、C-5、C-9、C-10，Me-18 与 C-12、C-13、C-14、C-17，H-20 与 C-13、C-16，H-21与 C-17)。以上结果表明化合物 **5** 的平面结构为 20,21-二羟基孕甾-4,6-二烯-3,12-二酮。

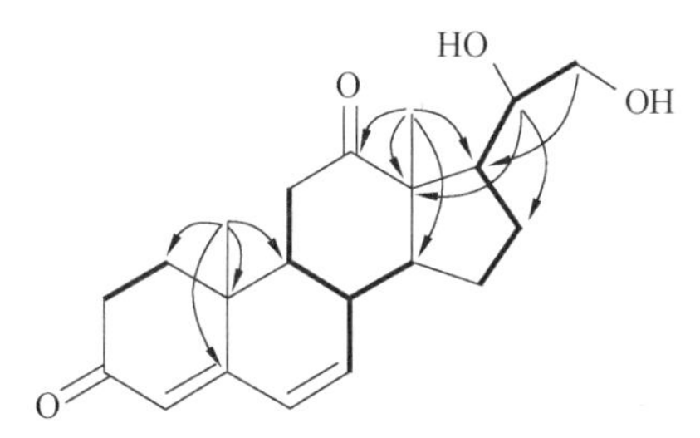

图 2.48 化合物 **5** 主要的 HMBC

通过 NOESY 相关谱(图 2. 49)确定化合物 **5** 的相对立体构型。NOESY 相关谱中 Me-19 与 H-1β、H-2β、H-8 和 H-11β，Me-18 与 H-8、H-11β 和 H-20，H-14 与 H-9、H-17 和 H-15α 的相关性表明化合物 **5** 的立体构型为 10β-Me、8β-H、9α-H、13β-Me、14α-H 和 17α-H。另外 NOESY 相关谱中 H-20 与 Me-18 和 H-16β，H-21 与 H-16α,β 的相关性表明 C-20 的构型是 *S* 型。因此化合物被确定为 20*S*,21-二羟基孕甾-4,6-二烯-3,12-二酮。NMR 数据见表 2. 5。

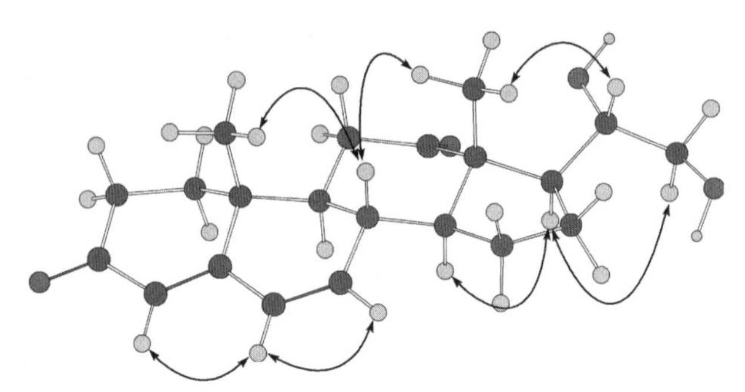

图 2.49 化合物**5**的 NOESY

表 2.5 化合物 5 的核磁数据(溶剂为氘代氯仿)

序号	^{13}C NMR	连接的 H	^{1}H-^{1}H COSY	HMBC	NOESY
1	33.5(t)	α 1.74(ddd, 13.7, 13.4, 5.4) β 1.89(1H, m)	H-1β, 2β, 2α H-1α, 2α, 2β	H-2, 19	H-1β, 2α H-1α, 11α, 19
2	33.6(t)	α 2.46(1H, m) β 2.60(1H, m)	H-1α, 1β, 2β H-2α, 1α, 1β	H-1	H-1α, 2β H-1β, 2α, 19
3	198.7(s)			H-1, 2	
4	124.7(d)	5.73(1H, s)	H-6, 7	H-6	H-6
5	161.2(s)			H-6, 7, 19	
6	129.1(d)	6.20(1H, dd, 9.8, 2.7)	H-4, 7, 8	H- 4	H-4, 7
7	137.9(d)	6.12(1H, dd, 9.8, 1.0)	H-4, 6, 8	H-6, 8	H-6, 8, 15α
8	36.3(d)	2.63(1H, dd, 10.8, 10.6)	H-9, 14	H-7, 11β	H-7, 15β, 19
9	52.4(d)	1.63(1H, m)	H-8, 11	H-7, 8, 19	H-11α
10	36.2(s)			H-4, 6, 8, 19	
11	37.3(t)	α 2.37(1H, dd, 14.2, 4.6) β 2.56(1H, dd, 14.1, 13.9)	H-11β, 9 H-11α, 9	H-9	H-11β, 9 H-19, H-11α
12	216.8(s)			H-11α,β, 18	
13	57.6(s)			H-15α,β, 18	
14	51.0(d)	1.64(1H, m)	H-8, 15α	H-9,15	H-15α, 17
15	22.9(t)	α 2.00(1H, m) β 1.62(1H, m)	H-15β,16α,β H-16α, β, 15α	H-16, 17	H-7, 14 H-16β, 18
16	23.8(t)	α 1.84(1H, m) β 1.38(1H, m)	H-17, 15α, β, 16β H-17, 15α, β, 16α	H-14, 15	H-17, 16β H-18, 16α, 20
17	44.9(d)	2.22(dd, 9.8, 9.8)	H-16, 20	H-18, 20, 21	H-14, 16α, 21
18	12.2(q)	1.18(3H, s)		H-14, 17	H-15β, 16β,20
19	15.9(q)	1.20(3H, s)		H-1β, 9	H-1β, 8
20	72.1(d)	3.46(1H, m) 4.65(20-OH 1H, d, 4.4)	H-17, 21, 20-OH H-20	H-17, 21	H-16β, 18, 21 H-20
21	65.9(t)	3.38(1H, dd, 4.4, 11.0) 3.66(1H, dd, 2.2, 11.0)	H-20 H-20	H-17,20-OH	H-17, 21 H-20, 21

6. 20*S*,21-二羟基孕甾-4,6-二烯-3,12-二酮(化合物 6)

化合物6

化合物 **6** 为无色粉末,熔点为 207 ~ 208 ℃,$[\alpha]_D^{20}$ = +185.3(c(CHCl$_3$) = 0.246 mol/L),IR(CHCl$_3$)v_{max}为 3 424、2 920、1 689、1 670 和 1 620 cm^{-1}。红外谱图显示在 3 424 cm^{-1}处有羟基吸收峰,在 1 689、1 670 和 1 620 cm^{-1}处有共轭羰基吸收峰。根据 HRFABMS 测得化合物 **6** 的 m/z [M+H]$^+$为 347.222 9,计算值为 347.222 2,推测化合物 **6** 的分子式为$C_{21}H_{30}O_4$。

^{13}C NMR 显示有 21 个碳元素信号,在 δ197.8 和 217.5 处显示有 2 个羰基碳信号,在 δ73.8(d)和 66.3(t)处显示有 2 个连氧碳原子信号,在 δ124.8(d)和 168.3(s)处显示有 2 个烯碳原子信号。分析 DEPT 和 HMQC 谱图可知化合物 **6** 剩余的碳信号是 2 个甲基碳原子、7 个仲碳原子、4 个叔碳原子和 2 个季碳原子。^{1}H NMR 谱显示有 2 个单峰的甲基(δ1.12、1.07)。分析^{1}H-^{1}H COSY 及 HMBC 谱图的相关性(图 2.50)可知,化合物 **6** 为具有孕甾-4-二烯-3, 12-二酮骨架的化合物。HMBC 相关谱中羰基(δ217.5)与 H-11、H-14 和 Me-18,季碳原子(δ57.0)与 H-8、H-15、H-16、H-17 和 Me-18,连氧碳原子(δ73.8)与 H-16、H-17、H-21 和 Me-18,连氧碳原子 δ66.3 与 H-20 和 H-17 的相关性表明 1 个羰基和 2 个连氧碳原子分别位于 C-12、C-20 和 C-21 位。因此,化合物 **6** 的平面结构被确定为 20,21-二羟基孕甾-4,6-二烯-3,12-二酮。

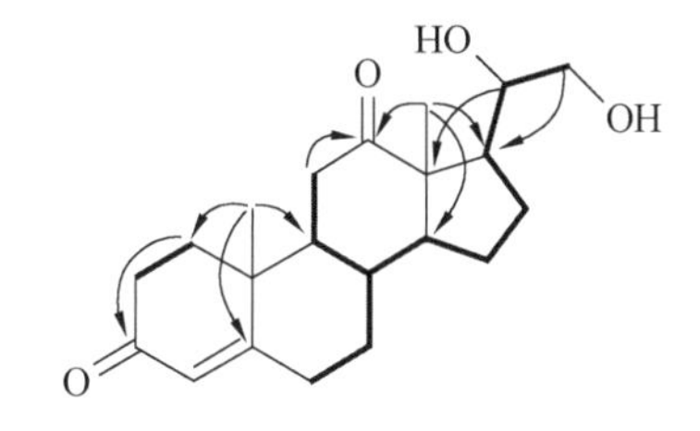

图 2.50 化合物 **6** 的^{1}H - ^{1}H COSY 和主要的 HMBC

通过 NOESY 相关谱确定化合物 **6** 的立体构型。NOESY 相关谱(图 2.51)中 Me-19 与 H-1β、H-2β、H-8 和 H-11β,Me-18 与 H-8、H-11β 和 H-20,H-14 与H-9、H-17 和 H-15α 的相关性表明化合物 **6** 的立体构型为 10β-Me、8β-H、9α-H、13β-Me、14α-H 和 17α-H。图 2.52 为化合物 **6** 侧链的 NOESY。另外 NOESY 相关谱中 H-20 与 Me-18 和 H-16β,H-21 与 H-16α,β 的相关性表明 C-20 的构型是 *S* 型。因此,化合物 **6** 的相对构型被确定为 20*S*,21-二羟基孕甾-4,6-二烯-3,12-二酮,NMR 数据见表 2.6。

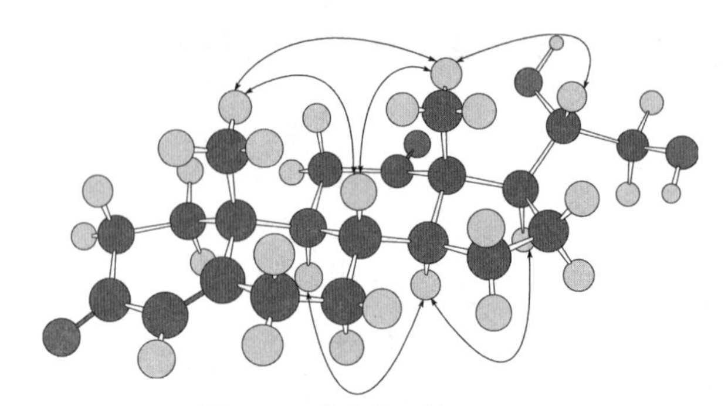

图 2.51　化合物 **6** 的 NOESY

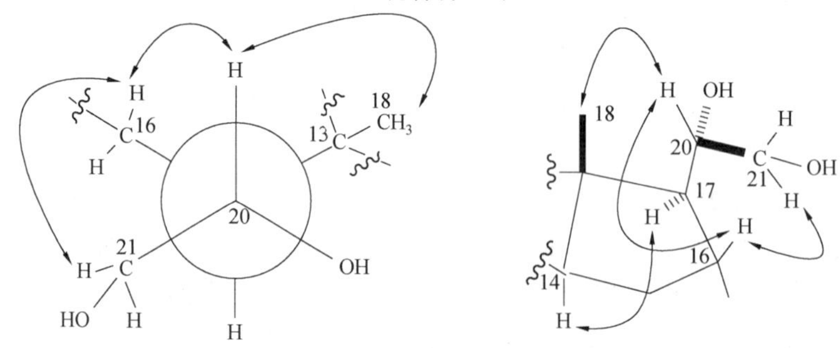

图 2.52　化合物 **6** 侧链的 NOESY

表 2.6　化合物 6 的核磁数据(溶剂为氘代吡啶)

序号	^{13}C NMR	连接的 H	^{1}H-^{1}H COSY	HMBC	NOESY
1	35.4(t)	α 1.42(1H, ddd, 13.7, 13.7, 5.1) β 1.63(1H, m)	H-1β,2β, 2α H-1α, 2β, 2α	H-2, 19	H-1β, 2α, 9, 11α H-19, 2α, β, 1α, 11α
2	34.1(t)	α 2.30(1H, m) β 2.36(1H, m)	H-2β, 1α, 1β H-2α, 1α, 1β	H-1, 4	H-1α, β, 2β H-1β, 19, 2α
3	197.8(s)			H-1, 2	
4	124.8(d)	5.83(1H, s)	H-6β	H-6	H-6α
5	168.3(s)			H-6, 7β, 19	
6	32.4(t)	α 2.13(1H, m) β 2.28(1H, m)	H-6β, 7α, 7β H-4, 6α, 7α, 7β	H-4, 7	H-4, 7α, β, H-7β, 8, 19
7	31.3(t)	α 0.86(1H, m) β 1.68(1H, m)	H-8, 7β, 6α, 6β H-8, 7α, 6α, 6β	H-6, 9, 14	H-6α, 9, 14 H-6β, 8
8	34.5(d)	1.78(1H, m)	H-7, 9, 14	H-6α, 7α, 9, 11	H-7β, 18, 19
9	55.0(d)	1.21(1H, ddd, 11.2, 13.6, 5.1)	H-8, 11β, 11α	H-1, 11, 7, 14, 19	H-1α, 7α, 11α, 14
10	38.9(s)			H-1, 2, 4, 6, 9, 19	

续表2.6

序号	^{13}C NMR	连接的 H	$^1H-^1H$ COSY	HMBC	NOESY
11	37.8(t)	α 2.24(1H, dd, 14.0, 5.1) β 2.51(1H, dd, 14.0, 13.6)	H-11β, 9 H-11α, 9	H-9	H-1α, β, 9, 11β H-11α, 18, 19
12	217.5(s)			H-11, 14, 18	
13	57.0(s)			H-8, 15, 16, 17, 18	
14	54.9(d)	1.28(1H, m)	H-8, 15α, 15β	H-15, 16, 18	H-9, 7α, 15α, 17α
15	23.8(t)	α 1.59(1H, m) β 1.29(1H, m)	H-14,16,15β H-1α, 16, 14	H-14, 16, 17	H-14, 16a H-15α,18
16	24.5(t)	α 1.80(1H, m) β 1.30(1H, m)	H-15α, 15β, 16β, 17 H-15α, 15β, 16α, 17	H-14, 15	H-15α, 17, 21 H-18, 20, 21
17	45.39(d)	2.58(1H, dd, 9.6, 9.5)	H-16, 20	H-15, 16, 18, 21	H-14, 16α, 21β
18	12.3(q)	1.12(3H, s)		H-14, 17	H-8, 11β, 15β, 16β, 20
19	16.5(q)	1.07(3H, s)		H-1, 9	H-1β, 2β, 6β, 8, 11β
20	73.8(d)	3.64(1H, ddd, 9.6, 4.3, 2.9)	H-17, 21β, 21α	H-16β, 17, 18, 21	H-16β, 18, 21
21	66.3(t)	α 4.02(1H, dd, 11.2, 2.9) β 3.75(1H, dd, 11.2, 4.3)	H-21β, 20	H-17, 20 H-21α, 20	H-20, 16α, 16β H-16α, 16β, 17, 20

7.21-O-(β-吡喃葡萄糖)-4-烯-3,20-二酮(化合物7)

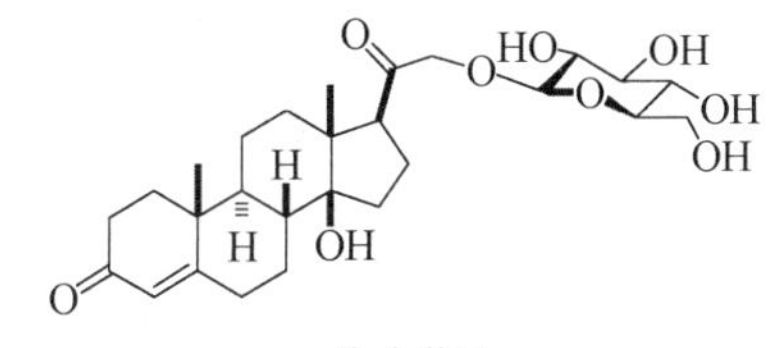

化合物7

化合物**7**为无色粉末,$[\alpha]_D^{20}$=+40.21°(c(MeOH)=1.375 mol/L)。^{13}C NMR谱图显示共有27个碳元素信号。其中2个羰基碳信号分别位于δ215.2(s)和198.2(s)处,2个烯烃碳信号分别位于δ124.0(d)和170.2(s)处,1个连氧碳信号位于δ84.5(s)处,由此可以推断出化合物**7**为具有14-羟基-孕甾-4-烯-3,20-二酮骨架的结构。此外,^{13}C NMR谱图还有1个异头碳信号δ104.1(d)和5个连氧碳信号分别处于δ78.8(d),78.5(5),

75.0(d), 71.6(d), 62.8(t)处,可推断分子中包含1个D-葡萄糖基单元。综上可推断为21-O-D-吡喃葡萄糖-14-羟基-孕甾-4-烯-3,20-二酮。将化合物**7**的波谱数据与已知21-O-β-D-吡喃葡萄糖-14β-羟基-孕甾-4-烯-3,20-二酮的^{1}H和^{13}C NMR数据进行对比,数据与文献报道一致,故化合物**7**被确定为21-O-(β-吡喃葡萄糖)-4-烯-3,20-二酮。NMR数据见表2.7。

表2.7　化合物7的核磁数据(溶解为氘代吡啶)

序号	^{13}C	文献数据^{13}C	连接的H
1	36.0(t)	34.3	1.83(1H, m), 1.53(1H, m)
2	34.3(t)	33.9	2.37(1H, m), 2.35(1H, m)
3	198.2(s)	198.9	
4	124.0(d)	124.0	5.80(1H, br s)
5	170.2(s)	170.1	
6	33.1(t)	35.9	2.14(1H, dddd, 13.4, 13.4, 4.9, 1.7), 2.11(1H, m)
7	28.3(t)	28.2	2.40(1H, m), 1.07(1H, m)
8	40.6(d)	40.5	1.75(1H, ddd, 12.0, 12.0, 3.2)
9	49.4(d)	49.3	1.04(1H, m)
10	38.8(s)	38.7	
11	21.0(t)	20.9	1.26(1H, m), 1.20(1H, m)
12	38.75(t)	38.7	1.57(1H, m), 1.22(1H, m)
13	49.7(s)	49.6	
14	84.5(s)	84.4	
15	33.9(t)	33.1	1.93(1H, ddd, 12.9, 9.8, 9.5), 1.71(1H, m)
16	24.4(t)	24.3	2.02(1H, m), 1.81(1H, m)
17	57.5(d)	57.4	3.12(1H, dd, 9.5, 4.9)
18	15.4(q)	15.4	1.13(3H, s)
19	17.3(q)	17.2	0.94(3H, s)
20	215.2(s)	215.1	
21	75.0(t)	75.0	4.84(1H, d, 18.1), 4.64(1H, d, 18.1)
1′	104.1(d)	104.1	4.93(1H, d, 7.8)
2′	75.0(d)	75.0	4.07(1H, dd, 8.5, 7.8)
3′	78.5(d)	78.7	4.20(1H, m)
4′	71.6(d)	71.6	4.16(1H, m)
5′	78.8(d)	78.4	3.91(1H, ddd, 9.0, 5.4, 2.4)
6′	62.8(t)	62.7	4.51(1H, br d, 11.7), 4.31(1H, dd, 11.7, 5.4)

8. 3β-O-{β-D-吡喃葡萄糖-(1→2)-[β-D-吡喃葡萄糖-(1→4)]-β-D-吡喃葡萄糖}-17α-孕甾-5-烯-20-酮(化合物8)

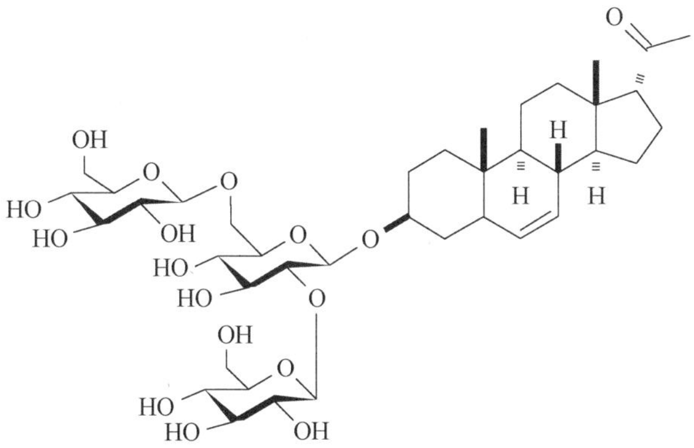

化合物8

化合物**8**的分子式由HR-ESIMS测定为$C_{39}H_{64}O_{17}$，^1H数据(表2.8)显示有3个甲基信号单峰[δ0.57(3H, s),0.97(3H, s)和2.06(3H, s)]、3个异头氢[δ5.05(1H, d, J=7.6 Hz)、5.10(1H, d, J=7.6 Hz)和5.30(1H, d, J=7.6 Hz)]和1个双键氢δ 5.44(1H, br s)。^{13}C NMR数据(表2.8)和DEPT谱图显示共有21个碳元素吸收信号,分别为3个甲基、8个亚甲基、6个sp^3、1个次甲基、3个季碳及18个吡喃葡萄糖基碳。由HMBC核磁数据推断糖链与C-3(δ79.0)相连,由HMBC耦合H-1″(δ5.30)与C-2′(δ83.2)、H-1‴(δ5.05)与C-6′(δ69.6)推断糖之间的连接位置为1→2、1→6,3个异头氢之间的耦合常数[H-1′(J=7.6 Hz)、H-1″(J=7.6 Hz)、H-1‴(J=7.6 Hz)]表明3个吡喃葡萄糖之间通过β-苷键相连。上述核磁信号与文献报道的孕甾-5-烯-3β-醇-20-酮-3-O-β-D-吡喃葡萄糖基-(1→2,1→6)-β-D-吡喃葡萄糖苷基本一致,故化合物**8**的结构被确定为3β-O-{β-D-吡喃葡萄糖-(1→2)-[β-D-吡喃葡萄糖-(1→4)]-β-D-吡喃葡萄糖}-17α-孕甾-5-烯-20-酮。

表2.8 化合物8的核磁数据(溶剂为氘代吡啶)

序号	^{13}C	连接的H	序号	^{13}C	连接的H
1	37.0	1.68(1H, br d, 12.7), 0.91(1H, m)	1′	100.6	5.10(1H, d, 7.6)
2	29.6	2.15(1H, br d, 11.0), 1.81(1H, m)	2′	83.2	4.17(1H, dd, 8.7, 8.4)
3	79.0	3.90(1H, m)	3′	77.3	4.38(1H, m)
4	39.0	2.83(1H, dd, 13.3, 1.2) 2.69(1H, dd, 13.3, 10.8)	4′	71.0	4.30(1H, dd, 9.3, 9.0)
5	140.6		5′	76.7	4.07(1H, m)
6	121.3	5.44(1H, br s)	6′	69.6	4.82(1H, br d, 11.0) 4.41(1H, dd, 11.0, 4.6)
7	31.7	1.91(1H, m), 1.52(1H, m)	1″	105.0	5.30(1H, d, 7.6)
8	31.6	1.32(1H, m)	2″	75.8	4.08(1H, m)
9	49.7	0.87(1H, m)	3″	77.8	4.21(1H, m)
10	36.5		4″	71.0	4.23(1H, m)

续表2.8

序号	^{13}C	连接的H	序号	^{13}C	连接的H
11	21.0	1.42(1H, m), 1.25(1H, m)	5″	77.9	3.91(1H, m)
12	38.5	1.91(1H, m), 1.22(1H, m)	6″	62.1	4.51(1H, br d, 11.7), 4.38(1H, m)
13	43.5		1‴	105.1	5.05(1H, d, 7.6)
14	56.5	0.92(1H, m)	2‴	74.6	4.07(1H, m)
15	24.3	1.48(1H, m), 1.07(1H, m)	3‴	78.1	4.21(1H, m)
16	22.6	2.28(1H, m), 1.54(1H, m)	4‴	71.3	4.23(1H, m)
17	63.3	2.42(1H, t d, 8.7)	5‴	77.6	3.90(1H, m)
18	12.8	0.57(3H, s)	6‴	62.4	4.51(1H, br d, 11.7), 4.38(1H, m)
19	19.2	0.97(3H, s)			
20	207.0				
21	31.0	2.06(3H, s)			

2.3.2 低极性强心苷类化合物9～34的结构解析

1. 3β-O-(D-箭毒羊角拗糖)-14-羟基-5β,14β-强心甾-20(22)-烯(化合物9)

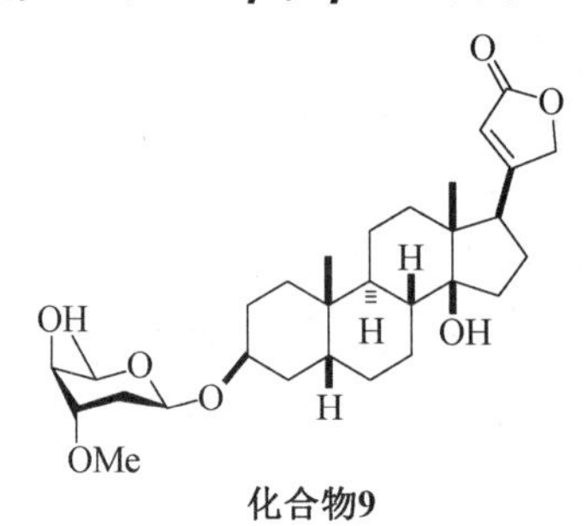

化合物9

化合物9为无色粉末，熔点为248～253 ℃，$[\alpha]_D^{20}$ = +40.3°(c(MeOH) = 0.062 mol/L)，IR($CHCl_3$)v_{max}为3 613、3 591、1 784和1 745 cm^{-1}。化合物9的红外谱图显示在3 613和3 591 cm^{-1}处有羟基吸收峰，在1 784、1 745 cm^{-1}处有α,β-不饱和-γ-内酯吸收峰。根据HRESI测得化合物9的分子式为$C_{30}H_{46}O_7$。^{13}C NMR谱图显示共有30个碳元素吸收信号。1个羰基碳信号位于δ174.4处、2个烯烃碳信号位于δ174.4和117.7处、3个连氧碳信号分别位于δ72.6(d)、73.4(t)和85.6(s)处、1个糖基异头碳信号位于δ96.5(d)处，还包含1个甲氧基碳信号以及3个连氧的2,6-双脱氧己糖的碳信号。根据DEPT和HMQC谱图，除上述碳原子外还含有3个甲基碳原子、11个仲碳原子、4个叔碳原子以及2个季碳原子。

在^1H NMR谱图的高场部分显示有2个单峰甲基的氢原子信号(δ0.93和0.87)和另外1个糖基的双峰甲基信号(δ1.23, d, J=6.6 Hz)。根据$^1H-^1H$ COSY谱图可推测出化合物9连有氢质子碳的相关性，即C-1—C-2，C-4—C-5—C-6—C-7—C-8 C-9—C-11—C-12，C-15—C-16—C-17。通过上述结构片段中的氢质子与季碳原子的 HMBC 的相关性[C-10(δ35.2)与 H-6α 和 Me-19,C-13(δ49.6)与 H-11α、H-15α、H-17 和 Me-18,C-14(δ85.6)与 H-12β、H-15α、H-17 和 Me-18]可推断出各季碳的连接关系。综上可推断为化合物**9**是具有14-OH的 A、B、C、D 四环甾体类化合物。另外,根据 HMBC 的相关性[C-3(δ72.6)与 H-1′和 H-2β],确定糖苷键在 C-3 位置。HMBC 相关性[C-23 (δ174.4)与烯烃质子 H-22(δ5.87),C-22(δ117.7)与 H-17 和 H_2-21,烯烃季碳原子 C-20 (δ174.4)与 H-17 和 H_2-21]显示了具有 γ-内酯结构片段,并且 C-20 连接在 D 环的 C-17 位(图 2.53)。

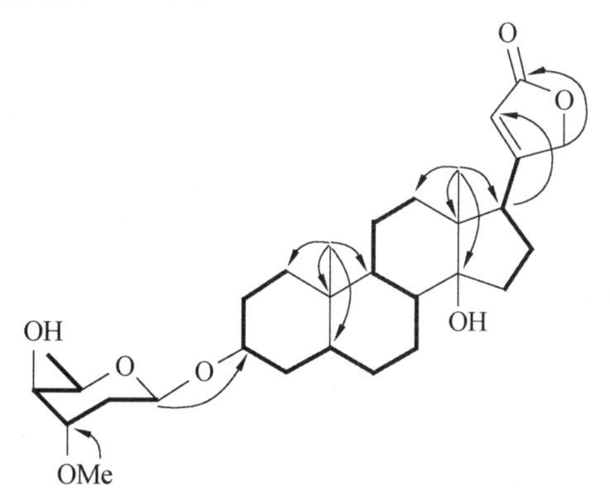

图 2.53 化合物**9**的 HMBC

化合物**9**中糖的结构通过 NOESY 谱图中[1]H-[1]H 的相关性(H-1′与 H-5′和 H-2′,H-3′和 H-4′,H-4′与 H-5′、H-3′和 Me-6′),并且 H-3′具有较小的耦合常数(q,J=2.9 Hz),可确定糖基为已知的 D-箭毒羊角拗糖。NOESY 谱图中 H-H 的相关性(Me-19 与 H-5,H-12α 与 H-15α)表明 AB 环和 CD 环均为顺式稠合结构。通过 NOESY 谱图中 Me-19 与 H-6β、H-8 和 H-11β,H-12β 与 Me-18,Me-18 与 H-22,H-12α 与 H-17,H-17 与 H-16α,H-6β 与 H-22 的相关性(图 2.54),可推断化合物**9**为 3β-O-(D-箭毒羊角拗糖)-14-羟基-5β,14β-强心甾-20(22)-烯。NMR 数据见表 2.9。

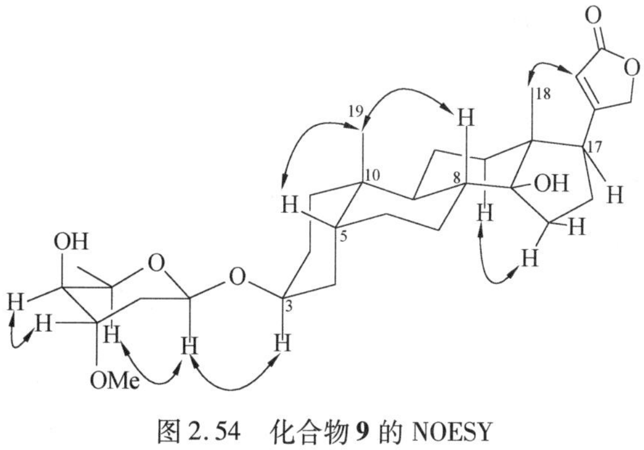

图 2.54 化合物**9**的 NOESY

表 2.9 化合物 9 的核磁数据(溶剂为氘代氯仿)

序号	^{13}C NMR	连接的 H
1	30.2(t)	1.48(1H, m), 1.46(1H, m)
2	26.7(t)	1.46(1H, m), 1.66(1H, m)
3	72.6(d)	4.03(1H, br s, $W_{1/2}$=7.5)
4	29.9(t)	1.73(1H, m), 1.43(1H, m)
5	36.3(d)	1.65(1H, m)
6	26.6(t)	1.87(2H, m)
7	21.4(t)	α 1.26(1H, m), β 1.73(1H, m)
8	41.9(s)	1.56(1H, m)
9	35.8(d)	1.60(1H, m)
10	35.2(s)	
11	21.2(t)	α 1.43(1H, m), β 1.20(1H, m)
12	40.1(t)	α 1.39(1H, m), β 1.52(1H, m)
13	49.6(s)	
14	85.6(s)	
15	33.2(t)	α 2.12(1H, m), β 1.68(1H, m)
16	26.9(t)	α 2.18(1H, m), β 1.80(1H, m)
17	50.9(d)	1.85(1H, m), 2.76(1H, br d, 8.3)
18	15.8(q)	0.87(3H, s)
19	23.6(q)	0.93(3H, s)
20	174.4(s)	
21	73.4(t)	α 4.97(1H, br d, 18.1) β 4.81(1H, br d, 18.1)
22	117.7(d)	5.87(1H, br s)
23	174.4(s)	
1′	96.5(d)	4.71(1H, dd, 9.5, 2.4)
2′	31.5(t)	α 1.84(1H, m), β 1.76(1H, m)
3′	78.5(d)	3.58(1H, q, 2.9)
4′	67.9(d)	3.39(1H, m)
5′	69.1(d)	3.91(1H, q, 6.6)
6′	16.6(q)	1.23(3H, d, 6.6)
OMe	57.1(q)	3.38(3H, s)

2. 3β-O-(D-箭毒羊角拗糖)-8,14-环氧-5β,14β-强心甾-16,20(22)-二烯(化合物10)

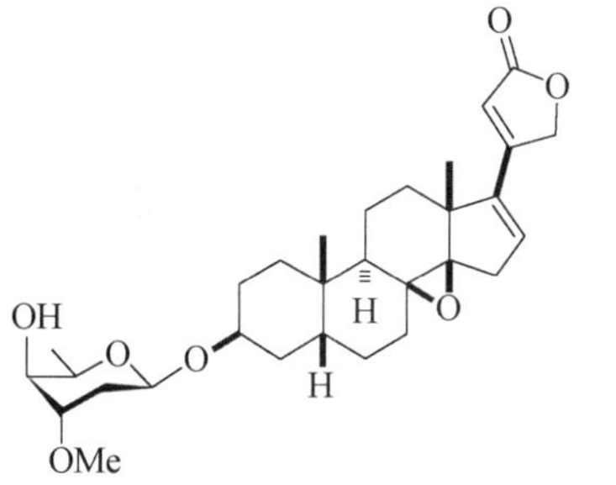

化合物10

化合物**10**为无色粉末。红外谱图显示在3 572 cm^{-1}处有羟基吸收峰,在1 749 cm^{-1}处有α,β-不饱和-γ-内酯吸收峰。根据HRFABMS测得化合物**10**的分子式为$C_{30}H_{42}O_7$。^{13}C NMR谱图显示共有30个碳元素吸收信号。^{1}H NMR和^{13}C NMR数据(表2.10)显示糖基在A环部分与化合物**9**有很好的吻合,因此,化合物**10**与化合物**9**具有相同的糖基和A环结构。根据HMBC相关[C-23(δ174.2)与H_2-21和H-22,C-20(δ157.6)与H_2-15、H-16、H_2-21和H-22]表明α,β-不饱和-γ-内酯结构位于C-17位,并且在C-16与C-17之间存在1个双键。两个环氧次甲基碳的HMBC相关[C-8(δ65.2)与H-7β、H-9和H_2-15,C-14(δ70.1)与H-7α、H_2-15、H-16和Me-18],表明存在1个8,14环氧环(图2.55)。

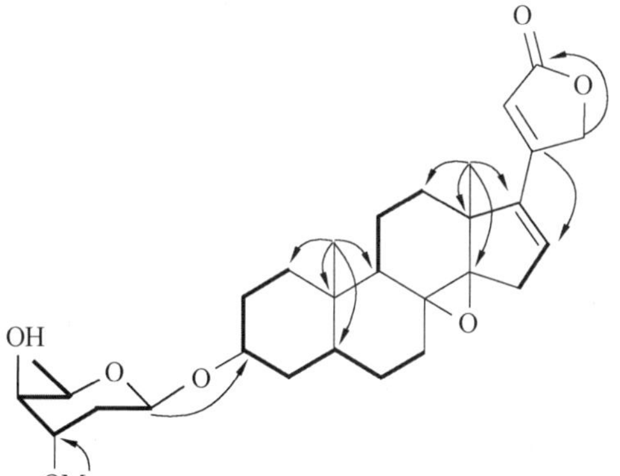

图2.55 化合物**10**的HMBC相关

NOESY相关谱(H-3与H-1′,H-4α与H-7α和H-9,H-9与H-12α,CH_3-19与H-5和H-6β,H-12β与H-22,H-15α与H-7β和H-16,CH_3-18与H-22)表明化合物**10**的结构为3β-O-(D-箭毒羊角拗糖)-8,14-环氧-5β,14β-强心甾-16,20(22)-二烯。根据H-15α与H-7β的NOESY相关性及与化合物**9**相比较Me-18存在0.35 ppm的低场位移可证明8,14-环氧环的立体结构为β-取向(图2.56)。因此,化合物**10**被确定为3β-O-(D-箭毒羊角拗糖)-8,14-环氧-5β,14β-强心甾-16,20(22)-二烯。

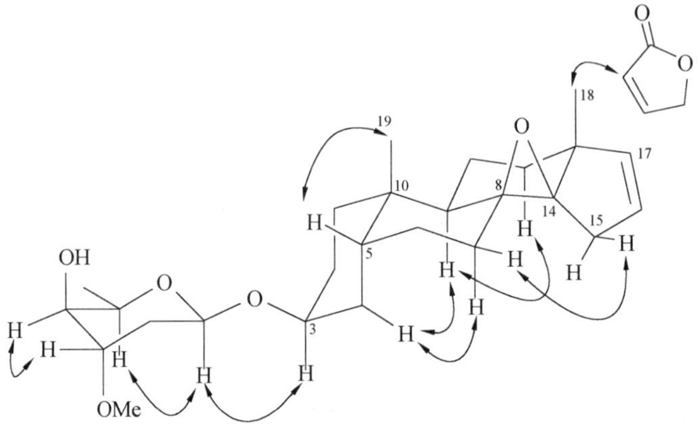

图 2.56　化合物 **10** 的 NOESY 相关

表 2.10　化合物 10 的核磁数据(溶剂为氘代氯仿)

序号	^{13}C NMR	连接的 H
1	30.2(t)	1.46(1H, m),1.43(1H, m)
2	26.9(t)	1.71(1H, m),1.46(1H, m)
3	72.5(d)	4.03(1H, br s, $W_{1/2}$=7.5)
4	29.9(t)	α 1.73(1H, m),β 1.52(1H, br d, 13.4)
5	36.4(d)	1.79(1H, m)
6	24.7(t)	β 2.17(1H, tt, 13.9, 4.6),α 1.30(1H, m)
7	26.9(t)	α 1.83(1H, m),β 1.16(1H, m)
8	65.2(s)	
9	36.2(d)	1.94(1H, br dd, 10.5, 5.1)
10	36.8(s)	
11	15.7(t)	1.30(2H, m)
12	33.4(t)	α 1.28(1H, m),β 1.84(1H, m)
13	44.8(s)	
14	70.1(s)	
15	33.1(t)	α 2.61(1H, dd, 20.0, 2.8),β 2.57(1H, dd, 20.0, 2.8)
16	132.1(d)	6.07(1H,br t, 2.8)
17	143.1(s)	
18	19.9(q)	1.22(3H, s)
19	24.5(q)	1.03(3H, s)
20	157.6(s)	
21	71.4(t)	α 4.97(1H, dd, 16.2, 1.6),β 4.91(1H, dd, 16.2, 1.6)
22	112.9(d)	5.95(1H, br s)
23	174.2(s)	
1′	96.9(d)	4.72(1H, dd, 9.5, 2.4)
2′	31.5(t)	α 1.86(1H, m),β 1.78(1H, m)
3′	78.5(d)	3.58(1H, q, 3.2)
4′	67.9(d)	3.40(1H, m)

续表2.10

序号	^{13}C NMR	连接的 H
5′	69.1(d)	3.91(1H, br q, 6.6)
6′	16.6(q)	1.23(3H, d, 6.6)
OMe	57.1(q)	3.38(3H, s)

3. 3β-O-(D-脱氧洋地黄糖)-8,14,16α,17-二环氧-5β,15β-强心甾-20(22)-烯(化合物 11)

化合物11

化合物 **11** 为无色粉末。根据 HRESIMS 测得化合物 **11** 的分子式为 $C_{30}H_{42}O_8$。化合物 **11** 具有与化合物 **9**、**10** 相似的红外谱图。^{13}C NMR 谱图显示共有 30 个碳元素信号。化合物 **11** 的^{1}H NMR 和^{13}C NMR 数据显示糖部分与化合物 **9**、**10** 不同,其糖部分的 C-1′ ~ C-6′和 OMe 信号与化合物夹竹桃糖苷、3-O-β-D-地支糖苷和洋地黄糖苷一致。化合物 **11** 糖部分的 H-3′($J_{3',2'\beta}$=12.2 Hz、$J_{3',2'\alpha}$=4.9 Hz、$J_{3',4'}$=3.2 Hz)的耦合常数和 NOESY 相关(H-3 与 H-1′,H-1′与 H-3′和 H-5′),表明它是 2-脱氧洋地黄糖。因此,化合物 **11** 的糖片段可确定为 2-脱氧洋地黄糖。化合物 **11** 的 A、B 环的^{1}H 和^{13}C NMR 的化学位移与化合物 **10** 一致,以此推断化合物 **11** 可能为 3β-O-(β-D-脱氧洋地黄糖基)-8,14-环氧-5β,14β-强心甾-20(22)-烯结构,这一结构单元通过^{1}H 和^{13}C NMR 的分析所证实。

根据 HMBC 相关(图 2.57)[C-23(δ172.8)与 H-22,C-20(δ162.6)与 H_2-21 和 H-22,C-17(δ66.7)与 H_2-15、CH_3-18 和 H-22,C-16(δ63.2)与 H_2-15]可以确定不饱和 γ-内酯片段位于 C-17 位,并且在 C-16 和 C-17 之间存在另一个环氧环。NOESY 谱图

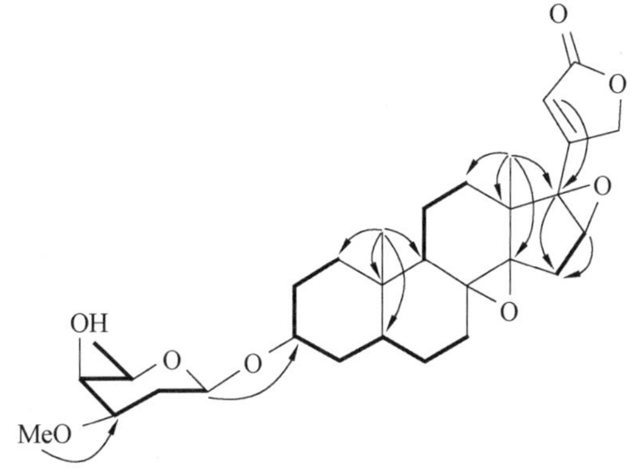

图 2.57 化合物 **11** 的 HMBC 相关图

中(图 2.58)的 H-12β 与 CH_3-18 和 H-22,CH_3-18 与 H-22 和 H-15β 相关性表明其立体构型为 17β-不饱和 γ-内酯和 16α,17α-环氧环。因此化合物 **11** 的结构被确定为 3β-O-(D-脱氧洋地黄糖)-8,14,16α,17-二环氧-5β,15β-强心甾-20(22)-烯。NMR 数据见表 2.11。

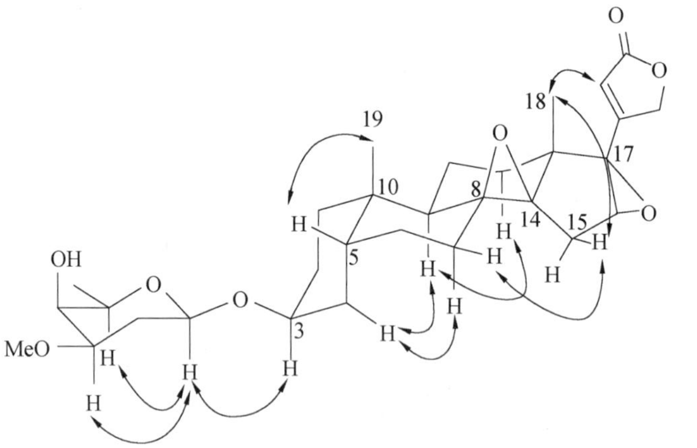

图 2.58　化合物 **11** 的 NOESY 相关

表 2.11　化合物 11 的核磁数据(溶解为氘代氯仿)

序号	^{13}C NMR	连接的 H
1	30.2(t)	1.44(1H, m) 1.41(1H, m)
2	26.8(t)	1.74(1H, m) 1.44(1H, m)
3	72.6(d)	4.05(1H, br s, $W_{1/2}$=7.5)
4	29.9(t)	α 1.76(1H, m) β 1.50(1H, m)
5	36.3(d)	α 1.77(1H, m)
6	24.6(t)	β 2.11(1H, tt, 14.0, 4.2) 1.26(1H, m)
7	26.3(t)	α 1.82(1H, td, 14.0, 5.1) β 1.12(1H, br d, 14.0)
8	65.6(s)	
9	36.3(d)	1.90(1H, dd, 11.7, 4.2)
10	36.7(s)	
11	14.7(t)	α 1.30(1H, m) β 1.18(1H, m)
12	30.0(t)	α 1.48(1H, m) β 1.51(1H, m)
13	41.9(s)	
14	67.4(s)	

续表2.11

序号	^{13}C NMR	连接的 H
15	29.5(t)	α 2.23(1H, br d, 15.1) β 2.07(1H, br d, 15.1)
16	63.2(d)	3.69(1H, br s)
17	66.7(s)	
18	18.0(q)	1.21(3H, s)
19	24.6(q)	0.98(3H, s)
20	162.6(s)	
21	71.7(t)	α 4.79(1H, dd, 17.8, 1.7) β 4.71(1H, dd, 17.8, 1.7)
22	119.5(d)	6.23(1H, t, 1.7)
23	172.8(s)	
1′	98.0(d)	4.46(1H, dd, 9.8, 2.0)
2′	32.1(t)	1.95(1H, br dd,12.2, 4.9) β 1.71(1H, ddd, 12.2, 12.2, 4.9)
3′	78.0(d)	3.34(1H, ddd, 12.2, 4.9, 3.2)
4′	67.2(d)	3.68(1H, m)
5′	70.4(d)	3.43(1H, q, 6.3)
6′	16.8(q)	1.34(3H, d, 6.3)
OMe	55.7(q)	3.40(3H, s)

4.3*β*-O-(D-脱氧洋地黄糖)-16*β*-乙酰-14-羟基-5*α*,14*β*-强心甾-20(22)-烯(化合物12)

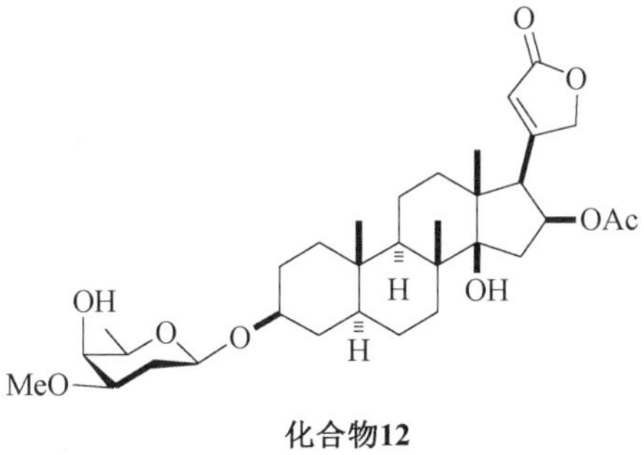

化合物12

化合物 **12** 为无色微晶,熔点为 201 ℃(丙酮-正己烷),$[\alpha]_D^{20}$=-21.4°(c($CHCl_3$)=0.42 mol/L),IR($CHCl_3$) v_{max}为 3 516、3 439、2 936 和 1 743 cm^{-1}。化合物 **12** 的红外谱图显示在 3 516 cm^{-1}处有羟基吸收峰,在 1 743 cm^{-1}处有 α,β-不饱和-γ-内酯吸收峰。根据 HRESI 测得化合物 **12** 的 m/z 为 599.319 7,计算值为 599.319 6($C_{32}H_{48}O_9Na$),推测化合物 **12** 的分子式为 $C_{32}H_{48}O_9$。^{13}C NMR 谱图显示共有 32 个碳元素信号。其中 δ174.4(s)、174.3(s)、121.4(d) 处显示为 α,β-不饱和羰基的碳信号,1 个乙酰羰基碳信号显示在 δ170.4(s)处,1 个糖基异头碳信号显示在 δ97.5(d)处,4 个与氧相连的碳信号分别出现在 δ73.9(d)、75.6(t)、76.6(d)和 84.2(s) 处。在^1H NMR 谱图的低场部分显示 1 个不饱和双键的氢信号(δ5.97,t,J=1.7 Hz),1 个连氧碳上 2 个不等价质子信号(δ4.95, dd,

J=18.1,1.7 Hz;4.84, dd,J=18.1, 1.7 Hz)和1个与氧连的碳原子上的氢原子信号(δ3.67, m)。在高场处显示2个单峰甲基的氢原子信号(δ0.93,0.79),1个乙酰甲基氢质子信号(δ1.96)。由H-3′的耦合常数($J_{3',2'\beta}$=12.0 Hz、$J_{3',2'\alpha}$=4.9 Hz、$J_{3',4'}$=3.2 Hz)及NOESY谱中H-3与H-1′,H-1′与H-3′及H-5′的相关性可推出化合物**12**的含糖部分为D-脱氧洋地黄糖。由HMBC谱中H-1′与C-3的相关性可推断出C-1′与C-3相连。另外根据^{1}H-^{1}H COSY、HMBC谱图(图2.59)中各相关性,可推断出化合物**12**的平面结构。相对立体构型可通过NOESY谱图(图2.60)中H-H的相关性推断出。并与参考文献对比,所有NMR数据基本一致,因此化合物**12**被确定为3β-O-(D-脱氧洋地黄糖)-16β-乙酰-14-羟基-5α,14β-强心甾-20(22)-烯,NMR数据见表2.12。

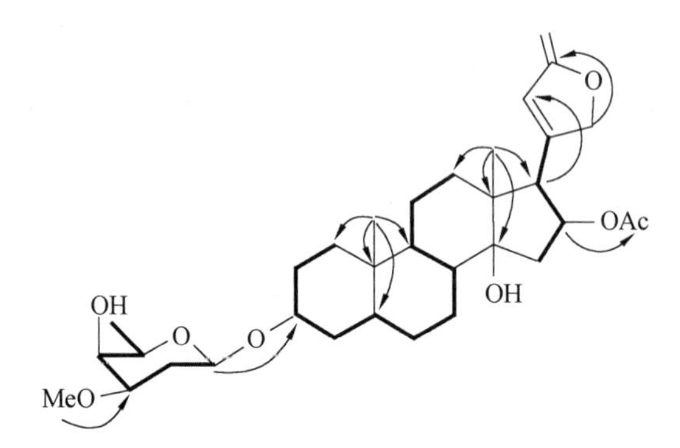

图2.59 化合物**12**的HMBC相关

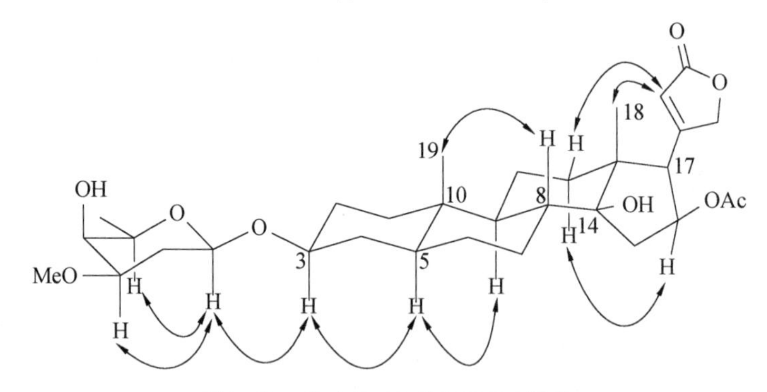

图2.60 化合物**12**的NOESY相关

表2.12 化合物12的核磁数据(溶剂为氘代氯仿)

序号	^{13}C NMR	连接的H
1	37.1(t)	1.70(1H, m), 0.97(1H, m)
2	29.1(t)	1.92(1H, m), 1.48(1H, m)
3	76.6(d)	3.67(1H, m)
4	34.1(t)	1.63(1H, m), 1.28(1H, m)
5	44.2(d)	1.06(1H, m)
6	28.4(t)	1.37(1H, m), 1.24(1H, m)
7	27.0(t)	1.97(1H, m), 1.03(1H, m)
8	41.6(d)	1.49(1H, m)

续表2.12

序号	^{13}C NMR	连接的 H
9	49.7(d)	0.87(1H, m)
10	35.8(s)	
11	20.8(t)	1.55(1H, m), 1.26(1H, m)
12	39.1(t)	1.52(1H, m), 1.31(1H, m)
13	49.9(s)	
14	84.2(s)	
15	41.0(t)	2.67(1H, dd, 15.6, 9.8), 1.75(1H, dd, 15.6, 2.5)
16	73.9(d)	5.45(1H, ddd, 9.8, 8.5, 2.5)
17	56.0(d)	3.17(1H, d, 8.5)
18	15.9(q)	0.93(3H, s)
19	12.1(q)	0.79(3H, s)
20	174.3(s)	
21	75.6(t)	4.95(1H, dd, 18.1, 1.7), 4.84(1H, dd, 18.1, 1.7)
22	121.4(d)	5.97(1H, t, 1.7)
23	174.4(s)	
1′	97.5(d)	4.53(1H, dd, 9.8, 2.2)
2′	32.0(t)	1.94(1H, m), 1.68(1H, ddd, 12.0, 12.0, 9.8)
3′	77.9(d)	3.33(1H, ddd, 12.0, 4.9, 3.2)
4′	67.1(d)	3.69(1H, br s)
5′	70.4(d)	3.44(1H, q, 6.6)
6′	16.8(q)	1.35(3H, d, 6.6)
OMe	55.7(q)	3.39(3H, s)
OAc	21.0(q)	1.96(3H, s)
OAc	170.4(s)	

5. 3β,14-二羟基-5β,14β-强心甾-20(22)-烯(化合物 13)

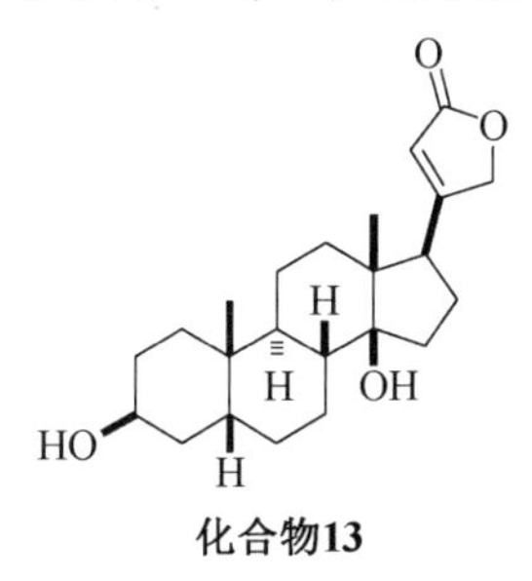

化合物13

化合物 **13** 为无色微晶，熔点为 248 ~ 253 ℃，$[\alpha]_D^{20}$ = +40.3°(c(MeOH) = 0.062 mol/L)，IR($CHCl_3$)v_{max}为 3 483、3 456、2 926、1 738 和 1 450 cm^{-1}。化合物 **13** 的红外谱图显示在3 483 cm^{-1}处有羟基吸收峰，在 1 738 cm^{-1}处有 α,β-不饱和-γ-内酯吸收峰。紫外谱图显示 UV(MeOH)λ_{max}(log ε) 为 221(3.98) nm。根据 HRESIMS 测得化合物 **13** 的 m/z M^+为374.245 8，计算值为 374.245 7，推测化合物 **13** 的分子式为 $C_{23}H_{34}O_4$。^{13}C NMR谱图显示共有 23 个碳元素吸收信号。根据 DEPT 和 HMQC 谱图推断出化合物

13 含有 2 个甲基、10 个亚甲基、6 个次甲基和 5 个季碳原子。其中 δ174.5(s)、174.5(s)和 117.7(d)处显示为 α,β -不饱和 γ 内酯的碳信号。3 个与氧相连的碳信号分别出现在 δ85.6(s)、73.4(t)和66.8(d)处。在^{1}H NMR 谱图的低场部分显示有 1 个不饱和双键质子信号(δ5.81, br s),1 个连氧碳上 2 个偕氢质子信号(δ4.92, dd,J=18.1, 1.8 Hz; 4.76, dd,J=18.1, 1.8 Hz),1 个连氧碳上的氢原子信号(δ4.06, br s),在高场处显示有 2 个单峰甲基的氢质子信号(δ0.89, 0.81)。综上可推断化合物 **13** 为强心苷类化合物。另外根据^{1}H-^{1}H COSY、HMBC 谱图中各相关性,可推断出化合物 **13** 的平面结构,相对立体构型可通过 NOESY 谱图中 H-H 的相关性推断出。并与化合物 3β,14-二羟基-5β,14β-强心甾-20(22)-烯的参考文献对比,所有 NMR 数据基本一致,因此化合物 **13** 被确定为 3β,14-二羟基-5β,14β-强心甾-20(22)-烯,NMR 数据见表 2.13。

表 2.13 化合物 13 的核磁数据(溶解为氘代氯仿)

序号	^{13}C NMR	连接的 H
1	29.6(t)	1.45(1H, m), 1.46(1H, m)
2	33.2(t)	1.46(1H, m), 1.85(1H, m)
3	66.8(d)	4.06(1H, br s)
4	26.4(t)	1.48(1H, m), 1.71(1H, m)
5	35.5(d)	1.75(1H, m)
6	21.2(t)	1.27(1H, m), 1.57(1H, m)
7	21.3(t)	1.16(1H, m), 1.80(1H, m)
8	41.8(d)	1.51(1H, m)
9	36.0(d)	1.54(1H, m)
10	35.4(s)	
11	27.9(t)	1.52(1H, m) 1.30(1H, m)
12	40.0(t)	1.32(1H, m), 1.60(1H, m)
13	49.6(s)	
14	85.6(s)	
15	33.3(t)	2.06(1H, m) 1.63(1H, m)
16	26.9(t)	2.10(1H, m) 1.80(1H, m)
17	50.9(d)	2.72(1H, m)
18	15.8(q)	0.81(3H, s)
19	23.7(q)	0.89(3H, s)
20	174.5(s)	
21	73.4(t)	4.92(1H, dd, 18.1, 1.8) 4.76(1H, dd, 18.1, 1.8)
22	117.7(d)	5.81(1H, br s)
23	174.5(s)	

6.3β-O-(D-脱氧洋地黄糖)-14-羟基-5β,14β-强心甾-20(22)-烯(化合物14)

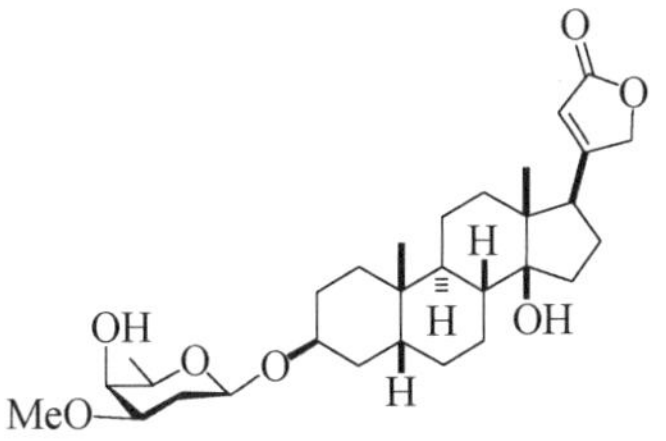

化合物14

化合物**14**为无色微晶,熔点为184~186 ℃,$[\alpha]_D^{20}$ = +1.46°(c(MeOH) = 4.571 mol/L),IR($CHCl_3$) υ_{max}为3 537、3 010、2 932、1 765和1 746 cm^{-1}。化合物**14**的红外谱图显示在3 537 cm^{-1}处有羟基吸收峰,在1 765和1 746 cm^{-1}处有α,β-不饱和-γ-内酯吸收峰。紫外谱图显示UV(MeOH)λ_{max}(log ε)为218(4.01)nm。根据HRFABMS测得化合物**14**的m/z M^+为518.324 4,计算值为518.324 4,推测化合物**14**的分子式为$C_{30}H_{46}O_7$。^{13}C NMR谱图显示共有30个碳元素信号。其中δ174.4(s)、174.3(s)及117.6(d)处显示为α,β-不饱和羰基的碳信号,1个异头碳信号δ97.7(d),3个与氧相连的碳信号δ73.4(t)、85.6(s)和72.5(d)。在^1H NMR谱图的低场部分显示在1个连氧碳上有2个不等价质子信号[δ4.98(1H, dd, J = 18.1, 1.7Hz); 4.80(1H, dd, J = 18.1, 1.7 Hz)],1个与氧连的碳原子上的氢原子信号(δ4.06, br s),在高场处显示有2个单峰甲基的氢原子信号(δ0.96, 0.93)。由H-3′的耦合常数($J_{3',2'\beta}$=12.2 Hz、$J_{3',2'\alpha}$=4.9 Hz、$J_{3',4'}$=3.1 Hz)及NOESY谱中H-3与H-1′,H-1′与H-3′及H-5′的相关性可推断化合物**14**连接的糖为D-脱氧洋地黄糖,综上可推断出化合物**14**为强心苷类化合物。另外根据^1H-^1H COSY、HMBC谱图中各相关性,可推断出化合物**14**的平面结构,相对立体构型可通过NOESY谱图中H-H的相关性推断出。并与化合物3β-O-(D-脱氧洋地黄糖)-14-羟基-5β,14β-强心甾-20(22)-烯的参考文献对比,所有NMR数据基本一致,因此化合物**14**被确定为3β-O-(D-脱氧洋地黄糖)-14-羟基-5β,14β-强心甾-20(22)-烯,NMR数据见表2.14。

表2.14 化合物14的核磁数据(溶剂为氘代氯仿)

序号	^{13}C NMR	连接的H
1	29.9(t)	1.44(1H, m), 1.43(1H, m)
2	26.7(t)	1.46(1H, m), 1.71(1H, m)
3	72.5(d)	4.06(1H, br s)
4	30.2(t)	148(1H, m), 1.71(1H, m)
5	36.4(d)	1.76(1H, m)
6	26.6(t)	1.26(1H, m), 1.56(1H, m)
7	21.2(t)	1.15(1H, m), 1.79(1H, m)
8	41.9(d)	1.50(1H, m)
9	35.8(d)	1.60(1H, m)
10	35.2(s)	
11	21.5(t)	1.52(1H, m), 1.26(1H, m)

续表2.14

序号	^{13}C NMR	连接的 H
12	40.1(t)	1.32(1H, m), 1.59(1H, m)
13	49.6(s)	
14	85.6(s)	
15	33.1(t)	2.12(1H, m), 1.65(1H, m)
16	27.0(t)	2.09(1H, m), 1.80(1H, m)
17	50.9(d)	2.77(1H, m)
18	15.8(q)	0.96(3H, s)
19	23.7(q)	0.93(3H, s)
20	174.3(s)	
21	73.4(t)	4.98(1H, dd, 18.1, 1.7), 4.80(1H, dd, 18.1, 1.7)
22	117.6(d)	5.88(1H, br s)
23	174.4(s)	
1′	97.7(d)	4.45(1H, dd, 9.8, 2.0)
2′	32.1(t)	1.94(1H, m), 1.69(1H, m)
3′	78.0(d)	3.34(1H, ddd, 12.2, 4.9, 3.1)
4′	67.2(d)	3.69(1H, br s)
5′	70.3(d)	3.42(1H, q, 6.6)
6′	16.9(q)	1.33(3H, d, 6.6)
OMe	55.7(q)	3.40(3H, s)

7. 3β-O-(D-脱氧洋地黄糖)-14β-羟基-5α,14β-强心甾-20(22)-烯(化合物 15)

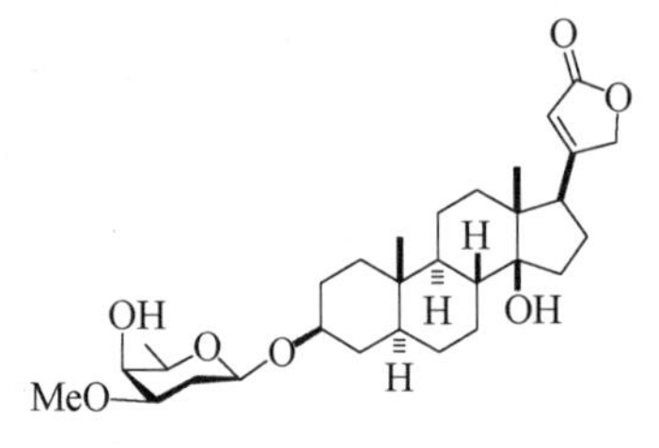

化合物15

化合物 **15** 为无色微晶，熔点为 194 ~ 198 ℃，$[\alpha]_D^{20}=-9.18°$ (c ($CHCl_3$) = 0.802 mol/L)，IR($CHCl_3$)v_{max}为 3 499、3 456、2 936、1 778 和 1 745 cm^{-1}。化合物 **15** 的红外谱图显示在3 499 cm^{-1}处有羟基吸收峰，在 1 788 和 1 745 cm^{-1}处有 α,β-不饱和-γ-内酯吸收峰。紫外谱图显示 UV(MeOH) λ_{max}(log ε) 为 216 (3.95) nm。根据 HRFABMS 测得化合物 **15** 的 m/z M^+为 518.324 3，计算值为 518.324 4，推测化合物 **15** 的分子式为 $C_{30}H_{46}O_7$。^{13}C NMR谱图显示共有 30 个碳元素信号。其中 δ174.3(s)、174.3(s)和 117.6 (d) 处显示为 α,β-不饱和羰基的碳信号，1 个糖基异头碳信号 δ97.4(d)，3 个与氧相连的碳信号分别出现在 δ73.4(t)、85.5(s)和 76.5(d)处。在^1H NMR 谱图的低场部分显示有 1 个不饱和双键的氢信号(δ5.87, br s)，1 个连氧碳上 2 个不等价质子信号(δ4.97, dd, J=18.2, 1.7 Hz; 4.79, dd, J=18.2, 1.7 Hz)和 1 个与氧连的碳原子上的氢原子信号(δ3.65, m)。在高场处显示有 2 个单峰甲基的氢原子信号(δ0.87, 0.79)。由 H-3′的耦

合常数($J_{3',2'\beta}$=12.0 Hz、$J_{3',2'\alpha}$=4.9 Hz、$J_{3',4'}$=3.2 Hz)及 NOESY 谱中 H-3 与 H-1′,H-1′与 H-3′及 H-5′的相关性可推出化合物 **15** 的含糖部分为 D-脱氧洋地黄糖。由HMBC谱中 H-1′与 C-3 的相关性可推断出 C-1′与 C-3 相连。另外根据^{1}H-^{1}H COSY、HMBC 谱图中各相关性,可推断出化合物 **15** 的平面结构。相对立体构型可通过 NOESY 谱图中 H-H的相关性推断出。并与化合物 3β-O-(D-脱氧洋地黄糖)-14β-羟基-5α,14β-强心甾-20(22)-烯的参考文献对比,所有 NMR 数据基本一致,因此化合物 **15** 被确定为 3β-O-(D-脱氧洋地黄糖)-14β-羟基-5α,14β-强心甾-20(22)-烯,NMR 数据见表 2.15。

表 2.15 化合物 15 的核磁数据(溶剂为氘代氯仿)

序号	^{13}C NMR	连接的 H
1	37.20(t)	0.98(1H, m), 1.69(1H, m)
2	29.21(t)	1.92(1H, m), 1.46(1H, m)
3	76.53(d)	3.65(1H, m)
4	34.13(t)	1.62(1H, m), 1.29(1H, m)
5	44.27(d)	1.06(1H, m)
6	28.67(t)	1.23(1H, m), 1.38(1H, m)
7	27.44(t)	1.05(1H, m), 1.98(1H, m)
8	41.71(d)	1.49(1H, m)
9	49.81(d)	0.88(1H, m)
10	35.94(s)	
11	21.20(t)	1.55(1H, m), 1.27(1H, m)
12	39.87(t)	1.32(1H, m), 1.56(1H, m)
13	49.54(s)	
14	85.47(s)	
15	33.07(t)	2.12(1H, m), 1.67(1H, m)
16	28.67(t)	2.11(1H, m), 1.86(1H, m)
17	50.81(d)	2.77(1H, dd, 9.3, 5.7)
18	15.82(q)	0.87(3H, s)
19	12.22(q)	0.79(3H, s)
20	174.34(s)	
21	73.42(t)	4.79(1H, dd, 18.2, 1.7), 4.97(1H, dd, 18.2, 1.7)
22	117.58(d)	5.87(1H, br s)
23	174.34(s)	
1′	97.38(d)	4.54(1H, dd, 9.8, 1.9)
2′	32.06(t)	1.94(1H, m), 1.69(1H, m)
3′	77.91(d)	3.33(1H, ddd, 12.0, 4.9, 3.2)
4′	67.11(d)	3.70(1H, br s)
5′	70.36(d)	3.43(1H, q, 6.6)
6′	16.92(q)	1.34(3H, d, 6.6)
OMe	55.71(q)	3.39(3H, s)

8. 3β-O-(D-脱氧洋地黄糖)-8,14-环氧-5β,14β-强心甾-16,20(22)-二烯(化合物16)

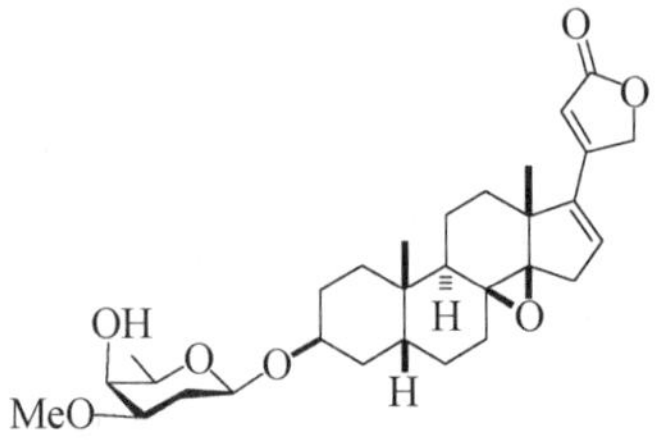

化合物16

化合物 **16** 为无色微晶,熔点为 185 ~ 187 ℃,$[\alpha]_D^{20}$ = +57.30°(*c*(MeOH) = 1.328 mol/L),IR($CHCl_3$)v_{max}为 3 516、3 009、2 937、1 788、1 753 和 1 631 cm^{-1}。化合物 **16** 的红外谱图显示在 3 516 cm^{-1}处有羟基吸收峰,在 1 788 和 1 753 cm^{-1}处有 α,β-不饱和-γ-内酯吸收峰。紫外谱图显示 UV(MeOH)λ_{max}(log ε)为 212(3.89)和 265(4.13) nm。根据 HRFABMS 测得化合物 **16** 的 *m/z* M^+为 514.293 1,计算值为 514.293 1,推测化合物 **16** 的分子式为 $C_{30}H_{42}O_7$。^{13}C NMR 谱图显示共有 30 个碳元素信号。其中 δ174.1(s)、157.5(s)、143.0(s)、132.1(d)和 112.8(d)处显示有 1 个羰基和 2 个双键共轭的碳吸收信号,1 个异头碳吸收信号显示于 δ97.8(d)处,4 个与氧相连的碳信号分别出现在 δ72.4(d)、71.4(t)、70.1(s)和 65.2(s)处。在^1H NMR 谱图的低场部分显示有 1 个不饱和双键的质子信号(δ6.07, br s),1 个连氧碳上 2 个不等价质子信号(δ4.9, dd, *J* = 16.4, 1.5 Hz; 5.0, dd, *J* = 16.4, 1.5 Hz),1 个与氧连的碳原子上的质子信号(δ4.0, br s)。在高场处显示有 2 个单峰甲基的氢原子信号(δ1.2, 1.0)。由 H-3′的耦合常数($J_{3',2'\beta}$ = 12.0 Hz、$J_{3',2'\alpha}$ = 4.9 Hz、$J_{3',4'}$ = 2.8 Hz)及 NOESY 谱中 H-3 与 H-1′, H-1′与 H-3′及 H-5′的相关性可推出化合物 **16** 的含糖部分为 D-葡萄糖。由 HMBC 谱中H-1′与 C-3 的相关性可推断出 C-1′与C-3相连。综上可推断化合物 **16** 为 Δ^{16}-脱氢欧夹竹桃苷元类化合物。另外根据^1H-^1H COSY、HMBC 谱图中各相关性,可推断出化合物 **16** 的平面结构,相对立体构型可通过 NOESY 谱图中 H-H 的相关性推断出。并与化合物 3β-O-(D-脱氧洋地黄糖)-8,14-环氧-5β,14β-强心甾-16,20(22)-二烯的参考文献对比,所有 NMR 数据基本一致,因此经鉴定化合物 **16** 为 3β-O-(D-脱氧洋地黄糖)-8,14-环氧-5β,14β-强心甾-16,20(22)-二烯,NMR 数据见表 2.16。

表 2.16　化合物 16 的核磁数据(溶剂为氘代氯仿)

序号	^{13}C NMR	连接的 H	lit[24]. C
1	30.2(t)	1.46(1H, m),1.43(1H, m)	
2	26.8(t)	1.72(1H, m),1.46(1H, m)	
3	72.4(d)	4.05(1H, br s)	4.02
4	30.0(t)	1.53(1H, m),1.72(1H, m)	
5	36.5(d)	1.78(1H, m)	
6	24.8(t)	1.30(1H, m),2.15(1H, m)	
7	26.9(t)	1.15(1H, m),1.82(1H, m)	

续表2.16

序号	^{13}C NMR	连接的 H	lit[24]. C
8	65.2(s)		
9	36.2(d)	1.93(1H, m)	
10	36.9(s)		
11	15.7(t)	1.33(1H, m),1.31(1H, m)	
12	33.4(t)	1.27(1H, m),1.81(1H, m)	
13	44.8(s)		
14	70.1(s)		
15	33.1(t)	2.61(1H, dd, 20.0, 2.6),2.56(1H, dd, 20.0, 2.6)	2.55
16	132.0(d)	6.07(1H, br s 2.8)	6.05
17	143.0(s)		
18	20.0(q)	1.22(3H, s)	1.2
19	24.6(q)	1.03(3H, s)	1.02
20	157.5(s)		
21	71.4(t)	4.91(1H, dd, 16.4, 1.5),4.98(1H, dd, 16.4, 1.5)	4.92
22	112.8(d)	5.95(1H, br s)	5.92
23	174.1(s)		
1′	97.8(d)	4.46(1H, dd, 9.8, 1.9)	4.45
2′	32.1(t)	1.93(1H, m),1.70(1H, m)	
3′	78.0(d)	3.34(1H, ddd, 12.0, 4.9, 2.8)	
4′	67.2(d)	3.68(1H, br d, 2.8)	3.67
5′	70.4(d)	3.42(1H, q, 6.4)	
6′	16.9(q)	1.33(3H, d, 6.4)	1.3
OMe	55.8(q)	3.40(3H, s)	3.4

9. 3*β*-O-(D-脱氧洋地黄糖)-8,14-环氧-5*β*,14*β*-强心甾-20(22)-烯(化合物 17)

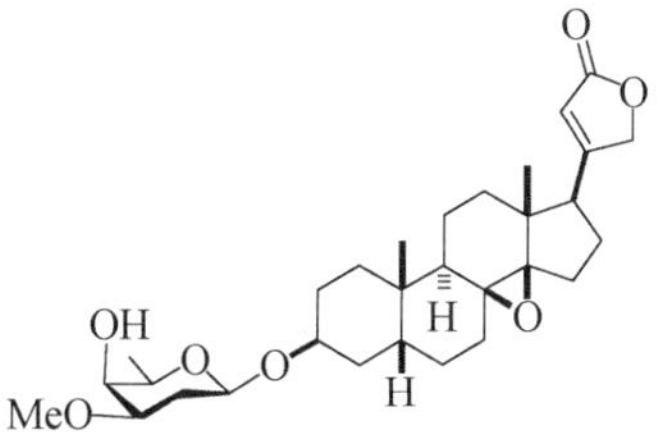

化合物17

化合物 **17** 为无色粉末,熔点为 217 ~ 220 ℃,$[\alpha]_D^{20}$ = +13.36°(*c*($CHCl_3$) = 0.546 mol/L),IR($CHCl_3$) v_{max}为3 474、3 030、1 788、1 751 和 1 631 cm^{-1}。化合物 **17** 的红外谱图显示在3 474 cm^{-1}处有羟基吸收峰,在 1 782 和 1 743 cm^{-1}处有 *α*,*β*-不饱和-*γ*-内酯吸收峰。紫外谱图显示 UV(MeOH)λ_{max}(log *ε*) 为 219 (3.91)和266(3.28) nm。根据 HRFABMS 测得化合物 **17** 的 *m/z* M^+为534.319 3,计算值为534.319 3,推测化合物 **17** 的分子式为 $C_{30}H_{44}O_7$。^{13}C NMR 谱图显示共有 30 个碳元素信号。其中 *δ*173.4(s)、169.4(s)、116.7(d)处显示为 *α*,*β*-不饱和羰基的碳信号,1 个糖基的异头碳信号

δ97.7(d),4 个与氧相连的碳信号分别出现在 δ73.2(t)、72.3(d)、70.5(s)和 65.3(s)处。在^{1}H NMR 谱图的低场部分显示有 1 个不饱和双键的氢信号(δ5.88, br d, J = 1.6 Hz),1 个连氧碳上 2 个不等价质子信号(δ4.81, dd, J = 17.6, 1.6 Hz; 4.70, d, J = 17.6 Hz),1 个与氧相连的碳原子上的质子信号(δ4.08, br s),在高场处显示有 2 个单峰甲基的氢原子信号(δ1.00, 0.84)。由H-3′的耦合常数($J_{3',2'\beta}$ = 12.0 Hz、$J_{3',2'\alpha}$ = 4.9 Hz、$J_{3',4'}$ = 2.8 Hz)及 NOESY 谱中 H-3 与 H-1′,H-1′与 H-3′及 H-5′的相关性可推断出化合物 **17** 的糖基部分为 D-葡萄糖。由 HMBC 谱中 H-1′与 C-3 的相关性可推断出 C-1′与 C-3相连。另外根据^{1}H-^{1}H COSY、HMBC 谱图中各相关性,可推断出化合物 **17** 的平面结构,相对立体构型可通过 NOESY 谱图中 H-H 的相关性推断出。并与化合物 3β-O-(D-脱氧洋地黄糖)-8,14-环氧-5β,14β-强心甾-20(22)-烯的参考文献对比,所有 NMR 数据基本一致,因此化合物 **17** 被确定为 3β-O-(D-脱氧洋地黄糖)-8,14-环氧-5β,14β-强心甾-20(22)-烯,NMR 数据见表 2.17。

表 2.17 化合物 17 的核磁数据(溶剂为氘代氯仿)

序号	^{13}C NMR	连接的 H	lit[1]. C
1	30.4(t)	1.46(1H, m),1.43(1H, m)	31.0
2	26.9(t)	1.80(1H, m),1.47(1H, m)	27.4
3	72.2(d)	4.08(1H, br s)	72.9
4	29.9(t)	1.57(1H, m),1.79(1H, m)	30.6
5	36.4(d)	1.78(1H, m)	37.1
6	24.7(t)	1.28(1H, m),2.15(1H, m)	25.9
7	26.6(t)	1.15(1H, m),1.81(1H, m)	25.1
8	65.3(s)		65.2
9	36.7(d)	1.92(1H, m)	36.7
10	36.8(s)		36.7
11	16.2(t)	1.16(1H, m),1.31(1H, m)	16.4
12	37.0(t)	1.27(1H, m),1.81(1H, m)	37.1
13	41.8(s)		41.8
14	70.5(s)		70.8
15	25.7(t)	1.88(1H, m),1.99(1H, m)	26.9
16	27.1(t)	1.98(1H, m),1.75(1H, m)	27.3
17	51.4(d)	2.56(1H, br dd, 11.6, 6.0)	51.4
18	16.2(q)	0.84(3H, s)	16.4
19	24.7(q)	1.00(3H, s)	25.1
20	169.4(s)		170.6
21	73.2(t)	4.70(1H, d, 17.6) 4.81(1H, dd, 17.6, 1.6)	73.5
22	116.7(d)	5.88(1H, br d, 1.6)	116.9
23	173.4(s)		170.6
1′	97.7(d)	4.47(1H, dd, 9.8, 2.0)	97.8
2′	32.1(t)	1.93(1H, m),1.70(1H, m)	32.0

续表2.17

序号	^{13}C NMR	连接的 H	lit[1]. C
3′	78.0(d)	3.34(1H, ddd, 12.0, 4.9, 2.8)	77.9
4′	67.1(d)	3.69(1H, br s)	67.1
5′	70.3(d)	3.43(1H, q, 6.6)	70.38
6′	16.9(q)	1.34(3H, d, 6.6)	16.8
OMe	55.7(q)	3.40(3H, s)	55.7

10. 3*β*-O-(D-脱氧洋地黄糖)-8,14*β*-二羟基-5*β*,14*β*-强心甾-20(22)-烯(化合物 18)

化合物18

化合物 **18** 为无色微晶，熔点为 207 ~ 208 ℃，$[\alpha]_D^{20}$ = +6.30°（c(CHCl$_3$) = 0.531 mol/L），IR(CHCl$_3$) v_{max}为 3 472、2 936、1 780、1 741 和 1 622 cm^{-1}。化合物 **18** 的红外谱图显示在3 472 cm^{-1}处有羟基吸收峰，在 1 780 和 1 741 cm^{-1}处有 α,β-不饱和-γ-内酯吸收峰。紫外谱图显示 UV(MeOH) λ_{max}(log ε)为 217 (3.89) nm。根据 HRFABMS 测得化合物 **18** 的m/z M$^+$为 534.318 9，计算值为 534.319 3，推测化合物 **18** 的分子式为 $C_{30}H_{46}O_8$。^{13}C NMR 谱图显示共有 30 个碳元素信号。其中 δ174.4(s)、174.3(s) 和 117.8(d)处显示为 α,β-不饱和羰基的碳信号，1 个糖基异头碳信号 δ97.7(d)，4 个与氧相连的碳信号分别出现在 δ85.9(s)、77.2(s)、73.4(t) 和 72.2(d) 处。在^{1}H NMR 谱图的低场部分显示有 1 个不饱和双键的氢信号(δ5.86, br d, J=1.8 Hz)，1 个连氧碳上 2 个不等价质子信号(δ5.01, dd, J=18.2, 1.8 Hz; 4.81, dd, J=18.2, 1.8 Hz)，1 个与氧相连的碳原子上的氢原子信号(δ4.06, br s)，在高场处显示有 2 个单峰甲基的氢原子信号(δ1.08, 1.00)。由 H-3′的耦合常数($J_{3',2'\beta}$=12.0 Hz、$J_{3',2'\alpha}$=4.9 Hz、$J_{3',4'}$=3.2 Hz)及 NOESY 谱中 H-3 与 H-1′、H-1′与 H-3′及 H-5′的相关性可推出化合物 **18** 的糖基部分为 D-葡萄糖。由 HMBC 谱中 H-1′与 C-3 的相关性可推断出 C-1′与 C-3 相连。另外根据 ^{1}H-^{1}H COSY、HMBC 谱图中各相关性，可推断出化合物 **18** 的平面结构，相对立体构型可通过 NOESY 谱图中 H-H 的相关性推断出。并与化合物 3β-O-(D-脱氧洋地黄糖)-8,14β-二羟基-5β,14β-强心甾-20(22)-烯的参考文献对比，所有 NMR 数据基本一致，因此化合物 **18** 被确定为3β-O-(D-脱氧洋地黄糖)-8,14β-二羟基-5β,14β-强心甾-20(22)-烯，NMR 数据见表 2.18。

表 2.18 化合物 18 的核磁数据(溶剂为氘代氯仿)

序号	^{13}C NMR	连接的 H
1	29.8(t)	1.40(1H, m) 1.56(1H, m)
2	27.0(t)	1.43(1H, m) 1.66(1H, m)
3	72.2(d)	4.06(1H, br s)
4	31.7(t)	1.51(1H, m) 1.46(1H, m)
5	36.9(d)	1.78(1H, m)
6	26.9(t)	
7	22.5(t)	1.12(1H, m) 2.08(1H, m)
8	77.2(s)	
9	35.5(d)	1.70(1H, m)
10	35.2(s)	
11	17.6(t)	1.60(1H, m) 1.42(1H, m)
12	40.4(t)	1.38(1H, m) 1.58(1H, m)
13	50.4(s)	
14	85.9(s)	
15	35.0(t)	2.09(1H, m) 1.79(1H, m)
16	27.4(t)	2.18(1H, m) 1.80(1H, m)
17	51.8(d)	2.76(1H, d, 9.2)
18	18.4(q)	1.00(3H, s)
19	25.4(q)	1.08(3H, s)
20	174.3(s)	
21	73.4(t)	4.81(1H, dd, 18.2, 1.8) 5.01(1H, dd, 18.2, 1.8)
22	117.8(d)	5.86(1H, br d, 1.8)
23	174.4(s)	
1′	97.7(d)	4.45(1H, dd, 9.8, 2.2)
2′	32.0(t)	1.93(1H, m) 1.71(1H, m)
3′	78.0(d)	3.34(1H, ddd, 12.0, 4.9, 3.2)
4′	67.2(d)	3.69(1H, br s)
5′	70.4(d)	3.43(1H, q, 6.6)
6′	16.8(q)	1.32(3H, d, 6.6)

续表2.18

序号	^{13}C NMR	连接的 H
OMe	55.7(q)	3.40(3H, s)

11.3β-O-(D-箭毒羊角拗糖)-16β-乙酰-14-羟基-5β,14β-强心甾-20(22)-烯(化合物19)

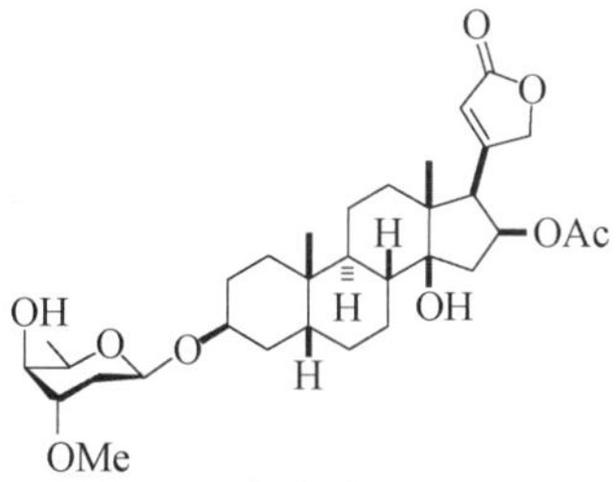

化合物19

化合物**19**为无色粉末,熔点为254 ℃,$[\alpha]_D^{20}$=+38.0°(c(MeOH)=0.052 mol/L),IR($CHCl_3$) v_{max}为3 526、2 936、1 769和1 429 cm^{-1}。化合物**19**的红外谱图显示在3 526 cm^{-1}处有羟基吸收峰,在1 769 cm^{-1}处有α,β-不饱和-γ-内酯吸收峰。根据HRESIMS测得化合物**19**的分子式为$C_{32}H_{48}O_9$。^{13}C NMR谱图显示共有32个碳元素吸收信号。1个羰基碳信号位于δ174.4处,2个烯烃碳信号分别位于δ174.2和116.7处,1个乙酰基碳信号δ170.3,4个连氧碳信号分别位于δ73.5(d)、73.8(s)、74.4(t)和84.6(s)处,1个糖基异头碳信号δ96.4(d),此外,还包含1个甲氧基碳信号以及3个连氧的2,6-双脱氧己糖的碳信号。根据DEPT和HMQC谱图,除上述碳原子外还含有3个甲基碳原子、10个仲碳原子、5个叔碳原子以及2个季碳原子。在^{1}H NMR谱图的高场部分显示有2个单峰甲基的氢原子信号(δ0.92, 0.86),1个糖基的双峰甲基信号(δ1.22, d,J=6.7 Hz)和1个乙酰甲基信号(δ1.97)。根据^{1}H-^{1}H COSY谱图可推测出连有氢质子碳的相关性,即C-1—C-2,C-4—C-5—C-6—C-7—C-8—C-9—C-11—C-12,C-15—C-16—C-17。通过上述结构片段中的氢质子与季碳原子的HMBC的相关性[C-10(δ35.1)与H-6α和Me-19, C-13(δ49.2)与H-11α、H-15α、H-17和Me-18, C-14(δ84.6)与H-12β、H-15α、H-17和Me-18]可推断出各季碳的连接关系。综上可推断为化合物**19**是具有14-OH的A、B、C、D四环甾体类化合物。另外,根据HMBC的相关性(C-3(δ72.6)与H-1′和H-2β),确定糖苷键在C-3位置。HMBC相关性[C-23(δ174.4)与烯烃质子H-22(δ5.86),C-22(δ116.7)与H-17和H_2-21,烯烃季碳原子C-20(δ174.2)与H-17和H_2-21]显示了具有γ-内酯结构片段,并且C-20连接在D环的C-17位。

化合物**19**中糖的结构通过NOESY谱图中^{1}H-^{1}H的相关性(H-1′与H-5′和H-2′, H-3′和H-4′,H-4′与H-5′、H-3′和Me-6′),并且H-3′具有较小的耦合常数(q,J=2.7 Hz),可确定糖基为已知的D-箭毒羊角拗糖。NOESY谱图中H-H的相关性(Me-19与H-5,H-12α与H-15α)表明AB环和CD环均为顺式稠合结构。通过NOESY谱图中Me-19与H-6β、H-8和H-11β、H-12β与Me-18, Me-18与H-22, H-12α与H-17, H-17与H-16α, H-6β与H-22的相关性,可推断出化合物**19**为3β-O-(D-箭毒羊角拗糖)-16β-乙酰-14-羟基-5β,14β-强心甾-20(22)-烯,NMR数据见表2.19。

表 2.19　化合物 **19** 的核磁数据(溶剂为氘代氯仿)

序号	^{13}C NMR	连接的 H
1	30.1(t)	1.48(1H, m), 1.45(1H, m)
2	26.6(t)	1.45(1H, m), 1.67(1H, m)
3	73.5(d)	4.04(1H, m)
4	29.9(t)	1.73(1H, m), 1.43(1H, m)
5	36.2(d)	1.65(1H, m)
6	26.7(t)	β 1.87(1H, m)
7	21.4(t)	α 1.26(1H, m),β 1.73(1H, m)
8	41.8(s)	1.56(1H, m)
9	35.7(d)	1.60(1H, m)
10	35.1(s)	
11	21.0(t)	α 1.43(1H, m), β 1.20(1H, m)
12	40.2(t)	α 1.39(1H, m), β 1.52(1H, m)
13	49.2(s)	
14	84.6(s)	
15	39.2(t)	α 2.12(1H, m), β 1.68(1H, m)
16	73.8(d)	2.18(1H, m)
17	55.9(d)	2.76(1H,br d, 8.3)
18	15.8(q)	0.86(3H, s)
19	23.5(q)	0.92(3H, s)
20	174.2(s)	
21	74.4(t)	α 4.97(1H, br d, 18.1) β 4.81(1H, br d, 18.1)
22	116.7(d)	5.86(1H, br s)
23	174.4(s)	
1′	96.4(d)	4.71(1H, dd, 9.5, 2.4)
2′	31.5(t)	α 1.84(1H, m), β 1.76(1H, m)
3′	78.5(d)	3.58(1H, q, 2.7)
4′	67.9(d)	3.39(1H, m)
5′	69.1(d)	3.91(1H, q, 6.6)
6′	16.5(q)	1.22(3H, d, 6.7)
OMe	57.1(q)	3.38(3H, s)
OAc	21.0(q)	1.97(3H, s)
OAc	170.3(s)	

12. 16β-乙酰-3β,14-二羟基-5β,14β-强心甾-20(22)-烯(化合物 20)

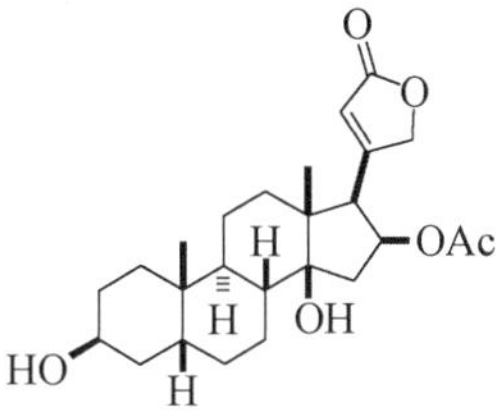

化合物20

化合物 **20** 为无色粉末,熔点为 215 ~ 219 ℃,$[\alpha]_D^{20}$ = +3.97°(c($CHCl_3$)= 0.277 mol/L),IR($CHCl_3$) v_{max}为 3 454、3 416、2 941、1 785、1 744 和 1 620 cm^{-1}。化合物 **20** 的红外谱图显示在 3 454 cm^{-1}处有羟基吸收峰,在 1 785 和1 744 cm^{-1}处有 α,β-不饱和-γ-内酯吸收峰。紫外谱图显示 UV(MeOH)λ_{max}(log ε)为 220(3.88)和 277(3.41) nm。根据 HRFABMS 测得化合物 **20** 的 m/z M^+为 432.549 7,计算值为 432.546 8,推测化合物 **20** 的分子式为$C_{25}H_{36}O_6$。^{13}C NMR 谱图显示共有 25 个碳元素信号。其中 δ174.0(s)、170.4(s)、121.4(d)处显示为 α,β-不饱和羰基的碳信号,1 个羰基碳吸收信号δ167.6(s),4 个与氧相连的碳信号分别出现在 δ84.3(s)、75.6(t)、73.9(d)和 67.6(d)处。在^1H NMR 谱图的低场部分显示有 1 个不饱和双键的氢信号(δ5.98, br d,J=1.7 Hz),1 个连氧碳上 2 个质子信号(δ4.95, dd,J=18.6,1.7 Hz;5.02, dd,J= 18.6,1.7 Hz),1 个与氧相连的碳原子上的氢原子信号(δ4.06, br s),1 个乙酰基中甲基的氢吸收信号(δ1.94),在高场处显示有 2 个单峰甲基的氢原子信号(δ0.94, 0.97)。综上可推断出化合物 **20** 为夹竹桃苷类(oleandrigenin)化合物。另外根据^1H-^1H COSY、HMBC谱图中各相关性,可推断出化合物 **20** 的平面结构,相对立体构型可通过 NOESY 谱图中 H-H 的相关性推断出。并与化合物 **16β-乙酰-3β**,14-二羟基-5β,14β-强心甾-20(22)-烯的参考文献对比,所有 NMR 数据基本一致,因此化合物 **20** 被确定为 16β-乙酰-3β,14-二羟基-5β,14β-强心甾-20(22)-烯,NMR 数据见表2.20。

表 2.20 化合物 20 的核磁数据(溶解为氘代氯仿)

序号	^{13}C NMR	连接的 H	lit[22]. C
1	29.8(t)	1.44(1H, m),1.43(1H, m)	29.5
2	26.6(t)	1.46(1H, m),1.66(1H, m)	27.8
3	67.6(d)	4.06(1H, br s)	66.6
4	34.5(t)	1.48(1H, m),1.71(1H, m)	33.2
5	36.4(d)	1.67(1H, m)	35.8
6	26.5(t)	1.26(1H, m),1.85(1H, m)	26.2
7	21.0(t)	1.65(1H, m),1.79(1H, m)	20.8
8	41.8(d)	1.53(1H, m)	41.7
9	35.6(d)	1.60(1H, m)	35.4
10	35.1(s)		35.2
11	20.8(t)	1.52(1H, m),1.26(1H, m)	21.0
12	41.2(t)	1.32(1H, m),1.56(1H, m)	41.2
13	50.0(s)		49.9

续表2.20

序号	^{13}C NMR	连接的 H	lit[22]. C
14	84.3(s)		84.1
15	39.2(t)	2.28(1H, m),1.80(1H, m)	39.2
16	73.9(d)	5.47(1H, dd, 9.2, 2.2)	73.8
17	56.1(d)	3.26(1H, d, 8.5)	56.0
18	15.9(q)	0.94(3H, s)	15.9
19	23.8(q)	0.97(3H, s)	23.6
20	170.4(s)		170.1
21	75.6(t)	4.95(1H, dd, 18.6, 1.7),5.02(1H, dd, 18.6, 1.7)	75.6
22	121.4(d)	5.98(1H, br d, 1.7)	121.2
23	174.0(s)		173.8
OAc	21.0(q)	1.94(3H, s)	21.0
OAc	167.6(s)		167.5

13. 3β-O-(D-脱氧洋地黄糖)-16β-乙酰-14-羟基-5β,14β-强心甾-20(22)-烯(化合物 21)

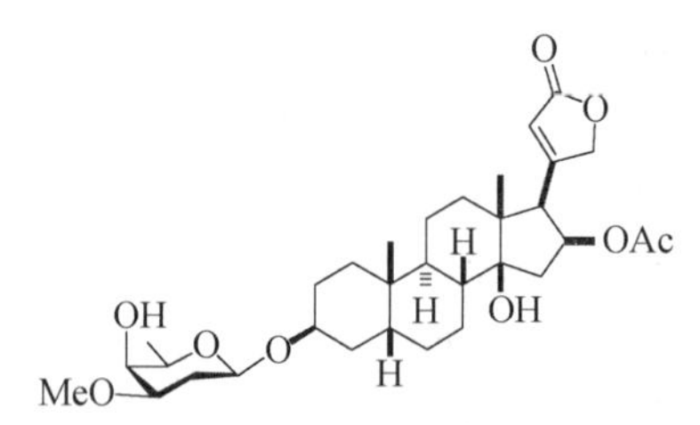

化合物21

化合物 **21** 为无色粉末,熔点为 131 ~ 137 ℃,$[\alpha]_D^{20}$ = +15.58°(c(MeOH)= 0.126 mol/L),IR($CHCl_3$)v_{max}为 3 518、2 944、1 785、1 744 和 1 381 cm^{-1}。化合物 **21** 的红外谱图显示在3 518 cm^{-1}处有羟基吸收峰,在 1 785 和 1 744 cm^{-1}处有 α,β-不饱和-γ-内酯吸收峰。紫外谱图显示 UV(MeOH)λ_{max}(log ε)为223(3.83)和 270(2.98)nm。根据 HRFABMS 测得化合物 **21** 的 m/z M^+为576.331 3,计算值为 576.329 8,推测化合物 **21** 的分子式为 $C_{32}H_{48}O_9$。^{13}C NMR 谱图显示共有 32 个碳元素信号。其中 δ173.8(s)、173.8(s)和121.3(d) 处显示为 α,β-不饱和羰基的碳信号,1 个羰基碳吸收信号 δ170.2(s),1 个糖基异头碳信号 δ97.9(d),4 个与氧相连的碳信号分别出现在δ84.3(s)、75.6(t)、73.9(d)和 72.7(d) 处。在^1H NMR 谱图的低场部分显示有 1 个不饱和双键的氢信号(δ5.97, br d, J = 1.8 Hz),1 个连氧碳上 2 个不等价质子信号(δ4.98, dd, J = 18.2,1.8 Hz; 4.86, dd, J = 18.2,1.8 Hz),在高场处显示有 1 个乙酰基中甲基的氢吸收信号(δ1.97),2 个单峰甲基的氢原子信号(δ0.92、0.93)。由 H-3′的耦合常数($J_{3',2'\beta}$ = 12.0 Hz、$J_{3',2'\alpha}$ = 4.9 Hz、$J_{3',4'}$ = 3.2 Hz)及 NOESY 谱中 H-3 与 H-1′,H-1′与 H-3′及H-5′的相关性可推出化合物 **21** 的糖基部分为 D-葡萄糖。由 HMBC 谱中 H-1′与 C-3 的相关性可推断出 C-1′与 C-3 相连。另外根据^1H-^1H COSY、HMBC 谱图中各相关性,可推断出化合物 **21** 的平面结构,相对立体构型可通过 NOESY 谱图中 H-H 的相关性推断出。并

与化合物3β-O-(D-脱氧洋地黄糖)-16β-乙酰-14-羟基-5β,14β-强心甾-20(22)-烯的参考文献对比,所有NMR数据基本一致,因此化合物**21**被确定为3β-O-(D-脱氧洋地黄糖)-16β-乙酰-14-羟基-5β,14β-强心甾-20(22)-烯,NMR数据见表2.21。

表2.21 化合物21的核磁数据(溶解为氘代氯仿)

序号	^{13}C NMR	连接的H	lit[22].C
1	30.1(t)	1.44(1H, m),1.43(1H, m)	30.0
2	26.5(t)	1.46(1H, m),1.66(1H, m)	26.5
3	72.7(d)	4.05(1H, br s, 2.69)	72.6
4	30.1(t)	148(1H, m),1.71(1H, m)	30.0
5	36.3(d)	1.67(1H, m)	36.2
6	26.5(t)	1.26(1H, m),1.85(1H, m)	26.5
7	20.8(t)	1.65(1H, m),1.79(1H, m)	20.7
8	41.8(d)	1.53(1H, m)	41.7
9	35.8(d)	1.60(1H, m)	35.6
10	35.1(s)		35.0
11	21.1(t)	1.52(1H, m),1.26(1H, m)	21.0
12	41.2(t)	1.32(1H, m),1.56(1H, m)	41.1
13	50.0(s)		49.9
14	84.3(s)		84.1
15	39.3(t)	2.74(1H, dd, 15.6, 9.2),1.77(1H, dd, 15.6, 2.7)	39.2
16	73.9(d)	5.47(1H, dd, 9.2, 2.7)	73.8
17	56.1(d)	3.19(1H, d, 9.2)	56.0
18	16.0(q)	0.92(3H, s)	15.9
19	23.7(q)	0.93(3H, s)	23.5
20	173.8(s)		170.1
21	75.6(t)	4.98(1H, dd, 18.2, 1.8),4.86(1H, dd, 18.2, 1.8)	75.6
22	121.3(d)	5.97(1H, br d, 1.8)	121.2
23	173.8(s)		173.8
OAc	21.1(q)	1.97(3H, s)	21.0
OAc	170.2(s)		167.5
1′	97.9(d)	4.44(1H, dd, 9.8, 2.2)	97.8
2′	32.2(t)	1.94(2H, m)	32.0
3′	78.0(d)	3.34(1H, ddd, 12.0, 4.9, 3.2)	77.9
4′	67.5(d)	3.69(1H, br s)	67.1
5′	70.4(d)	3.43(1H, qd, 6.6)	70.4
6′	16.9(q)	1.34(3H, d, 6.6)	16.8
OMe	55.8(q)	3.40(3H, s)	55.7

14. 3β-O-(β-D-洋地黄糖)-8,14-环氧-5β,14β-强心甾-20(22)-烯(化合物 22)

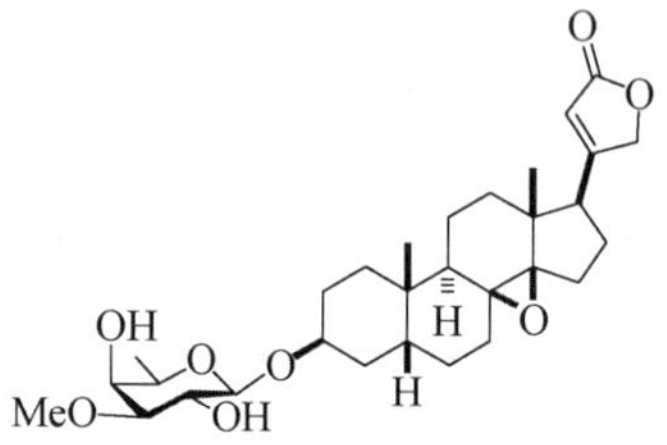

化合物22

化合物 **22** 为无色粉末,熔点为 203 ~ 206 ℃, $[\alpha]_D^{20}$ = +28.57°(c($CHCl_3$) = 0.392 mol/L),IR($CHCl_3$)v_{max}为 3 539、2 936、1 786、1 751 和 1 631 cm^{-1},根据 HRFABMS 测得化合物 **22** 的 m/z [$(M+H)^+$]为 533.310 4,计算值为 533.311 5,推测分子式为 $C_{30}H_{44}O_8$。化合物 **22** 的红外谱图显示在 3 539 cm^{-1} 处有羟基吸收峰,在 1 786 和 1 751 cm^{-1}处有 α,β-不饱和-γ-内酯吸收峰。^{13}C NMR 谱图显示共有 30 个碳元素信号。羰基碳信号 δ173.6(s)和 2 个烯烃碳信号分别在 δ169.5(s)和 116.9(d)处,4 个连氧碳信号分别在 δ73.2(t)、70.5(s)、65.3(s)和 73.7(d)处,另外还有 1 个甲氧基碳信号和 5 个 6-脱氧已糖的碳信号。根据 DEPT 和 HMQC 谱图判断,其余的碳信号包括 3 个甲基信号、9 个亚甲基信号、3 个次甲基信号和 2 个季碳信号。^{1}H NMR 谱显示有 2 个单峰甲基(δ0.85,1.01)和另外一个糖端基的双峰甲基 1.36(d, J=6.3 Hz)。根据^{1}H-^{1}H COSY 谱图推断出连接质子碳的连接方式为 C-1—C-2—C-3—C-4—C-5—C-6—C-7, C-9—C-11—C-12, C-15—C-16—C-17。根据 HMBC 相关性 [C-10 (δ36.7)与 H-9 和 Me-19, C-13(δ41.8)与 H-15α、H-17 和 Me-18, C-8(δ65.3)与 H-7β、H_2-11 和 H-15β, C-14(δ70.5)与 H-7α、H_2-15、H_2-16 和Me-18]推断出季碳的连接方式。

以上结果得出化合物 **22** 具有甾体的 A、B、C 和 D 4 个环,并且存在一个 8,14-环氧环。根据 C-3(δ73.7)与 H-1′和 H_2-1 的 HMBC 相关性及 H-3 与 H_2-2 和 H_2-4 的 ^{1}H-^{1}H COSY 相关性推断出 3β-O-糖苷键。根据 C-23(δ173.6)与烯烃质子 H-22(δ5.88),烯烃亚甲基碳 C-22(δ116.9)与 H-17 和 H-21,烯烃碳原子 C-20(δ169.5)与 H-17、H_2-21 和 H-22 的 HMBC 相关性(图 2.61)推断出 γ-内酯结构片段和甾体的环 D 的连接方式。

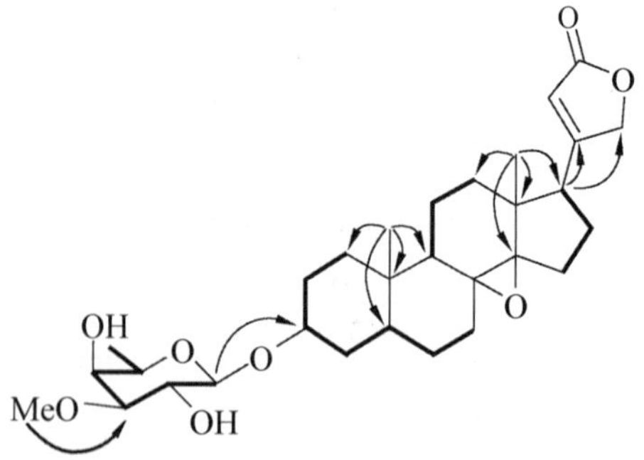

图 2.61 化合物 **22** 的^{1}H - ^{1}H COSY 和主要的 HMBC

糖取代基部分的结构根据 NOESY 相关性(图 2.62)(H-1′与 H-3、H-3′和 H-5′, H-

2′与 H-4β,H-3′与 H-1′、H-4′和 H-5′,H-4′与 H-3′和 H-5′,H-5′与 H-1′、H-3′、H-4′和 H-6′,H-6′与 H-4′和 H-5′),以及对比相似化合物的^{13}C 和^{1}H NMR 数据,化合物 **22** 的糖部分被确定为 D-洋地黄糖。NOESY 相关(Me-19 与 H-5;H-4α 与 H-7α 和 H-9)表明化合物 **22** 的 AB 环为顺式稠合。NOESY 相关性(H-15α 与 H-7α 和 H-7β[17])证明 8,14-环氧环的为 β-构型。根据 Me-19 与 H-6β 和 11β,H-11β 与 H-12β 和 Me-18,Me-18与 H-21α 和H-22,H-12α 与 H-9 和 H-17,H-17 与 H-15α 和 H-16α,H-16β 与 H-22 和 Me-18 的 NOESY 相关性确定化合物 **22** 为 3β-O-(β-D-洋地黄糖)-8,14-环氧-5β,14β-强心甾-20(22)-烯,NMR 数据见表 2.22。

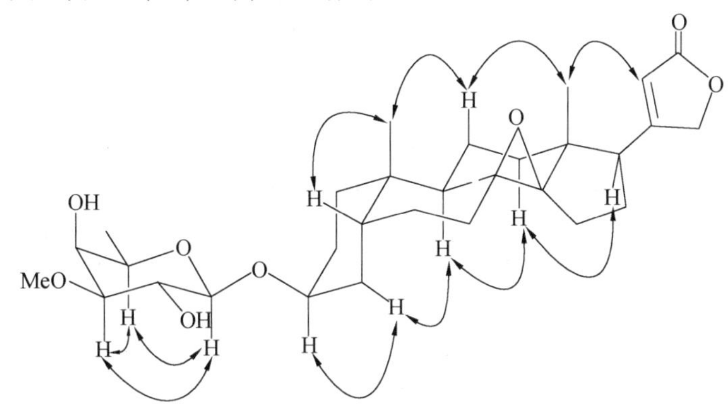

图 2.62 化合物 **22** 的 NOESY 相关

表 2.22 化合物 22 的核磁数据(溶剂为氘代氯仿)

序号	^{13}C NMR	连接的 H	相关的 H	HMBC	NOESY
1	30.4(t)	1.45(1H, m) 1.49(1H, m)	H-2 H-2	H-19	H-19 H-19
2	26.6(t)	1.47(1H, m) 1.82(1H, m)	H-1, 3 H-1, 3	H-1, 3	
3	73.7(d)	4.07(1H, br s, $W_{h/2}$=7.5)	H-2, 4	H-1′, 1	H-1′, 2α,β, 4α,β
4	30.0(t)	α 1.80(1H, m) β 1.60(1H, m)	H-3, 4β, 5 H-3, 4α, 5		H-3, 7α, 9 H-3, 5, 6α, 1′, 2′
5	36.6(d)	1.79(1H, m)	H-4, 6	H-3, 6, 7α, 19	H-19, 4β, 6
6	24.5(t)	α 1.30(1H, m) β 2.15(1H, m)	H-5, 7, 6β H-5, 7, 6α	H-7	H-4β, 5, 7α, β H-5, 7β, 19
7	26.7(t)	α 1.78(1H, m) β 1.14(1H, m)	H-6 H-6	H-6β	H-6α, 15α H-6α,β, 15α
8	65.3(s)			H-7β, 11, 15β	
9	36.70(d)	1.90(1H, dd, 11.0, 4.6)	H-11β, α	H-11, 12, 19	H-12α, 4α,7α
10	36.73(s)			H-9, 19	
11	16.1(t)	α 1.15(1H, m) β 1.26(1H, m)	H-11β, 12β, 9 H-11α, 12β, 9	H-9, 12	H-12β H-12β, 18, 19

续表2.22

序号	^{13}C NMR	连接的 H	相关的 H	HMBC	NOESY
12	37.0(t)	α 1.16(1H, m) β 1.58(1H, m)	H-12β H-11, 12α	H-11α, 17, 18	H-9, 15α, 17 H-11, 18
13	41.8(s)			H-15α, 17, 18	
14	70.5(s)			H-7α, 15, 16, 18	
15	25.7(t)	α 2.00(1H, m) β 1.74(1H, m)	H-16,15β, 17 H-15α, 16, 17	H-16, 17	H-7, 12α, 16α, 17 H-16β
16	27.0(t)	α 1.88(1H, m) β 1.98(1H, m)	H-15, 17 H-15, 17	H-15	H-15α, 17 H-15β, 18, 22
17	51.5(d)	2.57(1H, dd, 11.2, 6.6)	H-16, 15, 22	H-12α, 16β, 18, 22	H-12α, 15α, 16α
18	16.2(q)	0.85(3H, s)		H-12, 17	H-11β, 12β, 16β, 21α, 22
19	24.7(q)	1.01(3H, s)		H-1, 9	H-1, 6β, 5, 11β
20	169.5(s)			H-17, 21, 22	
21	73.2(t)	α 4.71(1H, dd, 17.5, 1.4) β 4.81(1H, dd, 17.5, 1.4)	H-21β, 22	H-17, 22 H-21α, 22	H-18 H-12β
22	116.9(d)	5.88(1H, br s)	H-17, 21	H-17, 21	H-16β, 18
23	173.6(s)			H-21, 22	
1′	101.3(d)	4.27(1H, d, 7.8)	H-2′	H-3, 2′, 5′	H-3, 4β, 3′, 5′
2′	70.8(d)	3.66(1H, dd, 9.5, 7.8)	H-3′, 1′	H-3′, 4′	H-4β
3′	82.8(d)	3.22(1H, dd, 9.5, 3.4)	H-2′, 4′	H-2′, 3′-OMe	H-1′, 4′, 5′,3′-OMe
4′	68.2(d)	3.85(1H, br s)	H-3′, 5′	H-3′, 5′	H-3′, 5′, 3′-OMe
5′	70.4(d)	3.57(1H, qd, 6.3)	H-4′, 6′	H-4′, 3′, 6′	H-1′, 3′, 4′
6′	16.2(q)	1.36(3H, d, 6.3)	H-5′	H-4′, 5′	H-4′, 5′
OMe	57.6(q)	3.53(3H, s)		H-3′	H-2′, 4′

15. 3β-O-(β-D-脱氧洋地黄糖)-7β,8-环氧-14-羟基-5β,14β-强心甾-20(22)-烯(化合物23)

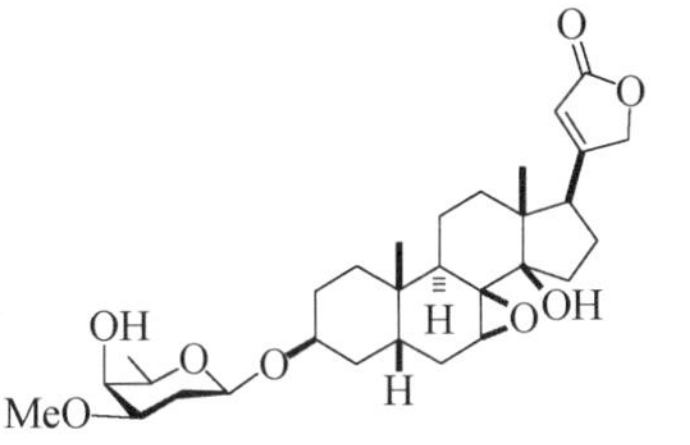

化合物23

化合物**23**为无色粉末,熔点为167～171 ℃,$[\alpha]_D^{20}=-6.06°$(c(CHCl$_3$)=0.330 mol/L),根据HRFABMS推测出化合物**23**的分子式为$C_{30}H_{44}O_8$。红外谱图显示在3 537 cm^{-1}处有羟基吸收峰,在1 765和1 746 cm^{-1}处有α,β-不饱和-γ-内酯吸收峰。^{13}C NMR谱图显示共有30个碳元素信号。化合物**23**糖取代基片段的^{1}H和^{13}C NMR谱与化合物**22**有所不同,化合物**23**糖部分的H-3′的耦合常数($J_{3',2'\beta}$=12.1 Hz、$J_{3',2'\alpha}$=4.8 Hz、$J_{3',4'}$=3.2 Hz)以及化合物**23**的NOESY相关(H-3与H-1′,H-1′与H-3′和H-5′)表明是糖基部分为D-脱氧洋地黄糖。化合物**23**的Me-19(δ0.95)和C-19(δ24.0)的^{1}H和^{13}C NMR的δ值与化合物**22**基本一致,因此,化合物**23**具有与化合物**22**相同的AB环顺式稠合方式(图2.63)。

化合物**23**的立体化学是由Me-19与H-5、H-6β和11β的NOESY相关性(图2.64)确定的。不饱和γ-内酯片段的结构和在C-17的连接位置是根据与化合物**23**相似的化合物**22**的HMBC相关性确定的。对于在C-7和C-8位存在的环氧环和C-14位的羟基是根据HMBC相关[C-7(δ51.2)与H-6β,C-8(δ63.9)与H-7、C-6β和C-11β,C-14(δ81.0)与H-7、H$_2$-15、H$_2$-16和Me-18]确定的。7,8-环氧环的β-构型被NOESY相关(H-7与H-15β,6α和14-OH)所证明。在C-14位羟基的质子显示出与Me-18和H-7的NOESY相关表明C-14位的羟基基团应该被与环氧环的氧所形成的分子内氢键所固定。因此,7,8-环氧环,14-OH和CH$_3$-18应该处于β立体构型。通过分析NOESY相关(H-3与H-1′,H-9与H-2α、H-4α、H-11α和H-12α,H-12α与H-17,14-OH与CH$_3$-18和H-7,CH$_3$-18与12β、H-21和H$_2$-22)表明化合物**23**的立体化学结构应为3β-O-(β-D-脱氧洋地黄糖)-7β,8-环氧-14-羟基-5β,14β-强心甾-20(22)-烯,NMR数据见表2.23。

表2.23 化合物23的核磁数据(溶剂为氘代氯仿)

序号	^{13}C NMR	连接的H	H-H相关	HMBC	NOESY
1	31.1(t)	α 1.43(1H, m) β 1.09(1H, m)	H-2 H-2	H-19	H-19, 1β, 2β H-1α
2	27.1(t)	α 1.58(1H, m) β 1.80(1H, m)	H-1σ, 3 H-1α, 3	H-1α	H-2β, 3, 9 H-3, 2α, 1α
3	71.9(d)	4.01(1H, br s, $W_{h/2}$=7.5)	H-2, 4	H-1′, 1α	H-1′, 2α,β, 4α,β
4	32.7(t)	α 1.35(1H, m) β 1.48(1H, m)	H-3, 4β, 5 H-3, 4α	H-6	H-3, 9, 15-α H-3, 5,1′

续表2.23

序号	^{13}C NMR	连接的 H	H-H 相关	HMBC	NOESY
5	33.6(d)	1.62(1H, m)	H-4α, 6β	H-3, 6, 19	H-19, 4β, 6
6	27.9(t)	α 1.47(1H, m) β 2.30(1H, m)	H-7, 6β H-5, 6α	H-7	H-4β, 5, 7 H-5, 19
7	51.2(d)	3.21(1H, d, 5.9)	H-6α	H-6β	H-6α, 15β, 14-OH
8	63.9(s)			H-6β, 11β, 7	
9	31.6(d)	2.23(1H, m)	H-11	H-1α, 11β, 19	H-2α, 12α, 4α, 11α
10	33.6(s)			H-9, 19	
11	20.3(t)	α 1.41(1H, m) β 1.56(1H, m)	H-12β, 9 H-9, 12β	H-9, 12	H-9, 11β H-11α, 18, 19
12	41.0(t)	α 1.54(1H, m) β 1.75(1H, m)	H-12β H-11, 12α	H-11, 17, 18	H-9, 17 H-17, 18
13	52.2(s)			H-11, 12β, 15β, 17, 18	
14	81.0(s)	H-2.37(14-OH)		H-7, 15, 16, 18	H-7, 18, 21
15	34.4(t)	α 2.24(1H, m) β 1.77(1H, m)	H-16,15β, 17 H-15α, 16, 17	H-16, 17	H-4α, 15β H-7, 15α, 16β
16	28.4(t)	α 2.26(1H, m) β 1.96(1H, m)	H-15, 17 H-15, 17	H-15	H-17, 16β H-15β, 16α,21, 22
17	50.6(d)	2.81(1H, dd, 8.3, 5.7)	H-16, 15, 22	H-12β, 16β, 15, 18, 22	H-12, 16α, 22, 21
18	17.0(q)	0.90(3H, s)		H-12, 17	H-11β, 12β, 21, 22, 14-OH
19	24.0(q)	0.95(3H, s)		H-1, 9	H-1α, 6β, 5, 11β
20	173.6(s)			H-17, 21, 22	
21	73.3(t)	α 4.79(1H, dd, 18.1, 1.2) β 4.94(1H, dd, 18.1, 1.2)	H-21β, 22 H-21α, 22	H-17, 22	H-18,16β, 17,14-OH H-18, 16β, 14-OH,17
22	117.8(d)	5.88(1H, br s)	H-17, 21	H-17, 21	H-16β, 18, 17
23	174.2(s)			H-21, 22	
1′	97.9(d)	4.43(1H, dd, 9.8, 1.7)	H-2′	H-3, 2′, 5′	H-3, 4β, 2′α, 3′, 5′
2′	32.0(t)	α 1.94(1H, m) β 1.69(1H, m)	H-3′, 1′ H-3′, 1′	H-3′, 4′	H-1′, 3, 2′β H-2′α, 3′-OMe

续表2.23

序号	^{13}C NMR	连接的 H	H-H 相关	HMBC	NOESY
3′	78.0(d)	3.34(1H, ddd, 12.1, 4.8, 3.2)	H-2′, 4′	H-2′, 3′-OMe	H-1′, 4′, 5′, 2′α, 3′-OMe
4′	67.2(d)	3.70(1H, br s)	H-3′, 5′	H-2′α, 5′, 6′	H-3′, 5′, 6′, 3′-OMe
5′	70.4(d)	3.42(1H, q, 6.6)	H-4′, 6′	H-6′	H-1′, 3′, 4′, 6′
6′	16.8(q)	1.32(3H, d, 6.6)	H-5′	H-4′, 5′	H-4′, 5′
OMe	55.7(q)	3.40(3H, s)		H-3′	H-2′β, 4′, 3′

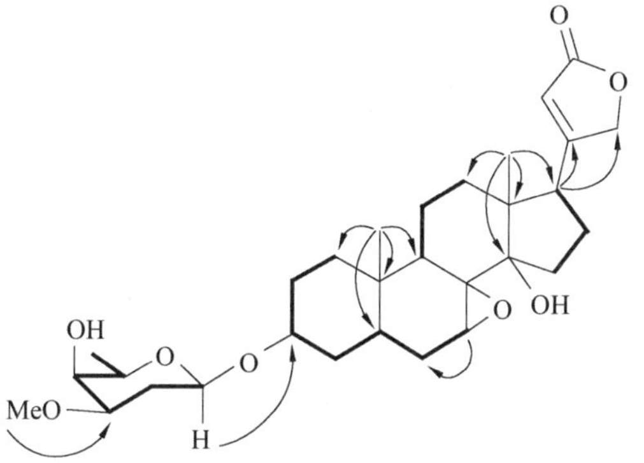

图 2.63 化合物 **23** 的^{1}H-^{1}H COSY 和主要的 HMBC

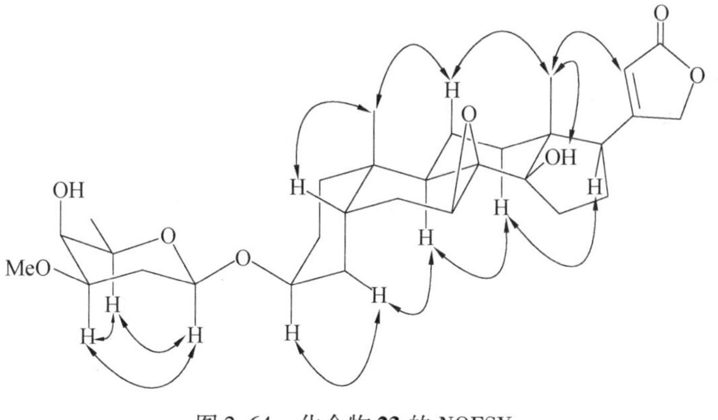

图 2.64 化合物 **23** 的 NOESY

16. 8*R*-3*β*-羟基-14-氧络-15(15→8)松香烷型-5*β*-强心甾-20(22)-烯(化合物 24)

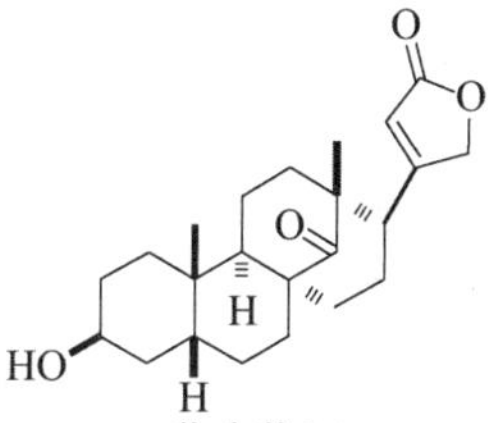

化合物24

化合物 **24** 为无色粉末，熔点为 284 ~ 289 ℃，$[\alpha]_D^{20} = +31.81°$（$c$（$CHCl_3$）= 0.176 mol/L），IR（$CHCl_3$）$v_{max}$为 3 399、2 937、1 748 和 1 692 cm^{-1}。化合物 **24** 的红外谱图显示在 3 399 cm^{-1}处有羟基吸收峰，在 1 748 和 1 692 cm^{-1}处有 α,β-不饱和-γ-内酯吸收峰。紫外谱图显示 UV（MeOH）λ_{max}（log ε）为 213（3.85）nm。为根据 HRFABMS 测得化合物 **24** 的m/z[M+H]$^+$为 373.237 6，计算值为 373.237 9，推测出化合物 **24** 的分子式为 $C_{23}H_{32}O_4$。^{13}C NMR 谱图显示共有 23 个碳元素信号，其中 δ173.5(s)、170.4(s)、116.6(d) 处显示为 α,β-不饱和羰基的碳信号，δ220.8(s) 处显示有 1 个酮羰基的碳信号，2 个与氧相连的碳信号分别出现在 δ72.8(t) 和 66.6(d) 处。在^1H NMR 谱图的低场部分显示有 1 个连氧碳上 2 个不等价质子信号（δ4.68，dd，J=17.6，1.5 Hz，4.56，dd，J = 17.6，1.5 Hz），1 个与氧连的碳原子上的质子信号（δ4.11，br s）。在高场处显示有 2 个单峰甲基的氢原子信号（δ0.94，0.80）。另外根据$^1H-^1H$ COSY、HMBC 谱图（图 2.65）中各相关性，可推断出化合物 **24** 的平面结构。

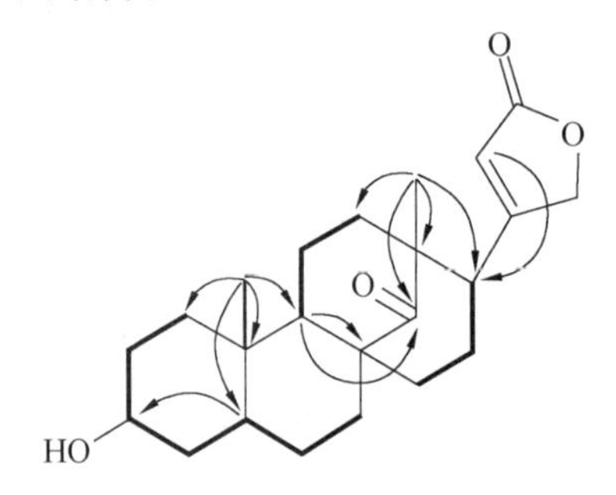

图 2.65　化合物 **24** 的 HMBC 相关

相对立体构型可通过 NOESY 谱图（图 2.66）中 H-H 的相关性推断出。并与化合物 8R-3β-羟基-14-氧络-15（15→8）松香烷型-5β-强心甾-20（22）-烯的参考文献对比，所有 NMR 数据基本一致，因此化合物 **24** 被确定为 8R-3β-羟基-14-氧络-15（15→8）松香烷型-5β-强心甾-20（22）-烯，NMR 数据见表 2.24。

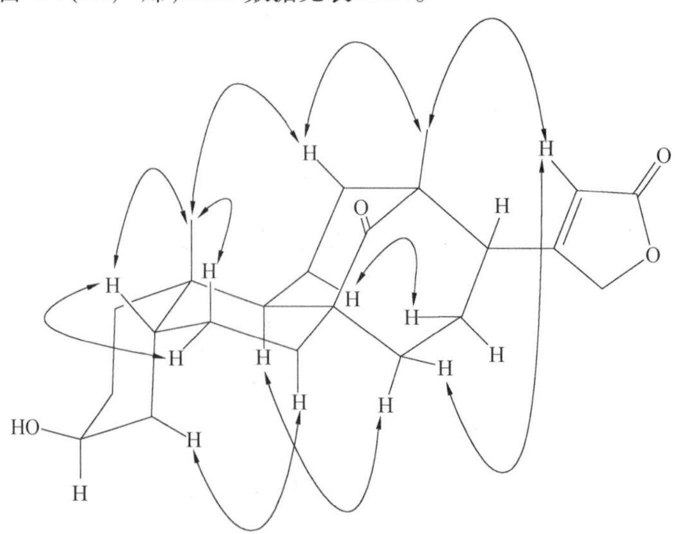

图 2.66　化合物 **24** 的 NOESY 相关

表 2.24 化合物 **24** 的核磁数据(溶剂为氘代氯仿)

序号	^{13}C	连接的 H	$^{1}H-^{1}H$ COSY	HMBC	NOESY
1	31.6(t)	1.79(1H, m) 1.58(1H, m)	H-1α,H-2α H-1β	H-3,H-9,H-19	H-19 H-19
2	28.9(t)	β 1.70(1H, m) α 1.62(1H, m)	H-2α, H-3 H-1β, H-3, H-2β		H-3 H-3, H-9
3	65.8(d)	4.32(1H, br s, $W_{h/2}$=8.0)	H-2αβ, H-4αβ	H-1α, H-5	H-2αβ, -4αβ
4	34.5(t)	α 1.85(1H, m) β 1.52(1H, br dd, 14.2, 3.2)	H-3, H-4β, H-5 H-3, H-4α, H-5	H-6β	H-3, -4β, -7α H-3, -4α, -5
5	37.1(d)	2.08(1H, br d, 13.2)	H-4αβ, H-6αβ	H-1α, -3, -4α,-7β, -19	H-4β, -5αβ, -19
6	24.8(t)	β 2.35(1H, m) α 1.12(1H, m)	H-5, H-6α, H-7αβ H-5, H-6β, H-7β	H-7αβ	H-5, -6α, -19 H-5, H-6β
7	29.5(t)	β 1.98(1H, m) α 1.06(1H, ddd, 13.9, 13.9, 4.6)	H-6αβ, H-7α H-6β, H-7β	H-6β, H-15	H-7α H-4α, H-7β
8	49.1(s)			H-6α, -7αβ, -9, -15αβ	
9	46.0(d)	2.51(1H, br d, 8.3)	H-11α	H-1β, -12, -15αβ, -19	H-2α, -11α, -15α
10	37.9(s)			H-1αβ, -2β, -9, -11αβ, -19	
11	21.4(t)	α 2.32(1H, m) β 1.72(1H, m)	H-9, H-11β, H-12 H-11α, H-12	H-9, H-12	H-9, H-16α H-12
12	42.7(t)	1.96(2H, m)	H-11αβ	H-9, H-11αβ, H-17, H-18	H-11β,-17, -18, -19
13	47.5(s)			H-11β, -12, -16β, -17, -18	
14	221.3(s)			H-9, -12, -15α,-17, -18	

续表2.24

序号	^{13}C	连接的 H	$^1H-^1H$ COSY	HMBC	NOESY
15	44.1(t)	α 1.88(1H, dd, 14.4, 6.1) β 1.68(1H, ddd, 14.4, 14.4, 6.8)	H-15β, H-16αβ H-15α, H-16αβ	H-7α, H-9, H-16αβ, H-18	H-9, -15β, -16α H-15α, H-22
16	26.9(t)	α 2.68(1H, dddd, 15.1, 14.4, 7.1, 6.8) β 1.38(1H, br dd, 15.1, 6.8)	H-15αβ, -16β, -17 H-15αβ, -16α, -17	H-15αβ, H-17	H-11α, -15α, -16β, -17 H-16α, H-17
17	53.0(d)	2.97(1H, br d, 7.1)	H-16αβ	H-12, -15α, -16αβ, -22	H-12, -16αβ, -18, -22
18	23.4(q)	0.91(3H, s)		H-12, H-17	H-12, -17, -22
19	26.6(q)	0.81(3H, s)		H-1β, H-9	H-1αβ, -5, -6β, -12
20	171.9(s)			H-16αβ, -17, -21αβ, -22	
21	73.4(t)	α 4.80(1H, dd, 17.6, 1.7) β 4.72(1H, dd, 17.6, 1.7)	H-21β, H-22 H-21α, H-22	H-17, H-22	H-21β H-21α
22	116.4(d)	5.89(1H, br s)	H-21αβ	H-17, H-21αβ	H-15β, -17, -19
23	173.8(s)			H-21αβ	αβ, H-22

17. 3β-O-(D-洋地黄糖)-14-羟基-5β,14β-强心甾-20(22)-烯(化合物 25)

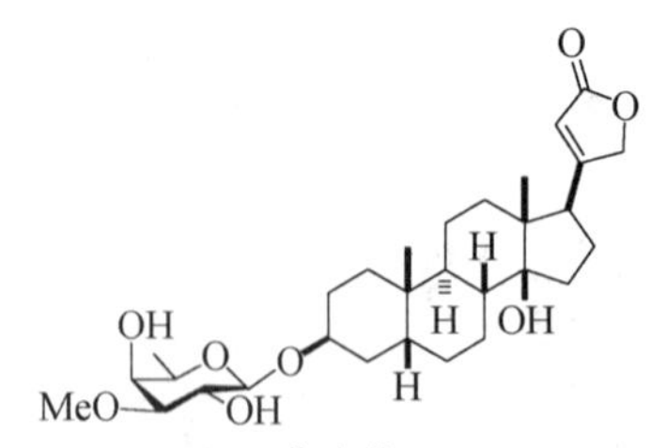

化合物25

化合物 **25** 为无色粉末，熔点为 231 ~ 234 ℃，$[\alpha]_D^{20}$ = +5.57°（c（MeOH）= 0.556 mol/L），IR(KBr)v_{max}为 3 539、3 462、2 880、1 780、1 728 和 1 620 cm^{-1}。化合物 **25** 的红外谱图显示在3 539 cm^{-1}处有羟基吸收峰，在 1 780 和 1 728 cm^{-1}处有 α,β-不饱和-γ-内酯吸收峰。紫外谱图显示 UV（MeOH）λ_{max}（log ε）为 218（4.08）nm。根据 HRFABMS测得化合物 **25** 的 m/z M^+为 534.319 3，计算值为 534.319 3，推测化合物 **25** 的分子式为 $C_{30}H_{46}O_8$。^{13}C NMR 谱图显示共有 30 个碳元素信号。其中 δ174.4(s)、174.4(s)、117.1(d) 处显示为 α,β-不饱和羰基的碳信号，1 个糖基异头碳信号 δ101.1

(d),3 个与氧相连的碳信号分别出现在 δ85.5(s)、73.9(d)和 73.4(t) 处。在^{1}H NMR 谱图的低场部分显示有 1 个不饱和双键的氢信号(δ5.87, br s),1 个连氧碳上 2 个不等价质子信号(δ4.98,dd,J=18.1, 1.7 Hz;4.80,dd,J=18.1,1.7 Hz),1 个与氧连的碳原子上的氢原子信号(δ4.04, br s),在高场处显示有 2 个单峰甲基的氢原子信号(δ0.93, 0.86)。综上可推断出化合物 **25** 为强心苷类化合物。另外根据^{1}H-^{1}H COSY、HMBC 谱图中各相关性,可推断出化合物 **25** 的平面结构,相对立体构型可通过 NOESY 谱图中 H-H 的相关推断。并与化合物 3β-O-(D-洋地黄糖)-14-羟基-5β,14β-强心甾-20(22)-烯的文献对比,所有 NMR 数据基本一致,因此化合物 **25** 被确定为 3β-O-(D-洋地黄糖)-14-羟基-5β,14β-强心甾-20(22)-烯,NMR 数据见表 2.25。

表 2.25 化合物 25 的核磁数据(溶剂为氘代氯仿)

序号	^{13}C NMR	连接的 H	lit[22]. C
1	30.2(t)	1.47(1H, m),1.42(1H, m)	30.5
2	26.5(t)	1.46(1H, m),1.72(1H, m)	26.8
3	73.9(d)	4.04(1H, br s)	75.0
4	30.0(t)	1.46(1H, m),1.74(1H, m)	30.5
5	36.5(d)	1.76(1H, m)	36.8
6	26.6(t)	1.26(1H, m),1.56(1H, m)	27.1
7	21.2(t)	1.15(1H, m),1.79(1H, m)	21.7
8	41.9(d)	1.50(1H, m)	42.0
9	35.8(d)	1.66(1H, m)	36.2
10	35.2(s)		35.6
11	21.4(t)	1.52(1H, m),1.26(1H, m)	21.9
12	40.1(t)	1.34(1H, m),1.59(1H, m)	40.4
13	49.6(s)		50.4
14	85.5(s)		85.8
15	33.2(t)	2.13(1H, m),1.68(1H, m)	32.7
16	27.0(t)	2.09(1H, m),1.80(1H, m)	27.4
17	50.9(d)	2.77(1H, m)	51.5
18	15.8(q)	0.86(3H, s)	15.8
19	23.7(q)	0.93(3H, s)	23.5
20	174.4(s)		176.4
21	73.4(t)	4.98(1H, dd, 18.1, 1.7),4.80(1H, dd, 18.1, 1.7)	74.6
22	117.1(d)	5.87(1H, br s)	117.0
23	174.4(s)		177.6
1′	101.1(d)	4.24(1H, d, 10.3)	102.5
2′	70.8(d)	3.65(1H, dd, 10.3, 7.6)	70.8
3′	82.8(d)	3.21(1H, dd, 7.6, 3.3)	84.0
4′	68.2(d)	3.84(1H, br d, 3.3)	68.1
5′	70.3(d)	3.56(1H, qd, 6.6)	70.6
6′	16.6(q)	1.34(3H, d, 6.6)	16.3
OMe	55.6(q)	3.52(3H, s)	56.6

18. 3β-O-(D-洋地黄糖)-16β-乙酰-14-羟基-5β,14β-强心甾-20(22)-烯(化合物26)

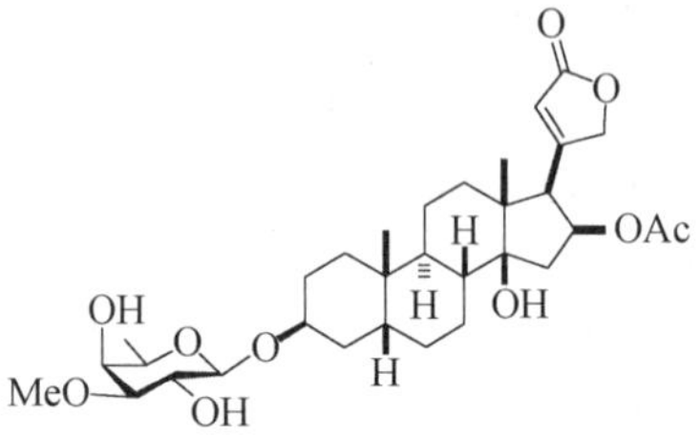

化合物26

化合物 **26** 为无色粉末，熔点为 143 ~ 146 ℃，$[\alpha]_D^{20}$ = +6.78°(c(CHCl$_3$) = 1.046 mol/L)，IR(CHCl$_3$)v_{max}为 3 516、3 456、3 013、2 939 和 1 743 cm^{-1}。化合物 **26** 的红外谱图显示在 3 516 和 3 456 cm^{-1}处有羟基吸收峰，在 1 743 cm^{-1}处有 α,β-不饱和-γ-内酯吸收峰。紫外谱图显示 UV(MeOH)λ_{max}(log ε) 为 217 (4.04)和 274(2.94) nm。根据 HRFABMS 测得化合物 **26** 的 m/z M$^+$为 592.324 8，计算值为 592.324 7，推测化合物 **26** 的分子式为 $C_{32}H_{48}O_{10}$。^{13}C NMR 谱图显示共有 32 个碳元素信号。其中 δ174.1(s)、170.4(s)、121.3(d) 处显示为 α,β-不饱和羰基的碳信号，1 个糖基异头碳吸收信号位于 δ101.3(d)处，4 个与氧相连的碳信号分别出现在 δ84.2(s)、75.6(t)、74.0(d)和73.9(d)处。在^{1}H NMR 谱图的低场部分显示有 1 个不饱和双键的氢信号(δ5.97, br d, J=1.8 Hz)，1 个连氧碳上 2 个不等价质子信号(δ4.99, dd, J=18.1, 1.7 Hz; 4.86, dd, J=18.6, 1.7 Hz)，在高场处显示有 1 个乙酰基特有的甲基氢质子吸收峰(δ1.97)，2 个单峰甲基的氢质子信号(δ0.89, 0.90)。由 HMBC 谱中 H-1′与 C-3 的相关性可推断出 C-1′与 C-3 相连。另外，根据^{1}H-^{1}H COSY、HMBC 谱图中各相关性，可推断出化合物 **26** 的平面结构，相对立体构型可通过 NOESY 谱图中 H-H 的相关性推断出。并与化合物 16β-乙酰-3β,14-二羟基-5β,14β-强心甾-20(22)-烯的参考文献对比，所有 NMR 数据基本一致，因此化合物 **26** 被确定为3β-O-(D-洋地黄糖)-16β-乙酰-14-羟基-5β,14β-强心甾-20(22)-烯，NMR 数据见表 2.26。

表 2.26 化合物 26 的核磁数据(溶剂为氘代氯仿)

序号	^{13}C NMR	连接的 H	lit[22]. C
1	30.0(t)	1.45(1H, m), 1.24(1H, m)	30.4
2	26.4(t)	1.46(1H, m), 1.66(1H, m)	26.8
3	73.9(d)	4.04(1H, m)	75.0
4	30.0(t)	1.48(1H, m), 1.71(1H, m)	30.5
5	36.4(d)	1.67(1H, m)	36.8
6	26.4(t)	1.26(1H, m), 1.86(1H, m)	27.1
7	20.7(t)	1.66(1H, m), 1.79(1H, m)	21.5
8	41.7(d)	1.53(1H, m)	42.0
9	35.6(d)	1.60(1H, m)	36.1
10	35.0(s)		35.5
11	21.0(t)	1.52(1H, m), 1.26(1H, m)	21.3
12	39.2(t)	1.49(1H, m), 1.56(1H, m)	40.7

续表2.26

序号	^{13}C NMR	连接的 H	lit[22]. C
13	49.9(s)		50.7
14	84.2(s)		84.2
15	41.2(t)	2.73(1H, dd, 15.9, 9.8),1.77(1H, dd, 15.9, 2.5)	39.4
16	74.0(d)	5.47(1H, dd, 9.5, 2.5)	75.3
17	56.0(d)	3.19(1H, d, 9.3)	56.7
18	15.9(q)	0.89(3H, s)	15.8
19	23.6(q)	0.90(3H, s)	23.4
20	170.4(s)		171.3
21	75.6(t)	4.99(1H, dd, 18.1, 1.7),4.86(1H, dd, 18.1, 1.7)	76.8
22	121.3(d)	5.97(1H, br d, 1.8)	120.9
23	174.1(s)		175.8
OAc	21.0(q)	1.97(3H, s)	20.3
OAc	167.8(s)		170.7
1′	101.3(d)	4.25(1H, d, 7.9)	102.5
2′	70.7(d)	3.65(1H,dd, 9.3, 7.9)	70.8
3′	82.8(d)	3.22(1H, dd, 9.3, 3.1)	84.0
4′	68.1(d)	3.84(1H, d, 3.1)	68.1
5′	70.4(d)	3.57(1H, qd, 6.6)	70.6
6′	16.4(q)	1.35(3H, d, 6.6)	16.3
OMe	57.6(q)	3.52(3H, s)	56.6

19.3*β*-O-(L-齐墩果糖)-16*β*-乙酰-14-羟基-5*β*,14*β*-强心甾-20(22)-烯(夹竹桃苷，化合物27)

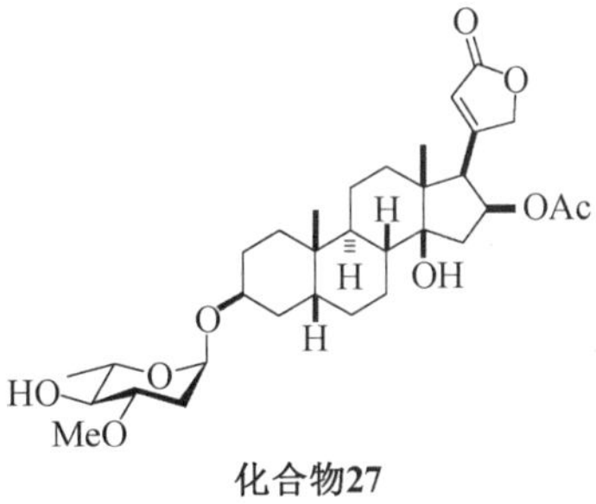

化合物27

化合物**27**为无色粉末,熔点为243～249 ℃(MeOH),$[\alpha]_D^{20}=-12.90°$(c(MeOH)=0.062 mol/L),IR($CHCl_3$)v_{max}为3 539、3 462、2 944和1 746 cm^{-1}。化合物**27**的红外谱图显示在3 539 cm^{-1}处有羟基吸收峰,在1 746 cm^{-1}处有α,β-不饱和-γ-内酯吸收峰。根据HRFABMS测得化合物**27**的m/z M^+为577.337 7,计算值为577.337 7,推测化合物**27**的分子式为$C_{32}H_{48}O_9$。^{13}C NMR谱图显示共有32个碳元素信号。其中δ174.0(s)、167.6(s)和121.4(d)处显示为α,β-不饱和羰基的碳信号,1个羰基碳吸收信号δ170.4(s),1个糖基异头碳信号δ95.5(d),4个与氧相连的碳信号分别出现在δ84.3(s)、78.4(t)、75.6(d)和71.3(d)处。在^{1}H NMR谱图的低场部分显示有1个不饱和双键的氢信号

(δ5.97, br d, J= 1.8 Hz),1 个连氧碳上 2 个不等价质子信号(δ4.98, dd, J = 18.2, 1.8 Hz;4.86, dd, J = 18.2, 1.8 Hz),在高场处显示有 1 个乙酰基中甲基的氢吸收信号(δ1.97),2 个单峰甲基的氢原子信号(δ0.92, 0.93)。由 H-3′的耦合常数($J_{3',2'\beta}$ = 12.0 Hz、$J_{3',2'\alpha}$ = 4.9 Hz、$J_{3',4'}$ = 3.2 Hz)及 NOESY 谱中 H-3 与 H-1′, H-1′与H-3′及H-5′的相关性可推断出化合物 **27** 的糖基部分为 L-夹竹桃糖。由 HMBC 谱中H-1′与 C-3 的相关性可推断出 C-1′与 C-3 相连。另外根据^{1}H-^{1}H COSY、HMBC 谱图中各相关性,可推断出化合物 **27** 的平面结构,相对立体构型可通过 NOESY 谱图中 H-H 的相关性推断出。并与化合物 3β-O-(L-齐墩果糖)-16β-乙酰-14-羟基-5β,14β-强心甾-20(22)-烯的参考文献对比,NMR 数据基本一致,因此化合物 **27** 被确定为 3β-O-(L-齐墩果糖)-16β-乙酰-14-羟基-5β,14β-强心甾-20(22)-烯,NMR 数据见表 2.27。

表 2.27　化合物 27 的核磁数据(溶剂为氘代氯仿)

序号	^{13}C NMR	连接的 H
1	26.6(t)	1.44(1H, m),1.43(1H, m)
2	26.5(t)	1.46(1H, m),1.66(1H, m)
3	71.3(d)	4.05(1H, br s, 2.69)
4	34.5(t)	148(1H, m),1.71(1H, m)
5	36.4(d)	1.67(1H, m)
6	30.4(t)	1.26(1H, m),1.85(1H, m)
7	21.0(t)	1.65(1H, m),1.79(1H, m)
8	41.8(d)	1.53(1H, m)
9	35.6(d)	1.60(1H, m)
10	35.1(s)	
11	20.8(t)	1.52(1H, m),1.26(1H, m)
12	39.3(t)	1.32(1H, m),1.56(1H, m)
13	50.0(s)	
14	84.3(s)	
15	41.3(t)	2.74(1H, dd, 15.6, 9.2),1.77(1H, dd, 15.6, 2.7)
16	73.9(d)	5.47(1H, dd, 9.2, 2.7)
17	56.1(d)	3.19(1H, d, 9.2)
18	15.9(q)	0.92(3H, s)
19	23.8(q)	0.93(3H, s)
20	167.6(s)	
21	75.6(t)	4.98(1H, dd, 18.2, 1.8),4.86(1H, dd, 18.2, 1.8)
22	121.4(d)	5.97(1H, br d, 1.8)
23	174.0(s)	
OAc	21.04(q)	1.97(3H, s)
OAc	170.4(s)	
1′	95.5(d)	4.44(1H, dd, 9.8, 2.2)
2′	29.8(t)	1.94(2H, m)
3′	78.4(d)	3.34(1H, ddd, 12.0, 4.9, 3.2)

续表2.27

序号	^{13}C NMR	连接的 H
4′	67.6(d)	3.69(1H, br s)
5′	76.3(d)	3.43(1H, qd, 6.6)
6′	17.8(q)	1.34(3H, d, 6.6)
OMe	56.4(q)	3.40(3H, s)

20. 3β-O-(D-葡糖基)-16β-乙酰-14-羟基-5β,14β-强心甾-20(22)-烯(化合物28)

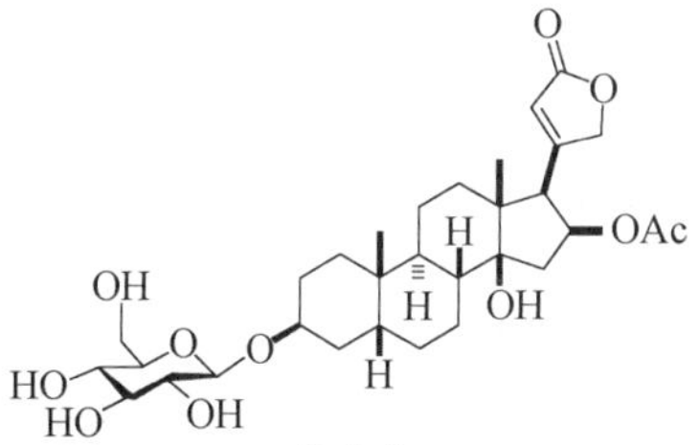

化合物28

化合物 **28** 为无色粉末,熔点为 151 ~ 153 ℃,$[\alpha]_D^{20}=-18.1°$ (c(MeOH)= 0.670 mol/L),IR(KBr) $_{max}$为 3 429、2 939、1 738、1 250、1 078 和 1 030 cm^{-1}。化合物 **28** 的红外谱图显示在3 429 cm^{-1}处有羟基吸收峰,在 1 738 cm^{-1}处有 α,β-不饱和-γ-内酯吸收峰。^{13}C NMR 谱图显示共有 31 个碳元素信号。通过 DEPT、HMQC 和 HMBC 相关性解析,可以归属化合物 **28** 苷元部分的碳信号。其中 δ174.1(s)、170.2(s)、121.6(d)处显示为 α,β-不饱和羰基的碳信号,4 个与氧相连的碳信号分别出现在 δ83.5(s)、76.2(t)、75.0(d)和 74.2(d)处,δ170.2(s)和 20.7(q)处显示有 1 个乙酰氧基碳信号,1 个糖基异头碳信号在 δ103.1(d)处,在高场处显示有 2 个甲基的碳信号[δ23.7(q)和 16.3(q)]。在^{1}H NMR谱图的低场部分显示有 1 个不饱和双键的氢信号(δ6.30,br s),2 个与氧相连的碳原子上同碳氢原子信号(δ5.38,dd,J=18.3,1.5;5.19,dd,J=18.3,1.5)。综上可推断化合物 **28** 为强心苷类化合物。HMBC 谱图中,由 C-3(δ74.2)与异头氢 H-1′(δ4.91)相关,从而可以推断出糖基连接于 C-3 位。通过 NOESY 相关性和各质子的耦合常数确定糖基为 D-葡萄糖。另外,通过与3β-O-(D-葡糖基)-16β-乙酰-14-羟基-5β,14β-强心甾-20(22)-烯的^{1}H 和^{13}C NMR 数据进行对比,数据基本一致,因此化合物 **28** 被确定为 3β-O-(D-葡糖基)-16β-乙酰-14-羟基-5β,14β-强心甾-20(22)-烯,NMR 数据见表 2.28。

表 2.28 化合物 28 的核磁数据(溶剂为氘代氯仿)

序号	^{13}C NMR	连接的 H
1	26.6(t)	1.44(1H,m),1.43(1H,m)
2	29.9(t)	1.46(1H,m),1.66(1H,m)
3	72.5(d)	4.05(1H,br s,2.69)
4	30.1(t)	148(1H,m),1.71(1H,m)
5	36.2(d)	1.67(1H,m)
6	26.6(t)	1.26(1H,m),1.85(1H,m)
7	21.8(t)	1.65(1H,m),1.79(1H,m)
8	42.1(d)	1.53(1H,m)
9	35.7(d)	1.60(1H,m)
10	35.2(s)	
11	21.0(t)	1.52(1H,m),1.26(1H,m)
12	41.7(t)	1.32(1H,m),1.56(1H,m)
13	49.6(s)	
14	86.3(s)	
15	41.9(t)	2.74(1H,dd,15.6,9.2),1.77(1H,dd,15.6,2.7)
16	73.3(d)	5.47(1H,dd,9.2,2.7)
17	58.1(d)	3.19(1H,d,9.2)
18	16.7(q)	0.92(3H,s)
19	23.6(q)	0.93(3H,s)
20	168.5(s)	
21	75.4(t)	4.98(1H,dd,18.2,1.8),4.86(1H,dd,18.2,1.8)
22	119.8(d)	5.97(1H,br d,1.8)
23	174.2(s)	
1′	97.8(d)	4.44(1H,dd,9.8,2.2)
2′	32.1(t)	1.94(2H,m)
3′	78.0(d)	3.34(1H,ddd,12.0,4.9,3.2)
4′	67.2(d)	3.69(1H,br s)
5′	70.4(d)	3.43(1H,qd,6.6)
6′	16.8(q)	1.34(3H,d,6.6)
OMe	55.7(q)	3.40(3H,s)

21.3β-O-(D-脱氧洋地黄糖基)-14,16β-二羟基-5β,14β-强心甾-20(22)-烯(化合物 29)

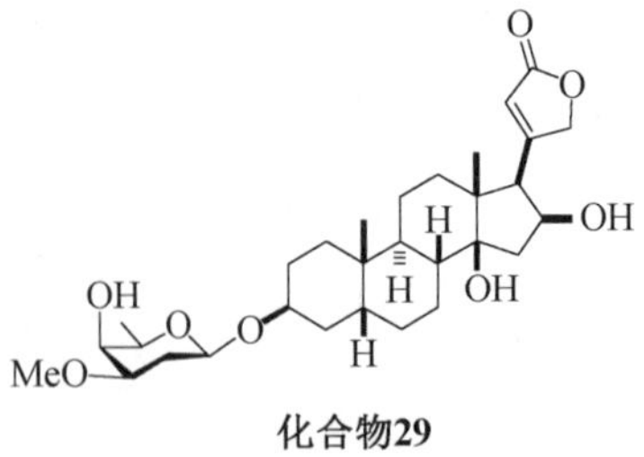

化合物29

化合物**29**为无色粉末，$[\alpha]_D^{21}=+5.55°$（c(MeOH)=0.54 mol/L），IR($CHCl_3$)v_{max}为3 605、3 499、3 026、2 878、1 782和1 745 cm^{-1}。化合物**29**的红外谱图显示在3 605 cm^{-1}处有羟基吸收峰，在1 782和1 745 cm^{-1}处有α,β-不饱和-γ-内酯吸收峰。根据HR-FABMS测得化合物**29**的$m/z[M+H]^+$为535.328 1，计算值为535.327 1，推测化合物**21**的分子式为$C_{30}H_{47}O_8$。^{13}C NMR谱图显示共有30个碳元素信号。其中δ174.2(s)、168.5(s)和119.8(d)处显示为α,β-不饱和羰基的碳信号，1个糖基异头碳信号δ97.8(d)，4个与氧相连的碳信号分别出现在δ86.3(s)、75.4(t)、73.3(d)和72.5(d)处。在^1H NMR谱图的低场部分显示有1个不饱和双键的氢信号(δ5.97，br d，J=1.8 Hz)，1个连氧碳上2个不等价质子信号(δ4.98，dd，J=18.2，1.8 Hz；4.86，dd，J=18.2，1.8 Hz)，在高场处显示有1个乙酰基中甲基的氢吸收信号(δ1.97)，2个单峰甲基的氢原子信号(δ0.92、0.93)。由H-3′的耦合常数($J_{3',2'\beta}$= 12.0 Hz、$J_{3',2'\alpha}$=4.9 Hz、$J_{3',4'}$=3.2 Hz)及NOESY谱中H-3与H-1′，H-1′与H-3′及H-5′的相关性可推断出化合物**29**的糖基部分为D-葡萄糖。由HMBC谱中H-1′与C-3的相关性可推断出C-1′与C-3相连。另外根据^1H-^1H COSY、HMBC谱图中各相关性，可推断出化合物**29**的平面结构，相对立体构型可通过NOESY谱图中H-H的相关性推断出。并与化合物3β-O-(D-脱氧洋地黄糖基)-14，16β-二羟基-5β，14β-强心甾-20(22)-烯的参考文献对比，所有NMR数据基本一致，因此经鉴定化合物**29**为3β-O-(D-脱氧洋地黄糖基)-14，16β-二羟基-5β，14β-强心甾-20(22)-烯，NMR数据见表2.29。

表2.29 化合物29的核磁数据(溶剂为氘代氯仿)

序号	^{13}C	连接的H
1	30.8(t)	1.76(1H,m),1.47(1H,m)
2	27.1(t)	1.97(1H,m),1.62(1H,m)
3	74.2(d)	4.37(1H,m)
4	30.4(t)	1.79(1H,m),1.71(1H,m)
5	36.7(d)	2.03(1H,m)
6	27.1(t)	1.76(1H,m),1.21(1H,m)
7	21.7(t)	2.07(1H,m),1.29(1H,m)
8	42.0(d)	1.73(1H,m)
9	35.9(d)	1.67(1H,m)
10	35.4(s)	
11	21.2(t)	1.33(1H,m),1.15(1H,m)
12	39.0(t)	1.43(1H,m),1.31(1H,m)
13	50.5(s)	
14	83.5(s)	
15	41.3(t)	2.78(1H,dd,15.4,9.8),2.03(1H,dd,15.4,2.2)
16	75.0(d)	5.66(1H,ddd,9.8,8.8,2.2)
17	56.9(d)	3.35(1H,d,8.8)
18	16.3(q)	1.04(3H,s)
19	23.7(q)	0.80(3H,s)

续表2.29

序号	^{13}C	连接的 H
20	169.7(s)	
21	76.2(t)	5.38(1H,dd,18.3,1.5),5.19(1H,dd,18.3,1.5)
22	121.6(d)	6.30(1H,br s)
23	174.1(s)	
OAc	170.2(s)	
OAc	20.7(q)	1.83(3H,s)
OH		5.57(1H,s)
1′	103.1(d)	4.91(1H,d,7.8)
2′	75.4(d)	4.10(1H,br t,7.6)
3′	78.8(d)	4.21(1H,m)
4′	72.0(d)	4.20(1H,m)
5′	78.4(d)	3.93(1H,ddd,9.0,5.4,2.4)
6′	63.0(t)	4.52(1H,br d,11.0) 4.35(1H,m)

22. 3β-O-(D-洋地黄糖基)-14-羟基-5α,14β-强心甾-20(22)-烯(化合物30)

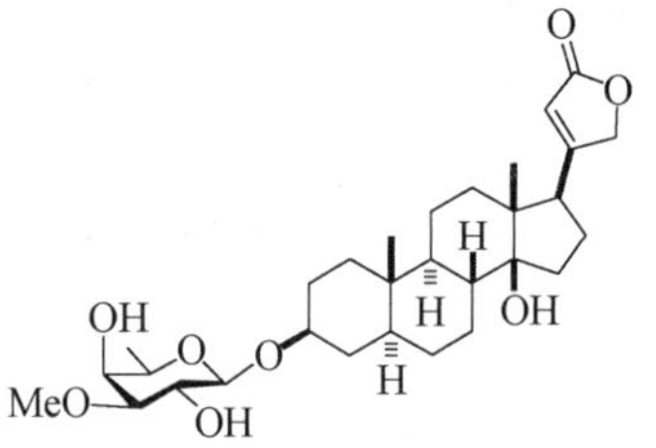

化合物30

化合物 **30** 为无色微晶，熔点为 230 ~ 234 ℃，$[\alpha]_D^{20}$ = +0.86°（c（MeOH）= 0.153 mol/L），IR($CHCl_3$)v_{max}为 3 518、3 011、2 940、1 788、1 746 和 1 383 cm^{-1}。化合物 **30** 的红外谱图显示在 3 518 cm^{-1}处有羟基吸收峰，在 1 788 和 1 746 cm^{-1}处有 α,β-不饱和-γ-内酯吸收峰。紫外光谱图显示 UV(MeOH)λ_{max}($\log \varepsilon$) 为 218(3.96)nm。为根据 HRFABMS 测得化合物 **30** 的 m/z M^+为 534.681 4，计算值为 534.681 2，推测化合物 **30** 的分子式为 $C_{30}H_{46}O_8$。^{13}C NMR 谱图显示有 30 个碳元素信号。其中 δ174.5(s)、174.47(s)、117.6(d) 处显示为 α,β-不饱和羰基的碳信号，1 个糖基异头碳信号 100.8(d)，3 个与氧相连的碳信号分别出现在 δ85.4(s)，77.7(d)，73.4(t)处。在 ^1H NMR谱图的低场部分显示有 1 个不饱和双键的氢信号(δ5.86，br s)，1 个连氧碳上 2 个不等价质子信号(δ4.97，br d，J=18.1 Hz；4.78，br d，J=18.1 Hz)，1 个连氧碳上的质子信号(δ3.65，m)。在高场处显示有 2 个单峰甲基的氢原子信号(δ0.86、0.79)。由 HMBC谱中 H-1′与 C-3 的相关性可推断出 C-1′与 C-3 相连。另外根据^1H-^1H COSY、HMBC 谱图中各相关性，可推断出化合物 **30** 的平面结构，相对立体构型可通过 NOESY 谱图中 H-H 的相关性推断出。并与化合物 3β-O-(D-洋地黄糖基)-14-羟基-5α,14β-强心甾-20(22)-烯的参考文献对比，所有 NMR 数据基本一致，因此化合物 **30** 被确定为

3β-O-(D-洋地黄糖基)-14-羟基-5α,14β-强心甾-20(22)-烯,NMR数据见表2.30。

表2.30 化合物30的核磁数据(溶剂为氘代氯仿)

序号	^{13}C NMR	连接的H	lit. C(C_5D_5N)
1	37.1(t)	0.96(1H,m),1.75(1H,m)	37.3
2	29.2(t)	1.88(1H,m),1.51(1H,m)	29.9
3	77.7(d)	3.65(1H,m)	76.4
4	34.2(t)	1.67(1H,m),1.30(1H,m)	34.8
5	44.2(d)	1.05(1H,m)	44.4
6	28.5(t)	1.28(1H,m),1.40(1H,m)	29.1
7	27.4(t)	1.08(1H,m),1.94(1H,m)	27.9
8	41.6(d)	1.48(1H,m)	41.6
9	49.8(d)	0.91(1H,m)	49.9
10	35.8(s)		36.2
11	21.1(t)	1.50(1H,m),1.36(1H,m)	21.5
12	39.8(t)	1.38(1H,m),1.49(1H,m)	39.7
13	49.5(s)		49.9
14	85.4(s)		84.5
15	33.0(t)	2.06(1H,m),1.66(1H,m)	33.1
16	26.8(t)	2.10(1H,m)	27.2
17	50.8(d)	2.76(1H,dd,9.1,5.4)	51.4
18	15.7(q)	0.86(3H,s)	16.1
19	12.1(q)	0.79(3H,s)	12.2
20	174.47(s)		175.8
21	73.4(t)	4.78(1H,br d,18.1),4.97(1H,br d,18.1)	73.6
22	117.6(d)	5.86(1H,br s)	117.7
23	174.5(s)		174.4
1′	100.8(d)	4.32(1H,d,7.8)	102.5
2′	70.5(d)	3.56(1H,m)	70.8
3′	82.8(d)	3.19(1H,dd,9.3,3.2)	84.0
4′	67.9(d)	3.83(1H,br s)	68.1
5′	70.3(d)	3.51(1H,qd,6.4)	70.6
6′	16.5(q)	1.35(3H,d,6.4)	16.3
OMe	57.4(q)	3.50(3H,s)	56.6

23. 3β-O-(D-洋地黄糖基)-8,14-环氧-5β,14β-强心甾-16,20(22)-二烯(化合物31)

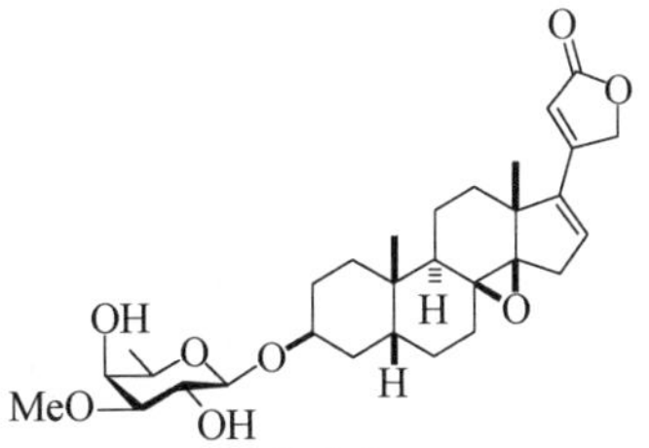

化合物31

化合物**31**的熔点为217～220 ℃，$[\alpha]_D^{20}=+13.36°$（c(CHCl$_3$)=0.546 mol/L），IR(KBr)v_{max}为3 480、2 944、1 782、1 743和1 631 cm^{-1}。化合物**31**的红外谱图显示在3 480 cm^{-1}处有羟基吸收峰，在1 782和1 743 cm^{-1}处有α,β-不饱和-γ-内酯吸收峰。紫外谱图显示UV(MeOH)λ_{max}(log ε)为219(3.91)和266(3.28) nm。根据HRFABMS测得化合物**31**的m/z M$^+$为534.319 3，计算值为534.319 3，推测化合物**31**的分子式为$C_{30}H_{42}O_8$。^{13}C NMR谱图显示共有30个碳元素信号。其中δ174.2(s)、157.6(s)、143.0(s)、132.2(d)和112.8(d)处显示为与二烯烃共轭的羰基的碳信号，1个糖基异头碳信号100.3(d)，4个与氧相连的碳信号分别出现在δ73.8(d)、71.4(t)、70.1(s)和65.1(s)处。在^{1}H NMR谱图的低场部分显示有1个不饱和双键的氢信号(δ6.06，br d，J=2.8 Hz)，1个连氧碳上2个不等价质子信号(δ4.98，dd，J=16.4，1.5 Hz；4.89，dd，J=16.4，1.5 Hz)，1个与氧相连的碳原子上的氢质子信号(δ4.03，br s)。在高场处显示有2个单峰甲基的氢原子信号(δ1.20、1.03)。由HMBC谱中H-1′与C-3的相关性可推断出糖基与C-3相连。综上可推断出化合物**31**为Δ^{16}-去氢欧夹竹桃苷类化合物。另外根据^{1}H-^{1}H COSY、HMBC谱图中各相关性，可推断出化合物**31**的平面结构，相对立体构型可通过NOESY谱图中H-H的相关性推断出。并与化合物3β-O-(D-洋地黄糖基)-8,14-环氧-5β,14β-强心甾-16,20(22)-二烯的参考文献对比，所有NMR数据基本一致，因此化合物**31**被确定为3β-O-(D-洋地黄糖基)-8,14-环氧-5β,14β-强心甾-16,20(22)-二烯，NMR数据见表2.31。

表2.31 化合物31的核磁数据(溶剂为氘代氯仿)

序号	^{13}C NMR	连接的H	lit. C
1	30.1(t)	1.45(1H,m) 1.43(1H,m)	
2	26.6(t)	1.72(1H,m) 1.46(1H,m)	
3	73.8(d)	4.03(1H,br s)	4.05
4	30.0(t)	1.55(1H,m) 1.74(1H,m)	
5	36.5(d)	1.77(1H,m)	
6	24.6(t)	1.30(1H,m) 2.15(1H,m)	
7	27.0(t)	1.16(1H,m) 1.83(1H,m)	
8	65.1(s)		
9	36.2(d)	1.95(1H,m)	
10	36.7(s)		
11	15.6(t)	1.33(1H,m) 1.31(1H,m)	
12	33.3(t)	1.29(1H,m) 1.82(1H,m)	

续表2.31

序号	^{13}C NMR	连接的 H	lit. C
13	44.7(s)		
14	70.1(s)		
15	33.0(t)	2.60(1H,dd,20.0,2.6) 2.54(1H,dd,20.0,2.6)	2.58 2.58
16	132.2(d)	6.06(1H,br d 2.8)	6.08
17	143.0(s)		
18	19.9(q)	1.20(3H,s)	1.21
19	24.5(q)	1.03(3H,s)	1.03
20	157.6(s)		
21	71.4(t)	4.89(1H,dd,16.4,1.5) 4.98(1H,dd,16.4,1.5)	4.95 4.95
22	112.8(d)	5.94(1H,br s)	5.92
23	174.2(s)		
1′	100.3(d)	4.25(1H,d,7.8)	4.26
2′	70.7(d)	3.64(1H,m)	
3′	82.8(d)	3.19(1H,dd,9.3,3.2)	
4′	68.1(d)	3.80(1H,br s)	3.8
5′	70.3(d)	3.55(1H,q,6.4)	
6′	16.4(q)	1.33(3H,d,6.4)	1.35
OMe	57.5(q)	3.50(3H,s)	3.51

24. 3β-O-(D-葡萄糖基)-14-羟基-5β,14β-强心甾-16,20(22)-二烯(化合物32)

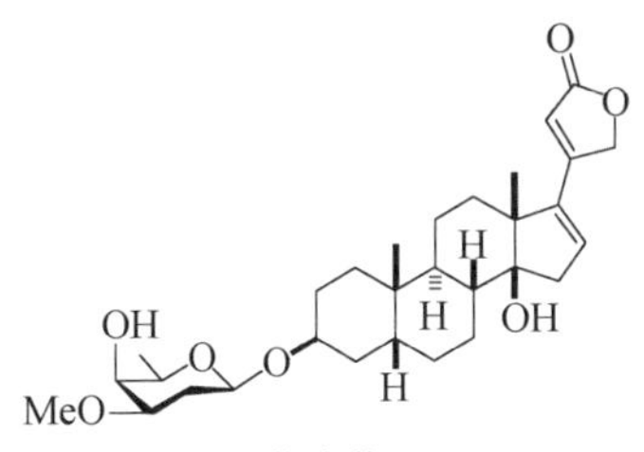

化合物32

化合物**32**为无色粉末,熔点为187~190 ℃,$[\alpha]_D^{20}$ = +26.87°(c(CHCl$_3$) = 0.256 mol/L),IR(KBr)v_{max}为3 507、3 362、2 943、1 782、1 730、1 697和1 622 cm^{-1}。化合物**32**的红外谱图显示在3 507 cm^{-1}处有羟基吸收峰,在1 782和1 730 cm^{-1}处有α,β-不饱和-γ-内酯吸收峰。紫外谱图显示UV(MeOH)λ_{max}(log ε)为217(4.12) nm。根据HRFABMS测得化合物**32**的m/z M$^+$为516.666 2,计算值为516.666 1,推测化合物**32**的分子式为$C_{30}H_{44}O_7$。^{13}C NMR谱图显示共有30个碳元素信号。其中δ174.4(s)、158.3(s)、144.0(s)、132.1(d)和112.4(d)处显示为与二烯烃共轭的羰基的碳信号,1个糖基异头碳信号δ97.8(d),3个与氧相连的碳信号分别出现在δ85.6(s)、72.6(d)和71.6(t)处。在^{1}H NMR谱图的低场部分显示有1个不饱和双键的氢信号(δ6.10,br s),1个连氧碳上2个不等价质子信号(δ4.99,dd,J = 17.6,1.3 Hz; 4.93,dd,J = 17.6,

1.3 Hz),1 个与氧相连的碳原子上的氢原子信号(δ4.06,br s)。在高场处显示有 2 个单峰甲基的氢原子信号(δ1.33,0.96)。由 H-3′的耦合常数($J_{3',2'\beta}$ = 12.1 Hz、$J_{3',2'\alpha}$ = 4.9 Hz、$J_{3',4'}$ = 2.9 Hz)及 NOESY 谱中 H-3 与 H-1′,H-1′与 H-3′ 及 H-5′的相关性可推出化合物 **32** 的含糖部分为 D-葡萄糖。由 HMBC 谱中 H-1′与 C-3 的相关性可推断出 C-1′与 C-3 相连。另外根据^{1}H-^{1}H COSY、HMBC 谱图中各相关性,可推断出化合物 **32** 的平面结构,相对立体构型可通过 NOESY 谱图中 H-H 的相关性推断出。并与化合物 3β-O-(D-葡萄糖基)-14-羟基-5β,14β-强心甾-16,20(22)-二烯的参考文献对比,所有 NMR 数据基本一致,因此化合物 **32** 被确定为 3β-O-(D-葡萄糖基)-14-羟基-5β,14β-强心甾-16,20(22)-二烯,NMR 数据见表 2.32。

表 2.32 化合物 32 的核磁数据(溶剂为氘代氯仿)

序号	^{13}C NMR	连接的 H	lit[41]. C
1	30.2(t)	1.46(1H,m),1.50(1H,m)	30.5
2	26.5(t)	1.25(1H,m),1.90(1H,m)	27.0
3	72.6(d)	4.06(1H,br s)	74.4
4	29.9(t)	1.24(1H,m),1.78(1H,m)	30.7
5	36.5(d)	1.54(1H,m)	36.7
6	26.6(t)	1.48(1H,m),1.75(1H,m)	27.0
7	21.2(t)	1.82(1H,m),1.94(1H,m)	20.2
8	41.0(d)	1.71(1H,m)	41.6
9	36.3(d)	1.72(1H,m)	36.5
10	35.1(s)		35.3
11	19.8(t)	1.45(1H,m),1.12(1H,m)	21.6
12	38.4(t)	1.08(1H,m),2.00(1H,m)	38.5
13	52.2(s)		52.6
14	85.6(s)		84.8
15	40.4(t)	2.71(1H,m),2.36(1H,m)	40.9
16	132.1(d)	6.10(1H,br s)	133.6
17	144.0(s)		144.4
18	16.8(q)	1.33(3H,s)	16.8
19	23.8(q)	0.96(3H,s)	23.9
20	158.3(s)		159.7
21	71.6(t)	4.99(1H,dd,17.6,1.3),4.93(1H,dd,17.6,1.3)	71.9
22	112.4(d)	5.97(1H,br s)	111.9
23	174.4(s)		174.6
1′	97.8(d)	4.45(1H,dd,9.8,1.7)	97.6
2′	32.0(t)	1.95(1H,m),1.73(1H,m)	32.0
3′	78.0(d)	3.34(1H,ddd,12.1,4.9,2.9)	77.9
4′	67.2(d)	3.69(1H,br s)	67.1
5′	70.4(d)	3.43(1H,q,6.6)	70.4
6′	16.6(q)	1.28(3H,d,6.6)	16.8
OMe	55.7(q)	3.40(3H,s)	55.6

25. 8*R*-3*β*-O-(D-脱氧洋地黄糖基)-14-氧络-15(15→8)松香烷型-5*β*-强心甾-20(22)-烯(欧夹竹桃苷A,化合物33)

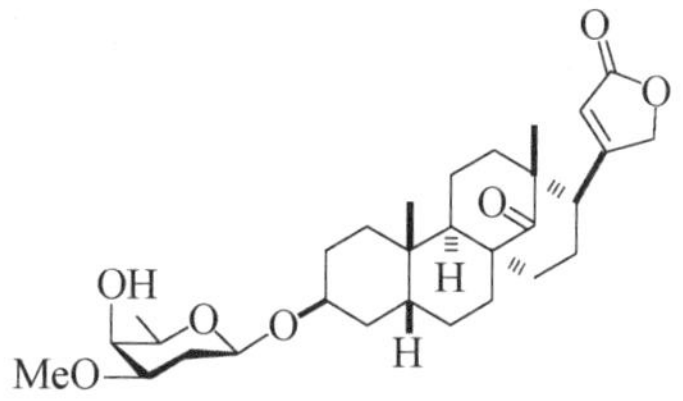

化合物33

化合物 **33** 为无色粉末,熔点为 242 ~ 245 ℃,$[\alpha]_D^{20}$ = +27.6°(c(CHCl$_3$)= 0.920 mol/L),IR(KBr)v_{max}为 3 420、2 926、1 788 和 1 745 cm^{-1}。化合物 **33** 的红外谱图显示在 3 420 cm^{-1}处有羟基吸收峰,在 1 788 和 1 745 cm^{-1}处有 α,β-不饱和-γ-内酯吸收峰。紫外谱图显示 UV(MeOH)λ_{max}(log ε)为 213(4.10)nm。根据 HRFABMS 测得化合物 **33** 的 m/z M$^+$为 516.665 8,计算值为516.666 2,推测化合物 **33** 的分子式为 $C_{30}H_{44}O_7$。^{13}C NMR谱图显示共有 30 个碳元素信号。其中 δ173.5(s)、170.4(s)、116.4(d)处显示为 α,β-不饱和羰基的碳信号、1 个酮羰基的碳信号出现在 δ220.7(s)处,1 个糖基异头碳信号出现在 97.5(d)处,2 个与氧相连的碳信号分别出现在 δ72.8(t)和 72.2(d)处。在^{1}H NMR谱图的低场部分显示有 1 个不饱和双键的氢信号(δ5.67,br s),2 个与氧相连的碳原子上同碳氢原子信号(δ4.55,dd,J=17.6,1.7 Hz; 4.68,dd,J=17.6,1.7 Hz),1 个与氧相连的碳原子上的氢原子信号(δ4.04,br s)。在高场处显示有 2 个单峰甲基的氢原子信号(δ0.92,0.76)。由 H-3′的耦合常数($J_{3',2'\beta}$=12.0 Hz、$J_{3',2'\alpha}$=4.9 Hz、$J_{3',4'}$=3.2 Hz)及 NOESY 谱中 H-3 与 H-1′,H-1′与 H-3′ 及 H-5′的相关性可推出化合物 **33** 的糖取代基部分为 D-葡萄糖。由 HMBC 谱中 H-1′与 C-3 的相关性可推断出 C-1′与 C-3 相连。另外根据^{1}H-^{1}H COSY、HMBC 谱图中各相关性,可推断出化合物 **33** 的平面结构,相对立体构型可通过 NOESY 谱图中 H-H 的相关性推断出。并与化合物 8*R*-3*β*-O-(D-脱氧洋地黄糖基)-14-氧络-15(15→8)松香烷型-5*β*-强心甾-20(22)-烯的参考文献对比,所有 NMR 数据基本一致,因此化合物 **33** 被确定为 8*R*-3*β*-O-(D-脱氧洋地黄糖基)-14-氧络-15(15→8)松香烷型-5*β*-强心甾-20(22)-烯,NMR 数据见表 2.33。

表 2.33 化合物 33 的核磁数据(溶剂为氘代氯仿)

序号	^{13}C NMR	连接的 H	lit[3]. C
1	31.5(t)	1.48(1H,m),1.43(1H,m)	29.4
2	27.0(t)	1.54(1H,m),1.72(1H,m)	26.9
3	72.2(d)	4.04(1H,br s)	73.0
4	29.9(t)	1.70(1H,m),1.46(1H,m)	30.6
5	36.8(d)	1.77(1H,m)	37.5
6	24.2(t)	1.08(1H,m),2.16(1H,m)	26.9
7	29.1(t)	1.04(1H,m),1.94(1H,m)	44.1
8	48.8(s)		47.5
9	46.0(d)	2.47(1H,d,8.6)	46.1
10	37.3(s)		37.6

续表2.33

序号	^{13}C NMR	连接的 H	lit[3]. C
11	21.4(t)	2.37(1H,m),1.81(1H,m)	42.6
12	42.6(t)	2.06(1H,m),2.08(1H,m)	31.5
13	47.4(s)		48.9
14	220.7(s)		221.2
15	44.1(t)	2.04(1H,dd,20.0,2.6),2.07(1H,dd,20.0,2.6)	24.7
16	26.9(t)	2.85(2H,m)	26.4
17	53.1(d)	3.07(1H,d,6.8)	53.1
18	23.4(q)	0.92(3H,s)	23.4
19	26.3(q)	0.76(3H,s)	21.4
20	170.4(s)		171.7
21	72.8(t)	4.55(1H,dd,17.6,1.7),4.68(1H,dd,17.6,1.7)	73.2
22	116.4(d)	5.67(1H,br s)	116.4
23	173.5(s)		173.9
1′	97.5(d)	4.43(1H,dd,9.9,2.1)	99.0
2′	32.0(t)	1.93(2H,m)	33.1
3′	77.9(d)	3.33(1H,ddd,12.0,4.9,3.2)	79.1
4′	67.2(d)	3.68(1H,br s)	67.1
5′	70.3(d)	3.42(1H,qd,6.6)	71.4
6′	16.9(q)	1.32(3H,d,6.6)	17.6
OMe	55.8(q)	3.39(3H,s)	55.3

26.3β-O-(D-脱氧洋地黄糖基)-8,14-闭联-14α-羟基-8-氧络-5β-强心甾-20(22)-烯(化合物34)

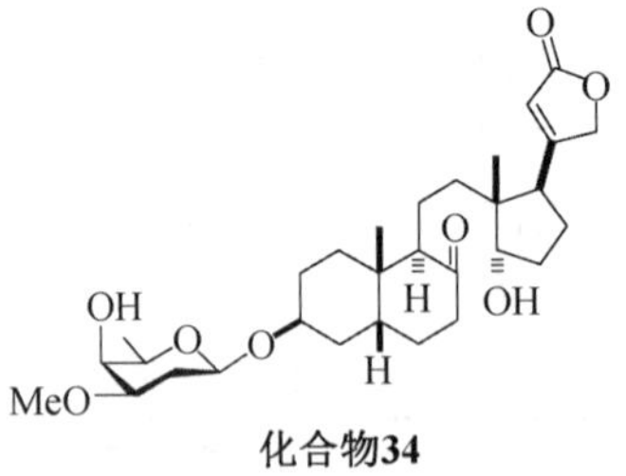

化合物34

化合物 **34** 为无色粉末,熔点为 159 ~ 163 ℃,$[\alpha]_D^{20}=+21.42°$(c($CHCl_3$)=0.462 mol/L),IR(KBr)v_{max}为 3 483、3 478、2 959、1 782、1 751、1 693 和 1 626 cm^{-1}。化合物 **34** 的红外谱图显示在 3 483 cm^{-1}处有羟基吸收峰,在 1 782 和 1 751 cm^{-1}处有 α,β-不饱和-γ-内酯吸收峰。紫外谱图显示 UV(MeOH)λ_{max}(log ε)为 219(4.07) nm。根据 HRFABMS 测得化合物 **34** 的 m/z M^+为 534.681 0,计算值为 534.681 4,推测化合物 **34** 的分子式为$C_{30}H_{46}O_8$。^{13}C NMR 谱图显示共有 30 个碳元素信号。其中 δ174.0(s)、171.4(s)、116.7(d)处显示为 α,β-不饱和羰基的碳信号,1 个酮羰基碳信号出现在 δ216.7(s)处,1 个糖基异头碳信号出现在 98.4(d)处,3 个与氧相连的碳信号分别出现在 δ78.9(d)、73.8(t)和 72.6(d) 处。在^1H NMR 谱图的低场部分显示有 1 个不饱和双键的氢信

号(δ5.83,br s),1 个连氧碳上 2 个不等价质子信号(δ4.68,d,J=17.6 Hz; 4.74,d,J=17.6 Hz),1 个与氧相连的碳原子上的质子信号(δ4.12,br s)。在高场处显示有 2 个单峰甲基的氢原子信号(δ0.72,0.75)。由H-3′的耦合常数($J_{3',2'\beta}$=12.0 Hz、$J_{3',2'\alpha}$=4.9 Hz、$J_{3',4'}$=3.2 Hz)及 NOESY 谱中 H-3 与 H-1′,H-1′与 H-3′及 H-5′的相关性可推出化合物 **34** 的糖基部分为 D-葡萄糖。由 HMBC 谱中 H-1′与 C-3 的相关性可推断出 C-1′与 C-3 相连。另外根据^{1}H-^{1}H COSY、HMBC 谱图中各相关性,可推断出化合物 **34** 的平面结构,相对立体构型可通过 NOESY 谱图中 H-H 的相关性推断出。并与化合物 3β-O-(D-脱氧洋地黄糖基)-8,14-闭联-14α-羟基-8-氧络-5β-强心甾-20(22)-烯的参考文献对比,所有 NMR 数据基本一致,因此化合物 **34** 被确定为 3β-O-(D-脱氧洋地黄糖基)-8,14-闭联-14α-羟基-8-氧络-5β-强心甾-20(22)-烯,NMR 数据见表 2.34。

表 2.34 化合物 34 的核磁数据(溶剂为氘代氯仿)

序号	^{13}C NMR	连接的 H	lit. H
1	30.3(t)	1.45(1H,m),1.68(1H,m)	
2	28.3(t)	1.72(1H,m),1.46(1H,m)	
3	72.6(d)	4.12(1H,br s)	
4	30.8(t)		
5	36.1(d)	1.85(1H,m)	
6	30.9(t)	1.96(1H,m),2.14(1H,m)	
7	37.8(t)	2.28(1H,dd,13.7,3.9),2.42(1H,dd,13.7,3.9)	
8	216.687(s)		
9	50.9(d)	2.51(1H,d,10.5)	
10	42.5(s)		
11	27.2(t)	1.56(1H,m) 2.12(1H,m)	
12	34.7(t)	1.30(1H,m) 1.08(1H,m)	
13	51.4(s)		
14	78.9(d)	4.10(1H,d,5.1)	
15	26.8(t)	1.73(1H,m) 2.09(1H,m)	
16	17.5(t)		
17	45.8(d)	2.81(1H,d,9.3)	2.91(1H,dd,9.9)
18	17.2(q)	0.72(3H,s)	0.76(3H,s)
19	23.9(q)	0.75(3H,s)	0.80(3H,s)
20	171.4(s)		
21	73.8(t)	4.68(1H,d,17.6) 4.74(1H,d,17.6)	4.82(2H,s)
22	116.7(d)	5.83(1H,br s)	5.98(1H,s)
23	174.0(s)		
1′	98.4(d)	4.48(1H,dd,9.8,2.5)	4.58(1H,dd)

续表2.34

序号	^{13}C NMR	连接的 H	lit. H
2′	32.1(t)	1.95(1H,m) 1.76(1H,m)	
3′	77.9(d)	3.33(1H,m)	
4′	66.9(d)	3.68(1H,br s)	3.76(1H,s)
5′	70.3(d)	3.42(1H,q,6.6)	70.38
6′	16.8(q)	1.32(3H,d,6.6)	1.34(3H,d,6)
OMe	55.7(q)	3.39(3H,s)	3.44(3H,s)

2.3.3 二糖强心苷和三糖强心苷类化合物 35 ~ 61 的结构解析

1.3β-O-[β-D-吡喃葡萄糖基-(1→4)-β-D-吡喃脱氧洋地黄糖基]-14α-羟基-8-氧络-8,14-闭联-5β-强心甾-20(22)-烯(化合物 35)

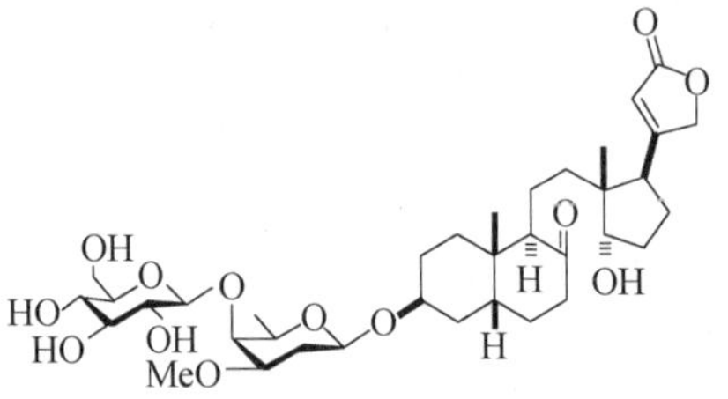

化合物35

化合物 **35** 为无色粉末,熔点为 138 ~ 143 ℃,$[\alpha]_D^{20}$ = -28.56°(c(MeOH) = 1.362 mol/L),IR(KBr)v_{max}为 3 467、2 938、1 736、1 698、1 626、1 453 和 1 192 cm^{-1}。化合物 **35** 的红外谱图显示在 3 467cm^{-1}处有羟基吸收峰,在 1 736 cm^{-1}处存在 α,β-不饱和内酯吸收峰,在1 698 cm^{-1}处显示有六元环上的羰基吸收峰。根据 HRFABMS 测得化合物 **35** 的 m/z [$(M + Na)^+$]为 719.361 5,计算值为 719.361 9,推测化合物 **35** 的分子式为 $C_{36}H_{56}O_{13}$。^{13}C NMR 谱图显示共有 36 个碳元素信号。其中 δ216.2(s)和 174.1(s)处显示有羰基的碳吸收信号,在 δ172.4(s)和 116.8(d) 处显示有碳信号为烯烃碳吸收信号,3 个与氧相连的碳信号分别为出现在 δ79.5(d)、74.0(t)和 72.8(d)处,另外,11 个连氧碳信号的出现,显示连有O-糖苷键。根据 DEPT 和 HMQC 谱图推断出化合物 **35** 还含有 10 个仲碳原子、3 个叔碳原子、2 个季碳原子,以及 3 个甲基碳原子。由^{1}H NMR 谱图可以推断出,化合物 **35** 含有 3 个单峰甲基 δ0.68(s)、0.74(s)和 1.51(d,J=6.4 Hz),1 个甲氧基 δ3.36(s)。由^{1}H-^{1}H COSY 谱图中 H-H 的相关性(图 2.67)可以推断出C-1—C-2—C-3—C-4—C-5—C-6—C-7,C-9—C-11—C-12,C-14—C-15—C-16—C-17 互为邻位碳原子。通过 HMBC 相关性可确定各季碳的位置。由 HMBC 谱图中 C-8 与 H-6β、H_2-7、H-9、H-11β 相关,C-10(δ42.7)与 H-1β、H-9、H-11β 和 Me-19 相关(图 2.67),可知 C-7 和 C-9 通过 C-8 相连,C-5 与 C-10 相连,从而构筑了两个相骈合的六元环; C-13(δ51.3)与 H_2-12、H-14、H-17 和 Me-18 相关,可知 C-14 通过 C-13 与 C-17 相连而成一个五元环并通过 C-13 与 C-12 相连接。由 HMBC 相关性可知,δ174.1 处的羰基碳与烯烃上的 H-22(δ6.01)和 H-21 相关,烯烃叔碳 C-22(δ116.8)与 H-17 和 H-21 相关,

烯烃季碳 C-20(δ172.4)与 H-17,H_2-21 和 H-22 相关,由此可推断出 α,β-不饱和 g-内酯的存在,并通过 C-20 与 C-17 相连接,综上分析,可推断出化合物 **35** 为以 8,14-闭联强心甾为骨架的强心苷类结构。

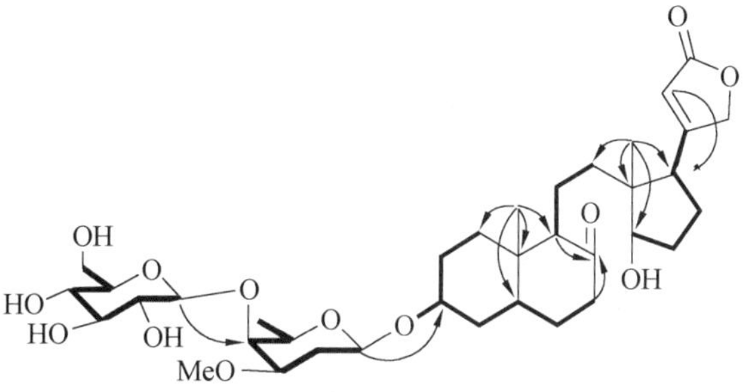

图 2.67 化合物 **35** ^{1}H - ^{1}H COSY 和主要的 HMBC

通过与羟基相连的叔碳(δ79.5)与 H-12β、H-15β、H-16β 和 H-18 的 HMBC 相关性和^{1}H-^{1}H COSY(H-14 和 H-15β 相关)相关性可以确定 C-14 羟基被取代。由 HMBC 远程相关性(δ72.8 的叔碳与糖上的 H-1′相连)和^{1}H-^{1}H COSY 相关性(H-3 与 H_2-2 和 H_2-4相关)可以知道 C-3 被 O-糖苷取代。通过与类似化合物^{1}H 和^{13}C NMR 数据相比较可以推断出化合物 **35** 连接的是 4-O-D-吡喃葡萄糖基-(1→4)-D-脱氧洋地黄糖。上述推论可以通过 NOESY 中 H-1′与 H-3、H-5′和 H-2′,H-3′ 与 H-4′和 H-5′,H-1″与 H-4′和 H-5”,H-2″与 H-4″,H-3″和 H-5″相关性以及脱氧洋地黄糖部分耦合常数($J_{1',2'\beta}$ = 9.8 Hz、$J_{2'\beta,3'}$ = 12.2 Hz、$J_{2'\alpha,3'}$ = 4.4 Hz、$J_{3',4'}$ = 2.7 Hz)和吡喃葡萄糖基部分耦合常数($J_{1'',2''}$ = 7.8 Hz、$J_{2'',3''}$ = 8.8 Hz、$J_{3'',4''}$ = 8.8 Hz)进一步得到验证。根据 H-3($W_{1/2h}$ = 8.0 Hz)可确定 H-3 为 α(eq)-H。由 NOESY 相关性(图 2.68)中的 Me-19 与 H-5,H-4α 与 H-9,Me-18 与 H-14 和 H-22 可确定 A 环和 B 环为顺式稠合,14-羟基为 α-立体构型和连接于 C-17 位的不饱和内酯为 β-构型。综上所述,经鉴定化合物 **35** 为 3β-O-[β-D-吡

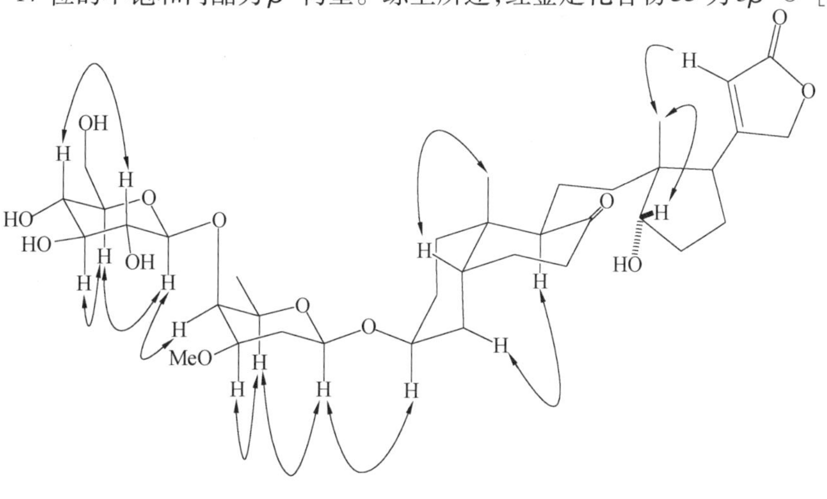

图 2.68 化合物 **35** 的 NOESY

喃葡萄糖基-(1→4)-β-D-吡喃脱氧洋地黄糖基]-14α-羟基-8-氧络-8,14-闭联-5β-强心甾-20(22)-烯,NMR 数据见表 2.35。

表 2.35　化合物 35 的核磁数据(溶剂为氘代吡啶)

序号	^{13}C	连接的 H	^{1}H-^{1}H COSY	HMBC	NOESY
1	31.0(t)	1.56(1H,m) 1.70(1H,m)	H-2β	H-19	H-19
2	27.7(t)	β 1.93(1H,m) α 1.68(1H,m)	H-2α,H-1β,H-3 H-2β,H-3	H-1β	H-3 H-3
3	72.8(d)	4.28(1H,br s, $W_{h/2}$=8.0)	H-2αβ,H-4αβ	H-1′	H-1′,H-2αβ, H-4αβ
4	30.1(t)	α 2.08(1H,m) β 1.73(1H,m)	H-3,H-4β,H-5 H-3,H-4α,H-5		H-3,H-9 H-3,H-5α
5	36.8(d)	1.90(1H,m)	H-4αβ	H-1β,H-6β, H-7αβ,H-19	H-19
6	28.7(t)	β 2.05(1H,m) α 1.50(1H,m)	H-6α,H-7αβ H-6β,H-7αβ	H-7α	H-19 H-4β
7	38.2(t)	α 2.50(1H,td, 13.4,6.8) β 2.28(1H,ddd,13.4, 4.9,2.7)	H-6αβ,H-7α H-6αβ,H-7α	H-6β	
8	216.2(s)			H-6β,H-7αβ, H-9,H-11β	
9	52.0(d)	2.79(1H,d,10.0)	H-11αβ	H-1β,H-11β, H-19	
10	42.7(s)			H-1β,H-9, H-11β,H-19	
11	18.4(t)	α 1.76(1H,m) β 1.45(1H,m)	H-9,H-11β, H-12β H-9,H-11α, H-12β	H-9,H-12β	
12	35.3(t)	α 1.65(1H,m) β 1.29(1H,ddd, 12.5,12.5,6.1)	H-11β, H-12β H-11αβ, H-12α	H-9,H-11αβ, H-17,H-18	
13	51.3(s)			H-12αβ,H-14, H-17,H-18	
14	79.5(d)	4.15(1H,m)	H-15β	H-12β,H-15β, H-16β,H-18	H-15β, H-18
15	27.3(t)	β 2.03(1H,m) α 1.70(1H,m)	H-14, H-15α H-15β	H-14,H-16β, H-17	H-14 H-17

续表2.35

序号	^{13}C	连接的H	$^1H-^1H$ COSY	HMBC	NOESY
16	30.8(t)	α 2.03(1H,m) β 1.84(1H,m)	H-17 H-15β		H-17
17	46.3(d)	3.00(1H,t,9.3)	H-16α,H-22, H-21αβ	H-14,H-16αβ, H-22,H-19	H-15α, H-16α
18	17.7(q)	0.68(3H,s)		H-14,H-17	H-14,H-22
19	23.9(q)	0.74(3H,s)		H-9	H-5,H-1β, H-6β
20	172.4(s)			H-17,H-21αβ, H-22	
21	74.0(t)	α 4.89(1H,dd, 17.6,2.0) β 4.71(1H,dd, 17.6,1.5)	H-21β,H-22 H-21α,H-22	H-17	
22	116.8(d)	6.01(1H,br d,1.0)	H-21αβ,H-17	H-17,H-21αβ	H-18
23	174.1(s)			H-21αβ,H-22	
1′	99.1(d)	4.71(1H,dd,9.8,2.2)	H-2′αβ	H-2′αβ,H-5′	H-3,H-2′αβ, H-5′
2′	33.2(t)	β 2.34(1H,td, 12.2,9.8) α 2.13(1H,d, 12.2,4.4)	H-2′α,H-1′, H-3′ H-2′β,H-1′,H-3′	H-1′,H-3′, H-4′	H-1′ H-1′
3′	80.1(d)	3.45(1H,ddd, 12.2,4.4,2.7)	H-2′αβ,H-4′	H-2′αβ,H-4′, H-5′,3′-OMe	H-4′,H-5′
4′	74.1(d)	4.14(1H,m)	H-3′,H-5′	H-2′αβ,H-3′, H-5′,H-6′, H-1″	H-3′,H-1″
5′	70.9(d)	3.52(1H,br q,6.4)	H-4′,H-6′	H-6′	H-1′,H-3′
6′	17.9(q)	1.51(3H,d,6.4)	H-5′	H-5′	
3′-OMe	56.2(q)	3.36(3H,s)		H-3′	
1″	105.0(d)	5.11(1H,d,7.8)	H-2″	H-4′,H-2″	H-4′,H-5″
2″	76.0(d)	3.91(1H,dd,8.8,7.8)	H-1″,H-3″	H-3″	H-4″
3″	78.4(d)	4.17(1H,t,8.8)	H-2″	H-4″,H-5″	
4″	72.0(d)	4.11(1H,t,8.8)	H-5″	H-3″,H-6″αβ	H-2″
5″	78.5(d)	3.90(1H,m)	H-6″αβ,H-4″	H-1″,H-6″α	H-1″,H-6″β
6″	63.2(t)	β 4.51(1H,dd, 11.7,2.4) α 4.30(1H,dd, 11.7,5.6)	H-6″α,H-5″ H-6″β,H-5″	H-4″	H-5″,H-6″β H-6″β

2.3β-O-(4-O-D-吡喃葡萄糖基-D-脱氧洋地黄糖基)-16β-乙酰-14-羟基-5β,14β-强心甾-20(22)-烯(化合物36)

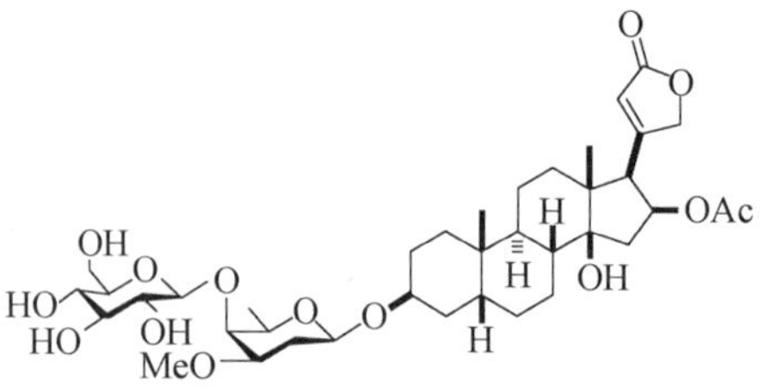

化合物36

化合物 **36** 为无色粉末,熔点为 174 ~ 176 ℃,$[\alpha]_D^{20}$ = -32.03°(c(MeOH)= 0.618 mol/L),IR(KBr)v_{max}为 3 430、2 937、1 740、1 250、1 097 和 1 030 cm^{-1}。化合物 **36** 的红外谱图显示在3 430 cm^{-1}处有羟基吸收峰,在 1 740 cm^{-1}处有 α,β-不饱和-γ-内酯吸收峰。根据^{13}C NMR、DEPT、HMQC 等谱图显示化合物 **36** 共有 38 个碳元素信号。其中 δ174.1(s)、169.7(s)、121.6(d)和 76.2(t)处显示为 α,β-不饱和-γ-内酯的碳信号,δ170.2(s)和20.7(q)处显示有 1 个乙酰氧基碳信号,δ98.9(d)和 105.0(d)处显示有 2 个糖基异头碳的信号峰,δ23.9(q)、17.9(q)、16.3(q)和 56.1(q) 处显示有 3 个甲基及 1 个甲氧基碳信号,另外,11 个与氧相连的碳信号出现在 δ83.5 ~ 63.2 之间。在^{1}H NMR 谱图的低场部分显示有 1 个不饱和双键的氢信号(δ6.30,t,J=1.7 Hz),1 个连氧碳上 2 个不等价质子信号(δ5.39,dd,J=18.1,1.7 Hz; 5.20,dd,J=18.1,1.5 Hz),2 个异头氢信号位于 δ4.69(dd,J=9.8,1.7 Hz)和 5.09(d,J=7.8 Hz)。综上可推断出化合物 **36** 为强心苷类化合物,其苷元骨架为夹竹桃苷元(oleandrigenin)。由 HMBC 谱图中 C-3(δ73.1) 与 H-1′(δ4.69)相关,C-4′(δ74.2)和 H-1″(δ5.09)相关,可以推断出各糖基的连接位置。通过 NOESY 相关性和各质子的耦合常数可以推测出糖基片段结构为 4-O-D-吡喃葡萄糖-D-脱氧洋地黄糖。另外,^{1}H 和^{13}C NMR 等波谱数据与 3β-O-(4-O-D-吡喃葡萄糖基-D-脱氧洋地黄糖基)-16β-乙酰-14-羟基-5β,14β-强心甾-20(22)-烯基本一致,因此,化合物 **36** 被确定 3β-O-(4-O-D-吡喃葡萄糖基-D-脱氧洋地黄糖基)-16β-乙酰-14-羟基-5β,14β-强心甾-20(22)-烯,NMR 数据见表 2.36。

表 2.36 化合物 36 的核磁数据(溶剂为氘代吡啶)

序号	^{13}C	连接的 H
1	30.7(t)	1.62(1H,m),1.48(1H,m)
2	27.0(t)	1.86(1H,m),1.62(1H,m)
3	73.1(d)	4.26(1H,br s)
4	30.5(t)	1.82(1H,m),1.58(1H,m)
5	37.0(d)	1.82(1H,m)
6	27.1(t)	1.28(2H,m)
7	21.7(t)	2.12(1H,m),1.30(1H,m)
8	42.0(d)	1.75(1H,m)
9	35.9(d)	1.68(1H,m)
10	35.5(s)	

续表2.36

序号	^{13}C	连接的 H
11	21.2(t)	1.35(1H,m),1.18(1H,m)
12	39.0(t)	1.45(1H,m),1.33(1H,m)
13	50.5(s)	
14	83.5(s)	
15	41.3(t)	2.80(1H,dd,15.4,9.8) 2.04(1H,dd,15.4,2.4)
16	75.0(d)	5.67(1H,ddd,9.8,8.8,2.4)
17	56.8(d)	3.36(1H,d,8.8)
18	16.3(q)	1.06(3H,s)
19	23.9(q)	0.87(3H,s)
20	169.7(s)	
21	76.2(t)	5.39(1H,dd,18.1,1.7) 5.20(1H,dd,18.1,1.5)
22	121.6(d)	6.30(1H,t,1.7)
23	174.1(s)	
OAc	170.2(s)	
OAc	20.7(q)	1.83(3H,s)
1′	98.9(d)	4.69(1H,dd,9.8,1.7)
2′	33.2(t)	2.33(1H,ddd,12.2,12.0,9.8) 2.11(1H,m)
3′	80.1(d)	3.42(1H,ddd,12.2,4.4,2.7)
4′	74.2(d)	4.13(1H,m)
5′	70.8(d)	3.50(1H,br q,6.3)
6′	17.9(q)	1.51(3H,d,6.3)
3′-OMe	56.1(q)	3.35(3H,s)
1″	105.0(d)	5.09(1H,d,7.8)
2″	76.0(d)	3.91(1H,m)
3″	78.4(d)	4.17(1H,t,8.8)
4″	72.0(d)	4.12(1H,m)
5″	78.5(d)	3.89(1H,m)
6″	63.2(t)	4.51(1H,dd,11.5,2.4) 4.30(1H,dd,11.5,5.6)

3. 3β-O-(4-O-D-吡喃葡萄糖基-L-夹竹桃糖基)-16β-乙酰-14-羟基-5β,14β-强心甾-20(22)-烯(化合物37)

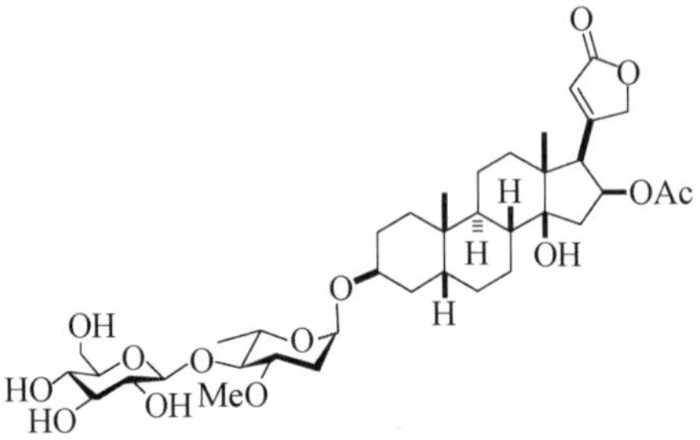

化合物37

化合物**37**为无色粉末,熔点为157~160 ℃,$[\alpha]_D^{20}=-49.41°$(c(MeOH)=0.595 mol/L),IR(KBr)v_{max}为3 429、2 939、1 738、1 250、1 076和1 032 cm^{-1}。化合物**37**的红外谱图显示在3 429 cm^{-1}处有羟基吸收峰,在1 738 cm^{-1}处有α,β-不饱和-γ-内酯吸收峰。根据^{13}C NMR、DEPT、HMQC等谱图显示化合物**37**共有38个碳元素信号。其中δ174.1(s)、169.7(s)、121.6(d)和76.2(t)处显示为α,β-不饱和γ-内酯的碳信号,δ170.2(s)和20.7(q)处显示有1个乙酰氧基碳信号,δ95.7(d)和105.3(d)处显示有2个糖基异头碳的信号峰,δ24.0(q)、18.7(q),16.3(q)和56.7(q)处显示有3个甲基及1个甲氧基的碳信号,另外,11个与氧相连的碳信号出现在δ83.5~63.2之间。在^1H NMR谱图的低场部分显示1个不饱和双键的氢信号(δ5.97、br s),1个连氧碳上2个不等价质子信号(δ4.98,dd,J=18.0,1.7 Hz;4.85,dd,J=18.3,1.5 Hz),2个异头氢信号位于δ4.44(d,J=7.6 Hz)和4.95(br d,J=2.7 Hz)。综上可推断出化合物**37**为强心苷类化合物,其苷元骨架为夹竹桃苷元(oleandrigenin)。由HMBC谱图中C-3(δ72.1)与H-1′(δ4.95)相关,C-4′(δ82.6)和H-1″(δ4.44)相关,可以推断出各糖基的连接位置。通过NOESY相关性和各质子的耦合常数可以推测出糖基片段结构为4-O-D-吡喃葡萄糖基-L-夹竹桃糖基。另外,通过与3β-O-(4-O-D-吡喃葡萄糖基-L-夹竹桃糖基)-16β-乙酰-14-羟基-5β,14β-强心甾-20(22)-烯的^1H和^{13}C NMR进行对比,波谱数据基本一致,因此化合物**37**被确定为3β-O-(4-O-D-吡喃葡萄糖基-L-夹竹桃糖基)-16β-乙酰-14-羟基-5β,14β-强心甾-20(22)-烯,NMR数据见表2.37。

表2.37 化合物37的核磁数据(溶剂为氘代吡啶)

序号	^{13}C	连接的H
1	31.1(t)	1.48(1H,m),1.39(1H,m)
2	26.8(t)	1.45(2H,m)
3	72.1(d)	3.87(1H,m)
4	30.1(t)	1.65(1H,m),1.41(1H,m)
5	35.8(d)	1.69(1H,m)
6	27.1(t)	1.86(1H,m),1.25(1H,m)
7	21.7(t)	1.45(2H,m)
8	42.0(d)	1.52(1H,m)
9	37.1(d)	1.54(1H,m)

续表2.37

序号	^{13}C	连接的 H
10	35.5(s)	
11	21.2(t)	1.72(1H,m),1.28(1H,m)
12	39.0(t)	1.54(1H,m),1.32(1H,m)
13	50.5(s)	
14	83.5(s)	
15	41.3(t)	2.72(1H,dd,15.6,9.5) 1.72(1H,dd,15.6,2.2)
16	75.0(d)	5.47(1H,ddd,9.5,8.8,2.2)
17	56.9(d)	3.18(1H,d,8.8)
18	16.3(q)	0.93(3H,s)
19	24.0(q)	0.93(3H,s)
20	169.7(s)	
21	76.2(t)	4.98(1H,dd,18.0,1.7) 4.85(1H,dd,18.3,1.5)
22	121.6(d)	5.97(1H,br s)
23	174.1(s)	
OAc	170.2(s)	
OAc	20.7(q)	1.96(3H,s)
1′	95.7(d)	4.95(1H,br d,2.68)
2′	35.9(t)	2.26(1H,dd,12.2,4.6) 1.52(1H,m)
3′	79.3(d)	3.75(1H,m)
4′	82.6(d)	3.24(1H,t,9.0)
5′	67.7(d)	3.75(1H,m)
6′	18.7(q)	1.30(3H,d,6.4)
3′-OMe	56.7(q)	3.40(3H,s)
1″	105.3(d)	4.44(1H,d,7.6)
2″	76.0(d)	3.37(1H,m)
3″	78.3(d)	3.56(1H,m)
4″	72.0(d)	3.56(1H,m)
5”	78.4(d)	3.39(1H,m)
6″	63.2(t)	3.89(1H,m),3.82(1H,m)

4.3β-O-(4-O-D-吡喃葡萄糖基-D-洋地黄糖基)-16β-乙酰-14-羟基-5β,14β-强心甾-20(22)-烯(化合物38)

化合物38

化合物**38**为无色粉末，熔点为182～185 ℃，$[\alpha]_D^{20}=-16.81°$（c(MeOH)= 0.690 mol/L），IR(KBr)$_{max}$为3 425、2 939、1 738、1 251、1 076和1 045 cm^{-1}。化合物**38**的红外谱图显示在3 425 cm^{-1}处有羟基吸收峰，在1 738 cm^{-1}处有α,β-不饱和-γ-内酯吸收峰。根据^{13}C NMR、DEPT、HMQC等谱图显示化合物**38**共有38个碳元素信号。其中δ174.1(s)、170.2(s)、121.6(d)和76.4(t)处显示为α,β-不饱和-γ-内酯的碳信号，δ169.8(s)和20.9(q)处显示有1个乙酰氧基碳信号，δ103.4(d)和105.6(d)处显示有2个糖基异头碳的信号峰，δ23.8(q)、18.0(q)、16.5(q)和59.1(q)处显示有3个甲基及1个甲氧基碳信号，另外，12个与氧相连的碳信号出现在δ83.5～63.2之间。在^{1}H NMR谱图的低场部分显示有1个不饱和双键的氢信号(δ5.98、br s)，1个连氧碳上2个不等价质子信号(δ5.02，dd，J=18.6，2.0 Hz；4.95，dd，J=18.6，1.7 Hz)，2个异头氢信号位于δ4.29(d，J=7.8 Hz)和4.62(d，J=7.8 Hz)处。综上可推断化合物**38**为强心苷类化合物，其苷元骨架为夹竹桃苷元(oleandrigenin)。由HMBC谱图中C-3(δ74.5)与H-1′(δ4.29)相关，C-4′(δ76.7)和H-1″(δ4.62)相关可以推断出各糖基的连接位置。通过NOESY相关性和各质子的耦合常数可以推测出糖基片段结构为4-O-D-吡喃葡萄糖基-D-洋地黄糖基。另外，通过与3β-O-(4-O-D-吡喃葡萄糖基-D-洋地黄糖基)-16β-乙酰-14-羟基-5β,14β-强心甾-20(22)-烯进行对比，H和^{13}C NMR等波谱数据基本一致，因此化合物**38**被确定为3β-O-(4-O-D-吡喃葡萄糖基-D-洋地黄糖基)-16β-乙酰-14-羟基-5β,14β-强心甾-20(22)-烯，NMR数据见表2.38。

表2.38 化合物38的核磁数据(溶剂为氘代吡啶)

序号	^{13}C	连接的H
1	30.8(t)	
2	27.2(t)	
3	74.5(d)	4.03(1H,br s)
4	30.6(t)	
5	36.7(d)	
6	27.2(t)	
7	21.3(t)	
8	42.1(d)	
9	36.0(d)	
10	35.5(s)	

续表2.38

序号	^{13}C	连接的 H
11	21.8(t)	
12	39.1(t)	
13	50.6(s)	
14	83.5(s)	
15	41.4(t)	
16	75.1(d)	5.48(1H,td,15.6,9.8)
17	56.9(d)	3.24(1H,m)
18	16.5(q)	0.92(3H,s)
19	23.8(q)	0.96(3H,s)
20	170.2(s)	
21	76.4(t)	4.95(1H,dd,18.6,1.7) 5.02(1H,dd,18.6,2.0)
22	121.6(d)	5.98(1H,br s)
23	174.1(s)	
OAc	169.8(s)	
OAc	20.9(q)	1.94(3H,s)
1′	103.4(d)	4.29(1H,d,7.8)
2′	70.6(d)	
3′	85.6(d)	
4′	76.7(d)	
5′	71.5(d)	
6′	18.0(q)	1.28(3H,d,6.4)
OMe	59.1(q)	3.30(3H,s)
1″	105.6(d)	4.62(1H,d,7.8)
2″	76.1(d)	
3″	78.8(d)	
4″	71.9(d)	
5″	78.4(d)	
6″	63.2(t)	3.66(1H,m) 3.88(1H,br d)

5. 3β-O-(4-O-D-吡喃葡萄糖基-D-箭毒羊角拗糖基)-16β-乙酰-14-羟基-5β,14β-强心甾-20(22)-烯(化合物 39)

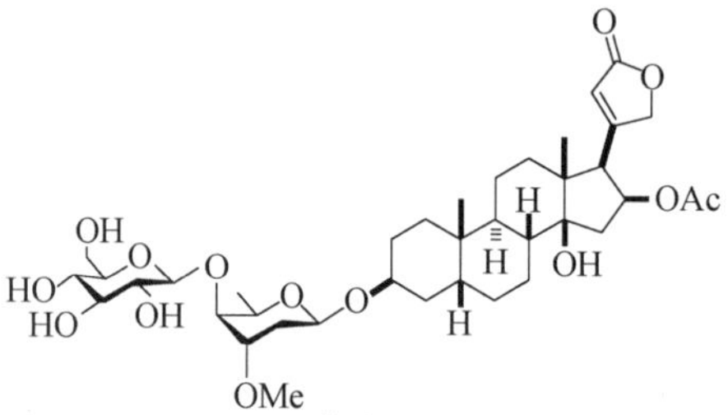

化合物39

化合物 **39** 为无色粉末,熔点为 165 ~ 168 ℃,$[\alpha]_D^{20}$ = -31.77°(c(MeOH) = 1.860 mol/L),IR(KBr) $_{max}$为 3 418、2 939、1 738、1 251、1 097 和 1 030 cm^{-1}。化合物 **39** 的红外谱图显示在3 418 cm^{-1}处有羟基吸收峰,在 1 738 cm^{-1}处有 α,β-不饱和-γ-内酯吸收峰。根据^{13}C NMR、DEPT、HMQC 等谱图显示化合物 **39** 共有 38 个碳信号。其中 δ174.1(s)、170.2(s)、121.6(d)和 76.2(t)处显示为 α,β-不饱和-γ-内酯的碳信号,δ169.7(s)和 20.6(q)处显示有 1 个乙酰氧基碳信号,δ97.0(d)和 103.3(d)处显示有 2 个糖基异头碳信号峰,δ23.8(q)、17.5(q)、16.2(q)和56.6(q) 处显示有3 个甲基及1 个甲氧基碳信号,另外,11 个与氧相连的碳信号出现在 δ83.4 ~ 63.1 之间。在^{1}H NMR 谱图的低场部分显示有 1 个不饱和双键的氢信号(δ5.96,br s),1 个连氧碳上 2 个不等价质子信号(δ4.97,dd,J=18.3,1.2 Hz; 4.84,dd,J=18.3,1.5 Hz),2 个异头氢信号位于 δ4.72(dd,J=9.0,1.7 Hz)和4.31(d,J=7.3 Hz)。综上可推断出化合物 **39** 为强心苷类化合物,其苷元骨架为夹竹桃苷元(oleandrigenin)。由 HMBC 谱图中 C-3(δ73.0) 与 H-1′(δ4.72)相关,C-4′(δ73.6)和 H-1″(δ4.31)相关可以推断出各糖基的连接位置。通过 NOESY 相关性和各质子的耦合常数可以推测出糖基片段结构为 4-O-D-吡喃葡萄糖基-D-箭毒羊角拗糖。另外,通过与 3β-O-(4-O-D-吡喃葡萄糖基-D-箭毒羊角拗糖基)-16β-乙酰-14-羟基-5β,14β-强心甾-20(22)-烯进行对比,^{1}H 和^{13}C NMR 等波谱数据基本一致,因此化合物 **39** 被确定为 3β-O-(4-O-D-吡喃葡萄糖基-D-箭毒羊角拗糖基)-16β-乙酰-14-羟基-5β,14β-强心甾-20(22)-烯,NMR 数据见表 2.39。

表 2.39 化合物 39 的核磁数据(溶剂为氘代吡啶)

序号	^{13}C(氘代氯仿)	^{13}C(氘代吡啶)	lit. ^{13}C(氘代吡啶)	连接的 H
1	30.2(t)	30.8	30.8	1.47(1H,m) 1.45(1H,m)
2	26.5(t)	27.1	27.0	1.45(1H,m) 1.28(1H,m)
3	72.4(d)	73.1	73.0	4.04(1H,br s)
4	29.7(t)	30.7	30.6	1.67(2H,m)
5	36.3(d)	37.0	37.0	1.70(1H,m)
6	26.5(t)	27.1	27.0	1.86(1H,m) 1.45(1H,m)
7	20.8(t)	21.7	21.6	1.44(2H,m)

续表2.39

序号	^{13}C(氘代氯仿)	^{13}C(氘代吡啶)	lit. ^{13}C(氘代吡啶)	连接的 H
8	41.8(d)	42.0	41.9	1.53(1H,m)
9	35.7(d)	35.9	35.9	1.56(1H,m)
10	35.1(s)	35.5	35.4	
11	21.0(t)	21.2	21.1	(1H,m) (1H,m)
12	39.3(t)	39.0	38.9	1.54(1H,m) 1.31(1H,m)
13	50.0(s)	50.5	50.5	
14	84.2(s)	83.5	83.4	
15	41.2(t)	41.3	41.2	2.72(1H,dd,15.6,9.8) 1.72(1H,br d,15.6)
16	73.9(d)	75.0	74.9	5.47(1H,ddd,9.8,8.6,2.2)
17	56.1(d)	56.9	56.8	3.18(1H,d,8.6)
18	16.0(q)	16.3	16.2	0.93(3H,s)
19	23.7(q)	23.9	23.8	0.92(3H,s)
20	167.8(s)	170.2	170.2	
21	75.6(t)	76.2	76.2	4.97(1H,dd,18.3,1.2) 4.84(1H,dd,18.3,1.5)
22	121.3(d)	121.6	121.6	5.96(1H,br s)
23	174.0(s)	174.1	174.1	
OAc	170.4(s)	169.7	169.7	
OAc	21.0(q)	20.7	20.6	1.96(3H,s)
1′	96.0(d)	97.0	97.0	4.72(1H,dd,9.0,1.7)
2′	31.2(t)	32.1	32.1	1.87(1H,m) 1.84(1H,m)
3′	75.6(d)	76.6	76.6	3.64(1H,m)
4′	73.3(d)	73.7	73.6	3.44(1H,m)
5′	69.1(d)	69.3	69.3	3.92(1H,q,6.6)
6′	16.9(q)	17.6	17.5	1.25(3H,d,6.6)
OMe	56.8(q)	56.7	56.6	3.36(3H,s)
1″	101.4(d)	103.3	103.3	4.31(1H,d,7.3)
2″	73.0(d)	74.8	74.7	3.47(1H,m)
3″	76.4(d)	78.5	78.5	3.55(1H,t,9.0)
4″	70.1(d)	72.0	71.9	3.63(1H,m)
5″	75.6(d)	78.5	78.5	3.31(1H,m)
6″	62.0(t)	63.1	63.1	3.84(2H,br s)

6. 3β-O-(4-O-D-吡喃葡萄糖基-D-吡喃脱氧洋地黄糖基)-8,14-环氧-5β,14β-强心甾-20(22)-烯(化合物 40)

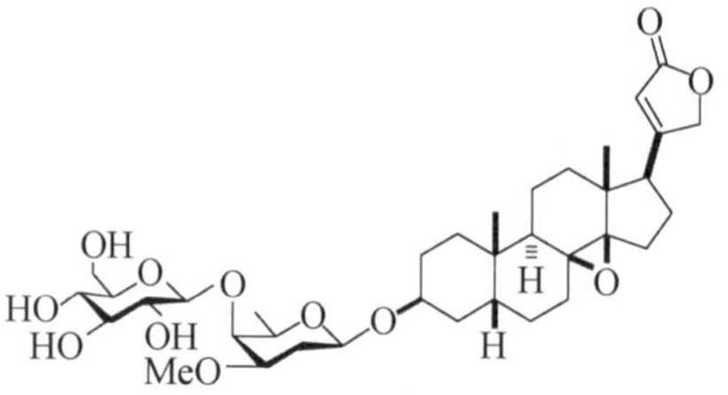

化合物40

化合物 **40** 为无色粉末，$[\alpha]_D^{20}=-4.56°$（c(MeOH)=0.285 mol/L)，IR(KBr) $_{max}$为 3 406、2 937、1 743、1 072 和 1 033 cm^{-1}。化合物 **40** 的红外谱图显示在3 406 cm^{-1}处有羟基吸收峰，在 1 743 cm^{-1}处有 α,β-不饱和-γ-内酯吸收峰。根据^{13}C NMR，DEPT，HMQC 等谱图显示化合物 **40** 共有 36 个碳元素信号。其中 δ173.9(s)、170.6(s)、116.9(d)和 73.6(t)处显示为 α,β-不饱和-γ-内酯的碳信号，δ98.8(d)和 104.6(d)处显示有 2 个糖基异头碳的信号峰，δ24.8(q)、18.2(q)、16.3(q)和56.2(q) 处显示有3 个甲基及1 个甲氧基碳信号，另外，11 个与氧相连的碳信号出现在 δ85.6～62.3 之间。在^{1}H NMR 谱图的低场部分显示有 1 个不饱和双键的氢信号(δ6.26，br s)，1 个连氧碳上 2 个不等价质子信号(δ4.90，dd，J=17.6，1.7 Hz；4.79，dd，J=17.6，1.7 Hz)，2 个异头氢信号分别位于 δ4.68(d，J=7.8 Hz)和 5.11(d，J=7.6 Hz)。综上可推断出化合物 **40** 为强心苷类化合物，其苷元骨架为欧夹竹桃苷元乙(adynerigenin)。由 HMBC 谱图中 C-3(δ74.3)与 H-1′(δ4.68)相关，C-4′(δ73.3)和 H-1″(δ5.11)相关可以推断出各糖基的连接位置。通过 NOESY 相关性和各质子的耦合常数可以推断出糖基片段结构为 4-O-D-吡喃葡萄糖基-D-吡喃脱氧洋地黄糖。另外，通过与 3β-O-(4-O-D-吡喃葡萄糖基-D-吡喃脱氧洋地黄糖基)-8,14-环氧-5β,14β-强心甾-20(22)-烯进行对比，^{1}H 和^{13}C NMR 等波谱数据基本一致，因此化合物 **40** 被确定为 3β-O-(4-O-D-吡喃葡萄糖基-D-吡喃脱氧洋地黄糖基)-8,14-环氧-5β,14β-强心甾-20(22)-烯，NMR 数据见表2.40。

表 2.40 化合物 40 的核磁数据(溶剂为氘代吡啶)

序号	^{13}C	连接的 H
1	31.0(t)	1.62(1H,m),1.43(1H,m)
2	27.4(t)	1.90(1H,m),1.60(1H,m)
3	72.7(d)	4.33(1H,m)
4	30.2(t)	1.82(1H,m),1.78(1H,m)
5	37.1(d)	2.07(1H,m)
6	26.9(t)	1.78(1H,m),1.04(1H,m)
7	25.1(t)	2.09(1H,m),1.18(1H,m)
8	65.2(s)	
9	36.7(d)	1.92(1H,m)
10	37.0(s)	
11	16.5(t)	1.16(1H,m),0.99(1H,m)

续表2.40

序号	^{13}C	连接的 H
12	36.8(t)	1.92(1H,m),1.47(1H,ddd,12.6,3.7,3.2)
13	41.8(s)	
14	70.7(s)	
15	27.4(t)	1.92(1H,m),1.74(1H,m)
16	25.9(t)	1.87(1H,m),1.71(1H,m)
17	51.4(d)	2.45(1H,dd,12.5,5.9)
18	16.3(q)	0.79(3H,s)
19	24.8(q)	0.98(3H,s)
20	170.6(s)	
21	73.6(t)	4.90(1H,dd,17.6,1.7),4.79(1H,dd,17.6,1.7)
22	116.9(d)	6.26(1H,br s)
23	173.9(s)	
1′	98.8(d)	4.68(1H,d,7.8)
2′	33.3(t)	3.22(2H,m)
3′	80.2(d)	3.53(1H,dd,9.5,2.7)
4′	73.3(d)	4.29(1H,d,2.7)
5′	70.9(d)	3.73(1H,q,6.4)
6′	18.2(q)	1.58(3H,d,6.4)
3′-OMe	56.2(q)	3.66(3H,s)
1″	104.6(d)	5.11(1H,d,7.6)
2″	75.7(d)	3.94(1H,dd,7.6,9.5)
3″	78.6(d)	4.19(1H,dd,9.5,8.8)
4″	71.9(d)	4.14(1H,dd,8.8,9.3)
5″	78.4(d)	3.92(1H,m)
6″	62.8(t)	4.52(1H,br d,12.0),4.32(1H,m)

7.3β-O-(4-O-吡喃葡萄糖基-D-洋地黄糖基)-8,14-环氧-5β,14β-强心甾-20(22)-烯(化合物 41)

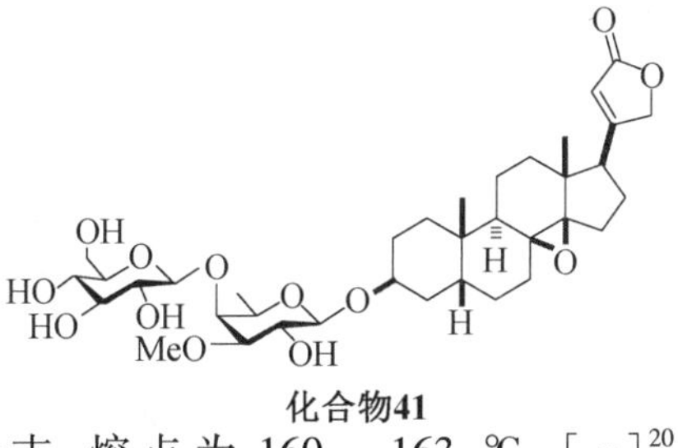

化合物41

化合物 **41** 为无色粉末,熔点为 160 ~ 163 ℃,$[\alpha]_D^{20}$ = -4.56°(c(MeOH)= 0.285 mol/L),IR(KBr)$_{max}$为 3 406、2 937、1 743、1 072 和 1 033 cm^{-1}。化合物 **41** 的红外谱图显示在3 406 cm^{-1}处有羟基吸收峰,在 1 743 cm^{-1}处有 α,β-不饱和-γ-内酯吸收峰。根据^{13}C NMR、DEPT、HMQC 等谱图显示化合物 **41** 共有 36 个碳元素信号。其中 δ173.9(s)、170.6(s)、116.9(d)和 73.6(t)处显示为 α,β-不饱和-γ-内酯的碳信号,δ103.5(d)

和105.6(d)处显示有2个糖基异头碳的信号峰,δ24.8(q)、17.8(q)、16.3(q)和59.0(q)处显示有3个甲基及1个甲氧基的碳信号,另外,12个与氧相连的碳信号出现在δ85.6~62.3之间。在^{1}H NMR谱图的低场部分显示有1个不饱和双键的氢信号(δ6.26,br s),1个连氧碳上2个不等价质子信号(δ4.90,dd,J=17.6,1.7 Hz; 4.79,dd,J=17.6,1.7 Hz),2个异头氢信号位于δ4.68(d,J=7.8 Hz)和5.11(d,J=7.6 Hz)。综上可推断出化合物**41**为强心苷类化合物,其苷元骨架为欧夹竹桃苷元乙(adynerigenin)。由HMBC谱图中C-3(δ74.3)与H-1′(δ4.68)相关,C-4′(δ76.9)和H-1″(δ5.11)相关可以推断出各糖基的连接位置。通过NOESY相关性和各质子的耦合常数可以推断出糖基片段结构为4-O-吡喃葡萄糖基-D-洋地黄糖。另外,通过与3β-O-(4-O-吡喃葡萄糖基-D-洋地黄糖基)-8,14-环氧-5β,14β-强心甾-20(22)-烯的参考文献进行对比,^{1}H和^{13}C NMR等波谱数据基本一致,因此化合物**41**被确定为3β-O-(4-O-吡喃葡萄糖基-D-洋地黄糖基)-8,14-环氧-5β,14β-强心甾-20(22)-烯,NMR数据见表2.41。

表2.41 化合物41的核磁数据(溶剂为氘代吡啶)

序号	^{13}C	连接的H
1	31.0(t)	1.62(1H,m) 1.43(1H,m)
2	27.4(t)	1.90(1H,m) 1.60(1H,m)
3	74.3(d)	4.33(1H,m)
4	30.4(t)	1.82(1H,m) 1.78(1H,m)
5	36.8(d)	2.07(1H,m)
6	26.9(t)	1.78(1H,m) 1.04(1H,m)
7	25.1(t)	2.09(1H,m) 1.18(1H,m)
8	65.2(s)	
9	36.7(d)	1.92(1H,m)
10	37.0(s)	
11	16.5(t)	1.16(1H,m) 0.99(1H,m)
12	36.8(t)	1.92(1H,m) 1.47(1H,ddd,12.6,3.7,3.2)
13	41.8(s)	
14	70.7(s)	
15	27.4(t)	1.92(1H,m) 1.74(1H,m)
16	25.9(t)	1.87(1H,m) 1.71(1H,m)
17	51.4(d)	2.45(1H,dd,12.5,5.9)

续表2.41

序号	^{13}C	连接的 H
18	16.3(q)	0.79(3H,s)
19	24.8(q)	0.98(3H,s)
20	170.6(s)	
21	73.6(t)	4.90(1H,dd,17.6,1.7) 4.79(1H,dd,17.6,1.7)
22	116.9(d)	6.26(1H,br s)
23	173.9(s)	
1′	103.5(d)	4.68(1H,d,7.8)
2′	71.5(d)	4.42(1H,dd,9.5,7.8)
3′	85.6(d)	3.53(1H,dd,9.5,2.7)
4′	76.9(d)	4.29(1H,d,2.7)
5′	70.6(d)	3.73(1H,q,6.4)
6′	17.8(q)	1.58(3H,d,6.4)
3′-OMe	59.0(q)	3.66(3H,s)
1″	105.6(d)	5.11(1H,d,7.6)
2″	76.1(d)	3.94(1H,dd,7.6,9.5)
3″	78.4(d)	4.19(1H,dd,9.5. 8.8)
4″	72.0(d)	4.14(1H,dd,8.8,9.3)
5″	78.6(d)	3.92(1H,m)
6″	62.3(t)	4.52(1H,br d,12.0) 4.32(1H,m)

8.3β-O-(4-O-吡喃葡萄糖基-D-洋地黄糖基)-8,14-环氧-5β,14β-强心甾-16,20(22)-二烯(化合物42)

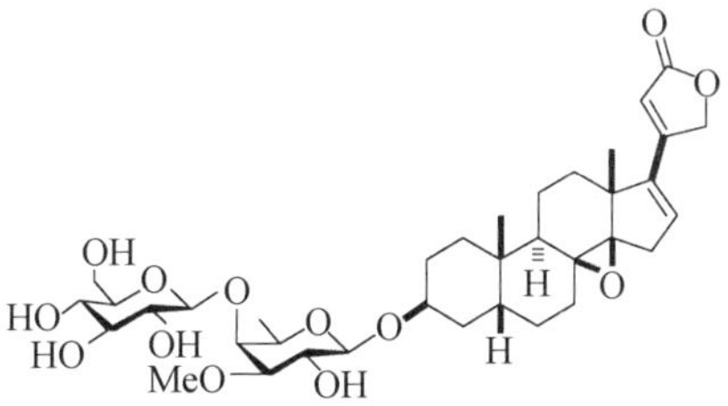

化合物42

化合物 **42** 为无色粉末，熔点为 175 ~ 177 ℃，$[\alpha]_D^{20}$ = +42.79°(c(MeOH)= 0.250 mol/L)，IR(KBr)v_{max}为 3 449、2 937、1 745、1 072 和 1 045 cm^{-1}。化合物 **42** 的红外谱图显示在3 349 cm^{-1}处有羟基吸收峰，在 1 745 cm^{-1}处有 α,β-不饱和-γ-内酯吸收峰。根据^{13}C NMR、DEPT、HMQC 等谱图显示化合物 **42** 共有 36 个碳元素信号。其中 δ174.5(s)、158.5(s)、113.2(d)和 71.8(t)处显示为 α,β-不饱和-γ-内酯的碳信号，δ143.3(s)和 132.9(d)处显示有 1 个共轭烯烃的 2 个碳信号，δ103.5(d)和 105.6(d)处显示有 2 个糖基异头碳的信号峰，δ24.7(q)、20.1(q)、17.8(q)和 59.0(q)处显示有 3 个甲基及 1 个甲氧基的碳信号，另外，12 个与氧相连的碳信号出现在 δ85.6 ~ 62.3 之间。在^{1}H NMR 谱

图的低场部分显示有2个不饱和双键的氢信号(δ6.26,br s; 6.07,br s);1个连氧碳上2个不等价质子信号(δ5.08,m; 5.05,m),2个异头氢信号位于δ4.67(d,J=7.8 Hz)和5.10(d,J=7.6 Hz)处。综上可推断出化合物**42**为强心苷类化合物,其苷元骨架为Δ^{16}-去氢夹竹桃苷元(Δ^{16}-Dehydroadynerigenin)。由HMBC谱图中C-3(δ74.3)与H-1′(δ4.67)相关,C-4′(δ76.9)和H-1″(δ5.10)相关可以推断出各糖基的连接位置。通过NOESY相关性和各质子的耦合常数可以推测出糖基片段结构为4-O-吡喃葡萄糖基-D-洋地黄糖。另外,通过与3β-O-(4-O-吡喃葡萄糖基-D-洋地黄糖基)-8,14-环氧-5β,14β-强心甾-16,20(22)-二烯进行对比,^{1}H和^{13}C NMR等波谱数据基本一致,因此化合物**42**被确定为3β-O-(4-O-吡喃葡萄糖基-D-洋地黄糖基)-8,14-环氧-5β,14β-强心甾-16,20(22)-二烯,NMR数据见表2.42。

表2.42 化合物42的核磁数据(溶剂为氘代吡啶)

序号	^{13}C	连接的H
1	30.7(t)	1.65(1H,m) 1.45(1H,m)
2	27.3(t)	1.95(1H,m) 1.61(1H,m)
3	74.3(d)	4.31(1H,m)
4	30.4(t)	1.82(1H,m) 1.79(1H,m)
5	36.7(d)	2.08(1H,m)
6	27.1(t)	1.76(1H,m) 1.05(1H,m)
7	25.2(t)	2.11(1H,m) 1.19(1H,m)
8	65.1(s)	
9	36.7(d)	1.95(1H,m)
10	37.1(s)	
11	16.1(t)	1.24(2H,m)
12	33.4(t)	1.84(1H,m) 1.11(1H,m)
13	45.0(s)	
14	70.3(s)	
15	33.4(t)	2.54(1H,dd,19.8,1.5) 2.49(1H,dd,19.8,3.2)
16	132.9(d)	6.07(1H,br s)
17	143.3(s)	
18	20.1(q)	1.23(3H,s)
19	24.7(q)	1.00(3H,s)
20	158.5(s)	

续表2.42

序号	^{13}C	连接的 H
21	71.8(t)	5.08(1H,m) 5.05(1H,m)
22	113.2(d)	6.26(1H,br s)
23	174.5(s)	
1′	103.5(d)	4.67(1H,d,7.8)
2′	71.5(d)	4.41(1H,dd,9.5,7.8)
3′	85.6(d)	3.53(1H,dd,9.5,2.9)
4′	76.9(d)	4.29(1H,d,2.9)
5′	70.6(d)	3.72(1H,q,6.4)
6′	17.8(q)	1.57(3H,d,6.4)
OMe	59.0(q)	3.65(3H,s)
1″	105.6(d)	5.10(1H,d,7.6)
2″	76.1(d)	3.93(1H,dd,7.6,8.8)
3″	78.4(d)	4.19(1H,t,8.8)
4″	72.0(d)	4.14(1H,dd,8.8,9.3)
5″	78.6(d)	3.92(1H,m)
6″	62.3(t)	4.52(1H,dd,11.7,2.2) 4.32(1H,dd,11.7,5.6)

9. 3β-O-(4-O-吡喃葡萄糖基-D-洋地黄糖基)-14β-羟基-5α,14β-强心甾-20(22)-烯(化合物 43)

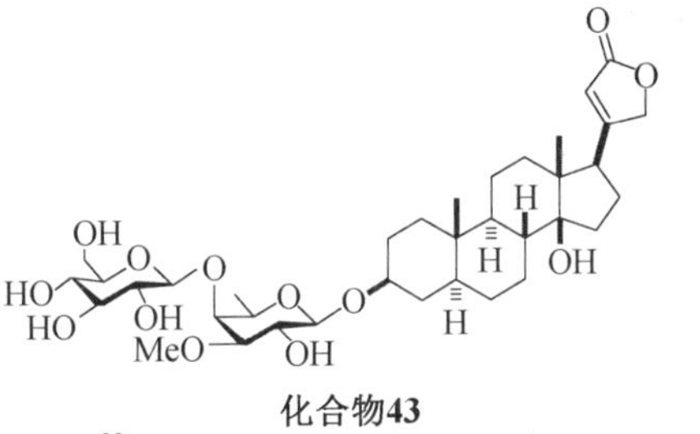

化合物43

化合物**43**为无色粉末,$[\alpha]_D^{20}=-20.40°$(c(MeOH)=0.490 mol/L),IR(KBr) v_{max}为3 416、2 939、1 738、1 250、1 074 和 1 028 cm^{-1}。化合物**43**的红外谱图显示在3 416 cm^{-1}处有羟基吸收峰,在 1 738 cm^{-1}处有 α,β-不饱和-γ-内酯吸收峰。根据 HREIMS 测得m/z 696.372 1,计算值为 696.372 1,推测化合物**43**的分子式为 $C_{36}H_{56}O_{13}$,根据^{13}C NMR、DEPT、HMQC 等谱图显示化合物**43**共有 36 个碳元素信号。其中 δ174.2(s)169.7(s)、121.6(d)和 76.2(t)处显示为 α,β-不饱和-γ-内酯的碳信号,δ98.3(d)和 104.9(d)处显示有 2 个糖基异头碳的信号峰,δ12.2(q)、16.3(q)、18.0(q)和 56.1(q)处显示有 3 个甲基及 1 个甲氧基的碳信号,另外,11 个与氧相连的碳信号出现在 δ83.3~63.2 之间。在^{1}H NMR谱图的低场部分显示有 1 个不饱和双键的氢信号(δ5.97,dd,J=1.7,1.5 Hz),1 个连氧碳上 2 个不等价质子信号(δ5.38,dd,J=18.1,1.7 Hz;5.19,dd,J=18.1,1.5 Hz),2 个异头氢信号位于 δ4.79(dd,J=9.5,2.0 Hz)和 5.13(d,J=7.8 Hz)。综上可

推断出化合物**43**为强心苷类化合物,其苷元骨架为乌沙苷元(uzarigenin)。由HMBC谱图中C-3(δ76.5)与H-1′(δ4.79)相关,C-4′(δ73.8)和H-1″(δ5.13)相关可以推断出各糖基的连接位置。通过NOESY相关性和各质子的耦合常数可以推测出糖基片段结构为4-O-吡喃葡萄糖基-D-洋地黄糖。另外,通过与3β-O-(4-O-吡喃葡萄糖基-D-洋地黄糖基)-14β-羟基-5α,14β-强心甾-20(22)-烯进行对比,^{1}H和^{13}C NMR等波谱数据基本一致,因此化合物**43**被确定为3β-O-(4-O-吡喃葡萄糖基-D-洋地黄糖基)-14β-羟基-5α,14β-强心甾-20(22)-烯,NMR数据见表2.43。

表2.43　化合物43的核磁数据(溶剂为氘代吡啶)

序号	^{13}C	连接的H
1	37.3(t)	1.64(1H,m) 0.94(1H,m)
2	30.0(t)	2.06(1H,m) 1.60(1H,m)
3	76.5(d)	3.91(1H,m)
4	34.8(t)	1.74(1H,br d,12.5) 1.26(1H,m)
5	44.3(d)	0.98(1H,m)
6	29.0(t)	1.29(1H,m) 1.17(1H,m)
7	27.6(t)	2.32(1H,m) 1.09(1H,m)
8	41.7(d)	1.67(1H,m)
9	49.8(d)	0.84(1H,m)
10	35.9(s)	
11	21.1(t)	1.20(1H,m) (1H,m)
12	38.7(t)	1.39(1H,m) 1.24(1H,m)
13	50.4(s)	
14	83.3(s)	
15	41.1(t)	2.71(1H,dd,15.4,9.8) 2.01(1H,dd,15.4,2.5)
16	74.9(d)	5.64(1H,ddd,9.8,8.8,2.5)
17	56.7(d)	3.33(1H,d,8.8)
18	16.3(q)	1.05(3H,s)
19	12.2(q)	0.71(3H,s)
20	169.7(s)	
21	76.2(t)	5.38(1H,dd,18.1,1.7) 5.19(1H,dd,18.1,1.5)
22	121.6(d)	5.97(1H,dd,1.7,1.5)
23	174.2(s)	

续表2.43

序号	^{13}C	连接的 H
1′	98.3(d)	4.79(1H,dd,9.5,2.0)
2′	71.5(d)	4.41(1H,dd,9.5,7.8)
3′	80.1(d)	3.47(1H,ddd,12.2,4.4,2.9)
4′	73.8(d)	4.17(1H,m)
5′	70.8(d)	3.56(1H,br q,6.4)
6′	18.0(q)	1.55(3H,d,6.4)
3′-OMe	56.1(q)	3.38(3H,s)
1″	104.9(d)	5.13(1H,d,7.8)
2″	76.0(d)	3.95(1H,m)
3″	78.4(d)	4.19(1H,t,8.8)
4″	71.9(d)	4.14(1H,t,8.8)
5″	78.6(d)	3.91(1H,m)
6″	63.2(t)	4.52(1H,dd,11.7,2.2) 4.32(1H,dd,11.7,5.6)

10. 3β-O-(4-O-吡喃葡萄糖基-D-脱氧洋地黄糖基)-16β-乙酰-14-羟基-5α,14β-强心甾-20(22)-烯(化合物44)

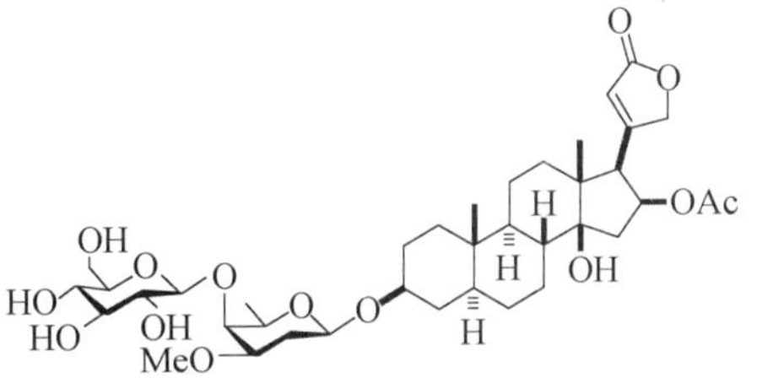

化合物44

化合物**44**为无色粉末,熔点为180~185 ℃,$[\alpha]_D^{20}=-20.40°$ (c(MeOH)=0.490 mol/L),IR(KBr) v_{max}为3 416、2 939、1 738、1 250、1 074和1 028 cm^{-1}。化合物**44**的红外谱图显示在3 416 cm^{-1}处有羟基吸收峰,在1 738 cm^{-1}处有α,β-不饱和-γ-内酯吸收峰。根据^{13}C NMR、DEPT、HMQC等谱图显示化合物**44**共有38个碳元素信号。其中δ174.2(s)、169.7(s)、121.6(d)和76.2(t)处显示为α,β-不饱和-γ-内酯的碳信号,δ170.2(s)和20.7(q)处显示有1个乙酰氧基的碳信号,δ98.3(d)和104.9(d)处显示有2个糖基异头碳的信号峰,δ12.2(q)、16.3(q)、18.0(q)和56.1(q)处显示有3个甲基及1个甲氧基的碳信号,另外,11个与氧相连的碳信号出现在δ83.3~63.2之间。在^1H NMR谱图的低场部分显示有1个不饱和双键的氢信号(δ5.97,dd,J=1.7,1.5 Hz),1个连氧碳上2个不等价质子信号(δ5.38,dd,J=18.1,1.7 Hz; 5.19,dd,J=18.1,1.5 Hz),2个异头氢信号分别位于δ4.79(dd,J=9.5,2.0 Hz)和5.13(d,J=7.8 Hz)。综上可推断出化合物**44**为强心苷类化合物,其苷元骨架为乌沙苷元(uzarigenin)。由HMBC谱图中C-3(δ76.5)与H-1′(δ4.79)相关,C-4′(δ73.8)和H-1″(δ5.13)相关可以推断出各糖基的连接位置。通过NOESY相关性和各质子的耦合常数可以推测出糖基片段结构为4-O-吡喃葡萄糖基-D-洋地黄糖。另外,通过与3β-O-(4-O-吡喃葡萄糖基-D-洋地黄糖基)-14β-羟基-5α,14β-强心甾-20(22)-烯的参考文献进行对比,^{1}H 和^{13}C NMR 等波谱数据基本一致,因此化合物 **44** 被确定为 3β-O-(4-O-吡喃葡萄糖基-D-洋地黄糖基)-14β-羟基-5α,14β-强心甾-20(22)-烯,NMR 数据见表 2.44。

表 2.44　化合物 44 的核磁数据(溶剂为氘代吡啶)

序号	^{13}C	Lit. ^{13}C	连接的 H
1	37.3(t)	37.3	1.64(1H,m) 0.94(1H,m)
2	30.0(t)	29.2	2.06(1H,m) 1.60(1H,m)
3	76.5(d)	73.8	3.91(1H,m)
4	34.8(t)	34.8	1.74(1H,br d,12.5) 1.26(1H,m)
5	44.3(d)	44.3	0.98(1H,m)
6	29.0(t)	29.0	1.29(1H,m) 1.17(1H,m)
7	27.6(t)	27.5	2.32(1H,m) 1.09(1H,m)
8	41.7(d)	41.7	1.67(1H,m)
9	49.8(d)	49.8	0.84(1H,m)
10	35.9(s)	35.9	
11	21.1(t)	21.1	1.20(1H,m) (1H,m)
12	38.7(t)	38.7	1.39(1H,m) 1.24(1H,m)
13	50.4(s)	50.3	
14	83.3(s)	83.3	
15	41.1(t)	41.1	2.71(1H,dd,15.4,9.8) 2.01(1H,dd,15.4,2.5)
16	74.9(d)	74.8	5.64(1H,ddd,9.8,8.8,2.5)
17	56.7(d)	56.7	3.33(1H,d,8.8)
18	16.3(q)	16.2	1.05(3H,s)
19	12.2(q)	12.2	0.71(3H,s)
20	169.7(s)	170.2	
21	76.2(t)	76.2	5.38(1H,dd,18.1,1.7) 5.19(1H,dd,18.1,1.5)
22	121.6(d)	121.6	5.97(1H,dd,1.7,1.5)
23	174.2(s)	174.1	
OAc	170.2(s)	169.6	
OAc	20.7(q)	20.6	1.83(3H,s)
14-OH			5.59(1H,s)
1′	98.3(d)	98.3	4.79(1H,dd,9.5,2.0)

续表2.44

序号	^{13}C	Lit. ^{13}C	连接的 H
2′	33.2(t)	33.2	2.36(1H,m) 2.13(1H,br d,10.0)
3′	80.1(d)	80.1	3.47(1H,ddd,12.2,4.4,2.9)
4′	73.8(d)	76.5	4.17(1H,m)
5′	70.8(d)	70.7	3.56(1H,br q,6.4)
6′	18.0(q)	17.9	1.55(3H,d,6.4)
3′-OMe	56.1(q)	56.1	3.38(3H,s)
1″	104.9(d)	104.8	5.13(1H,d,7.8)
2″	76.0(d)	76.0	3.95(1H,m)
3″	78.4(d)	78.5	4.19(1H,t,8.8)
4″	71.9(d)	71.9	4.14(1H,t,8.8)
5″	78.6(d)	78.3	3.91(1H,m)
6″	63.2(t)	63.1	4.52(1H,dd,11.7,2.2) 4.32(1H,dd,11.7,5.6)

11. 3β-O-(4-O-吡喃葡萄糖基-D-洋地黄糖基)-16β-乙酰-14-羟基-5α,14β-强心甾-20(22)-烯(化合物 45)

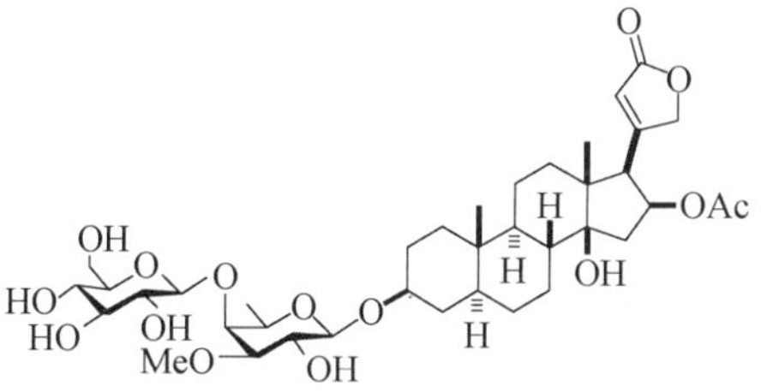

化合物45

化合物 **45** 为无色粉末,熔点为 178 ~ 180 ℃,$[\alpha]_D^{20}$ = 20.54°(c(MeOH) = 0.331mol/L),IR(KBr)v_{max}为 3 451、2 938、1 740、1 251、1 076 和 1 044 cm^{-1}。化合物 **45** 的红外谱图显示在3 451 cm^{-1}处有羟基吸收峰,在 1 740 cm^{-1}处有 α,β-不饱和-γ-内酯吸收峰。根据^{13}C NMR、DEPT、HMQC 等谱图显示化合物 **42** 共有 38 个碳元素信号。其中 δ174.2(s)、170.2(s)、121.6(d)和 76.2(t)处显示为 α,β-不饱和-γ-内酯的碳信号,δ169.8(s)和 20.7(q)处显示有 1 个乙酰氧基的碳信号,δ102.4(d)和 105.5(d)处显示有 2 个糖基异头碳的信号峰,δ12.2(q)、16.3(q)、17.8(q)和 59.0(q)处显示有 3 个甲基及 1 个甲氧基的碳信号,另外,12 个与氧相连的碳信号出现在 δ83.3 ~ 63.2 之间。在 ^{1}H NMR谱图的低场部分显示 1 个不饱和双键的氢信号(δ6.32,br s),1 个连氧碳上 2 个不等价质子信号(δ5.40,dd,J=18.3,1.7 Hz; 5.20,dd,J=18.3,1.7 Hz),2 个异头氢信号分别位于 δ4.78(d,J=7.6 Hz)和5.16(d,J=7.6 Hz)处。综上可推断出化合物 **42** 为强心苷类化合物,其苷元骨架为乌沙苷元(uzarigenin)。由 HMBC 谱图中 C-3(δ77.2)与 H-1′(δ4.78)相关,C-4′(δ76.4)和 H-1″(δ5.16)相关可以推断出各糖基的连接位置。通过 NOESY 相关性和各质子的耦合常数可以推测出糖基片段结构为 4-O-吡喃葡萄糖基-D-

洋地黄糖。另外,通过与3β-O-(4-O-吡喃葡萄糖基-D-洋地黄糖基)-16β-乙酰-14-羟基-5α,14β-强心甾-20(22)-烯进行对比,^{1}H和^{13}C NMR等波谱数据基本一致,因此化合物**45**被确定为3β-O-(4-O-吡喃葡萄糖基-D-洋地黄糖基)-16β-乙酰-14-羟基-5α,14β-强心甾-20(22)-烯,NMR数据见表2.45。

表2.45　化合物45的核磁数据(溶剂为氘代吡啶)

序号	^{13}C	Lit. ^{13}C	连接的H
1	37.3(t)	37.3	
2	29.9(t)	29.9	
3	77.2(d)	77.2	
4	34.6(t)	34.6	
5	44.2(d)	44.2	
6	29.0(t)	28.9	
7	27.6(t)	27.5	
8	41.6(d)	41.6	
9	50.0(d)	49.7	
10	35.9(s)	35.9	
11	21.1(t)	21.1	
12	38.7(t)	38.7	
13	50.4(s)	50.3	
14	83.3(s)	83.2	
15	41.1(t)	41.1	
16	74.9(d)	74.8	5.64(1H,t d,9.2,2.4)
17	56.7(d)	56.7	3.33(1H,d,8.8)
18	16.3(q)	16.2	1.04(3H,s)
19	12.1(q)	12.1	0.60(3H,s)
20	170.2(s)	170.1	
21	76.2(t)	76.1	5.20(1H,dd,18.3,1.7) 5.40(1H,dd,18.3,1.7)
22	121.6(d)	121.5	6.32(1H,br s)
23	174.2(s)	174.1	
OAc	169.8(s)	169.6	
OAc	20.7(q)	20.6	1.82(3H,s)
14-OH			
1′	102.4(d)	102.4	4.78(1H,d,7.6)
2′	70.5(d)	70.4	4.44(1H,m)
3′	85.5(d)	85.5	3.57(1H,m)
4′	76.4(d)	76.6	
5′	71.4(d)	71.4	
6′	17.8(q)	17.7	1.60(3H,d,6.4)
3′-OMe	59.0(q)	58.9	3.67(3H,s)
1″	105.5(d)	105.4	5.16(1H,d,7.6)

续表2.45

序号	^{13}C	Lit. ^{13}C	连接的 H
2″	76.1(d)	76.0	4.00(1H,m)
3″	78.7(d)	78.5	
4″	71.9(d)	71.9	
5″	78.4(d)	78.3	
6″	63.1(t)	63.1	4.36(1H,m) 4.58(1H,br d)

12. 3β-O-(4-O-龙胆双糖基-D-脱氧洋地黄糖基)-14-羟基-5β,14β-强心甾-20(22)-烯(化合物46)

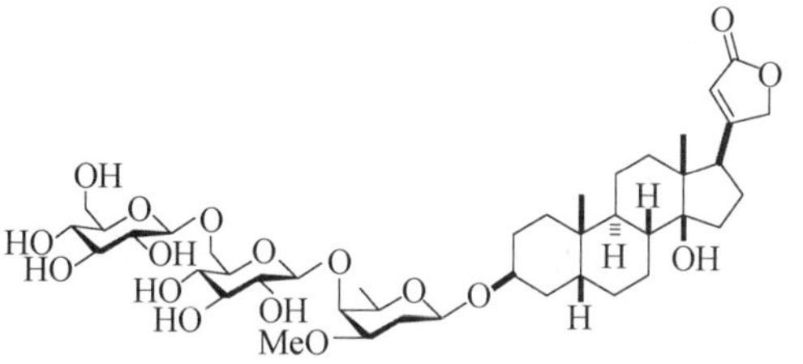

化合物46

化合物**46**为无色粉末,熔点为175～179 ℃(丙酮-正己烷),$[\alpha]_D^{20}=-23.5°$ (c(MeOH)=0.623 mol/L),IR(KBr) $_{max}$为3 508、2 936、1 742、1 101、1 060和1 026 cm^{-1}。化合物**46**的红外谱图显示在3 508 cm^{-1}处有羟基吸收峰,在1 742 cm^{-1}处有α,β-不饱和-γ-内酯吸收峰。根据^{13}C NMR、DEPT、HMQC等谱图显示化合物**46**共有42个碳元素信号。其中δ176.0(s)、174.5(s)、117.6(d)和73.7(t)处显示为α,β-不饱和-γ-内酯的碳信号,δ105.5(d)、104.5(d)和98.7(d)处显示有3个糖基异头碳的信号峰,δ23.9(q)、18.1(q)、16.2(q)和56.1(q)处显示有3个甲基及1个甲氧基的碳信号,另外,15个与氧相连的碳信号出现在δ84.6～62.7之间。在^{1}H NMR谱图的低场部分显示有1个不饱和双键的氢信号(δ6.13,br s),1个连氧碳上2个不等价质子信号(δ5.31,br d,J=18.2 Hz; 5.03,dd,J=18.2,1.7 Hz),3个异头氢信号分别位于δ5.03(dd,J=9.6,1.5 Hz)、5.11(d,J=7.8 Hz)和5.19(d,J=7.8 Hz)。综上可推断出化合物**46**为强心苷类化合物,其苷元骨架为洋地黄毒苷元(digitoxigenin)。由HMBC谱图中C-3(δ73.0)与H-1′(δ5.03)相关,C-4′(δ73.2)和H-1″(δ5.11)相关,C-6″(δ70.3)和H-1‴(δ5.19)相关可以推断出各糖基的连接位置。通过NOESY相关性和各质子的耦合常数可以推测出糖取代基片段结构为4-O-龙胆双糖基-D-脱氧洋地黄糖基。将化合物**46**的波谱数据与3β-O-(4-O-龙胆双糖基-D-脱氧洋地黄糖基)-14-羟基-5β,14β-强心甾-20(22)-烯基本一致,因此,化合物**46**被确定为3β-O-(4-O-龙胆双糖基-D-脱氧洋地黄糖基)-14-羟基-5β,14β-强心甾-20(22)-烯,NMR数据见表2.46。

表 2.46　化合物 46 的核磁数据(溶剂为氘代吡啶)

序号	^{13}C	连接的 H
1	30.7(t)	
2	27.0(t)	
3	73.0(d)	4.29(1H,br s)
4	30.3(t)	
5	35.8(d)	1.74(1H,m)
6	27.3(t)	
7	22.0(t)	
8	41.8(d)	1.76(1H,m)
9	37.0(d)	1.80(1H,m)
10	35.5(s)	
11	21.5(t)	
12	39.8(t)	
13	50.1(s)	
14	84.6(s)	
15	33.1(t)	
16	27.2(t)	
17	51.4(d)	2.78(1H,m)
18	16.2(q)	1.00(3H,s)
19	23.9(q)	0.88(3H,s)
20	176.0(s)	
21	73.7(t)	5.03(1H,dd,18.2,1.7) 5.31(1H,br d,18.2)
22	117.6(d)	6.13(1H,br s)
23	174.5(s)	
1′	98.7(d)	5.03(1H,dd,9.6,1.5)
2′	33.2(t)	α 2.09(1H,m) β 2.37(1H,m)
3′	80.1(d)	3.39(1H,m)
4′	73.2(d)	4.35(1H,m)
5′	70.8(d)	3.49(3H,q,6.4)
6′	18.1(q)	1.65(1H,d,6.4)
OMe	56.1(q)	3.34(3H,s)
1″	104.5(d)	5.11(1H d,7.8)
2″	75.6(d)	3.91(1H,m)
3″	78.2(d)	4.15(1H,m)
4″	71.8(d)	4.00(1H,m)
5″	77.6(d)	4.08(1H,m)
6″	70.3(t)	4.31(1H,m) 4.82(1H,br d,11.5)
1‴	105.5(d)	5.19(1H,d,7.8)

续表2.46

序号	^{13}C	连接的 H
2‴	75.1(d)	4.04(1H,m)
3‴	78.4(d)	4.24(1H,m)
4‴	71.6(d)	4.28(1H,m)
5‴	78.4(d)	3.95(1H,m)
6‴	62.7(t)	4.38(1H,m) 4.53(1H,br d,11.7)

13. 3β-O-(4-O-龙胆双糖基-D-洋地黄糖基)-14-羟基-5β,14β-强心甾-20(22)-烯(化合物47)

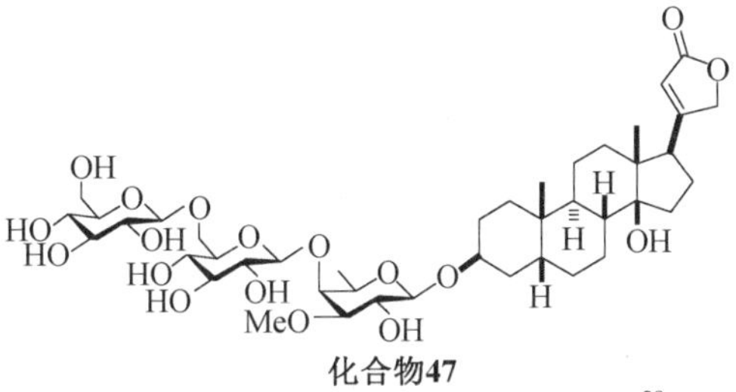

化合物47

化合物**47**为无色粉末,熔点为172~175 ℃,$[\alpha]_D^{20}=-18.90°$(c(MeOH)=0.730 mol/L),IR(KBr)v_{max}为3 408、2 936、1 745、1 199、1 169和1 103 cm^{-1}。化合物**47**的红外谱图显示在3 408 cm^{-1}处有羟基吸收峰,在1 745 cm^{-1}处有α,β-不饱和-γ-内酯吸收峰。根据^{13}C NMR、DEPT、HMQC等谱图显示化合物**47**共有42个碳元素信号。其中δ175.9(s)、174.5(s)、117.6(d)和73.7(t)处显示为α,β-不饱和-γ-内酯的碳信号,δ103.4(d)、105.2(d)和105.6(d)处显示有3个糖基异头碳的信号峰,δ23.7(q)、18.0(q)、16.2(q)和58.9(q)处显示有3个甲基及1个甲氧基的碳信号,另外,16个与氧相连的碳信号出现在δ85.7~62.9之间。在^{1}H NMR谱图的低场部分显示有1个不饱和双键的氢信号(δ6.10,br s),1个连氧碳上2个不等价质子信号(δ5.27,dd,J=18.1,1.5 Hz;5.00,dd,J=18.1,1.7 Hz),3个异头氢信号分别位于δ4.60(d,J=7.6 Hz)、5.08(d,J=7.8 Hz)和5.14(d,J=7.8 Hz)处。综上可推断出化合物**47**为强心苷类化合物,其苷元骨架为洋地黄毒苷元(digitoxigenin)。由HMBC谱图中C-3(δ74.4)与H-1′(δ4.60)相关,C-4′(δ76.0)和H-1″(δ5.08)相关,C-6″(δ70.5)和H-1‴(δ5.14)相关可以推断出各糖基的连接位置。通过NOESY相关性和各质子的耦合常数可以推测出糖基片段结构为4-O-龙胆双糖基-D-洋地黄糖。将化合物**47**的波谱数据与3β-O-(4-O-龙胆双糖基-D-洋地黄糖基)-14-羟基-5β,14β-强心甾-20(22)-烯进行对比,基本一致,因此化合物**47**被确定为3β-O-(4-O-龙胆双糖基-D-洋地黄糖基)-14-羟基-5β,14β-强心甾-20(22)-烯,NMR数据见表2.47。

表 2.47　化合物 47 的核磁数据(溶剂为氘代吡啶)

序号	^{13}C	Lit. ^{13}C	连接的 H
1	30.5(t)	30.4	
2	27.1(t)	27.0	
3	74.4(d)	74.4	4.30(1H,br s)
4	30.7(t)	30.6	
5	36.7(d)	36.6	1.92(1H,m)
6	27.2(t)	27.2	
7	21.6(t)	21.5	
8	42.0(d)	41.9	1.72(1H,m)
9	36.0(d)	35.9	1.70(1H,m)
10	35.5(s)	35.4	
11	22.0(t)	21.9	
12	40.0(t)	39.7	
13	50.2(s)	50.1	
14	84.7(s)	84.6	
15	33.2(t)	33.1	
16	27.4(t)	27.3	
17	51.5(d)	51.5	2.77(1H,m)
18	16.2(q)	16.1	0.98(3H,s)
19	23.7(q)	23.6	0.88(3H,s)
20	175.9(s)	175.9	
21	73.7(t)	73.7	5.00(1H,dd,18.1,1.7) 5.27(1H,dd,18.1,1.5)
22	117.7(d)	117.6	6.10(1H,br s)
23	174.5(s)	175.9	
1′	103.4(d)	103.3	4.60(1H,d,7.6)
2′	70.6(d)	70.5	4.38(1H,m)
3′	85.7(d)	85.6	3.46(1H,dd,9.6,2.9)
4′	76.0(d)	75.8	4.43(1H,m)
5′	71.4(d)	71.3	3.69(1H,q,6.4)
6′	18.0(q)	17.9	1.67(3H,d,6.4)
OMe	58.9(q)	58.8	3.61(3H,s)
1″	105.2(d)	105.0	5.08(1H,d,7.8)
2″	75.8(d)	75.7	3.86(1H,m)
3″	78.4(d)	78.5	4.10(1H,m)
4″	71.9(d)	71.8	3.98(1H,m)
5″	77.7(d)	77.6	4.08(1H,m)
6″	70.5(t)	70.4	4.27(1H,m) 4.78(1H,br d,10.9)
1‴	105.6(d)	105.5	5.14(1H,d,7.8)

续表2.47

序号	^{13}C	Lit. ^{13}C	连接的 H
2‴	75.2(d)	75.2	4.00(1H,m)
3‴	78.5(d)	78.4	4.16(1H,m)
4‴	71.8(d)	71.7	4.19(1H,m)
5‴	78.5(d)	78.3	3.91(1H,m)
6‴	62.9(t)	62.8	4.33(1H,m) 4.49(1H,dd,11.8,2.5)

14. 3*β*-O-(4-O-龙胆双糖基-D-去氧洋地黄糖基)-16*β*-乙酰-14-羟基-5*β*,14*β*-强心甾-20(22)-烯(化合物 48)

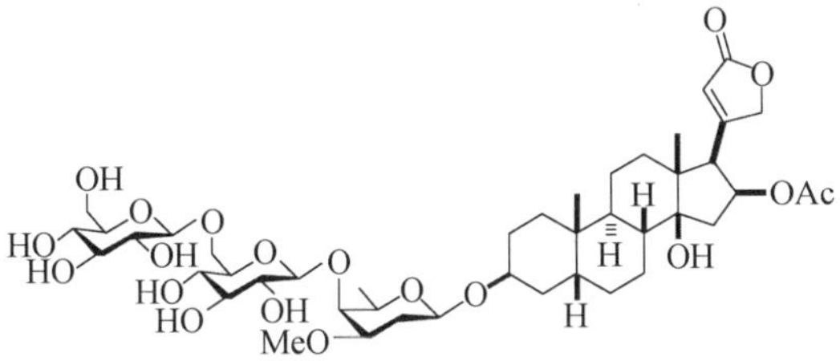

化合物48

化合物 **48** 为无色粉末，熔点为 180 ~ 183 ℃，$[\alpha]_D^{20}$ = -28.00°(c(MeOH) = 0.596 mol/L)，IR(KBr)v_{max}为 3 408、2 936、1 745、1 199、1 169 和 1 103 cm^{-1}。化合物 **48** 的红外谱图显示在3 408 cm^{-1}处有羟基吸收峰，在 1 745 cm^{-1}处有 α,β-不饱和-γ-内酯吸收峰。根据^{13}C NMR、DEPT、HMQC 等谱图显示化合物 **48** 共有 44 个碳元素信号，其中 δ174.1(s)、170.2(s)、121.6(d)和 76.2(t) 处显示为 α,β-不饱和-γ-内酯碳信号，δ170.0(s)和 20.7(q)处显示有 1 个乙酰氧基的碳信号，δ98.9(d)、104.6(d)和 105.6(d)处显示有 3 个糖基异头碳的信号峰，δ23.9(q)、18.1(q)、16.3(q)和 56.2(q)处显示有 3 个甲基及 1 个甲氧基的碳信号，另外，16 个与氧相连的碳信号出现在 δ83.5 ~ 62.8 之间。在^{1}H NMR谱图的低场部分显示有 1 个不饱和双键的氢信号(δ6.30, br s)，1 个连氧碳上 2 个不等价质子信号(δ5.38, br d, J = 17.7 Hz; 5.20, br d, J = 17.7 Hz)，3 个异头氢信号分别位于 δ4.65(br d, J = 8.7, 1.7 Hz)、5.08(d, J = 7.8 Hz)和 5.15(d, J = 7.8 Hz)。综上可推断出化合物 **48** 为强心苷类化合物，其苷元骨架为夹竹桃苷元(oleandrigenin)。由 HMBC谱图中 C-3(δ73.6) 与 H-1′(δ4.65)相关，C-4′(δ73.1)和 H-1″(δ5.08)相关，C-6″(δ70.5)和 H-1‴(δ5.15)相关可以推断出各糖基的连接位置。通过 NOESY 相关性和各质子的耦合常数可以推测出糖基片段结构为 4-O-龙胆双糖基-D-去氧洋地黄糖。将化合物 **48** 的波谱数据与 3*β*-O-(4-O-龙胆双糖基-D-去氧洋地黄糖基)-16*β*-乙酰-14-羟基-5*β*,14*β*-强心甾-20(22)-烯进行对比，基本一致，因此化合物 **48** 被确定为 3*β*-O-(4-O-龙胆双糖基-D-去氧洋地黄糖基)-16*β*-乙酰-14-羟基-5*β*,14*β*-强心甾-20(22)-烯，NMR 数据见表 2.48。

表 2.48　化合物 **48** 的核磁数据(溶剂为氘代吡啶)

序号	^{13}C	Lit. ^{13}C	连接的 H
1	30.7(t)	30.7	
2	27.1(t)	27.1	
3	73.6(d)	73.5	
4	30.5(t)	30.4	
5	37.0(d)	37.0	
6	27.0(t)	26.9	
7	21.7(t)	21.7	
8	42.0(d)	41.9	
9	35.9(d)	35.8	
10	35.5(s)	35.4	
11	21.2(t)	21.1	
12	39.0(t)	38.9	
13	50.5(s)	50.5	
14	83.5(s)	83.4	
15	41.3(t)	41.2	
16	75.0(d)	74.9	5.68(1H,br t,9.0)
17	56.8(d)	56.8	3.37(1H,m)
18	16.3(q)	16.3	1.06(3H,s)
19	23.9(q)	23.8	0.88(3H,s)
20	170.2(s)	170.2	
21	76.2(t)	76.2	5.20(1H,br d,17.7) 5.38(1H,br d,17.7)
22	121.6(d)	121.6	6.30(1H,br s)
23	174.1(s)	174.1	
OAc	170.0(s)	169.7	
OAc	20.7(q)	20.6	1.84(3H,s)
1′	98.9(d)	98.8	4.65(1H,br d,8.7)
2′	33.3(t)	33.2	2.05(1H,m) 2.33(1H,m)
3′	80.2(d)	80.1	3.39(1H,m)
4′	73.1(d)	73.1	
5′	70.9(d)	70.8	
6′	18.1(q)	18.1	1.63(3H,d,6.1)
OMe	56.2(q)	56.1	3.33(3H,s)
1″	104.6(d)	104.6	5.08(1H,m)
2″	75.7(d)	75.7	
3″	78.5(d)	78.5	
4″	71.8(d)	71.7	
5″	77.6(d)	77.6	

续表2.48

序号	^{13}C	Lit. ^{13}C	连接的 H
6″	70.5(t)	70.4	4.28(1H,m) 4.77(1H,br d,11.0)
1‴	105.6(d)	105.5	5.15(1H,m)
2‴	75.2(d)	75.2	
3‴	78.4(d)	78.4	
4‴	71.9(d)	71.9	
5‴	78.3(d)	78.3	
6‴	62.8(t)	62.8	4.33(1H,m) 4.48(1H,br d)

15. 3*β*-O-(4-O-龙胆双糖基-D- 洋地黄糖基)-16*β*-乙酰-14-羟基-5*β*,14*β*-强心甾-20(22)-烯(化合物49)

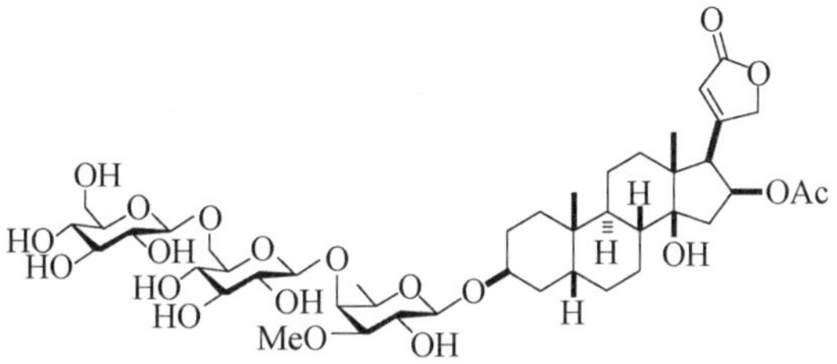

化合物49

化合物**49**为无色粉末,熔点为185~190 ℃(丙酮-正己烷),$[\alpha]_D^{20}=-18.3°$(c(MeOH)=0.769 mol/L),IR(KBr) $_{max}$为3 418和1 738 cm^{-1}。该化合物的红外谱图显示在3 354 cm^{-1}处有羟基吸收峰,在1 738 cm^{-1}处有α,β-不饱和-γ-内酯吸收峰。根据^{13}C NMR、DEPT、HMQC等谱图显示化合物**49**共有44个碳元素信号,其中174.1(s)、169.7(s)、121.7(d)和76.2(t)处显示为α,β-不饱和-γ-内酯的碳信号,δ170.0(s)和20.7(q)处显示有1个乙酰氧基的碳信号,δ103.4(d)、105.1(d)和105.6(d)处显示有3个糖基异头碳的信号峰,δ23.7(q)、18.0(q)、16.3(q)和58.9(q)处显示有3个甲基及1个甲氧基的碳信号,另外,17个与氧相连的碳信号出现在δ83.4~62.8之间。在^{1}H NMR谱图的低场部分显示有1个不饱和双键的氢信号(δ6.30,br s),1个连氧碳上2个不等价质子信号(δ5.38,br d,J=17.7 Hz; 5.20,br d,J=17.7 Hz),3个异头氢信号分别位于δ4.65(br d,J=8.7,1.7 Hz),5.08(d,J=7.6 Hz)和5.15(d,J=7.6 Hz)。综上可推断出化合物**49**为强心苷类化合物,其苷元骨架为夹竹桃苷元(oleandrigenin)。由HMBC谱图中C-3(δ74.4)与H-1′(δ4.65)相关,C-4′(δ75.9)和H-1″(δ5.08)相关,C-6″(δ70.4)和H-1‴(δ5.15)相关可以推断出各糖基的连接位置。通过NOESY相关性和各质子的耦合常数可以推测出糖基片段结构为4-O-龙胆双糖基-D-洋地黄糖。将化合物**49**的波谱数据与3β-O-(4-O-龙胆双糖基-D-洋地黄糖基)-16β-乙酰-14-羟基-5β,14β-强心甾-20(22)-烯进行对比,基本一致,因此化合物**49**被确定为3β-O-(4-O-龙胆双糖基-D-洋地黄糖基)-16β-乙酰-14-羟基-5β,14β-强心甾-20(22)-烯,NMR数据见表2.49。

表 2.49　化合物 **49** 的核磁数据(溶剂为氘代吡啶)

序号	^{13}C	Lit. ^{13}C	连接的 H
1	30.6(t)	30.7	
2	27.0(t)	27.1	
3	74.4(d)	73.5	
4	30.5(t)	30.4	
5	36.6(d)	37.0	
6	27.0(t)	26.9	
7	21.7(t)	21.7	
8	42.0(d)	41.9	
9	35.9(d)	35.8	
10	35.4(s)	35.4	
11	21.4(t)	21.1	
12	39.0(t)	38.9	
13	50.5(s)	50.5	
14	83.4(s)	83.4	
15	41.3(t)	41.2	
16	74.9(d)	74.9	5.68(1H,br t,9.0)
17	56.8(d)	56.8	3.37(1H,m)
18	16.3(q)	16.3	1.06(3H,s)
19	23.7(q)	23.8	0.88(3H,s)
20	169.7(s)	170.2	
21	76.2(t)	76.2	5.20(1H,br d,17.7) 5.38(1H,br d,17.7)
22	121.6(d)	121.6	6.30(1H,br s)
23	174.1(s)	174.1	
OAc	170.2(s)	169.7	
OAc	20.7(q)	20.6	1.84(3H,s)
1′	103.4(d)	98.8	4.65(1H,br d,8.7)
2′	70.6(t)	33.2	3.45(1H,m)
3′	85.6(d)	80.1	3.39(1H,m)
4′	75.9(d)	73.1	
5′	71.3(d)	70.8	
6′	18.0(q)	18.1	1.63(3H,d,6.1)
OMe	58.9(q)	56.1	3.33(3H,s)
1″	105.1(d)	104.6	5.08(1H,d,7.6)
2″	75.7(d)	75.7	
3″	78.3(d)	78.5	
4″	71.8(d)	71.7	
5″	77.7(d)	77.6	
6″	70.4(t)	70.4	4.28(1H,m) 4.77(1H,br d,11.0)

续表2.49

序号	^{13}C	Lit. ^{13}C	连接的 H
1‴	105.6(d)	105.5	5.15(1H,d,7.6)
2‴	75.2(d)	75.2	
3‴	78.5(d)	78.4	
4‴	71.8(d)	71.9	
5‴	78.4(d)	78.3	
6‴	62.8(t)	62.8	4.33(1H,m) 4.48(1H,br d)

16. 3β-O-(4-O-龙胆双糖基-L-齐墩果糖基)-16β-乙酰-14-羟基-5β,14β-强心甾-20(22)-烯(化合物50)

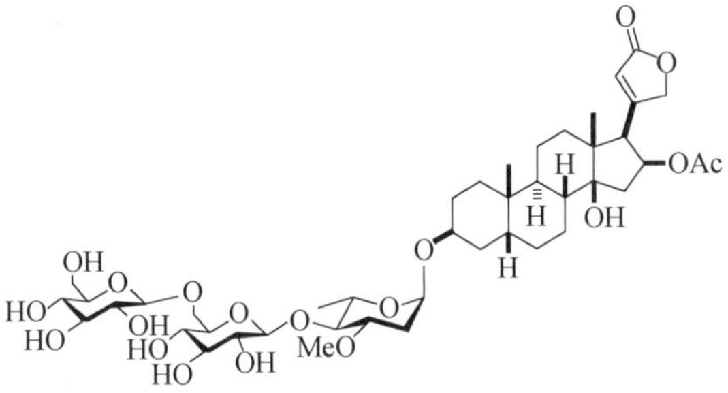

化合物50

化合物**50**为无色粉末，熔点为169～173 ℃，$[\alpha]_D^{20}=-60.86°$(c(MeOH)=0.465 6 mol/L)，IR(KBr)v_{max}为3 354、2 937、1 738、1 167、1 107和1 006 cm^{-1}。化合物**50**的红外谱图显示在3 354 cm^{-1}处有羟基吸收峰，在1 738 cm^{-1}处有α,β-不饱和-γ-内酯吸收峰。根据^{13}C NMR、DEPT、HMQC等谱图显示化合物**50**共有44个碳元素信号，其中δ174.1(s)、169.7(s)、121.7(d)和76.2(t)处显示为α,β-不饱和-γ-内酯的碳信号，δ170.2(s)和20.7(q)处显示有1个乙酰氧基的碳信号，δ96.0(d)、105.0(d)和105.6(d)处显示有3个糖基异头碳的信号峰，δ24.0(q)、18.9(q)、16.3(q)和56.2(q)处显示有3个甲基及1个甲氧基的碳信号，另外，16个与氧相连的碳信号出现在δ83.5～62.9之间。在^1H NMR谱图的低场部分显示有1个不饱和双键的氢信号(δ6.32，br s)，1个连氧碳上2个不等价质子信号(δ5.40，br d，J=18.4 Hz；5.21，br d，J=18.4 Hz)，3个异头氢信号分别位于δ4.65(br d，J=2.4 Hz)、5.24(d，J=7.8 Hz)和5.11(d，J=7.6 Hz)处。综上可推断出化合物**50**为强心苷类化合物，其苷元骨架为夹竹桃苷元(oleandrigenin)。由HMBC谱图中C-3(δ72.0)与H-1′(δ4.65)相关，C-4′(δ82.2)和H-1″(δ5.24)相关，C-6″(δ70.7)和H-1‴(δ5.11)相关可以推断出各糖基的连接位置。通过NOESY相关性和各质子的耦合常数可以推测出糖基片段结构为4-O-龙胆双糖基-L-齐墩果糖。将化合物**50**的波谱数据与3β-O-(4-O-龙胆双糖基-L-齐墩果糖基)-16β-乙酰-14-羟基-5β,14β-强心甾-20(22)-烯进行对比，基本一致，因此化合物**50**被确定为3β-O-(4-O-龙胆双糖基-L-齐墩果糖基)-16β-乙酰-14-羟基-5β,14β-强心甾-20(22)-烯，NMR数据见表2.50。

表 2.50 化合物 50 的核磁数据(溶剂为氘代吡啶)

序号	^{13}C	连接的 H
1	31.1(t)	
2	26.8(t)	
3	72.0(d)	
4	30.5(t)	
5	35.8(d)	
6	27.1(t)	
7	21.2(t)	
8	41.8(d)	
9	37.1(d)	
10	35.5(s)	
11	21.7(t)	
12	39.0(t)	
13	50.5(s)	
14	83.5(s)	
15	41.3(t)	
16	75.0(d)	5.69(1H,br t,9.2)
17	56.8(d)	3.38(1H,m)
18	16.3(q)	1.08(3H,s)
19	24.0(q)	0.87(3H,s)
20	169.7(s)	
21	76.2(t)	5.21(1H,br d,18.4) 5.40(1H,br d,18.4)
22	121.7(d)	6.32(1H,br s)
23	174.1(s)	
OAc	170.2(s)	
OAc	20.7(q)	1.84(3H,s)
1′	96.0(d)	4.65(1H,br d,2.4)
2′	35.8(t)	1.62(1H,m) 2.28(1H,br dd,12.0,5.1)
3′	79.4(d)	
4′	82.2(d)	
5′	67.8(d)	
6′	18.9(q)	1.72(1H,d,6.1)
OMe	56.9(q)	3.41(3H,s)
1″	105.0(d)	5.24(1H,d,7.8)
2″	75.8(d)	
3″	78.4(d)	
4″	72.1(d)	
5″	77.3(d)	

续表2.50

序号	^{13}C	连接的 H
6″	70.7(t)	4.28(1H,dd,11.3,5.9) 4.79(1H,br d,11.3)
1‴	105.6(d)	5.11(1H,d,7.6)
2‴	75.3(d)	
3‴	78.5(d)	
4‴	71.8(d)	
5‴	78.5(d)	
6‴	62.9(t)	4.33(1H,dd,11.7,5.4) 4.49(1H,dd,11.7,2.4)

17.3β-O-(4-O-龙胆双糖基-D-去氧洋地黄糖基)-14-羟基-5α,14β-强心甾-20(22)-烯(夹竹桃苷 K)(化合物 51)

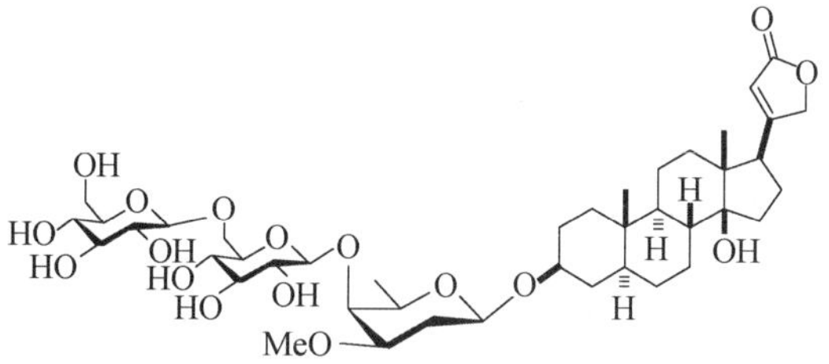

化合物51

化合物 **51** 为无色粉末,熔点为 166 ~ 168 ℃(丙酮-正己烷),$[\alpha]_D^{20}$ = -22.8°(c(MeOH)= 0.654 mol/L),IR(KBr)v_{max}为 3 250、2 936 和 1 740 cm^{-1}。化合物 **51** 的红外谱图显示在 3 250 cm^{-1}处有羟基吸收峰,在 1 740 cm^{-1}处有 α,β-不饱和-γ-内酯吸收峰。HREIMS 测得 m/z 842.430 0(计算值为 842.430 0),根据^{13}C NMR、DEPT、HMQC 等谱图显示化合物 **51** 共有 42 个碳元素信号。其中 δ175.9(s)、174.5(s)、117.7(d)和 73.7(t)处显示为 α,β-不饱和-γ-内酯的碳信号,δ105.6(d)、104.6(d)和 98.3(d)处显示有 3 个糖基异头碳的信号峰,δ18.2(q)、16.2(q)、12.2(q)和 56.3(q) 处显示有 3 个甲基及 1 个甲氧基的碳信号,另外,15 个与氧相连的碳信号出现在 δ84.6 ~ 62.9 之间。在^{1}H NMR 谱图的低场部分显示有 1 个不饱和双键的氢信号(δ6.13,br s),1 个连氧碳上 2 个不等价质子信号(δ5.31,br d,J=18.2 Hz; 5.03,dd,J=18.2,1.7 Hz),3 个异头氢信号分别位于 δ5.03(dd,J=9.6,1.5 Hz)、5.11(d,J=7.8 Hz)和 5.19(d,J=7.8 Hz)处。综上可推断化合物 **51** 为强心苷类化合物,其苷元骨架为洋地黄毒苷元(digitoxigenin)。由 HMBC 谱图中 C-3(δ78.5)与 H-1′(δ5.03)相关,C-4′(δ73.4)和 H-1″(δ5.11) 相关,C-6″(δ70.5)和 H-1‴(δ5.19)相关可以推断出各糖基的连接位置。通过 NOESY 相关性和各质子的耦合常数可以推测出糖取代基片段结构为 4-O-龙胆双糖基-D-去氧洋地黄糖。将化合物 **51** 的波谱数据与 3β-O-(4-O-龙胆双糖基-D-去氧洋地黄糖基)-14-羟基-5α,14β-强心甾-20(22)-烯(夹竹桃苷 K)基本一致,因此,化合物 **51** 被鉴定为 3β-O-(4-O-龙胆双糖基-D-去氧洋地黄糖基)-14-羟基-5α,14β-强心甾-20(22)-烯(夹竹桃苷 K),NMR 数据见表 2.51。

表 2.51　化合物 51 的核磁数据(溶剂为氘代吡啶)

序号	^{13}C	连接的 H
1	37.4(t)	
2	30.1(t)	
3	78.5(d)	4.29(1H,br s)
4	34.9(t)	
5	44.5(d)	1.74(1H,m)
6	30.3(t)	
7	28.1(t)	
8	41.8(d)	1.76(1H,m)
9	50.0(d)	1.80(1H,m)
10	36.1(s)	
11	21.6(t)	
12	39.7(t)	
13	50.1(s)	
14	84.6(s)	
15	33.2(t)	
16	27.3(t)	
17	51.5(d)	2.78(1H,m)
18	16.2(q)	1.00(3H,s)
19	12.2(q)	0.88(3H,s)
20	175.9(s)	
21	73.7(t)	5.03(1H,dd,18.2,1.7),5.31(1H,br d,18.2)
22	117.7(d)	6.13(1H,br s)
23	174.5(s)	
1′	98.3(d)	5.03(1H,dd,9.6,1.5)
2′	33.3(t)	α 2.09(1H,m),b 2.37(1H,m)
3′	80.2(d)	3.39(1H,m)
4′	73.4(d)	4.35(1H,m)
5′	70.9(d)	3.49(3H,q,6.4)
6′	18.2(q)	1.65(1H,d,6.4)
OMe	56.3(q)	3.34(3H,s)
1″	104.6(d)	5.11(1H,d,7.8)
2″	75.8(d)	3.91(1H,m)
3″	78.4(d)	4.15(1H,m)
4″	72.0(d)	4.00(1H,m)
5″	77.7(d)	4.08(1H,m)
6″	70.5(t)	4.31(1H,m),4.82(1H,br d,11.5)
1‴	105.6(d)	5.19(1H,d,7.8)
2‴	75.3(d)	4.04(1H,m)
3‴	78.6(d)	4.24(1H,m)

续表2.51

序号	^{13}C	连接的 H
4‴	71.8(d)	4.28(1H,m)
5‴	76.6(d)	3.95(1H,m)
6‴	62.9(t)	4.38(1H,m),4.53(1H,br d,11.7)

18. 3β–O–(4–O–龙胆双糖基–D–洋地黄糖基)–14–羟基–5α,14β–强心甾–20(22)–烯(化合物52)

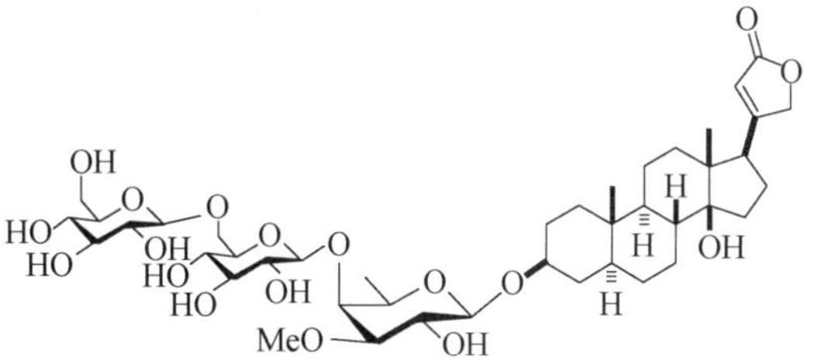

化合物52

化合物**52**为无色粉末,熔点为170～173 ℃(丙酮–正己烷),$[\alpha]_D^{20}=-23.6°$ $(c(MeOH)=0.585\ mol/L)$,IR(KBr)v_{max}为3 474、2 936和1 726 cm^{-1}。化合物**52**的红外谱图显示在4 347 cm^{-1}处有羟基吸收峰,在1 726 cm^{-1}处有α,β–不饱和–γ–内酯吸收峰。HREIMS测得m/z 858.424 9(计算值为858.424 9)。根据^{13}C NMR、DEPT、HMQC等谱图显示化合物**52**共有42个碳元素信号。其中δ175.9(s)、174.5(s)、117.7(d)和73.7(t)处显示为α,β–不饱和–γ–内酯的碳信号,δ105.6(d)、105.1(d)和102.4(d)处显示有3个糖基异头碳的信号峰,δ18.0(q)、16.2(q)、12.2(q)和58.9(q)处显示有3个甲基及1个甲氧基的碳信号,另外,15个与氧相连的碳信号出现在δ85.6～62.9之间。在^1H NMR谱图的低场部分显示有1个不饱和双键的氢信号(δ6.13,br s),1个连氧碳上2个不等价质子信号(δ5.31,br d,J=18.2 Hz; 5.03,dd,J=18.2,1.7 Hz),3个异头氢信号位于δ5.03(dd,J=9.6,1.5 Hz),5.11(d,J=7.8 Hz)和5.19(d,J=7.8 Hz)。综上可推断化合物**52**为强心苷类化合物,其苷元骨架为洋地黄毒苷元(digitoxigenin)。由HMBC谱图中C–3(δ77.3)与H–1′(δ5.03)相关,C–4′(δ75.8)和H–1″(δ5.11)相关,C–6″(δ70.5)和H–1‴(δ5.19)相关可以推断出各糖基的连接位置。通过NOESY相关性和各质子的耦合常数可以推测出糖取代基片段结构为4–O–龙胆双糖基–D–洋地黄糖。将化合物**52**的波谱数据与3β–O–(4–O–龙胆双糖基–D–洋地黄糖基)–14–羟基–5α,14β–强心甾–20(22)–烯基本一致,因此,化合物**52**被确定为3β–O–(4–O–龙胆双糖基–D–洋地黄糖基)–14–羟基–5α,14β–强心甾–20(22)–烯,NMR数据见表2.52。

表2.52 化合物52的核磁数据(溶剂为氘代吡啶)

序号	^{13}C	连接的 H
1	37.4(t)	
2	30.0(t)	
3	77.3(d)	4.29(1H,br s)
4	34.7(t)	

续表2.52

序号	^{13}C	连接的 H
5	44.5(d)	1.74(1H,m)
6	39.2(t)	
7	28.0(t)	
8	41.7(d)	1.76(1H,m)
9	50.0(d)	1.80(1H,m)
10	36.1(s)	
11	21.5(t)	
12	39.7(t)	
13	50.0(s)	
14	84.6(s)	
15	33.2(t)	
16	27.3(t)	
17	51.5(d)	2.78(1H,m)
18	16.2(q)	1.00(3H,s)
19	12.2(q)	0.88(3H,s)
20	174.5(s)	
21	73.7(t)	5.03(1H,dd,18.2,1.7),5.31(1H,br d,J=18.2)
22	117.7(d)	6.13(1H,br s)
23	175.9(s)	
1′	102.4(d)	5.03(1H,dd,9.6,1.5)
2′	70.6(d)	α 2.09(1H,m),β 2.37(1H,m)
3′	85.6(d)	3.39(1H,m)
4′	75.8(d)	4.35(1H,m)
5′	71.4(d)	3.49(3H,q,6.4)
6′	18.0(q)	1.65(1H,d,6.4)
OMe	58.9(q)	3.34(3H,s)
1″	105.1(d)	5.11(1H d,7.8)
2″	75.8(d)	3.91(1H,m)
3″	78.6(d)	4.15(1H,m)
4″	71.9(d)	4.00(1H,m)
5″	77.7(d)	4.08(1H,m)
6″	70.5(t)	4.31(1H,m),4.82(1H,br d,11.5)
1‴	105.6(d)	5.19(1H,d,7.8)
2‴	75.3(d)	4.04(1H,m)
3‴	78.5(d)	4.24(1H,m)
4‴	71.8(d)	4.28(1H,m)
5‴	78.4(d)	3.95(1H,m)
6‴	62.9(t)	4.38(1H,m),4.53(1H,br d,11.7)

19. 3β-O-(4-O-龙胆双糖基-D-去氧洋地黄糖基)-8,14-环氧-5β,14β-强心甾-20(22)-烯(化合物53)

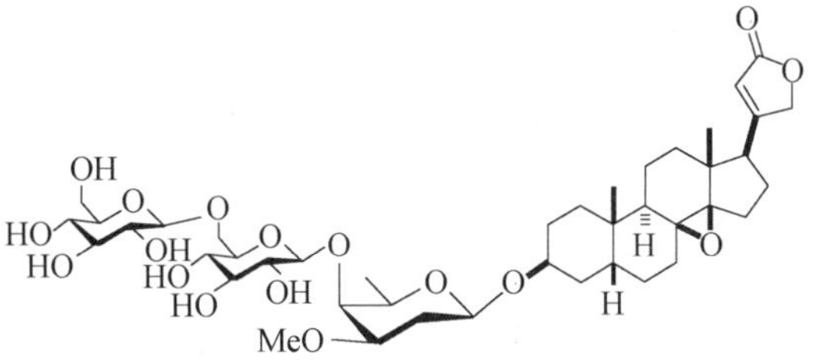

化合物53

化合物 **53** 为无色粉末，熔点为 201 ~ 203 ℃，$[\alpha]_D^{20}$ = -14.58°(c(MeOH) = 0.125 mol/L)，IR(KBr)ν_{max}为 3 404、2 934、1 747、1 099、1 062 和 1 026 cm^{-1}。化合物 **53** 的红外谱图显示在3 404 cm^{-1}处有羟基吸收峰，在 1 747 cm^{-1}处有 α,β-不饱和-γ-内酯吸收峰。根据^{13}C NMR、DEPT、HMQC 等谱图显示化合物 **53** 共有 42 个碳元素信号。其中δ173.8(s)、170.6(s)、116.9(d)和 73.6(t)处显示为 α,β-不饱和-γ-内酯的碳信号，δ98.8(d)、104.7(d)和 105.6(d)处显示有 3 个糖基异头碳的信号峰，δ25.0(q)、18.1(q)、16.3(q)和 56.2(q) 处显示有 3 个甲基及 1 个甲氧基的碳信号，另外，16 个与氧相连的碳信号出现在 δ80.2 ~62.8 之间。在^{1}H NMR 谱图的低场部分显示有 1 个不饱和双键的氢信号(δ6.04，br s)，1 个连氧碳上 2 个不等价质子信号(δ4.91，dd，J = 17.5，1.7 Hz；4.81，dd，J = 17.5，1.5 Hz)，3 个异头氢信号分别位于 δ4.64(dd，J = 9.6，1.7 Hz)、5.08(d，J=7.8 Hz)和 5.14(d，J=7.8 Hz)。综上可推断化合物 **53** 为强心苷类化合物，其苷元骨架为欧夹竹桃苷元乙(adynerigenin)。由 HMBC 谱图中 C-3(δ72.8) 与 H-1′(δ4.64)相关，C-4′(δ73.6)和 H-1″(δ5.08)相关，C-6″(δ70.5)和 H-1‴(δ5.14)相关可以推断出各糖基的连接位置。通过 NOESY 相关性和各质子的耦合常数可以推测出糖基片段结构为4-O-龙胆双糖基-D-去氧洋地黄糖。将化合物 **53** 的波谱数据与 3β-O-(4-O-龙胆双糖基-D-去氧洋地黄糖基)-8,14-环氧-5β,14β-强心甾-20(22)-烯进行对比，基本一致，因此化合物 **53** 被鉴定为 3β-O-(4-O-龙胆双糖基-D-去氧洋地黄糖基)-8,14-环氧-5β,14β-强心甾-20(22)-烯，NMR 数据见表2.53。

表 2.53 化合物 53 的核磁数据(溶剂为氘代吡啶)

序号	^{13}C	连接的 H
1	31.0(t)	
2	27.4(t)	
3	72.8(d)	4.31(1H,m)
4	30.3(t)	
5	36.7(d)	1.95(1H,m)
6	27.3(t)	
7	25.2(t)	
8	65.2(s)	
9	37.1(d)	
10	37.1(s)	

续表2.53

序号	^{13}C	连接的 H
11	16.5(t)	
12	36.7(t)	
13	41.8(s)	
14	70.8(s)	
15	26.9(t)	
16	25.9(t)	
17	51.4(d)	2.46(1H,m)
18	16.3(q)	0.80(3H,s)
19	25.0(q)	1.07(3H,s)
20	170.6(s)	
21	73.6(t)	4.81(1H,dd,17.5,1.5) 4.91(1H,dd,17.5,1.7)
22	116.9(d)	6.04(1H,br s)
23	173.8(s)	
1′	98.8(d)	4.64(1H,dd,9.6,1.7)
2′	33.3(t)	2.12(1H,m) 2.35(1H,m)
3′	80.2(d)	3.42(1H,m)
4′	73.6(d)	4.28(1H,m)
5′	70.9(d)	3.53(1H,q,6.3)
6′	18.1(q)	1.64(1H,d,6.3)
OMe	56.2(q)	3.35(3H,s)
1″	104.7(d)	5.08(1H,d,7.8)
2″	75.7(d)	3.87(1H,m)
3″	78.3(d)	4.11(1H,m)
4″	71.9(d)	3.98(1H,m)
5″	77.6(d)	4.04(1H,m)
6″	70.5(t)	4.26(1H,m) 4.77(1H,m)
1‴	105.6(d)	5.14(1H,d,7.8)
2‴	75.2(d)	4.00(1H,m)
3‴	78.5(d)	4.18(1H,m)
4‴	71.8(d)	4.19(1H,m)
5‴	78.4(d)	3.91(1H,m)
6‴	62.8(t)	4.34(1H,m) 4.48(1H,dd,11.8,2.5)

20. 3β-O-(4-O-龙胆双糖基-D-洋地黄糖基)-8,14-环氧-5β,14β-强心甾-20(22)-烯(化合物 54)

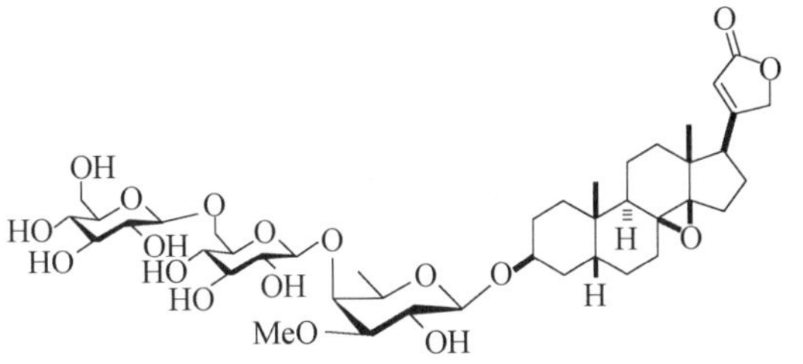

化合物54

化合物 **54** 为无色粉末,熔点为 170 ~ 172 ℃(丙酮-正己烷),$[\alpha]^{28}_{D}=-20.6°$ (c(MeOH)= 0.631 mol/L),IR(KBr)v_{max}为 3 303、2 934、1 746、1 099、1 062 和1 026 cm^{-1}。化合物 **54** 的红外谱图显示在 3 303 cm^{-1}处有羟基吸收峰,在1 746 cm^{-1}处有 α,β-不饱和-γ-内酯吸收峰。HREIMS 测得 m/z 856.409 3(计算值为 856.409 3),根据^{13}C NMR、DEPT、HMQC 等谱图显示化合物 **54** 共有 42 个碳元素信号。其中 δ173.9(s)、170.6(s)、116.9(d)和 73.6(t) 处显示为 α,β-不饱和-γ-内酯的碳信号,δ103.5(d)、105.1(d)和105.6(d)处显示有 3 个糖基异头碳的信号峰,δ24.8(q)、18.0(q)、16.3(q)和 58.9(q)处显示有 3 个甲基及 1 个甲氧基的碳信号,另外,16 个与氧相连的碳信号出现在 δ85.7 ~ 62.9 之间。在^{1}H NMR谱图的低场部分显示有 1 个不饱和双键的氢信号(δ6.04,br s),1 个连氧碳上 2 个不等价质子信号(δ4.91,dd,J = 17.5,1.7 Hz; 4.81,dd,J = 17.5,1.5 Hz),3 个异头氢信号位于 δ4.64(dd,J=9.6,1.7 Hz)、5.08(d,J=7.8 Hz)和 5.14(d,J=7.8 Hz)。综上可推断化合物 **54** 为强心苷类化合物,其苷元骨架为欧夹竹桃苷元乙(adynerigenin)。由 HMBC 谱图中 C-3(δ74.2) 与 H-1′(δ4.64)相关,C-4′(δ75.8)和H-1″(δ5.08)相关,C-6″(δ70.5)和 H-1‴(δ5.14)相关可以推断出各糖基的连接位置。通过 NOESY 相关性和各质子的耦合常数可以推测出糖基片段结构为 4-O-龙胆双糖基-D-洋地黄糖。将化合物 **54** 的波谱数据与 3β-O-(4-O-龙胆双糖基-D-洋地黄糖基)-8,14-环氧-5β,14β-强心甾-20(22)-烯进行对比,基本一致,因此化合物 **54** 被确定为 3β-O-(4-O-龙胆双糖基-D-洋地黄糖基)-8,14-环氧-5α,14β-强心甾-20(22)-烯,NMR 数据见表 2.54。

表 2.54 化合物 54 的核磁数据(溶剂为氘代吡啶)

序号	^{13}C	连接的 H
1	30.9(t)	
2	27.4(t)	
3	74.2(d)	4.31(1H,m)
4	30.4(t)	
5	36.7(d)	1.95(1H,m)
6	27.4(t)	
7	25.1(t)	
8	65.2(s)	
9	37.0(d)	

续表2.54

序号	^{13}C	连接的 H
10	37.0(s)	
11	16.5(t)	
12	36.8(t)	
13	41.5(s)	
14	70.7(s)	
15	26.8(t)	
16	25.9(t)	
17	51.4(d)	2.46(1H,m)
18	16.3(q)	0.80(3H,s)
19	24.8(q)	1.07(3H,s)
20	170.6(s)	
21	73.6(t)	4.81(1H,dd,17.5,1.5),4.91(1H,dd,17.5,1.7)
22	116.9(d)	6.04(1H,br s)
23	173.9(s)	
1′	103.5(d)	4.64(1H,dd,9.6,1.7)
2′	71.4(d)	2.12(1H,m),2.35(1H,m)
3′	85.7(d)	3.42(1H,m)
4′	75.8(d)	4.28(1H,m)
5′	70.6(d)	3.53(1H,q,6.3)
6′	18.0(q)	1.64(1H,d,6.3)
OMe	58.9(q)	3.35(3H,s)
1″	105.1(d)	5.08(1H,d,7.8)
2″	75.2(d)	3.87(1H,m)
3″	78.4(d)	4.11(1H,m)
4″	71.9(d)	3.98(1H,m)
5″	77.7(d)	4.04(1H,m)
6″	70.5(t)	4.26(1H,m),4.77(1H,m)
1‴	105.6(d)	5.14(1H,d,7.8)
2‴	75.2(d)	4.00(1H,m)
3‴	78.5(d)	4.18(1H,m)
4‴	71.8(d)	4.19(1H,m)
5‴	78.6(d)	3.91(1H,m)
6‴	62.9(t)	4.34(1H,m),4.48(1H,dd,11.8,2.5)

21.3β-O-(4-O-龙胆双糖基-D-去氧洋地黄糖基)-8,14-环氧-5β,14β-强心甾-16,20(22)-二烯(化合物55)

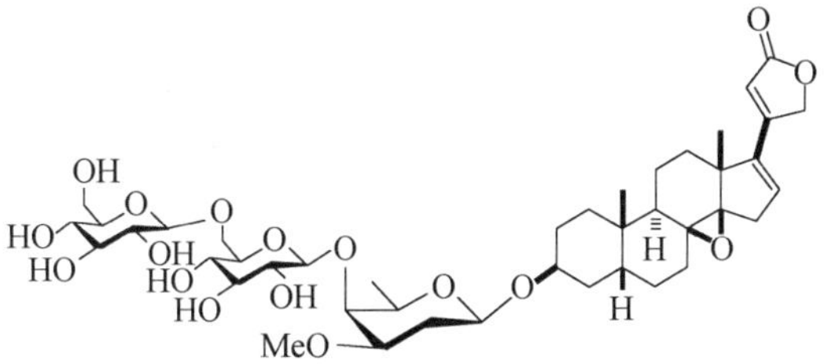

化合物55

化合物**55**为无色粉末，熔点为181～184 ℃，$[\alpha]_D^{20}$=+28.46°(c(MeOH)=0.260 mol/L)，IR(KBr)v_{max}为3 344、2 936、1 746、1 069和1 045 cm^{-1}。化合物**55**的红外谱图显示在3 344 cm^{-1}处有羟基吸收峰，在1 746 cm^{-1}处有α,β-不饱和-γ-内酯吸收峰。根据^{13}C NMR、DEPT、HMQC等谱图显示化合物**55**共有42个碳元素信号。其中δ174.5(s)、158.5(s)、113.1(d)和74.2(t)处显示为α,β-不饱和-γ-内酯的碳信号，δ132.9(d)和143.3(s)处显示有1对共轭烯烃碳的信号峰，δ103.5(d)、105.1(d)和105.6(d)处显示有3个糖基异头碳的信号峰，δ24.7(q)、20.1(q)、18.0(q)和58.9(q)处显示有3个甲基及1个甲氧基的碳信号，另外，17个与氧相连的碳信号出现在δ85.7～62.9之间。在^1H NMR谱图的低场部分显示有2个不饱和双键的氢信号(δ6.26，br s；6.08，m)，1个连氧碳上2个不等价质子信号(δ5.07，m；4.90，m)，3个异头氢信号分别位于δ4.62(d，J=7.8 Hz)、5.10(d，J=7.8 Hz)和5.14(d，J=7.8 Hz)。综上可推断出化合物**55**为强心苷类化合物，其苷元骨架为Δ^{16}-去氢夹竹桃苷元(Δ^{16}-dehydroadynerigenin)。由HMBC谱图中C-3(δ74.2)与H-1′(δ4.62)相关，C-4′(δ75.8)和H-1″(δ5.10)相关，C-6″(δ70.5)和H-1‴(δ5.14)相关可以推断出各糖基的连接位置。通过NOESY相关性和各质子的耦合常数可以推测出糖基片段结构为4-O-龙胆双糖基-D-去氧洋地黄糖。将化合物**55**的波谱数据与3β-O-(4-O-龙胆双糖基-D-去氧洋地黄糖基)-8,14-环氧-5β,14β-强心甾-16,20(22)-二烯进行对比，基本一致，因此化合物**55**被确定为3β-O-(4-O-龙胆双糖基-D-去氧洋地黄糖基)-8,14-环氧-5β,14β-强心甾-16,20(22)-二烯，NMR数据见表2.55。

表2.55 化合物55的核磁数据(溶剂为氘代吡啶)

序号	^{13}C	连接的H
1	30.7(t)	
2	27.3(t)	
3	74.2(d)	
4	30.4(t)	
5	36.7(d)	
6	27.1(t)	
7	25.1(t)	
8	65.1(s)	
9	36.3(d)	

续表2.55

序号	^{13}C	连接的 H
10	37.0(s)	
11	16.0(t)	
12	33.4(t)	
13	45.0(s)	
14	70.3(s)	
15	33.3(t)	
16	132.9(d)	6.08(1H,m)
17	143.3(s)	
18	20.1(q)	1.22(3H,s)
19	24.7(q)	1.00(3H,s)
20	158.5(s)	
21	74.2(t)	4.90(1H,m),5.07(1H,m)
22	113.1(d)	6.26(1H,br s)
23	174.5(s)	
1′	103.5(d)	4.62(1H,d,7.8)
2′	71.3(d)	
3′	85.7(d)	3.48(1H,dd,9.5,2.9)
4′	75.8(d)	
5′	70.6(d)	3.71(1H,q,6.3)
6′	18.0(q)	1.68(3H,d,6.3)
OMe	58.9(q)	3.62(3H,s)
1″	105.1(d)	5.10(1H,d,7.8)
2″	75.2(d)	
3″	78.5(d)	
4″	71.8(d)	
5″	77.7(d)	
6″	70.5(t)	4.27(1H,m),4.80(1H,m)
1‴	105.6(d)	5.14(1H,d,7.8)
2‴	75.2(d)	
3‴	78.4(d)	
4‴	71.9(d)	
5‴	78.6(d)	
6‴	62.9(t)	4.33(1H,m),4.49(1H,m)

22. 3β-O-(4-O-龙胆双糖基-D-洋地黄糖基)-8,14-环氧-5β,14β-强心甾-16,20(22)-二烯(化合物56)

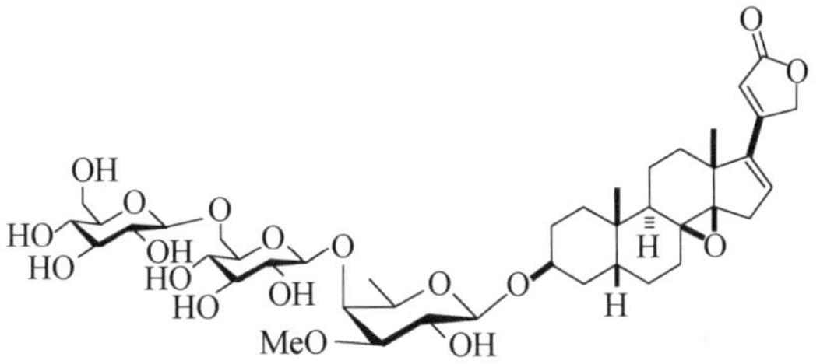

化合物56

化合物**56**为无色粉末,熔点为181～184 ℃,$[\alpha]_D^{20}$ = +28.46°(c(MeOH) = 0.260 mol/L),IR(KBr)v_{max}为3 344、2 936、1 746、1 069和1 045 cm^{-1}。化合物**56**的红外谱图显示在3 344 cm^{-1}处有羟基吸收峰,在1 746 cm^{-1}处有α,β-不饱和-γ-内酯吸收峰。根据^{13}C NMR、DEPT、HMQC等谱图显示化合物**56**共有42个碳元素信号。其中δ174.5(s)、158.5(s)、113.1(d)和74.2(t)处显示为α,β-不饱和-γ-内酯的碳信号,δ132.9(d)和143.3(s)处显示1对共轭烯烃碳的信号峰,δ103.5(d)、105.1(d)和105.6(d)处显示有3个糖基异头碳的信号峰,δ24.7(q)、20.1(q)、18.0(q)和58.9(q)处显示有3个甲基及1个甲氧基的碳信号;另外,17个与氧相连的碳信号出现在δ85.7～62.9之间。在^{1}H NMR谱图的低场部分显示有2个不饱和双键的氢信号(δ6.26,br s; 6.08,m),1个连氧碳上2个不等价质子信号(δ5.07,m; 4.90,m),3个异头氢信号分别位于δ4.62(d,J=7.8 Hz),5.10(d,J=7.8 Hz)和5.14(d,J=7.8 Hz)。综上可推断出化合物**56**为强心苷类化合物,其苷元骨架为Δ^{16}-去氢夹竹桃苷元(Δ^{16}-dehydroadynerigenin)。由HMBC谱图中C-3(δ74.2)与H-1′(δ4.62)相关,C-4′(δ75.8)和H-1″(δ5.10)相关,C-6″(δ70.5)和H-1‴(δ5.14)相关可以推断出各糖基的连接位置。通过NOESY相关性和各质子的耦合常数可以推测出糖基片段结构为4-O-龙胆双糖基-D-洋地黄糖。将化合物**56**的波谱数据与3β-O-(4-O-龙胆双糖基-D-洋地黄糖基)-8,14-环氧-5β,14β-强心甾-16,20(22)-二烯进行对比,基本一致,因此化合物**56**被确定为3β-O-(4-O-龙胆双糖基-D-洋地黄糖基)-8,14-环氧-5β,14β-强心甾-16,20(22)-二烯,NMR数据见表2.56。

表2.56 化合物56的核磁数据(溶剂为氘代吡啶)

序号	^{13}C	Lit. ^{13}C	连接的H
1	30.7(t)	30.6	
2	27.3(t)	27.2	
3	74.2(d)	74.2	
4	30.4(t)	30.4	
5	36.7(d)	36.8	
6	27.1(t)	27.0	
7	25.1(t)	25.1	
8	65.1(s)	65.0	
9	36.3(d)	36.2	
10	37.0(s)	37.0	

续表2.56

序号	^{13}C	Lit. ^{13}C	连接的 H
11	16.0(t)	16.2	
12	33.4(t)	33.3	
13	45.0(s)	44.9	
14	70.3(s)	70.2	
15	33.3(t)	33.3	
16	132.9(d)	132.8	6.08(1H,m)
17	143.3(s)	143.2	
18	20.1(q)	20.0	1.22(3H,s)
19	24.7(q)	24.6	1.00(3H,s)
20	158.5(s)	158.4	
21	74.2(t)	73.5	4.90(1H,m) 5.07(1H,m)
22	113.1(d)	113.1	6.26(1H,br s)
23	174.5(s)	174.4	
1′	103.5(d)	103.4	4.62(1H,d,7.8)
2′	71.3(d)	71.1	
3′	85.7(d)	85.6	3.48(1H,dd,9.5,2.9)
4′	75.8(d)	75.8	
5′	70.6(d)	70.4	3.71(1H,q,6.3)
6′	18.0(q)	18.0	1.68(3H,d,6.3)
OMe	58.9(q)	58.9	3.62(3H,s)
1″	105.1(d)	105.0	5.10(1H,d,7.8)
2″	75.2(d)	75.7	
3″	78.5(d)	78.5	
4″	71.8(d)	71.7	
5″	77.7(d)	77.6	
6″	70.5(t)	70.4	4.27(1H,m) 4.80(1H,m)
1‴	105.6(d)	105.5	5.14(1H,d,7.8)
2‴	75.2(d)	75.2	
3‴	78.4(d)	78.4	
4‴	71.9(d)	71.8	
5‴	78.6(d)	78.3	
6‴	62.9(t)	63.1	4.33(1H,m) 4.49(1H,m)

23. 3β-O-(4-O-龙胆双糖基-L-齐墩果糖基)-14,16β-二羟基-5β,14β-强心甾-20(22)-烯(化合物 57)

化合物57

化合物 **57** 为无色粉末，熔点为 208 ~ 211 ℃，$[\alpha]_{D}^{20}$ = -40.95°（c(MeOH) = 0.315 mol/L），IR(KBr)v_{max}为 3 431、2 939、1 728、1 074 和 1 030 cm^{-1}。化合物 **57** 的红外谱图显示在3 431 cm^{-1}处有羟基吸收峰，在 1 728 cm^{-1}处有 α,β-不饱和-γ-内酯吸收峰。根据^{13}C NMR、DEPT、HMQC 等谱图显示化合物 **57** 共有 42 个碳元素信号。其中 δ174.6(s)、172.4(s)、120.2(d)和 76.7(t) 处显示为 α,β-不饱和-γ-内酯的碳信号，δ95.7(d)、105.0(d)和 105.6(d)处显示有 3 个糖基异头碳的信号峰，δ24.1(q)，18.8(q)，17.0(q)和 56.7(q) 处显示 3 个甲基及 1 个甲氧基的碳信号，另外，16 个与氧相连的碳信号出现在 δ84.2 ~ 62.9 之间。在^{1}H NMR 谱图的低场部分显示有 1 个不饱和双键的氢信号(δ6.23，br s)，1 个连氧碳上有 2 个不等价质子信号(δ5.65，dd，J = 18.3，1.7 Hz；5.52，dd，J = 18.3，1.7 Hz)，3 个异头氢信号分别位于 δ5.04(br d，J = 2.9 Hz)、5.23(d，J = 7.8 Hz)和 5.11(d，J = 7.8 Hz)。综上可推断化合物 **57** 为强心苷类化合物，其苷元骨架为羟基洋地黄毒苷元(gitoxigenin)。由 HMBC 谱图中 C-3 (δ72.0)与 H-1′(δ5.04)相关，C-4′(δ82.2)和 H-1″(δ5.23)相关，C-6″(δ70.7)和 H-1‴(δ5.11)相关可以推断出各糖基的连接位置。通过 NOESY 相关性和各质子的耦合常数可以推测出糖基片段结构为 4-O-龙胆双糖基-L-齐墩果糖。将化合物 **57** 的波谱数据与 3β-O-(4-O-龙胆双糖基-L-齐墩果糖基)-14,16β-二羟基-5β,14β-强心甾-20(22)-烯进行对比，基本一致，因此化合物 **57** 被确定为 3β-O-(4-O-龙胆双糖基-L-齐墩果糖基)-14,16β-二羟基-5β,14β-强心甾-20(22)-烯，NMR 数据见表 2.57。

表 2.57 化合物 57 的核磁数据(溶剂为氘代吡啶)

序号	^{13}C	连接的 H
1	31.1(t)	1.55(2H,m)
2	26.9(t)	1.61(1H,m)
		1.34(1H,m)
3	72.0(d)	3.99(1H,m)
4	30.1(t)	1.80(1H,m)
		1.48(1H,m)
5	37.1(d)	1.75(1H,m)
6	27.2(t)	1.84(1H,m)
		1.24(1H,m)

续表2.57

序号	^{13}C	连接的 H
7	22.0(t)	2.16(1H,m) 1.37(1H,m)
8	42.2(d)	1.77(1H,m)
9	35.8(d)	1.66(1H,m)
10	35.5(s)	
11	21.4(t)	1.68(1H,m) 1.18(1H,m)
12	40.2(t)	1.53(1H,m) 1.40(1H,m)
13	50.6(s)	
14	84.2(s)	
15	44.0(t)	2.73(1H,dd,14.4,8.1) 2.16(1H,dd,14.4,1.7)
16	72.4(d)	4.97(1H,br t,8.1)
17	59.4(t)	3.26(1H,d,7.8)
18	17.0(q)	1.12(3H,s)
19	24.1(q)	0.88(3H,s)
20	172.4(s)	
21	76.7(t)	5.65(1H,dd,18.3,1.7) 5.52(1H,dd,18.3,1.7)
22	120.2(d)	6.23(1H,br s)
23	174.6(s)	
1′	95.7(d)	5.04(1H,br d,2.9)
2′	35.8(t)	2.28(1H,dd,13.0,5.1) 1.64(1H,m)
3′	79.4(d)	3.96(1H,m)
4′	82.2(d)	3.86(1H,t,9.0)
5′	67.8(d)	4.06(1H,m)
6′	18.8(q)	1.71(3H,d,6.1)
3′-OMe	56.7(q)	3.41(3H,s)
1″	105.0(d)	5.23(1H,d,7.8)
2″	75.8(d)	3.93(1H,m)
3″	78.3(d)	4.14(1H,t,8.8)
4″	72.1(d)	4.04(1H,m)
5″	77.3(d)	4.03(1H,m)
6″	70.7(t)	4.28(1H,dd,11.7,5.8) 4.80(1H,m)
1‴	105.6(d)	5.11(1H,d,7.8)
2‴	75.3(d)	4.02(1H,m)

续表2.57

序号	^{13}C	连接的 H
3‴	78.5(d)	4.21(1H,t,9.0)
4‴	71.8(d)	4.18(1H,t,9.0)
5‴	78.4(d)	3.91(1H,m)
6‴	62.9(t)	4.48(1H,dd,12.0,2.4) 4.33(1H,dd,12.0,5.4)

24. 3β-O-(4-O-龙胆双糖基-D-去氧洋地黄糖基)-8β,14-二羟基-5β,14β-强心甾-20(22)-烯(化合物58)

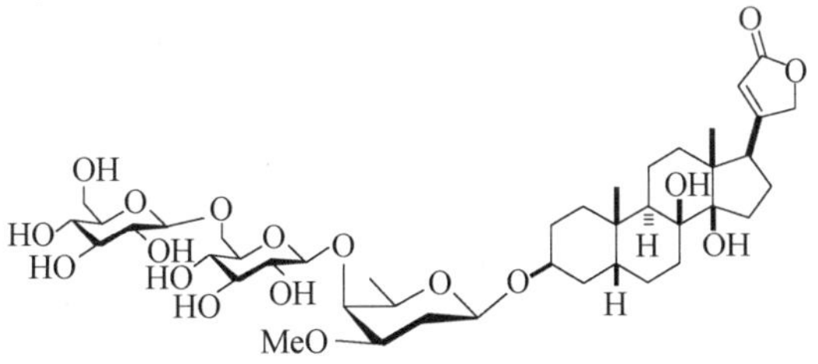

化合物58

化合物 **58** 为无色粉末,熔点为 181 ~ 184 ℃,$[\alpha]_D^{20}$ = -21.53°(c(MeOH) = 0.455 mol/L),IR(KBr)v_{max}为 3 430、2 941、1 738、1 070 和 1 028 cm^{-1}。化合物 **58** 的红外谱图显示在3 430 cm^{-1}处有羟基吸收峰,在 1 738 cm^{-1}处有 α,β-不饱和-γ-内酯吸收峰。根据^{13}C NMR、DEPT、HMQC 等谱图显示化合物 **58** 共有 42 个碳元素信号。其中 δ175.7(s)、174.4(s)、117.7(d)和73.7(t)处显示为 α,β-不饱和-γ-内酯的碳信号,δ98.7(d)、104.6(d)和 105.6(d)处显示有 3 个糖基异头碳的信号峰,δ26.2(q)、18.6(q)、18.1(q)和 56.2(q)处显示有 3 个甲基及 1 个甲氧基的碳信号,另外,16 个与氧相连的碳信号出现在 δ85.9 ~ 62.8 之间。在^{1}H NMR 谱图的低场部分显示有 1 个不饱和双键的氢信号(δ6.08,br s),1 个连氧碳上 2 个不等价质子信号(δ5.24,m; 4.98,m),3 个异头氢信号分别位于 δ4.68(dd,J=9.6,1.7 Hz)、5.08(d,J=7.8 Hz)和 5.11(d,J=7.8 Hz)处。综上可推断化合物 **58** 为强心苷类化合物,其苷元骨架为 8-羟基洋地黄毒苷元(8-hydroxy-gitoxigenin)。由 HMBC 谱图中 C-3(δ72.8)与 H-1′(δ4.68)相关,C-4′(δ73.5)和 H-1″(δ5.08)相关,C-6″(δ70.4)和 H-1‴(δ5.14)相关可以推断出各糖基的连接位置。通过 NOESY 相关性和各质子的耦合常数可以推测出糖基片段结构为 4-O-龙胆双糖基-D-去氧洋地黄糖。将化合物 **58** 的波谱数据与 3β-O-(4-O-龙胆双糖基-D-去氧洋地黄糖基)-8β,14-二羟基-5β,14β-强心甾-20(22)-烯进行对比,基本一致,因此化合物 **58** 被确定为 3β-O-(4-O-龙胆双糖基-D-去氧洋地黄糖基)-8β,14-二羟基-5β,14β-强心甾-20(22)-烯,NMR 数据见表 2.58。

表 2.58　化合物 **58** 的核磁数据(溶剂为氘代吡啶)

序号	^{13}C	Lit. ^{13}C	连接的 H
1	32.4(t)	30.4	
2	27.5(t)	27.4	
3	72.8(d)	73.4	4.30(1H,m)
4	30.5(t)	32.4	1.80(1H,m) 1.65(1H,m)
5	37.4(d)	37.4	
6	28.6(t)	28.5	1.88(1H,m) 1.72(1H,m)
7	23.4(t)	23.3	2.44(1H,m) 1.17(1H,m)
8	76.8(s)	76.7	
9	36.8(d)	36.7	
10	35.8(s)	35.7	
11	18.3(t)	18.3	
12	40.7(t)	40.7	1.52(1H,m) 1.45(2H,m)
13	50.9(s)	50.8	
14	85.9(s)	85.9	
15	35.3(t)	35.2	2.27(1H,m) 1.99(1H,m)
16	27.5(t)	27.4	
17	52.3(d)	52.2	2.78(1H,m)
18	18.6(q)	18.6	1.20(3H,s)
19	26.2(q)	26.1	1.34(3H,s)
20	175.7(s)	175.7	
21	73.7(t)	73.6	5.24(1H,br d,17.6) 4.98(1H,dd,17.6.1.4)
22	117.7(d)	117.7	6.08(1H,br s)
23	174.4(s)	174.3	
1′	98.7(d)	98.7	4.68(1H,br d,9.6)
2′	33.3(t)	33.2	2.35(1H,m) 2.10(1H,m)
3′	80.2(d)	80.1	3.40(1H,m)
4′	73.5(d)	72.8	4.30(1H,m)
5′	70.9(d)	70.8	3.51(1H,m)
6′	18.1(q)	18.1	1.65(3H,d,6.4)
OMe	56.2(q)	56.1	3.34(3H,s)
1″	104.6(d)	104.6	5.08(1H,d,7.8)
2″	75.7(d)	75.7	3.89(1H,m)

续表2.58

序号	^{13}C	Lit. ^{13}C	连接的 H
3″	78.3(d)	78.5	4.11(1H,1H,m)
4″	71.9(d)	71.7	3.98(1H,m)
5″	77.6(d)	77.6	4.05(1H,m)
6″	70.4(t)	70.4	4.78(1H,m) 4.26(1H,m)
1‴	105.6(d)	105.5	5.14(1H,d,7.8)
2‴	75.2(d)	75.2	4.01(1H,m)
3‴	78.5(d)	78.4	4.18(1H,m)
4‴	71.8(d)	71.9	4.20(1H,m)
5‴	78.45(d)	78.3	3.92(1H,m)
6‴	62.8(t)	62.8	4.49(1H,d,12.0) 4.33(1H,dd,12.0,5.4)

25. 3β-O-(4-O-龙胆双糖基-D-去氧洋地黄糖基)-14α-羟基-8-氧络-8,14-闭联-5β-强心甾-20(22)-烯(化合物 59)

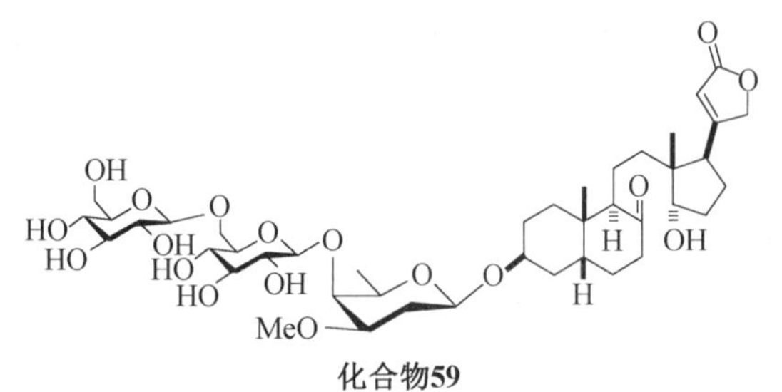

化合物59

化合物 **59** 为无色粉末,熔点为 185 ~ 189 ℃,$[\alpha]_D^{20}$ = -11.26°(c(MeOH) = 0.515 mol/L),IR(KBr)v_{max}为 3 514、2 937、1 745、1 199、1 167 和 1 101 cm^{-1}。化合物 **59** 的红外谱图显示在3 514 cm^{-1}处有羟基吸收峰,在 1 745 cm^{-1}处有 α,β-不饱和-γ-内酯吸收峰。根据^{13}C NMR、DEPT、HMQC 等谱图显示化合物 **48** 共有 44 个碳元素信号,其中 δ174.1(s)、172.5(s)、116.8(d)和 76.4(t)处显示为 α,β-不饱和-γ-内酯的碳信号,δ216.4(s) 处显示有 1 个酮羰基的碳信号,δ99.0(d)、104.5(d)和 105.6(d)处显示有 3 个糖基异头碳的信号峰,δ23.8(q)、18.1(q)、17.6(q)和 56.2(q)处显示有 3 个甲基及 1 个甲氧基的碳信号,另外,15 个与氧相连的碳信号出现在 δ80.2 ~62.8 之间。在^1H NMR 谱图的低场部分显示有 1 个不饱和双键的氢信号(δ6.03,br s),1 个连氧碳上 2 个不等价质子信号(δ4.86,dd,J=17.6,1.5 Hz; 4.72,br d,J=17.6 Hz),3 个异头氢信号分别位于 δ4.67(br d,J=9.8 Hz)、5.12(d,J=7.8 Hz)和 5.16(d,J=7.8 Hz)处。综上可推断出化合物 **59** 为强心苷类化合物,其苷元骨架为 neriagenin。由 HMBC 谱图中 C-3(δ74.5)与 H-1′(δ4.67)相关,C-4′(δ73.1)和H-1″(δ5.12)相关,C-6″(δ70.4)和 H-1‴(δ5.16)相关可以推断出各糖基的连接位置。通过 NOESY 相关性和各质子的耦合常数可以推测出糖基片段结构为4-O-龙胆双糖基-D-去氧洋地黄糖。将化合物 **59** 的波谱数据与 3β-O-(4-O-龙胆双糖基-D-去氧洋地黄糖基)-14α-羟基-8-氧络-8,14-闭联-5β-强心甾-

20(22)-烯进行对比,基本一致,因此,化合物**59**被确定为3β-O-(4-O-龙胆双糖基-D-去氧洋地黄糖基)-14α-羟基-8-氧络-8,14-闭联-5β-强心甾-20(22)-烯,NMR数据见表2.59。

表2.59 化合物59的核磁数据(溶剂为氘代吡啶)

序号	^{13}C	连接的H
1	30.8(t)	1.58(1H,m) 1.73(1H,m)
2	27.2(t)	1.81(1H,m) 1.69(1H,m)
3	74.5(d)	4.31(1H,br s)
4	30.6(t)	2.06(1H,m) 1.71(1H,m)
5	36.7(d)	1.91(1H,m)
6	27.2(t)	2.03(1H,m) 1.53(1H,m)
7	38.2(t)	2.51(1H,t d,13.4,6.6) 2.29(1H,br d,13.4)
8	216.4(s)	
9	51.3(d)	2.78(1H,d,10.5)
10	42.7(s)	
11	27.7(t)	1.75(1H,m) 1.45(1H,m)
12	35.2(t)	1.67(1H,m) 1.32(1H,m)
13	51.3(s)	
14	79.4(d)	4.12(1H,m)
15	27.2(t)	2.04(1H,m) 1.70(1H,m)
16	18.3(t)	2.04(1H,m) 1.85(1H,m)
17	46.3(d)	3.00(1H,br t,9.5)
18	17.6(q)	0.68(3H,s)
19	23.8(q)	0.73(3H,s)
20	172.5(s)	
21	76.4(t)	4.72(1H,br d,17.6) 4.86(1H,dd,17.6,1.5)
22	116.8(d)	6.03(1H,br s)
23	174.1(s)	
1′	99.0(d)	4.67(1H,br d,9.8)
2′	33.2(t)	2.11(1H,m) 2.36(1H,m)

续表2.59

序号	^{13}C	连接的 H
3′	80.2(d)	3.41(1H,m)
4′	73.1(d)	4.28(1H,m)
5′	70.9(d)	3.51(1H,q,6.4)
6′	18.1(q)	1.64(3H,d,6.4)
OMe	56.2(q)	3.36(3H,s)
1″	104.5(d)	5.12(1H,d,7.8)
2″	75.7(d)	4.00(1H,m)
3″	78.3(d)	4.15(1H,m)
4″	71.9(d)	3.95(1H,m)
5″	77.7(d)	4.04(1H,m)
6″	70.4(t)	4.30(1H,m) 4.78(1H,br d,11.7)
1‴	105.6(d)	5.16(1H,d,7.8)
2‴	75.2(d)	4.00(1H,m)
3‴	78.5(d)	4.08(1H,m)
4‴	71.7(d)	4.19(1H,m)
5‴	78.3(d)	3.91(1H,m)
6‴	62.8(t)	4.34(1H,d,10.5) 4.48(1H,br d,10.5)

26. 3β-O-(4-O-龙胆双糖基-D-去氧洋地黄糖基)-14-氧络-15(15→8)松香烷型-强心甾-20(22)-烯(化合物 60)

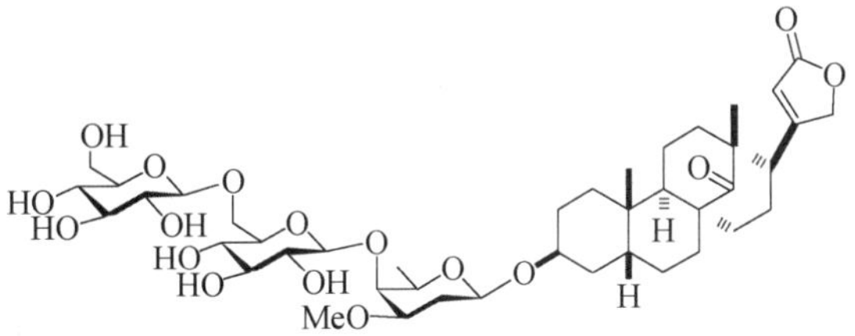

化合物60

化合物 **60** 为无色粉末，熔点为 182 ~ 184 ℃，$[\alpha]_D^{20}$ = +14.58° (c (MeOH) = 0.125 mol/L)，IR(KBr)v_{max}为 3 404、2 934、1 747、1 099、1 062 和 1 026 cm^{-1}。化合物 **60** 的红外谱图显示在3 403 cm^{-1}处有羟基吸收峰，在 1 747 cm^{-1}处有 α,β-不饱和-γ-内酯吸收峰。根据^{13}C NMR、DEPT、HMQC 等谱图显示化合物 **60** 共有 44 个碳元素信号，其中 δ173.9(s)、171.9(s)、116.2(d) 和 73.4(t) 处显示为 α,β-不饱和-γ-内酯的碳信号，δ221.4(s)处显示有 1 个酮羰基的碳信号，δ98.7(d)、104.5(d) 和 105.6(d) 处显示有 3 个糖基异头碳的信号峰，δ26.3(q)、23.3(q)、18.1(q) 和 56.2(q) 处显示有 3 个甲基及 1 个甲氧基的碳信号，另外，14 个与氧相连的碳信号出现在 δ80.1 ~ 62.7 之间。在^{1}H NMR 谱图的低场部分显示有 1 个不饱和双键的氢信号(δ5.88, br s)，1 个连氧碳上 2 个不等价质子信号(δ4.82, br d, J = 17.6 Hz; 4.72, br d, J = 17.6 Hz)，3 个异头氢信号分别位于

δ4.63(br d,J=9.5 Hz)、5.10(d,J=7.8 Hz)和5.18(d,J=7.8 Hz)。综上可推断出化合物**60**为强心苷类化合物,其苷元骨架为欧夹竹桃苷元(oleagenin)。由HMBC谱图中C-3(δ72.7)与H-1′(δ4.63)相关,C-4′(δ73.2)和H-1″(δ5.10)相关,C-6″(δ70.4)和H-1‴(δ5.18)相关可以推断出各糖基的连接位置。通过NOESY相关性和各质子的耦合常数可以推测出糖基片段结构为4-O-龙胆双糖基-D-去氧洋地黄糖。将化合物**60**的波谱数据与3β-O-(4-O-龙胆双糖基-D-去氧洋地黄糖基)-14-氧络-15(15→8)松香烷型-强心甾-20(22)-烯进行对比,基本一致,因此化合物**60**被确定为3β-O-(4-O-龙胆双糖基-D-去氧洋地黄糖基)-14-氧络-15(15→8)松香烷型-强心甾-20(22)-烯,NMR数据见表2.60。

表2.60 化合物60的核磁数据(溶剂为氘代吡啶)

序号	^{13}C	连接的H
1	31.8(t)	1.53(2H,m)
2	27.1(t)	1.81(1H,m) 1.51(1H,m)
3	72.7(d)	4.23(1H,br s)
4	30.3(t)	1.66(1H,m) 1.51(1H,m)
5	37.3(d)	1.72(1H,m)
6	24.5(t)	2.30(1H,m) 1.11(1H,m)
7	29.2(t)	1.92(1H,m) 1.01(1H,m)
8	48.8(s)	
9	45.9(d)	2.44(1H,d,8.3)
10	37.5(s)	
11	21.2(t)	2.27(1H,m) 1.66(1H,m)
12	42.5(t)	1.94(1H,m) 1.90(1H,m)
13	47.4(s)	
14	221.4(s)	
15	44.0(t)	1.84(1H,m) 1.66(1H,m)
16	26.8(t)	2.64(1H,m) 1.35(1H,dd,14.9,6.4)
17	52.8(d)	2.95(1H,d,6.4)
18	23.3(q)	0.89(3H,s)
19	26.3(q)	0.70(3H,s)
20	171.9(s)	

续表2.60

序号	^{13}C	连接的 H
21	73.4(t)	4.72(1H,br d,17.6) 4.82(1H,br d,17.6)
22	116.2(d)	5.88(1H,br s)
23	173.9(s)	
1′	98.7(d)	4.63(1H,br d,9.5)
2′	33.2(t)	2.09(1H,br d,11.7) 2.35(1H,ddd,11.7,9.5,9.5)
3′	80.1(d)	3.41(1H,m)
4′	73.2(d)	4.33(1H,br s)
5′	70.8(d)	3.51(1H,q,6.4)
6′	18.1(q)	1.65(3H,d,6.4)
OMe	56.2(q)	3.34(3H,s)
1″	104.5(d)	5.10(1H,d,7.8)
2″	75.6(d)	3.90(1H,m)
3″	78.3(d)	4.14(1H,t,8.8)
4″	71.8(d)	3.98(1H,m)
5″	77.6(d)	4.07(1H,m)
6″	70.4(t)	4.29(1H,dd,11.7,6.8) 4.81(1H,br d,11.7)
1‴	105.6(d)	5.18(1H,d,7.8)
2‴	75.2(d)	4.03(1H,m)
3‴	78.5(d)	4.21(1H,m)
4‴	71.6(d)	4.23(1H,m)
5‴	78.5(d)	3.94(1H,m)
6‴	62.7(t)	4.36(1H,dd,11.7,5.1) 4.52(1H,dd,11.7,2.0)

27.3β-O-(4-O-龙胆双糖基-D-去氧洋地黄糖基)-7,8-环氧-14β-羟基-5β,14β-强心甾-20(22)-烯(强心甾 B-3)(化合物 61)

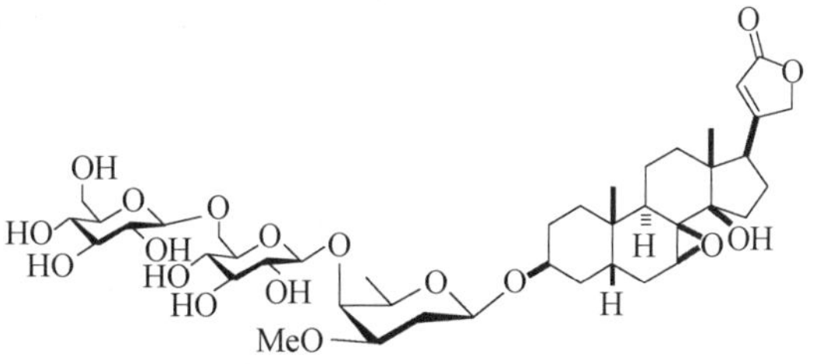

O O OH HO O O HO OH O HO O O HO OH O MeO H OH H O H

化合物61

化合物 **61** 为无色粉末,熔点为 169 ~ 171 ℃(丙酮-正己烷),$[\alpha]_D^{20}$ = -1.62°(c(MeOH)= 0.308 mol/L),IR(KBr)v_{max}为 3 389、2 973、1 745、1 642、1 100 和1 028 cm^{-1}。化合物 **61** 的红外谱图显示在3 389 cm^{-1}处有羟基吸收峰,在 1 745 和 1 642 cm^{-1}处有 α,

β-不饱和-γ-内酯吸收峰。UV(MeOH)λ_{max}(log ε)为216(4.05) nm,CD(MeOH) $[\theta]_{289}$-900,$[\theta]_{238}$+9 170。HRFABMS 测得 m/z 855.402 4,计算值为855.401 5,推测化合物 **61** 的分子式为 $C_{42}H_{63}O_{18}$。根据^{13}C NMR、DEPT、HMQC 等谱图显示化合物 **61** 共有 42 个碳元素信号。其中,δ175.1(s)、174.4(s)、117.8(d)和73.7(t)处显示为 α,β-不饱和-γ-内酯的碳信号,δ98.9(d)、104.7(d)和105.6(d)处显示有 3 个糖基异头碳的信号峰,δ24.5(q)、18.2(q)、17.4(q)和 56.2(q)处显示有 3 个甲基及 1 个甲氧基的碳信号;另外,17 个与氧相连的碳信号出现在δ81.8~51.1 之间。在^{1}H NMR 谱图的低场部分显示有 1 个不饱和双键的氢信号(δ6.11,br s),1 个连氧碳上 2 个不等价质子信号(δ5.17,dd,J=17.8,1.7 Hz; 4.97,dd,J=17.8,1.2 Hz),3 个异头氢信号分别位于δ4.64(dd,J=8.3,1.7 Hz)、5.09(d,J=7.8 Hz)和 5.15(d,J=7.6 Hz)处。综上可推断化合物 **61** 为强心苷类化合物,其苷元骨架为8-羟基洋地黄毒苷元(8-hydroxy-gitoxigenin)。由 HMBC 谱图中 C-3(δ72.4)与 H-1′(δ4.64)相关,C-4′(δ73.6)和 H-1″(δ5.09)相关,C-6″(δ70.5)和 H-1‴(δ5.15)相关可以推断出各糖基的连接位置。通过 NOESY 相关性和各质子的耦合常数可以推测出糖基片段结构为4-O-龙胆双糖基-D-去氧洋地黄糖。将化合物 **61** 的波谱数据与 3β-O-(4-O-龙胆双糖基-D-去氧洋地黄糖基)-7,8-环氧-14β-羟基-5β,14β-强心甾-20(22)-烯进行对比,基本一致,因此化合物 **61** 被确定为3β-O-(4-O-龙胆双糖基-D-去氧洋地黄糖基)-7,8-环氧-14β-羟基-5β,14β-强心甾-20(22)-烯,NMR 数据见表2.61。

表 2.61 化合物 61 的核磁数据(溶剂为氘代吡啶)

序号	^{13}C	连接的 H
1	31.9(t)	1.53(1H,m),1.45(1H,m)
2	27.6(t)	1.90(1H,m)
3	72.4(d)	4.20(1H,br s,$W_{h/2}$ 7.5)
4	33.1(t)	1.50(1H,m),1.65(1H,m)
5	32.0(d)	
6	28.4(t)	1.48(1H,m),1.72(1H,m)
7	51.1(d)	3.42(1H,d,5.9)
8	64.5(s)	
9	34.4(d)	2.36(1H,m)
10	34.0(s)	
11	21.0(t)	
12	40.9(t)	1.56(1H,m),1.45(2H,m)
13	52.7(s)	
14	81.8(s)	
15	35.4(t)	1.86(1H,m),1.74(1H,m)
16	28.8(t)	2.29(1H,m),2.04(1H,m)
17	51.0(d)	2.80(1H,dd,5.6,4.6)
18	17.4(q)	1.06(3H,s)
19	24.5(q)	1.05(3H,s)

续表2.61

序号	^{13}C	连接的 H
20	175.1(s)	
21	73.7(t)	5.17(1H,dd,17.8,1,7),4.97(1H,dd,17.8,1.2)
22	117.8(d)	6.11(1H,br s)
23	174.4(s)	
1′	98.9(d)	4.64(1H,dd,8.3)
2′	33.3(t)	2.32(1H,m),2.09(1H,m)
3′	80.2(d)	3.39(1H,m)
4′	73.6(d)	4.31(1H,m)
5′	71.0(d)	3.52(1H,q d,6.4)
6′	18.2(q)	1.65(3H,s)
OMe	56.2(q)	3.35(3H,s)
1″	104.7(d)	5.09(1H,d,7.8)
2″	75.8(d)	3.88(1H,m)
3″	78.4(d)	4.12(1H,dd,9.0,9.0)
4″	72.0(d)	3.97(1H,m)
5″	77.7(d)	4.06(1H,m)
6″	70.5(t)	4.80(1H,dd,11.7,2.5),4.27(1H,dd,11.7,6.8)
1‴	105.6(d)	5.15(1H,d,7.6)
2‴	75.3(d)	4.02(1H,m)
3‴	78.6(d)	4.19(1H,m)
4‴	71.9(d)	4.21(1H,m)
5‴	78.5(d)	3.92(1H,m)
6‴	62.9(t)	4.50(1H,dd,11.8,5.4),4.35(1H,dd,11.8,2.4)

2.3.4 三萜类化合物 62 ~ 85 的结构解析

1. 3,20-二羟基乌苏-21-烯-28-羧酸(夹竹桃酸)(化合物 62)

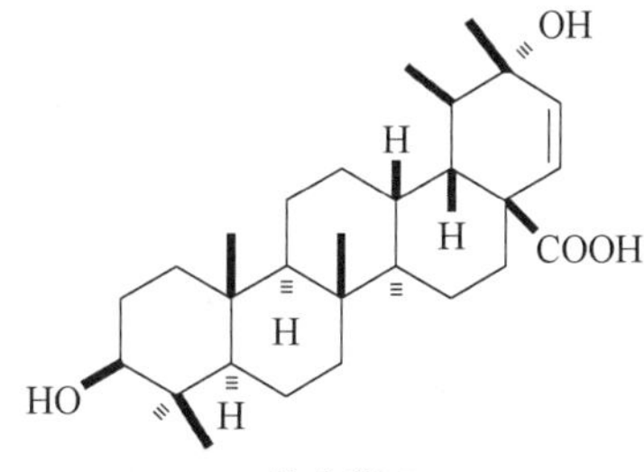

化合物62

化合物 **62** 为无色粉末，熔点为 248 ~ 253 ℃，$[\alpha]_D^{20}$ = +40.3°(*c*(MeOH) = 0.062 mol/L)，由 EIMS、FABMS、^{1}H 和^{13}C NMR 数据推测该化合物的分子式为 $C_{30}H_{48}O_4$。红外谱图(3 724、3 624、3 024 和 1 740 cm^{-1})表明该化合物存在羟基及羰基。^{13}C NMR 谱图显示共有 30 个碳元素信号。羰基碳信号显示在 δ175.8 处，2 个烯烃碳信号分别位于 δ134.0(d)和 138.7(d)处，2 个连氧碳信号分别位于 δ79.2(d)和 84.0(s)处。根据 DEPT

和 HMQC 谱图其余的碳信号还含有 8 个仲碳原子、5 个叔碳原子、5 个季碳原子，以及 7 个甲基碳原子。在^{1}H NMR 谱图显示有 6 个单峰甲基、1 个双峰甲基信号和 2 个烯烃双键质子信号峰（δ6.07，d，J=7.6 Hz；6.10，d，J=7.6 Hz）。另外，根据^{1}H－^{1}H COSY 相关性（图 2.69）可推断出连接质子碳的连接顺序为 C-1 与 C-2，C-2 与 C-3，C-5 与 C-6，C-6 与 C-7，C-9 与 C-11，C-11 与C-12，C-12 与 C-13，C-13 与 C-18，C-18与 C-19，C-19 与 C-29，C-21 与 C-22。通过 HMBC 的相关性确定无质子碳原子的连接顺序。结果表明化合物 **62** 为可能为乌苏烷骨架的五环三萜。根据 δ79.2 处的连氧碳信号与偕二甲基 H-23和 H-24 的相关性推断出羟基连接于 C-3 位。羰基（δ175.8）与 H-16α 和H-18的相关性以及连氧碳（δ84.0）与 H-19、H-21、H-22、H-29 和 H-30 的相关性表明羰基和叔羟基分别与 C-17 位和 C-20 位相连，并且双键位于C-21和 C-22 之间。

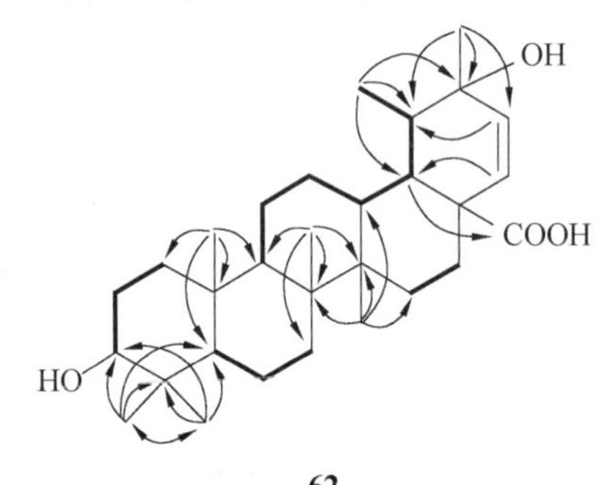

62

图 2.69　化合物 **62** 的^{1}H—^{1}H COSY 和 HMBC

通过 NOESY 相关可确定化合物 **62** 的相对立体构型。NOESY 的相关性（图 2.70）[H-3 与 H-23(4α-Me)和 H-5，H-9 与 H-5、H-12α 和 H-27，H-25 与 H-26，H-13 与 H-15β 和 H-26] 表明化合物 **62** 的 A/B 环、B/C 环及 C/D 环均以反式方式稠合。根据 NOESY 的相关性[H-29 与 H-18、H-19 和 H-30，H-30与 H-21 和 H-29，H-21 与 H-30，H-22 与 H-16β]表明化合物 D/E 环为顺式构型，E 环结构为船式构型，而且 C-17 连接的羰基基团为β-构型，20-Me 和20-OH分别为β(eq)和 α(ax)构型。综上可推断出化合物 **62** 为 3,20-二羟基乌苏-21-烯-28-羧酸，NMR 数据见表 2.62。

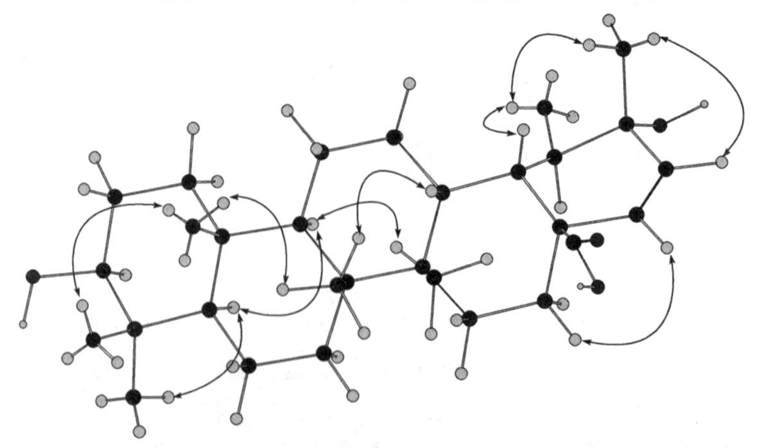

图 2.70　化合物 **62** 的 NOESY

表 2.62 **化合物 62 的核磁数据(溶剂为氘代氯仿)**

序号	^{13}C	连接的 H	H-H COSY	HMBC	NOESY
1	39.1(t)	β 0.92(1H,m) α 1.69(1H,ddd, 12.5,3.0,3.0)	H-1α,H-2α,β H-1β, H-2α,β	H-5,H-25, H-9	
2	27.6(t)	α 1.62 (1H,m) β 1.57(1H,m)	H-1α,β,H-2β, H-3 H-1α,β,H-2αβ, H-3	H-1β	H-3 H-24
3	79.2(d)	3.21(1H,dd, 11.5,5.0)	H-2α,β	H-2α,H-23, H-24 H-24	H-2α,H-5, H-23
4	39.1(s)			H-5,H-23, H-24	
5	55.6(d)	0.68(1H, br d,11.5)	H-6α,β	H-7α,H-23,H-24, H-25,H-24, H-25-6β, -7α,-23,-24,-25	H-3,H-9, H-23,H-7α
6	18.5(t)	α 1.30 (1H,m) β 1.52(1H,m)	H-5,H-6β, H-7α,βH-5,H-6α, H-7α,β	H-5,H-7α	H-24
7	34.2(t)	β 1.44 (1H,m) α 1.38(1H,m)	H-7α,H-6α,β H-7β,H-6α,β	H-5,H-6α, H-26	H-5
8	40.8(s)			H-6β,H-7β,H-9, H-26,H-27, -26,-27	
9	50.7(d)	1.28 (1H,m)	H-11α,β	H-7β,H-7α,β, H-25,H-26	H-5,H-12α, H-27
10	37.4(s)			H-1β, -5,-6αβ, -9,-11,-25	
11	21.3(t)	1.27(2H,m)	H-9,H-12	H-9,H-12	H-1β,-9,-12, -25,-26
12	27.6(t)	α 1.60(1H,m) β 1.10(1H,m)	H-11α,β,H-12β, H-13 H-11α,β,H-12α, H-13	H-11α,β	H-9,H-17
13	42.5(d)	1.34(1H,m)	H-12α,β, H-18	H-15α,H-18, H-19,H-27	H-15β,H-26
14	41.5(s)			H-16α,H-15αβ, H-26,H-27	

续表2.62

序号	^{13}C	连接的 H	H-H COSY	HMBC	NOESY
15	27.1(t)	β 2.12(1H,ddd, 14.0,13.5,4.5) α 1.15(1H, br d,14.0)	H-15α, H-16αβ H-15β,H-16αβ	H-16α,H-27	H-13,H-16β, H-26 H-27
16	25.7(t)	α 1.61 (1H,m) β 2.25(1H,ddd, 13.5,4.5,3.0)	H-15α,β, H-16β H-15α,β, H-16α	H-15αβ	H-15α,H-27 H-15β,H-22
17	48.4(s)			H-18,H-16αβ, H-21,22,H-22α	
18	47.5(d)	0.98(1H,m)	H-3,H-18, H-19	H-13,H-29	H-29
19	44.8(d)	1. 72(1H,dq, 7.0,7.0)	H-18,H-29	H-18,H-29, H-30,	H-29
20	84.0(s)			H-19,H-21,H-22, H-29,H-30	
21	134.0(d)	6.07(1H,d, J=7.6)	H-22	H-19,H-30	H-30
22	138.7(d)	6.10(1H,d, J=7.6)	H-21	H-18,H-16α	H-16β
23	28.2(q)	0.97(3H,s)		H-3,H-5, H-24	H-3,H-5, H-24
24	15.6(q)	0.76(3H,s)		H-3,H-5, H-23	H-2β,H-6β, H-23
25	15.9(q)	0.83(3H,s)		H-1α,H-5, H-9	H-26
26	16.5(q)	0.95(3H,s)		H-7β,H-9	H-13,H-15β, H-29
27	14.3(q)	0.95(3H,s)		H-15β	H-12α,H-9, H-15α,H-16α,
28	175.8(s)			H-16α,H-18	
29	19.9(q)	0.85(3H,d,7.1)	H-19	H-18,H-19	H-18,H-19, H-30
30	21.3(q)	1.54(3H,s)		H-19	H-19,H-21

2.28-去甲乌苏-12-烯-3β,17β-二醇(化合物63)

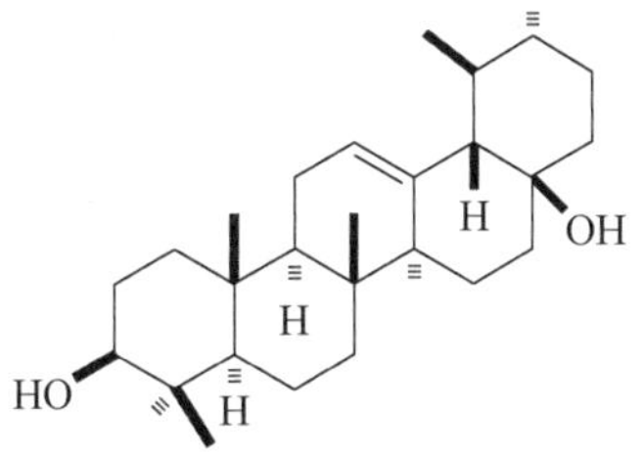

化合物63

化合物**63**为无色粉末,熔点为152 ~ 155 ℃,$[\alpha]_D^{20}$ = +90.6°(c($CHCl_3$) = 0.362 mol/L),IR($CHCl_3$)v_{max}为3 624、2 949、2 862、1 454和1 379 cm^{-1}。化合物**63**的红外谱图显示在3 624 cm^{-1}处有羟基吸收峰。根据HRFABMS测得化合物**63**的m/z $[(M+Na)^+]$为451.355 4,计算值为451.355 2,推测化合物**63**的分子式为$C_{29}H_{48}O_2$。^{13}C NMR谱图显示共有29个碳元素信号。其中2个与氧相连的碳信号分别出现在δ79.0(d)和72.1(s)处,2个烯碳的信号峰分别出现在δ127.8(d)和137.9(s)处。根据DEPT和HMQC谱图推断出化合物**63**还含有9个仲碳原子、5个叔碳原子、4个季碳原子,以及7个甲基碳原子。由^1H NMR谱图(图2.71)可以推断出有5个单峰甲基、2个双峰甲基和1个烯烃质子(δ5.30,t,J=3.6 Hz)。由$^1H-^1H$ COSY谱图中H与H的相关性可以推断出C-1与C-2、C-2与C-3,C-5与C-6,C-9与C-11、C-11与C-12,C-15与C-16,C-18与C-19、C-19与C-29,C-20与C-21、C-21与C-22互为邻位碳原子。通过HMBC谱图中各季碳的HMBC相关性,可推断出各季碳的连接位置。由HMBC谱图中C-10与H-1β、H-5、H-6α,β、H-9、H-11、H-25,C-8与H-6β、H-7α、H-9、H-11、H-15β、H-26、H-27,C-14与H-12、H-15β、H-16α,β、H-26、H-27的相关性可以推断出环A到D之间的连接关系。由H-5与C-3、C-4、C-6、C-7、C-9、C-10、C-23及C-25,H-1β与C-3、C-5及C-10,H-2α与C-3及C-4,H-23与C-3、C-4及C-24;H-24与C-3、C-4、C-5及C-23的相关性可以推断出C-23和C-24为同碳的两个甲基,并且C-3与羟基相连。由H-25与C-1、C-5、C-9及C-10的相关性可以推断出C-25和C-10相连。H-15、H-16β、H-21α及H-22α与C-17的相关性可推出C-17(δ72.1)与羟基相连。由H-11、H-18及H-27的相关性可推出C-13(δ137.9)与C-18相连。由H-12与C-9、C-11、C-14及C-18的相关性可推出C-12与C-13之间通过双键相连。根据以上的相关性可以推出每个官能团的连接位置。由C-29与H-18及H-19,C-19与H-18、H-21α、H-29及H-30,C-30与H-19和H-21α,C-20与H-19,H-21α,H-22α,H-29及H-30的相关性可推出C-19与C-20上分别连有甲基。综合以上分析结果,可以推断出化合物**63**的平面结构,为蒲公英烷或乌苏烷型降五环三萜类化合物。

化合物**63**的相对立体构型可通过NOESY谱图(图2.72)中H-H的相关性推断出。由NOESY谱图中H-3与H-23(4α-Me)及H-5,H-9与H-5及H-27,H-24与H-25,H-29与H-12及H-19,H-30与H-19,H-22α与H-16β,H-21α与H-16α及H-19的相关性可推断出A环和B环为反式稠合,B环和C环为反式稠合,D环和E环为顺式稠合。由于受到C-17上的β(ax)-OH的影响,使H-15β(ax,δ2.04)的化学位移值比正常

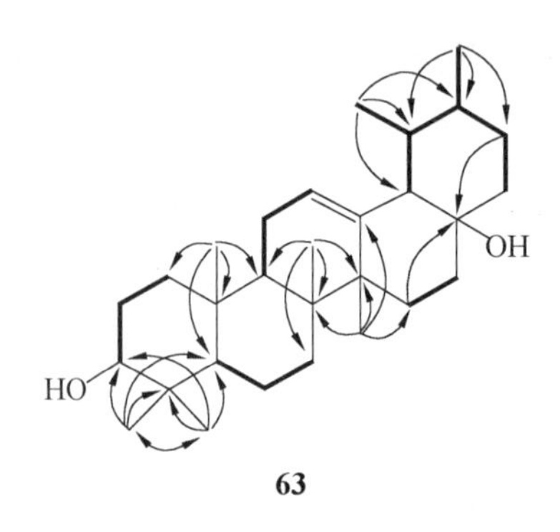

图 2.71 化合物 **63** 的^{1}H-^{1}HCOSY 和 HMBC

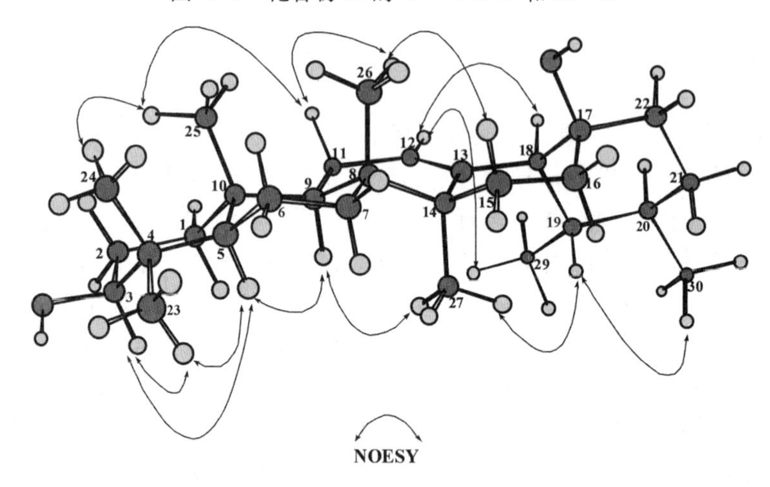

图 2.72 化合物 **63** 的 NOESY

的ax—H值低。综上所述,化合物 **63** 的结构为蒲公英烷型五环三萜,命名为 28-去甲乌苏-12-烯-3β,17β-二醇,化合物 **63** 的 NMR 数据见表 2.63。

表 2.63 化合物 63 的核磁数据(溶剂为氘代氯仿)

序号	^{13}C	连接的 H	H-H COSY	HMBC	NOESY
1	38.7(t)	β 1.66(1H,m) α 1.02(1H,m)	H-1α H-1β,H-2α	H-25	H-11
2	27.2(t)	α 1.63(1H,m) β 1.59(1H,m)	H-1α,H-2β H-2α,H-3	H-1α,H-3	H-3
3	79.0(d)	3.22(1H,dd,11,5.1)	H-2β	H-1β,H-2α, H-5,H-23, H-24	H-2α, H-5,H-23
4	38.8(s)			H-2α,-3,-5, -6α,-23,-24	
5	55.2(d)	0.76(1H,br d,11.7)	H-6$\alpha\beta$	H-1β,-6β, -7α, -23,-24,-25	H-3,H-9, H-23

续表2.63

序号	¹³C	连接的 H	H-H COSY	HMBC	NOESY
6	18.3(t)	α 1.54(1H,m) β 1.39(1H,m)	H-5 H-5	H-5,H-7α	H-23 H-24
7	33.0(t)	β 1.52(1H,m) α 1.43(1H,m)	H-7β H-7α	H-5,H-6β, H-26	H-27
8	39.8(s)			H-6β,-7α, -9,-11,-15β, -26,-27	
9	47.6(d)	1.54(1H,m)	H-11	H-5,H-12, H-25,H-26	H-5,H-11, H-27
10	37.0(s)			H-1β, -5,-6αβ, -9,-11,-25	
11	23.6(t)	1.94(2H,dd, 9.0,3.6)	H-9,H-12	H-9,H-12	H-1β,-9, -12,-25,-26
12	127.8(d)	5.30(1H,t,3.6)	H-11	H-11,H-18	H-11,H-18, H-29
13	137.9(s)			H-11,H-18, H-27	
14	41.9(s)			H-12,-15β, -16αβ,-26,-27	
15	26.0(t)	β 2.04(1H,m) α 1.05(1H,m)	H-15α H-15β, H-16αβ	H-16αβ, H-27	H-16β, H-26 H-16α
16	28.4(t)	α 2.02(1H,m) β 1.25(1H,m)	H-15α, H-16β H-15α, H-16α	H-15αβ, H-22αβ	H-15α, H-21α H-15β, H-22α
17	72.1(s)			H-15α,H-16β, H-21α,H-22α	
18	60.6(d)	1.59(1H,m)	H-19	H-12,H-16β, H-29	H-12
19	41.6(d)	1.27(1H,m)	H-18, H-29	H-18,H-21α, H-29,H-30,	H-21α,-27, -29,-30
20	39.3(d)	0.92(1H,m)	H-21α	H-19,H-21α, H-22α,H-29, H-30	
21	32.3(t)	β 1.57(1H,m) α 1.18(1H,m)	H-21α H-20,H-21β, H_2-22	H-22α, H-30,	H-16α, H-19

续表2.63

序号	^{13}C	连接的 H	H-H COSY	HMBC	NOESY
22	40.4(t)	α 1.73(1H,m) β 1.57(1H,m)	H-21α H-21α	H-16β,H-18, H-21α	H-16β
23	28.2(q)	1.01(3H,s)		H-3,H-5, H-24	H-3,H-5, H-6α
24	15.6(q)	0.80(3H,s)		H-3,H-23	H-2β,H-6β, H-25
25	15.5(q)	0.95(3H,s)		H-5,H-9	H-11,H-24
26	17.1(q)	0.99(3H,s)		H-7α,H-9	H-11,H-15β
27	23.0(q)	1.08(3H,s)		H-15αβ	H-7α,H-9, H-19
28	17.3(q)	0.82(3H,d,6.6)	H-19	H-18,H-19	H-12,H-19
29	20.7(q)	1.10(3H,d,6.1)		H-19,H-21α	H-19

3.28,28-二甲氧基乌苏-12-烯-3β-醇(化合物 64)

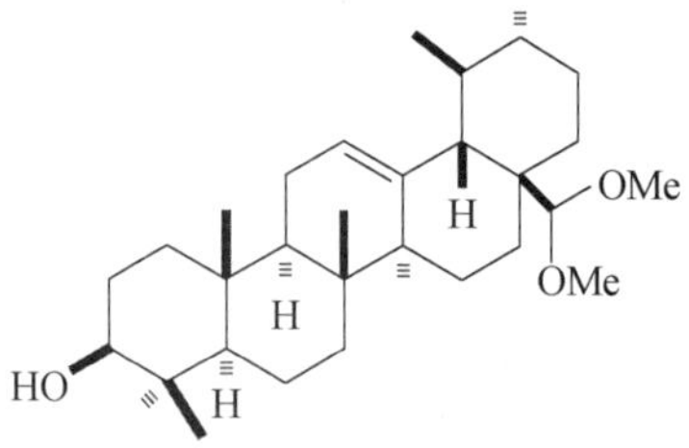

化合物64

化合物 **64** 为无色粉末，熔点为 162 ~ 164 ℃，$[\alpha]_D^{20}$ = +70.7°（c(CHCl$_3$) = 0.208 mol/L)，IR(CHCl$_3$)v_{max}为 3 624、2 944、1 456 和 1 378 cm^{-1}。化合物 **64** 的红外谱图显示在3 624 cm^{-1}处有羟基吸收峰。根据 HRFABMS 测得化合物 **64** 的 m/z [(M+Na)$^+$] 为 509.397 7，计算值为 509.397 1，推测化合物 **64** 的分子式为 $C_{32}H_{54}O_3$。^{13}C NMR 谱图显示共有 32 个碳元素信号，其中 δ79.0(d) 处显示为连氧的碳信号，1 个缩醛的碳信号和 2 个甲氧基碳信号分别出现在 δ109.2(d)、60.1(q)和 57.4(q)处，2 个烯碳信号显示分别位于 δ139.4(s)和 125.3(d)处。根据 DEPT 和 HMQC 谱图推断出化合物 **64** 还含有 9 个仲碳原子、5 个叔碳原子、5 个季碳原子，以及 7 个甲基碳原子。由^1H NMR 谱图可以推断出有 5 个单峰甲基(δ1.12、1.08、1.01、0.97、0.80)，2 个双峰甲基(δ0.81，$W_{h/2}$ = 5.0 Hz；0.91，d，J = 5.9 Hz)和 1 个烯烃氢(δ5.19，dd，J = 3.7，3.4 Hz)。可根据^1H-^1H COSY谱图(图 2.73)中的相关性可推断出连有质子的碳原子之间的连接关系为 C-1 与 C-2、C-2 与 C-3，C-5 与 C-6，C-6 与 C-7，C-9 与 C-11，C-11 与 C-12，C-15 与 C-16，C-18 与 C-19，-19 与 C-20、C-29，C-20与 C-21、C-30，C-21 与 C-22 互为邻位碳原子。通过 HMBC 谱图中的相关性可推断出各季碳的连接位置，由 HMBC 谱图中H-23 与 C-3、C-4、C-5 及 C-24，H-24 与 C-3、C-4、C-5 及 C-23 的相关性可以推断出C-23 和 C-24 为偕二甲基，并且羟基位于 C-3(δ79.0)位。由 H-25 与 C-1、C-5、C-9 及 C-10 的相关性可以推断出 C-25 和 C-10 相连。由 H-26 与 C-7、C-8、C-9 及 C-14 的相关性

可以推断出 C-26 和 C-8 相连。由 H-27 与 C-8、C-13、C-14 及 C-15 的相关性可以推断出 C-27 和 C-14 相连。由 H-29 与C-18、C-19 及 C-20 的相关性可以推断出 C-29 和 C-19相连。由 H-30 与 C-21 的相关性可以推断出 C-30 和 C-20 相连。由缩醛的碳(δ109.2)与 H-16α、H-18 和 2 个 OMe 的相关性可推断出 C-28 和 C-17 相连,并且 2 个甲氧基均连接在 C-28 位。综合以上分析结果,可以推断出化合物 **64** 的平面结构为蒲公英烷或乌苏烷型五环三萜类化合物。

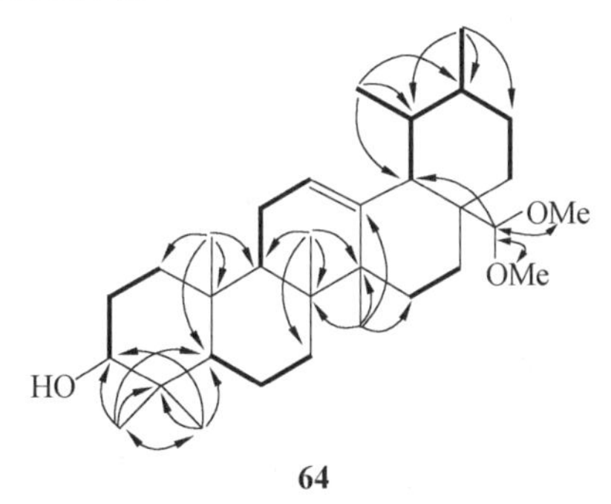

图 2.73 化合物 **64** 的^{1}H-^{1}HCOSY 和 HMBC

化合物 **64** 的相对立体构型可通过 NOESY 谱图(图 2.74)中 H-H 的相关性推断出。由 NOESY 谱图中 H-3 与 H-23(4α-Me),H-6β 与 H-24,H-9 与 H-5 及 H-27,H-12 与 H-18,H-15β 与 H-28,H-16α 与 H-27,H-24 与 H-25,H-19 与 H-29 及 H-27,H-30 与 H-19,H-22α与 H-16β 的相关性可推断出 A 环和 B 环为反式稠合,B 环和 C 环为反式稠合,D 环和 E 环为顺式稠合,C-3 位羟基为 β-构型。由于受到 C-17 上的 β(ax)-OH 的影响,使 H-15β(ax,δ1.76)的化学位移值比正常的 ax-H 值低。由 H-22α 与 H-16β、H-19及H-27的相关性可推出 C-17 碳上的二甲基缩醛是 β-构型的。综上所述,化合物 **64** 的结构为蒲公英烷型五环三萜,命名为 28,28-二甲氧基乌苏-12-烯-3β-醇,化合物 **64** 的 NMR 数据见表 2.64。

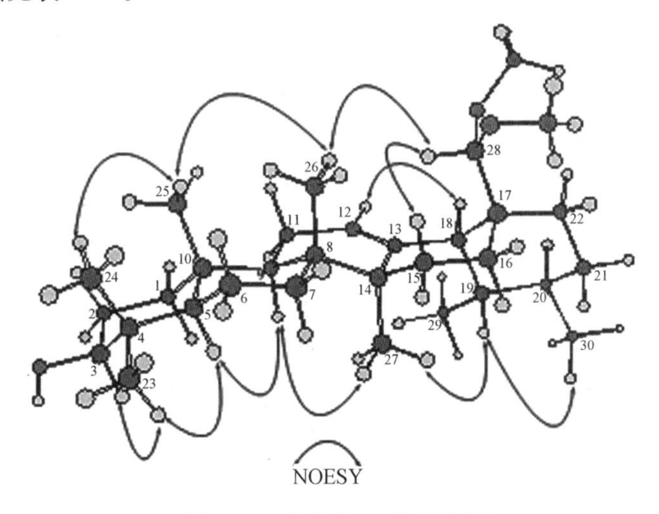

图 2.74 化合物 **64** 的 NOESY

表 2.64 化合物 64 的核磁数据(溶剂为氘代氯仿)

序号	^{13}C	连接的 H	^{1}H-^{1}H COSY	HMBC	NOESY
1	38.8(t)	β 1.66(1H,m) α 1.02(1H,m)	H-1α H-1β,H-2β	H-9,H-25	H-11
2	27.2(t)	α 1.63(1H,m) β 1.59(1H,m)	H-3 H-1α,H-3	H-1α	H-3
3	79.0(d)	3.23(1H,ddd, 10.7,4.9,4.9)	H-2αβ	H-23,H-24	H-2α,H-23
4	38.8(s)			H-5,H-23,H-24	
5	55.1(d)	0.75(1H,br d,11.2)	H-6αβ	H-1β,-6β, -7α,-9,-23, -24,-25	H-9,H-23
6	18.3(t)	α 1.59(1H,m) β 1.41(1H,m)	H-5,H-6β H-5,H-6α, H-7β	H-5,H-7αβ	H-24
7	32.6(t)	β 1.59(1H,m) α 1.36(1H,m)	H-6β	H-5,H-9, H-26	H-27
8	40.2(s)			H-7α,-9,-11, -15β,-26,-27	
9	47.6(d)	1.57(1H,m)	H-11	H-5,-7α, -11,-12,-25,-26	H-5,H-11, H-27
10	36.9(s)			H-1β,H-5, H-9,H-25	
11	23.5(t)	1.95(2H, dd,8.8,3.7)	H-9,H-12	H-9,H-12	H-9,-12, -25,-26
12	125.3(d)	5.19(1H, dd,3.7,3.4)	H-11	H-11,H-18	H-11,H-18
13	139.4(s)			H-12,H-15α, H-18,H-27	
14	42.0(s)			H-9,-12,-16β, -18,-26,-27	
15	25.9(t)	β 1.76(1H, ddd,13.9, 13.9,4.6) α 1.02(1H,m)	H-15α, H-16αβ H-15β, H-16αβ	H-16β,H-27	H-28
16	23.8(t)	α 1.91(1H, ddd,13.9,13.9,4.6) β 1.33(1H,m)	H-15αβ, H-16β H-15αβ, H-16α	H-22α	H-27 H-22α
17	42.7(s)			H-15α,H-16α, H-18,H-22α	

续表2.64

序号	^{13}C	连接的 H	^{1}H-^{1}H COSY	HMBC	NOESY
18	53.1(d)	1.74(1H,br d,11.0)	H-19	H-12,-16β, -22β,-28,-29	H-12
19	39.5(d)	1.36(1H,m)	H-18,H-20, H-29	H-18,H-29	H-27,H-29
20	39.1(d)	0.92(1H,m)	H-19,H-22αβ	H-19,H-29	H-21β
21	30.6(t)	β 1.44(1H,m) α 1.16(1H,m)	H-20,H-21α, H-22α H-20,H-21β, H-22β	H-22αβ, H-30	H-20
22	27.8(t)	α 1.66(1H,m) β 1.33(1H,m)	H-21β,H-22β H-21α,H-22α	H-28	H-16β
23	28.1(q)	1.01(3H,s)		H-5,H-24	H-3,H-5
24	15.6(q)	0.80(3H,s)		H-23	H-6β,H-25
25	15.7(q)	0.97(3H,s)		H-9	H-11,H-24, H-26
26	17.1(q)	1.08(3H,s)		H-7α,H-9	H-11,H-25, H-28
27	23.6(q)	1.12(3H,s)		H-15β	H-7α,-9, -16α,-19
28	109.2(d)	4.33(1H,s)		H-16α,H-18, H-31,32	H-15β, H-26
29	17.3(q)	0.81(3H,$W_h/2$=5.0 Hz)	H-19	H-18	
30	21.3(q)	0.91(3H,d,5.9)			H-19
OMe	60.1(q)	3.55(3H,s)		H-28	
OMe	57.4(q)	3.46(3H,s)		H-28	

4.3β,12α-二羟基齐墩果烷-28,13β-内酯(夹竹桃内酯)(化合物65)

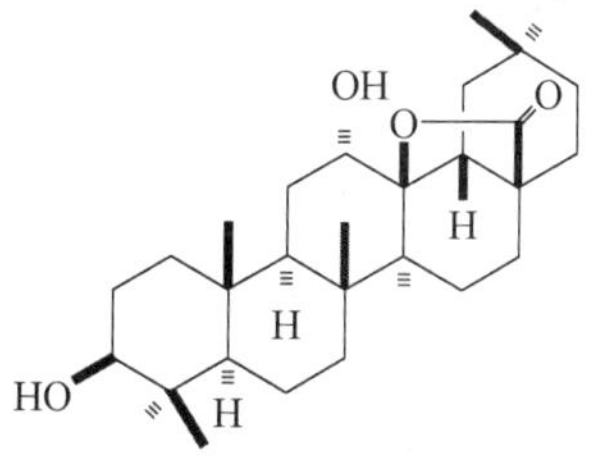

化合物65

化合物 **65** 为无色粉末，熔点为 248 ~ 253 ℃，$[\alpha]_D^{20}$ = +40.3°（c（MeOH）= 0.062 mol/L），根据 HREIMS 化合物 **65** 的 m/z 为 472.355 5，计算值为 472.355 3，推测该化合物的分子式为 $C_{30}H_{48}O_4$。该化合物的红外谱图（3 700、3 632 和 1 764 cm^{-1}）表明该化合物存在羟基及 γ-内酯官能团。^{13}C NMR 谱图显示共有 30 个碳元素信号，其中酯羰基碳信号位于 δ179.9，3 个连氧碳信号分别位于 δ78.8（d）、76.4（d）和 90.5（s）处。根据 DEPT 和 HMQC 谱图判断其余的碳信号还含有 10 个仲碳原子、3 个叔碳原子、6 个季碳原子，以及 7 个甲基碳原子。在^1H NMR 谱图显示有 7 个单峰甲基（δ0.78、0.88、0.91、0.99、1.00、1.15、1.30）。另外根据^1H-^1H COSY 谱图（图 2.75）的 H-H 相关性可推断出连接质子碳的顺序为（C-1 与 C-2，C-2 与 C-3，C-5 与 C-6，C-6 与 C-7，C-9 与 C-11，C-11 与 C-12，C-15 与 C-16，C-18 与 C-19，C-19 与 C-29，C-21 与 C-22）。通过无质子碳原子的 HMBC 的相关性确定碳原子的连接顺序。结果表明化合物 **65** 是具有齐墩果烷型骨架的五环三萜。由在δ78.8处的连接羟基的碳信号与偕二甲基 H-23 和 H-24 的相关性可确定羟基位于 C-3 位。H-3 的耦合常数（J=11.5 Hz、J=4.6 Hz）表明羟基在 C-3位为 β（eq）-构型。根据羰基（δ179.9）与 H-16 和 H-22 的相关性，连氧碳（δ76.4）与 H-11 相关性，内酯环的连氧碳（δ90.5）与 H-15、H-18 和 H-27 的相关性，以及偕二甲基的两个碳信号（δ23.9 和 33.3）分别与 H-19、H-21 和 H-19、H-30 的相关性可推断出 γ-内酯环连接于 C-17 和 C-13 处，1 个羟基位于 C-12 处。根据 H-12（δ3.90，br s，$W_{h/2}$=9.0 Hz）C-12 羟基为 α（ax）-构型。

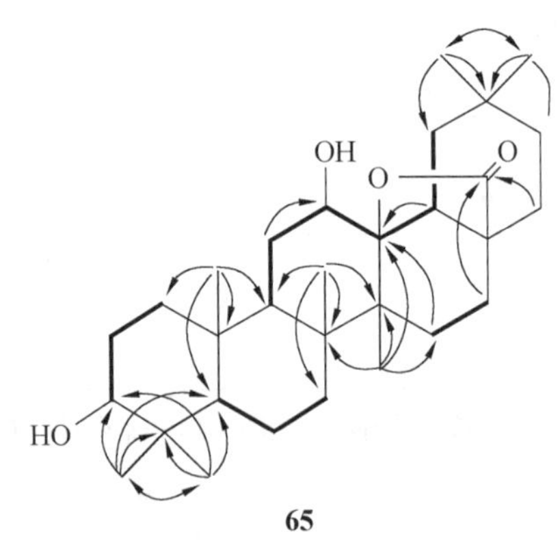

图 2.75　化合物 **65** 的^1H-^1HCOSY 和 HMBC

通过 NOESY 相关可确定化合物 **65** 的相对立体构型。NOESY 的相关性（图 2.76）[H-3与 H-23（4α-Me）和 H-5，H-5 与 H-9，H-12 与 H-18，H-25 与 H-26，H-7 与 H-19α] 表明化合物 **65** 的 A/B 环、B/C 环及 C/D 环均以反式方式稠合。根据 H-21α 与 H-16α，H-22α 与 H-16β，H-27 与 H-19α 的 NOESY 相关性表明 D/E 环为顺式稠合，并且 γ-内酯环为 β-构型。根据 H-12 与 H-11β，H-12 与 H-18 的 NOESY 相关性表明12-OH 为 α（ax）-构型。综上确定化合物 **65** 为 3β，12α-二羟基齐墩果烷-28，13β-内酯，NMR 数据见表 2.65。

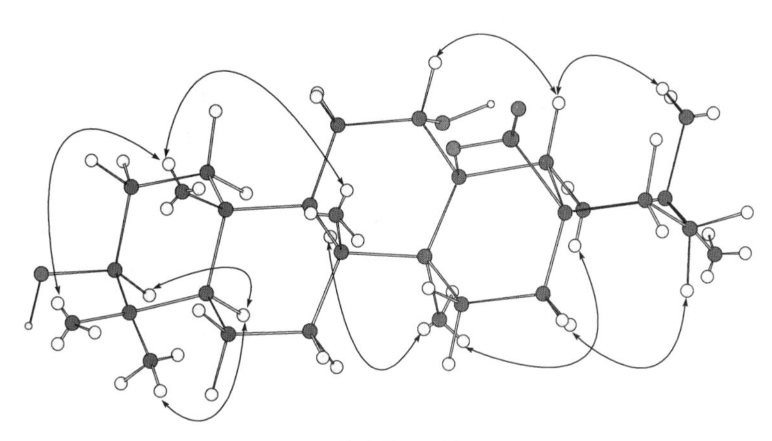

图 2.76 化合物 **65** 的 NOESY

表 2.65 化合物 65 的核磁数据(溶剂为氘代氯仿)

序号	^{13}C	连接的 H
1	38.8(t)	1.73(1H,ddd,J=11.1,3.4,3.4 Hz),0.95(1H,m)
2	27.5(t)	1.68(1H,m),1.65(1H,m)
3	78.8(d)	3.23(1H,dd,J=11.5,4.6 Hz)
4	38.9(s)	
5	55.2(d)	0.76(1H,m)
6	17.7(t)	1.50(1H,m)
7	34.0(t)	1.56(1H,m),1.26(1H,m)
8	42.1(s)	
9	44.6(d)	1.54(1H,m)
10	36.4(s)	
11	28.8(t)	2.00(2H,m),1.48(1H,m)
12	76.4(d)	3.90(1H,br s,$W_{h/2}$=9.0 Hz)
13	90.5(d)	
14	43.3(s)	
15	28.0(t)	1.89(1H,m) 1.18(1H,m)
16	21.2(t)	2.13(1H,ddd,J=13.3,13.4,5.6 Hz) 1.25(1H,m)
17	44.7(s)	
18	51.1(d)	2.04(1H,m)
19	39.4(t)	2.00(1H,m),1.85(1H,m)
20	31.6(s)	
21	24.1(t)	1.39(1H,m),1.36(1H,m)
22	27.2(t)	1.62(1H,m),1.59(1H,m)
23	28.0(q)	1.00(3H,s)
24	15.4(q)	0.78(3H,s)
25	15.9(q)	0.88(3H,s)

续表2.65

序号	^{13}C	连接的 H
26	18.5(q)	1.15(3H,s)
27	18.6(q)	1.30(3H,s)
28	179.9(s)	
29	33.3(q)	0.99(3H,s)
30	23.9 q)	0.91(3H,s)

5.20β,28-环氧-28α-甲氧蒲公英甾烷-3β-醇(化合物66)

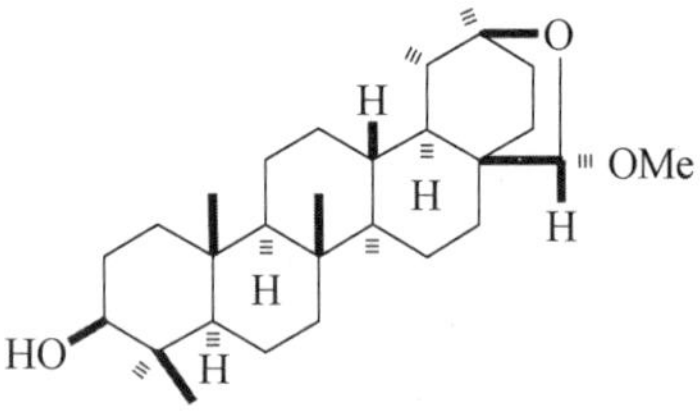

化合物66

化合物 **66** 为无色粉末，熔点为 172 ~ 174 ℃，$[\alpha]_D^{20}$ = +46.8°(c(CHCl$_3$)= 0.231 mol/L)，IR(CHCl$_3$)v_{max}为 3 624、2 997、2 947、2 872、1 468 和 1 377 cm^{-1}。化合物 **66** 的红外谱图显示在3 624 cm^{-1}处有羟基吸收峰。根据 HRFABMS 测得化合物 **66** 的 m/z [(M + Na)$^+$] 为 495.380 3，计算值为 495.381 4，推测化合物 **66** 的分子式为 $C_{31}H_{52}O_3$。^{13}C NMR谱图显示共有 31 个碳元素信号。其中 δ100.2 处显示为缩醛的碳信号，3 个与氧相连的碳信号分别出现在 δ78.9(d)、73.9(s)和55.2(q,-OMe)处。根据 DEPT 和 HMQC 谱图推断出化合物 **66** 还含有 10 个仲碳原子、5 个叔碳原子、5 个季碳原子，以及 7 个甲基碳原子。由^{1}H NMR 谱图可以推断出有 6 个单峰甲基(δ1.10、0.98、0.97、0.93、0.84、0.77)，1 个双峰甲基(δ0.87，d，J = 7.1 Hz)和 1 个甲氧基(δ3.43)。由^{1}H-^{1}H COSY(图 2.77)谱图中 H 与 H 的相关性可以推断出 C-1 与 C-2、C-2 与 C-3、C-5 与 C-6、C-6 与 C-7、C-9 与 C-11、C-11与 C-12、C-12 与 C-13、C-13 与 C-18、C-18 与 C-19、C-19 与 C-29、C-21 与 C-22 互为邻位碳原子。通过 HMBC 谱图中各季碳的 HMBC 相关性，可推断出各季碳的连接位置。由 HMBC 谱图(图 2.78)中 H-23 与 C-3、C-4、C-5 及 C-24，H-24 与 C-3、C-4、C-5 及C-23的相关性可以推断出 C-23 和 C-24 为偕二甲基，并且羟基位于 C-3(δ78.9)位。由 H-25 与 C-1、C-5、C-9 及 C-10 的相关性可以推断出 C-25和 C-10 相连。由 H-26 与C-7、C-8、C-9 及 C-14 的相关性可以推断出 C-26 和 C-8相连。由 H-27 与 C-8、C-13、C-14 及 C-15 的相关性可以推断出 C-27 和 C-14 相连。由 H-29 为双峰甲基，并且与 C-18、C-19 及 C-20 的相关性可以推断出 C-29 和 C-19 相连。由 H-30 与 C-19、C-20 (δ73.9)及 C-21 的相关性可以推断出 C-30 和 C-20 相连。由缩醛的碳(δ100.2)与 H-16、H-18 和 C-OMe 的相关性可推断出 C-28 和 C-17 相连，并且甲氧基连接在 C-28 上。由 H-28 与 C-20、C-OMe 的相关性及 C-20、C-28 的化学位移值可以推断出 C-20 和 C-28 通过醚键相连。综合以上分析结果，可以推断出化合物 **66** 的平面结构为蒲公英烷或乌苏烷型五环三萜类化合物。

化合物 **66** 的相对立体构型可通过 NOESY 谱图中 H-H 的相关性推断出。由 NOESY

谱图中 H-3 和 H-23(4α-Me)和 H-5,H-7α、H-5 和 H-27,H-9 和 H-12α,H-25、H-24 和 H-26,H-27 和 H-7α,H-12α 和 H-16α,H-13、H-26 和 H-28,H-29、H-21α 和 H-30,H-30、H-21β 和 H-29,H-21α 和 H-18 的相关性可推断出 A 环和 B 环为反式稠合,B 环和 C 环为反式稠合,C 环和 D 环为反式稠合,D 环和 E 环为反式稠合,C-3位羟基为β-构型。由 H-28 和 H-13 的相关性推断出 C-20 和 C-28 之间存在一个β-氧桥,并且在 C-28为 *S* 构型。H-29 和 H-30、H-21α,H-21α 和 H-18 的 NOESY 相关性表明 19 和 20 碳上的甲基是α-构型的。综上所述,化合物 **66** 的结构为蒲公英烷型五环三萜,命名为 20β,28-环氧-28α-甲氧蒲公英甾烷-3β-醇,化合物 **66** 的 NMR 数据见表 2.66。

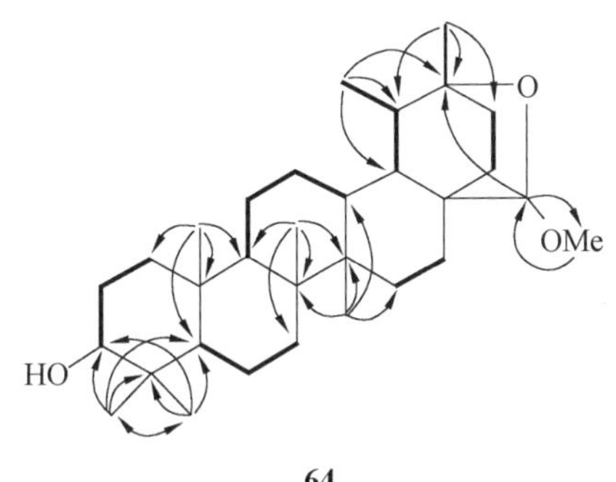

图 2.77 化合物 **66** 的^{1}H-^{1}H COSY 和 HMBC

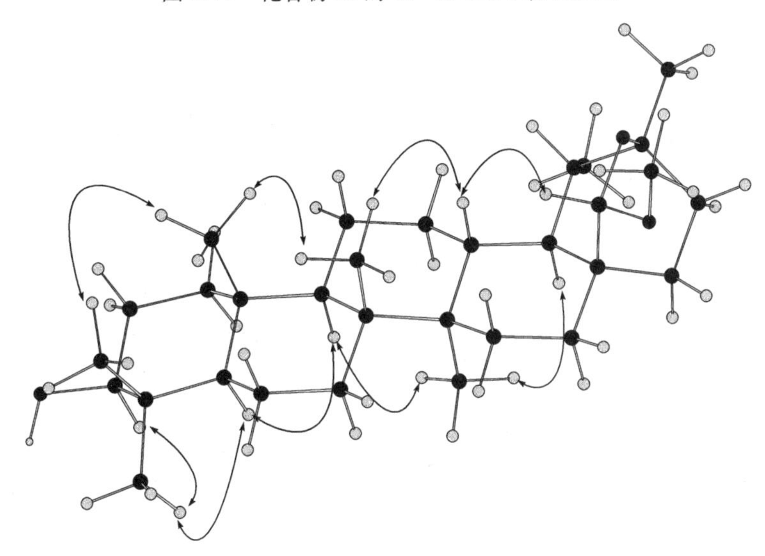

图 2.78 化合物 **66** 的 NOESY

表 2.66 化合物 66 的核磁数据(溶剂为氘代表氯仿)

序号	^{13}C	连接的 H	$^{1}H-^{1}H$ COSY	HMBC	NOESY
1	38.8(t)	β 1.69(1H,m) α 0.95(1H,m)	H-1α H-1β	H-2α,H-25	H-25
2	27.4(t)	α 1.62(1H,m) β 1.59(1H,m)	H-3	H-1β	H-3
3	78.9(d)	3.19(1H,dd, 11.5,4.4)	H-2α	H-1β,H-2α, H-23,H-24	H-2α,H-5, H-23
4	38.9(s)			H-5,H-23, H-24	
5	55.4(d)	0.69(1H, br d,11.2)	H-6αβ	H-6α,H-23, H-24,H-25	H-3,H-23
6	18.3(t)	α 1.52(1H,m) β 1.37(1H,m)	H-5,H-6β, H-7α H-5,H-6α	H-5	H-24,H-26
7	33.8(t)	β 1.40(1H,m) α 1.34(1H,m)	H-6α	H-5,H-9, H-26	H-5,H-27
8	40.8(s)			H-6α,H-26, H-27	
9	50.8(d)	1.37(1H,m)	H-11	H-25,H-26	H-12α
10	37.2(s)			H-1α,H-2α, H-5,H-6α, H-9,H-25	
11	21.1(t)	1.25(2H,m)	H-9,H-12β	H-9	H-25,H-26
12	25.1(t)	α 1.69(1H,m) β 1.64(1H,m)	H-11	H-13,H-18	H-9 H-19
13	39.3(d)	1.56(1H,m)		H-18,H-19, H-27	H-26,H-28
14	41.3(s)			H-13,H-15β, H-26,H-27	
15	26.3(t)	β 1.56(1H,m) α 1.02(1H,m)	H-15α H-15β,H-16α	H-27	
16	27.7(t)	β 1.56(1H,m) α 1.15(1H,m)	H-16α H-16β,H-15α	H-15β,H-22β	H-22α,H-27

续表2.66

序号	^{13}C	连接的 H	$^{1}H-^{1}H$ COSY	HMBC	NOESY
17	35.2(s)			H-15α, H-16αβ, H-18	
18	48.6(d)	0.88(1H,m)	H-19	H-13, H-16α, H-19	H-21α
19	42.6(d)	1.38(1H,m)	H-18	H-21β, H-29, H-30	H-12β
20	73.9(s)			H-19, H-21β, H-22β	
21	27.4(t)	β 1.64(1H,m) α 1.62(1H,m)		H-19, H-22αβ, H-30	H-30 H-18, H-29
22	28.8(t)	β 1.73(1H,m) α 0.91(1H,m)	H-22α H-22β	H-16α, H-18, H-21β	H-16α
23	28.0(q)	0.97(3H,s)		H-24	H-3, H-5, H-24
24	15.4(q)	0.77(3H,s)		H-5, H-23	H-6β, H-23, H-25
25	16.3(q)	0.84(3H,s)			H-1β, H-11, H-24
26	15.7(q)	0.98(3H,s)		H-9	H-6β, H-11, H-13
27	14.6(q)	0.93(3H,s)		H-13	H-7α, H-12α, H-16α
28	100.2(d)	4.87(1H,s)		H-16α, H-18, OMe	H-13, OMe
29	20.1(q)	0.87(3H,d,7.1)		H-18, H-19	H-21α, H-30
30	25.0(q)	1.10(3H,s)		H-21β	H-21β, H-29
OMe	55.16(q)	3.43(3H,s)		H-28	H-28

6. 20β,28-环氧蒲公英甾-21-烯-3β-醇(化合物 67)

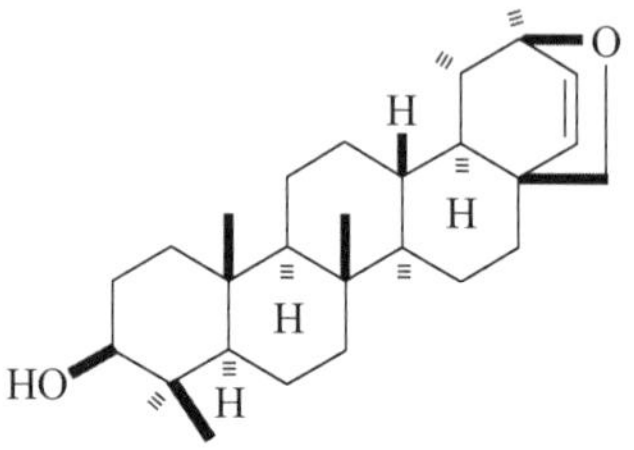

化合物67

化合物 **67** 为无色粉末，熔点为 226 ~ 229 ℃，$[\alpha]_D^{20}$ = +72.6°（c（$CHCl_3$）= 0.215 mol/L），IR（$CHCl_3$）v_{max}为 3 624、2 948、2 872、1 612、1 452 和 1 380 cm^{-1}。化合物 **67** 的红外谱图显示在3 624 cm^{-1}处有羟基吸收峰。根据 HRFABMS 测得化合物 **67** 的 m/z 为440.366 8，计算值为 440.365 4，推测化合物 **67** 的分子式为 $C_{30}H_{48}O_2$。^{13}C NMR 谱图显示共有 30 个碳元素信号，其中 3 个与氧相连的碳信号分别出现在 δ79.0(d)、74.2(s)和65.9(t)处，2 个烯烃碳信号分别出现在 δ133.0(d)和 140.6(d)处。根据 DEPT 和 HMQC 谱图推断出化合物 **67** 还含有 8 个仲碳原子、5 个叔碳原子、5 个季碳原子，以及 7 个甲基碳原子。由^1H NMR谱图可以推断出有 6 个单峰甲基(δ1.30、1.00、0.97、0.95、0.85、0.77)，1 个双峰甲基(δ0.69, d, J=6.8 Hz）和 2 个顺式烯烃氢质子[5.98(1H, d, J=8.2 Hz)和6.10(1H, d, J=8.2 Hz)]。由$^1H-^1H$ COSY 谱图(图 2.79)中 H 与 H 的相关性可以推断出 C-1 与 C-2、C-2 与 C-3，C-5 与 C-6，C-6与 C-7，C-9 与 C-11，C-11 与 C-12，C-12 与C-13，C-15 与 C-16，C-18 与 C-19，C-19 与 C-29，C-21 与 C-22 互为邻位碳原子。通过 HMBC 谱图中各季碳的 HMBC 相关性，可推断出各季碳的连接位置。由 HMBC 谱图中H-19与 C-13、C-17、C-18、C-20、C-21 及 C-29，H-21 与 C-17、C-20、C-22 及 C-30，H-22与 C-17、C-20 及 C-21，H-28β 与 C-18、C-20 及 C-22，H-29与 C-18、C-19 及 C-20，H-30 与 C-19 及 C-20 的相关性(图 2.80)可以推断出C-23和 C-24 为偕二甲基，并且 C-3(δ74.2)与羟基相连。由 H-25 与 C-1、C-5及 C-9 的相关性可以推断出 C-25 和 C-10 相连。由 H-26 与 C-7、C-8、C-9 及 C-14 的相关性可以推断出 C-26 和 C-8 相连。由 H-27 与 C-8、C-13、C-14 及 C-15 的相关性可以推断出 C-27 和 C-14 相连。由 H-29 为双峰甲基，并且与 C-18、C-19 及 C-20 的相关性可以推断出 C-29 和 C-19相连。由H-30与 C-19、C-20 及 C-21 的相关性可以推断出 C-30 和 C-20 相连。由叔碳(δ37.6)与 H-15α、H-16α、H-18、H-21、H-22 和 H-28α,β 的相关性可推断出 C-17 和C-28相连。由 H-28 与 C-20、C-OMe 的相关性及 C-20、C-28 的化学位移值可以推断出 C-20 和 C-28 通过醚键相连。由 H-21 与C-17、C-20、C-22、C-30 的相关性及 C-21、C-22 的化学位移值可推断出 C-21 与 C-22 通过碳碳双键相连。综合以上分析结果，可以推断出化合物 **67** 的平面结构为蒲公英烷或乌苏烷型五环三萜类化合物。

化合物 **67** 的相对立体构型可通过 NOESY 谱图中 H-H 的相关性推断出。由NOESY 谱图中 H-3 和 H-23(4α-Me)和 H-5，H-9 和 H-12α，H-12β 和 H-19，H-18 和 H-27，H-25、H-24 和 H-26，H-27、H-9 和 H-18，H-29、H-19 和 H-30 的相关性可推断出 A 环和 B 环为反式稠合，B 环和 C 环为反式稠合，C 环和 D 环为反式稠合，D 环和 E 环为反式

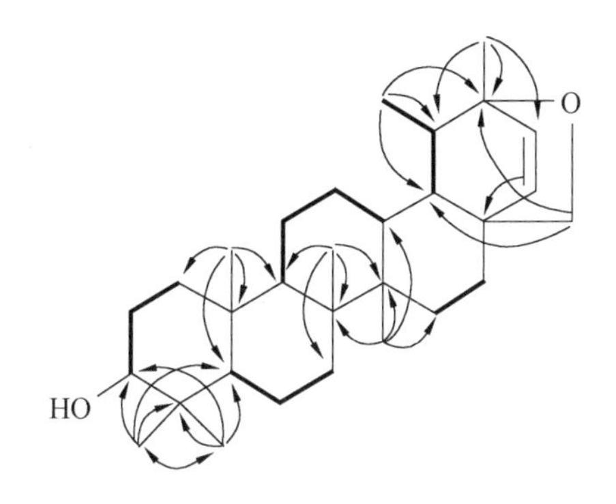

图 2.79 化合物 **67** 的$^1H-^1H$ COSY 和 HMBC

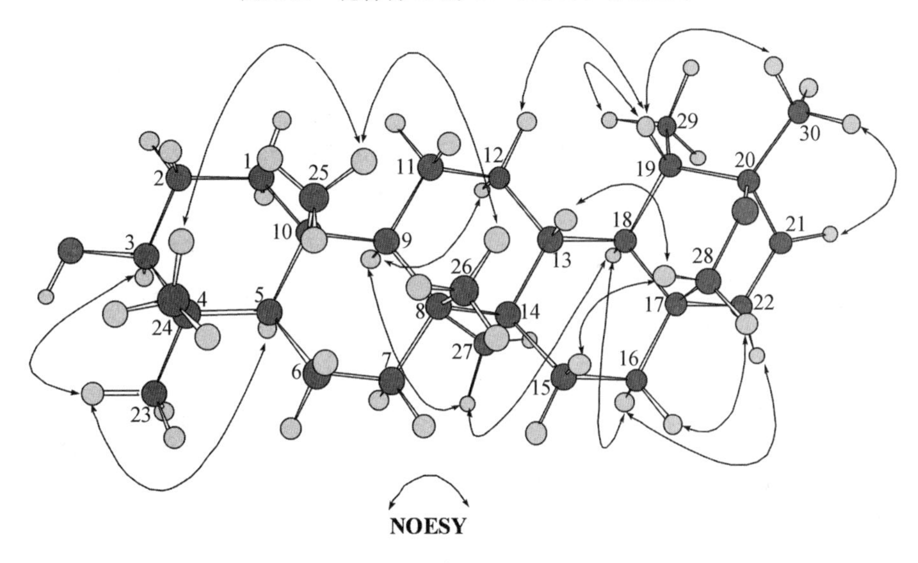

图 2.80 化合物 **67** 的 NOESY

耦合,C-3 位羟基为β-构型,H-28β 和 H-13、H-15β、H-28α,H-28α 和 H-16β、H-28β的相关性可推出 C-17 和 C-20 之间存在一个 β-氧桥(methylenoxy)。综上所述,化合物 **67** 的结构为蒲公英烷型五环三萜,命名为 20β,28-环氧蒲公英甾-21-烯-3β-醇,化合物 **67** 的 NMR 数据见表 2.67。

表 2.67 化合物 67 的核磁数据(溶剂为氘代氯仿)

序号	^{13}C	连接的 H	$^1H-^1H$ COSY	HMBC	NOESY
1	38.8(t)	β 1.70(1H,m) α 0.92(1H,m)	H-1α H-1β,H-2α	H-2β,H-25	H-2α,H-3
2	27.4(t)	α 1.62(1H,m) β 1.58(1H,m)	H-3,H-1α H-3	H-1β	H-1α,H-3 H-24,H-25
3	79.0(d)	3.19(1H,dd, 11.2,4.4)	H-2$\alpha\beta$	H-2β,H-5, H-23,H-24	H-1α,H-2α, H-5,H-23
4	38.9(s)			H-5,H-23, H-24	

续表2.67

序号	^{13}C	连接的 H	$^{1}H-^{1}H$ COSY	HMBC	NOESY
5	55.4(d)	0.69(1H,m)		H-7,H-23, H-24,H-25	H-3,H-23
6	18.2(t)	α 1.54(1H,m) β 1.40(1H,m)		H-5,H-7	H-23
7	33.9(t)	1.38(2H,m)		H-5,H-26	H-26
8	40.7(s)			H-6β,H-26, H-27	
9	50.6(d)	1.33(1H,m)		H-25,H-26	H-12α
10	37.2(s)			H-1α,H-5, H-9,H-25	
11	21.3(t)	1.27(2H,m)	H-12β	H-12β	
12	27.3(t)	β 1.64(1H,m) α 1.10(1H,m)	H-11,H-12α H-12β,H-13	H-13	H-19 H-9
13	38.7(d)	1.73(1H,m)	H-12α,H-18	H-12α,H-19, H-27	H-28β
14	41.6(s)			H-26,H-27	
15	26.6(t)	β 1.52(1H,m) α 1.04(1H,m)	H-15α H-15β	H-16α,H-27	H-28β H-16β
16	27.5(t)	α 1.76(1H,m) β 1.50(1H,m)	H-15αβ	H-15β,H-22	H-18,H-22 H-15α,H-28α
17	37.6(s)			H-15α, -16α,-18, -19,-21	
18	45.4(d)	0.74(1H,m)	H-13,H-28α	H-13,H-16β, H-19	H-16α,H-27
19	44.2(d)	1.47(1H,m)	H-18,H-29	H-18,H-29, H-30	H-12β,H-29, H-30
20	74.2(s)			H-19,H-21, H-22,H-28β	
21	133.0(d)	5.98(1H,d,8.3)	H-22	H-19,H-22, H-30	H-30
22	140.6(d)	6.10(1H,d,8.1)	H-21	H-16α,H-18, H-21	H-16α
23	28.0(q)	0.97(3H,s)		H-3,H-24	H-3,H-5, H-6α,H-24
24	15.4(q)	0.77(3H,s)		H-5,H-23	H-2β,H-23, H-25
25	16.3(q)	0.85(3H,s)			H-2β,H-24, H-26

续表2.67

序号	^{13}C	连接的 H	$^{1}H-^{1}H$ COSY	HMBC	NOESY
26	15.7(q)	1.00(3H,s)		H-7,H-9	H-7,H-25
27	14.3(q)	0.95(3H,s)		H-13	H-9,H-16α, H-18
28	65.9(t)	β 4.17 (1H,d,7.8) α 2.81 (1H,dd,7.8,1.5)	H-28α H-28β,H-18	H-16αβ,H-18	H-13,H-15β, H-28α H-16β,H-28β
29	20.9(q)	0.69(3H,d,6.8)		H-18,H-19	H-19,H-30
30	22.2(q)	1.30(3H,s)		H-21	H-19,H-21, H-29

7. 20*S*,24*R*-环氧达玛烷-3*β*,25-二醇(化合物 68)

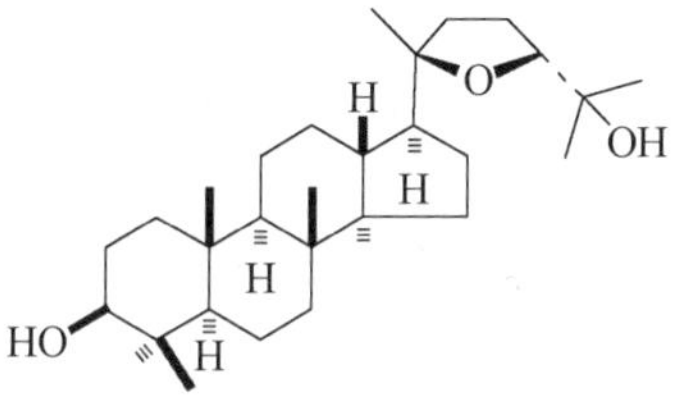

化合物68

化合物 **68** 为无色粉末,熔点为 226 ~ 229 ℃,$[\alpha]_D^{20}$ = +72.6°(c(CHCl$_3$)= 0.215 mol/L),IR(CHCl$_3$)v_{max}为 3 624、2 948、2 872、1 612、1 452 和 1 380 cm^{-1}。化合物 **68** 的红外谱图显示在3 624 cm^{-1}处有羟基吸收峰。根据 HRFABMS 测得化合物 **68** 的 m/z 为440.366 8,计算值为 440.365 4,推测分子式为 $C_{30}H_{48}O_2$。^{13}C NMR 谱图显示共有 30 个碳元素信号,其中 4 个与氧相连的碳信号分别出现在 δ86.4(s)、83.3(d)、79.0(d)和71.4(s)处。根据 DEPT 和 HMQC 谱图推断出化合物 **68** 还含有 10 个仲碳原子、4 个叔碳原子、4 个季碳原子,以及 8 个甲基碳原子。由^{1}H NMR 谱图可以推断出有 8 个单峰甲基(δ1.21、1.13、1.11、0.97、0.95、0.87、0.83、0.77),2 个连氧碳上的质子(δ3.73,t,J= 7.5 Hz;3.20,dd,J=11.2,4.9Hz)。由$^{1}H-^{1}H$ COSY 谱图中 H 与 H 的相关性可以推断出C-1 与 C-2,C-2 与 C-3,C-5与 C-6,C-6 与 C-7,C-9 与 C-11,C-11 与 C-12,C-12 与 C-13,C-15 与 C-16,C-16 与 C-17,C-22 与 C-23,C-23 与 C-24,C-24 互为邻位碳原子。通过 HMBC 谱图中各季碳的 HMBC 相关性,可推断出各季碳的连接位置。由 HMBC 谱图中 H-18 与 C-7、C-8、C-9 和C-14,H-19 与 C-1、C-5、C-9 和 C-10,H-21 与 C-17、C-20 和 C-22,H-28 与 C-3、C-4、C-5 和 C-29,H-29 与 C-3、C-4、C-5 和 C-28,H-26 与 C-24、C-25 和 C-27,H-27 与C-24、C-25 和 C-26,H-30 与 C-8、C-13、C-14 和C-15的相关性可以推断出C-26和 C-27,C-28 和 C-29 分别为偕二甲基,并且 C-3 (δ79.0),C-25(δ71.4)分别与羟基相连,C-20 与 C-24 间以醚键相连。综合以上分析结果,可以推断出化合物 **68** 的平面结构可能为达玛烷型四环三萜类化合物,NMR 数据见表 2.67。

化合物 **68** 的相对立体构型可通过 NOESY 谱图中 H-H 的相关性推断出。由 NOESY 谱图中 H-3 与 H-28(4α-Me)和 H-5,H-9 与 H-5 和 H-30,H-19 与 H-29 和 H-18,H-

18 与 H-13 的相关性(图 2.81)可推断出 A 环和 B 环为反式稠合,B 环和 C 环为反式稠合,C 环和 D 环为反式稠合,C-3 位羟基为β-构型。根据 H-21 与 H-3、H-16β 和 H-24,H-27 与 H-16β 的相关性可推断出H-17为 α-构型,C-20 及 C-24 的立体构型分别为 20*S* 和 24*R* 构型。综上所述,化合物 **68** 的结构被确定为(20*S*,24*R*)-环氧达玛烷-3β,25-二醇,NMR 数据见表 2.68。

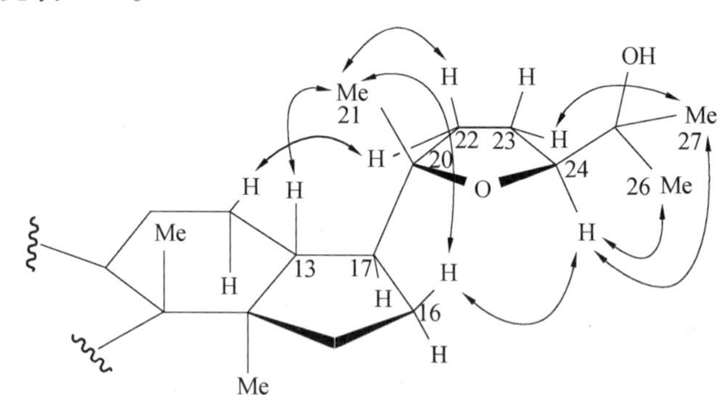

图 2.81　化合物 **68** 的 NOESY

表 2.68　化合物 **68** 的核磁数据(溶剂为氘代氯仿)

序号	^{13}C	连接的 H
1	39.1(t)	1.66(1H,m),0.94(1H,m)
2	27.4(t)	1.63(1H,m),1.56(1H,m)
3	79.0(d)	3.20(1H,dd,*J*=11.2,4.9 Hz)
4	39.0(s)	
5	55.9(d)	0.73(1H,dd,*J*=11.0,2.0 Hz)
6	18.3(t)	1.53(1H,m),1.44(1H,m)
7	35.3(t)	1.50(1H,m),1.26(1H,m)
8	40.4(s)	
9	50.8(d)	1.30(1H,dd,*J*=14.0,3.0 Hz)
10	37.1(s)	
11	21.6(t)	1.50(1H,m),1.46(1H,m)
12	25.7(t)	1.77(1H,m),1.47(1H,m)
13	43.0(d)	1.55(1H,m)
14	50.0(s)	
15	26.1(t)	1.61(1H,m),1.44(1H,m)
16	31.5(t)	1.84(1H,m),1.07(1H,m)
17	49.5(d)	1.78(1H,m)
18	15.4(q)	0.95(3H,s)
19	16.2(q)	0.83(3H,s)
20	86.4(s)	
21	23.5(q)	1.13(3H,s)
22	35.7(t)	1.62(1H,m),1.55(1H,m)
23	27.4(t)	1.84(1H,m),1.78(1H,m)

续表2.68

序号	^{13}C	连接的 H
24	83.3(d)	3.73(1H,dd,J=7.5,7.5 Hz)
25	71.4(s)	
26	27.5(q)	1.21(3H,s)
27	24.2(q)	1.11(3H,s)
28	28.0(q)	0.97(3H,s)
29	15.3(q)	0.77(3H,s)
30	16.5(q)	0.87(3H,s)

8. 20*S*,24*S*-环氧达玛烷-3*β*,25-二醇(化合物 69)

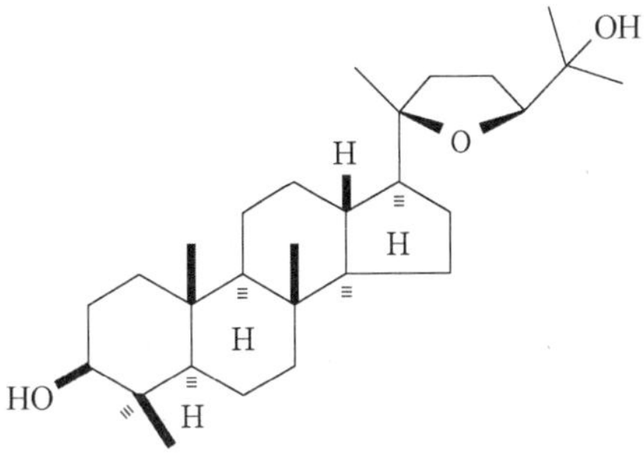

化合物69

化合物 **69**,无色粉末,^{13}CNMR 谱图显示共有 30 个碳元素信号,其中 4 个与氧相连的碳信号分别出现在 δ86.5(s)、86.3(d)、79.0(d)和 70.2(s)处。根据 DEPT 和 HMQC 谱图推断出化合物 **69** 还含有 10 个仲碳原子、4 个叔碳原子、4 个季碳原子,以及 8 个甲基碳原子。由^{1}H NMR 谱图可以推断出有 8 个单峰甲基(δ1.19、1.15、1.11、0.97、0.97、0.87、0.85、0.77),2 个连氧碳上的质子(δ3.64,dd,J = 10.0,5.1 Hz;3.20,dd,J = 11.2,4.9 Hz)。由^{1}H-^{1}H COSY 谱图中 H 与 H 的相关性可以推断出 C-1 与 C-2,C-2 与 C-3,C-5与 C-6,C-6 与 C-7,C-9 与 C-11,C-11 与 C-12,C-12 与 C-13,C-15 与 C-16,C-16与 C-17,C-22 与 C-23,C-23 与 C-24,C-24 互为邻位碳原子。通过 HMBC 谱图中各季碳的 HMBC相关性,可推断出各季碳的连接位置。由 HMBC 谱图中 H-18 与 C-7、C-8、C-9 和 C-14,H-19 与 C-1、C-5、C-9 和 C-10,H-21 与 C-17、C-20 和 C-22,H-28 与 C-3、C-4、C-5 和 C-29,H-29 与 C-3、C-4、C-5 和 C-28,H-26 与 C-24、C-25 和 C-27,H-27 与 C-24、C-25 和 C-26,H-30 与 C-8、C-13、C-14 和 C-15 的相关性可以推断出 C-26 和 C-27,C-28 和 C-28 分别为偕二甲基,并且 C-3(δ79.0),C-25(δ70.2)分别与羟基相连,C-20 与 C-24 间以醚键相连。综合以上分析结果,可以推断出化合物 **69** 的平面结构可能为达玛烷型四环三萜类化合物。

化合物 **69** 的相对立体构型可通过 NOESY 谱图中 H-H 的相关性(图 2.82)推断出。由 NOESY 谱图中 H-3 与 H-28(4α-Me)和 H-5,H-9 与 H-5 和 H-30,H-19 与 H-29 和 H-18;H-18 与 H-13 的相关性可推断出 A 环和 B 环为反式稠合,B 环和 C 环为反式稠合,C 环和 D 环为反式稠合,C-3 位羟基为 β-构型。根据 H-21 与 H-3,H-16β 和 H-22β,H-12β 与H-22α,H-24 与 H-16β,H-26 和 H-27,H-27 与 H-23α 的相关性可推出

H-17 为 α-构型，C-20 及 C-24 的立体构型分别为 20*S* 和 24*S* 构型。综上所述，化合物 **69** 被确定为(20*S*,24*S*)-环氧达玛烷-3β,25-二醇，NMR 数据见表 2.69。

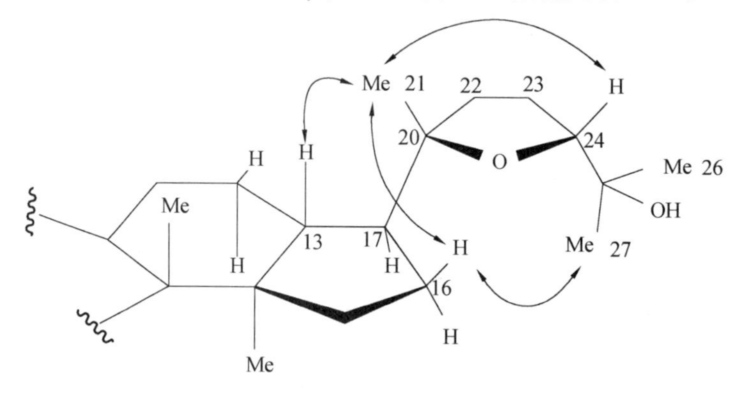

图 2.82 化合物 **69** 的 NOESY

表 2.69 化合物 **69** 的核磁数据(溶剂为氘代氯仿)

序号	^{13}C	连接的 H
1	39.1(t)	1.68(1H,m),0.95(1H,m)
2	27.4(t)	1.64(1H,m),1.56(1H,m)
3	79.0(d)	3.20(1H,dd,*J*=11.2,4.9 Hz)
4	39.0(s)	
5	55.9(d)	0.73(1H,dd,*J*=11.7,2.0 Hz)
6	18.3(t)	1.51(2H,m)
7	35.3(t)	1.53(1H,m),1.25(1H,m)
8	40.4(s)	
9	50.8(d)	1.30(1H,dd,*J*=14.0,3.0 Hz)
10	37.2(s)	
11	21.8(t)	1.87(1H,m),1.48(1H,m)
12	25.9(t)	1.74(1H,m),1.34(1H,m)
13	42.8(d)	1.62(1H,m)
14	50.0(s)	
15	27.0(t)	1.45(1H,m),1.06(1H,m)
16	31.5(t)	1.78(1H,m),1.65(1H,m)
17	49.8(d)	1.84(1H,m)
18	15.5(q)	0.97(3H,s)
19	16.2(q)	0.85(3H,s)
20	86.5(s)	
21	27.2(q)	1.15(3H,s)
22	34.8(t)	1.86(1H,m),1.64(1H,m)
23	26.4(t)	1.80(2H,m)
24	86.3(d)	3.64(1H,dd,*J*=10.0,5.1 Hz)
25	70.2(s)	

续表2.69

序号	^{13}C	连接的 H
26	27.8(q)	1.19(3H,s)
27	24.1(q)	1.11(3H,s)
28	28.0(q)	0.97(3H,s)
29	15.4(q)	0.77(3H,s)
30	16.4(q)	0.87(3H,s)

9. 乌苏酸(化合物 70)

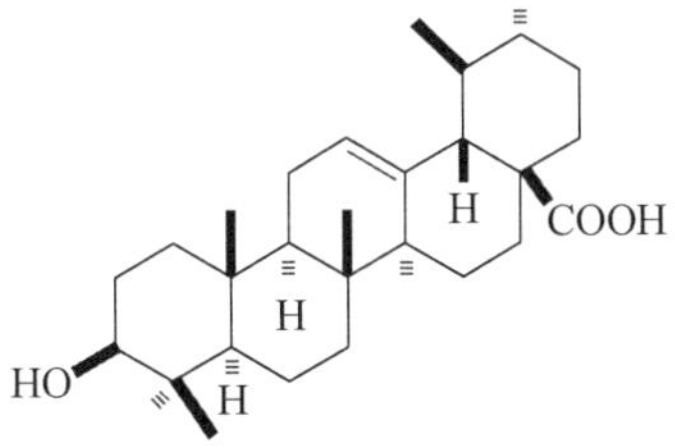

化合物70

化合物 **70** 为无色粉末，熔点为 266 ~ 269 ℃，$[\alpha]_D^{20}$ = +75.5°(*c*(MeOH) = 0.250 mol/L)，IR(KBr)v_{max}为 3 444、2 960、2 940、2 860、1 460 和 1 390 cm^{-1}。根据 HRFABMS测得化合物 **70**FABMS 的 *m/z* M^+为 456.360 4，计算值为 456.360 3，推测化合物 **70** 的分子式为$C_{30}H_{48}O_6$。^{13}CNMR 谱图显示共有 30 个碳元素信号。1 个连氧碳信号出现在 δ79.0(d)处，2 个烯烃碳信号分别在 δ125.9(d)和 137.9(s)处，1 个羰基碳信号在 δ180.1(s)。^{1}H NMR 谱显示有 5 个单峰甲基(δ0.77、0.79、0.93、0.99、1.08)和 2 个双峰甲基信号(δ0.86 和 0.95)。推测化合物 **70** 为乌苏烷骨架类型的五环三萜。该化合物的 ^{1}H，^{13}C NMR 谱数据与乌苏酸对比，基本一致。因此化合物 **70** 被确定为乌苏酸，NMR 数据见表 2.70。

表 2.70 化合物 70 的核磁数据(溶剂为氘代氯仿)

序号	^{13}C	Lit. ^{13}C	连接的 H
1	38.6(t)	40.0	1.68(1H,m) 1.00(1H,m)
2	27.2(t)	27.9	1.64(1H,m) 1.52(1H,m)
3	79.0(d)	79.7	3.22(1H,dd,11.1,4.8)
4	38.8(s)	40.2	
5	55.2(d)	56.7	0.72(1H,br d,11.0)
6	18.3(t)	19.5	1.52(1H,m) 1.36(1H,m)
7	33.0(t)	34.3	1.48(1H,m) 1.31(1H,m)
8	39.5(s)	39.8	
9	47.5(d)	48.9	1.49(1H,m)
10	37.0(s)	38.1	

续表2.70

序号	^{13}C	Lit. ^{13}C	连接的 H
11	23.3(t)	24.4	1.92(2H,dd,8.8,3.4)
12	125.9(d)	126.8	5.32(1H,t,3.7)
13	137.9(s)	139.6	
14	42.0(s)	43.2	
15	28.0(t)	29.2	1.85(2H,m)
16	24.2(t)	25.3	2.01(2H,dd,13.6,4.3)
17	47.9(s)	48.9	
18	52.7(d)	54.3	2.19(1H,br d,12.0)
19	37.1(d)	40.4	1.33(1H,m)
20	38.8(d)	40.4	0.97(1H,m)
21	30.6(t)	31.8	1.65(1H,m) 1.29(1H,m)
22	36.7(t)	38.1	1.74(1H,m) 1.52(1H,m)
23	28.1(q)	28.8	0.99(3H,s)
24	15.6(q)	16.0	0.79(3H,s)
25	15.5(q)	16.4	0.93(3H,s)
26	17.1(q)	17.7	0.77(3H,s)
27	23.6(q)	24.1	1.08(3H,s)
28	180.1(s)	181.8	
29	17.0(q)	17.8	0.86(3H,d,6.6)
30	21.2(q)	21.6	0.95(3H,d,6.1)

10. 3*β*,27-二羟基-12-乌苏烯-28-羧酸(化合物 71)

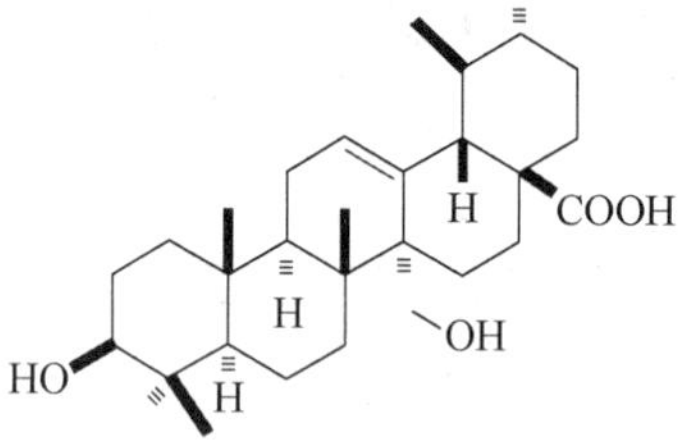

化合物71

化合物 **71** 为无色粉末,熔点为 203 ~ 207 ℃, $[\alpha]_D^{20}$ = +69.3° (c ($CHCl_3$) = 0.231 mol/L),IR(KBr)v_{max}为 3 630、3 550、2 940、1 459 和 1 390 cm^{-1}。根据 HRFABMS 测得化合物 **71** 的m/z M^+为 472.355 6,计算值为 472.355 3,推测化合物 **71** 的分子式为 $C_{30}H_{48}O_4$。^{13}C NMR谱图显示共有 30 个碳元素信号,其中 2 个连氧碳信号分别出现在 δ78.8(d)和64.4(t)处,2 个烯烃碳信号显示在 δ133.2(d)和 132.2(s)处,1 个羰基碳信号显示在 δ182.6(s)处。^1H NMR 谱显示有 4 个单峰甲基(δ0.73、0.76、0.91 和 0.99)和 2 个双峰甲基信号(δ0.96 和 0.99)。推测化合物 **71** 是具有乌苏烷骨架类型的五环三萜。该化合物的^1H,^{13}C NMR谱数据与化合物 3*β*,27-二羟基-12-乌苏烯-28-羧酸基本一致。

因此化合物**71**被鉴定为3β,27-二羟基-12-乌苏烯-28-羧酸,NMR数据见表2.71。

表2.71 化合物71的核磁数据(溶剂为氘代氯仿)

序号	^{13}C	连接的H
1	38.3(t)	1.62(1H,m) 1.03(1H,m)
2	27.1(t)	1.56(1H,m) 1.51(1H,m)
3	78.8(d)	3.23(1H,dd,10.9,4.6)
4	38.7(s)	
5	54.9(d)	0.85(1H,d,10.9)
6	18.2(t)	1.56(1H,m) 1.37(1H,m)
7	33.0(t)	1.49(1H,m) 1.32(1H,m)
8	40.1(s)	
9	48.2(d)	1.98(1H,m)
10	37.1(s)	
11	23.9(t)	1.98(1H,m) 1.81(1H,m)
12	133.2(d)	5.75(1H,br d,s)
13	133.2(s)	
14	47.6(s)	
15	24.2(t)	1.81(1H,ddd,13.3,13.3,3.4) 1.60(1H,m)
16	23.9(t)	1.98(1H,m) 1.89(1H,ddd,13.3,13.3,4.0)
17	47.3(s)	
18	51.4(d)	2.31(1H,m)
19	39.1(d)	0.94(1H,m)
20	37.9(d)	1.03(1H,d,3.7)
21	29.7(t)	1.49(1H,m) 1.32(1H,m)
22	36.7(t)	1.67(1H,m) 1.62(1H,m)
23	28.0(q)	0.99(3H,s)
24	15.6(q)	0.76(3H,s)
25	15.9(q)	0.91(3H,s)
26	18.3(q)	0.73(3H,s)
27	64.4(t)	3.80(1H,d,12.2),3.34(1H,d,12.2)
28	182.6(s)	
29	18.5(q)	0.99(3H,d,5.1)
30	21.2(q)	0.96(3H,d,6.1)

11. 3β,13β-二羟基乌苏-11-烯-28-羧酸(化合物 72)

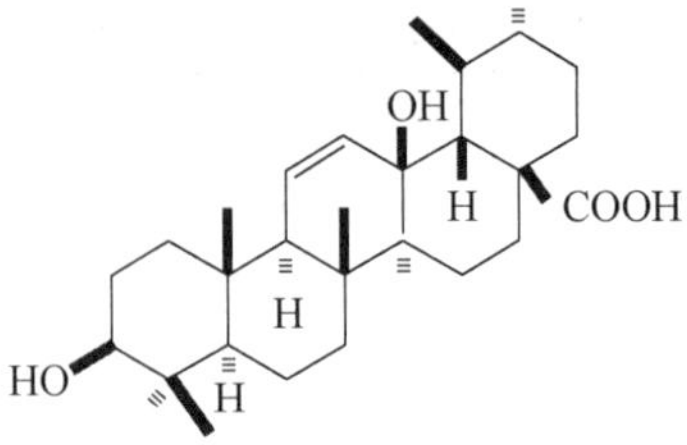

化合物72

化合物 **72** 为无色粉末,熔点为 206 ~ 209 ℃,$[\alpha]_D^{20}$ = +75.5°(c(MeOH)= 0.250 mol/L),IR(KBr)v_{max} 为 3 444、2 960、2 940、2 860、1 460 和 1 390cm^{-1}。根据 HRFABMS测得化合物 **72** 的 m/z M^+为 472.355 3,计算值为 472.355 3,推测化合物 **72** 的分子式为$C_{30}H_{48}O_4$。^{13}C NMR 谱图显示共有 30 个碳元素信号。2 个连氧碳信号分别出现在 δ79.0(d)和 85.2(s),2 个烯烃碳信号在 δ125.9(d)和 137.9(d)处,1 个羰基碳信号在 δ180.1(s)。^1H NMR谱显示有 5 个单峰甲基(δ0.77、0.79、0.93、0.99、1.08)和 2 个双峰甲基信号(δ0.86、0.95)。推测化合物 **72** 为乌苏烷骨架类型的五环三萜。该化合物的 ^1H,^{13}C NMR 谱数据与 3β,13β-二羟基乌苏-11-烯-28-羧酸对比基本一致。因此化合物 **72** 被确定为 3β,13β-二羟基乌苏-11-烯-28-羧酸,NMR 数据见表 2.72。

表 2.72 化合物 72 的核磁数据(溶剂为氘代氯仿)

序号	^{13}C	Lit. ^{13}C	连接的 H
1	38.6(t)	40.0	1.68(1H,m) 1.00(1H,m)
2	27.2(t)	27.9	1.64(1H,m) 1.52(1H,m)
3	79.0(d)	79.7	3.22(1H,dd,11.1,4.8)
4	38.8(s)	40.2	
5	55.2(d)	56.7	0.72(1H,brd,11.0)
6	18.3(t)	19.5	1.52(1H,m) 1.36(1H,m)
7	33.0(t)	34.3	1.48(1H,m) 1.31(1H,m)
8	39.5(s)	39.8	
9	47.5(d)	48.9	1.49(1H,m)
10	37.0(s)	38.1	
11	137.9(d)	137.8	1.92(2H,dd,8.8,3.4)
12	125.9(d)	126.8	5.32(1H,t,3.7)
13	85.2(s)	85.1	

续表2.72

序号	^{13}C	Lit. ^{13}C	连接的 H
14	42.0(s)	43.2	
15	28.0(t)	29.2	1.85(2H,m)
16	24.2(t)	25.3	2.01(2H,dd,13.6,4.3)
17	47.9(s)	48.9	
18	52.7(d)	54.3	2.19(1H,br d,12.0)
19	37.1(d)	40.4	1.33(1H,m)
20	38.8(d)	40.4	0.97(1H,m)
21	30.6(t)	31.8	1.65(1H,m),1.29(1H,m)
22	36.7(t)	38.1	1.74(1H,m),1.52(1H,m)
23	28.1(q)	28.8	0.99(3H,s)
24	15.6(q)	16.0	0.79(3H,s)
25	15.5(q)	16.4	0.93(3H,s)
26	17.1(q)	17.7	0.77(3H,s)
27	23.6(q)	24.1	1.08(3H,s)
28	180.1(s)	181.8	
29	17.0(q)	17.8	0.86(3H,d,6.6)
30	21.2(q)	21.6	0.95(3H,d,6.1)

12. 3β-羟基乌苏-12-烯-28-醛(化合物 73)

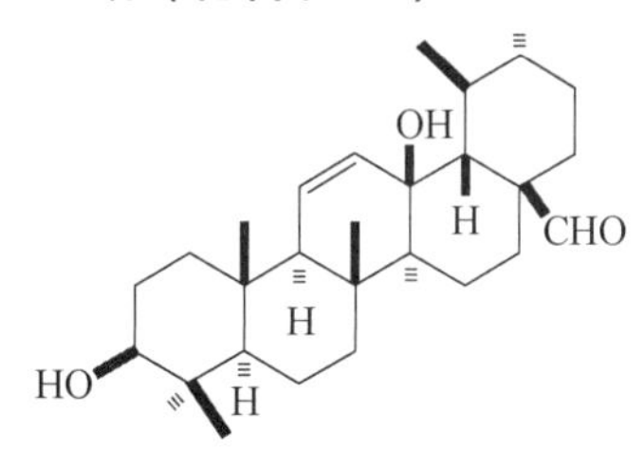

化合物73

化合物 **73** 为无色粉末，熔点为 180 ~ 182 ℃，$[\alpha]_D^{20}$ = +51.9°(c(CHCl$_3$) = 0.462 0 mol/L)，IR(KBr)v_{max}为 3 632、2 980、2 940、1 458 和 1 392 cm^{-1}。根据 HRFABMS 测得化合物 **73** 的 m/z M$^+$为 440.372 4，计算值为 440.373 2，推测化合物 **73** 的分子式为 $C_{30}H_{48}O_2$。^{13}C NMR 谱图显示共有 30 个碳元素信号。1 个连氧碳信号出现在 δ79.0(d)处，2 个烯烃碳信号分别处于δ126.2(d)和 137.8(s)处，1 个醛羰基碳信号出现在 δ207.4(d)，^{1}H NMR谱显示有 5 个单峰甲基(δ0.76、0.78、0.92、0.99、1.08)和 2 个双峰甲基信号(δ0.87 和 0.96)。推测化合物 **73** 为具有乌苏烷骨架类型的五环三萜。该化合物的 ^{1}H，^{13}C NMR 谱数据与化合物 3β-羟基乌苏-12-烯-28-醛基本一致。因此化合物 **73** 被确定为 3β-羟基乌苏-12-烯-28-醛，NMR 数据见表 2.73。

表 2.73 化合物 73 的核磁数据(溶剂为氘代氯仿)

序号	^{13}C	Lit. ^{13}C	连接的 H
1	38.7(t)	38.7	1.62(1H,m) 1.02(1H,m)
2	27.2(t)	27.2	1.65(1H,m) 1.58(1H,m)
3	79.0(d)	79.0	3.21(1H,dd,11.1,5.1)
4	38.8(s)	38.8	
5	55.2(d)	55.2	0.71(1H,m)
6	18.3(t)	18.3	1.51(1H,m) 1.46(1H,m)
7	33.1(t)	33.1	1.49(1H,m) 1.31(1H,m)
8	39.8(s)	39.8	
9	47.6(d)	47.6	1.48(1H,m)
10	36.9(s)	36.9	
11	23.3(t)	23.2	1.91(2H,dd,8.8,3.7)
12	126.2(d)	126.2	5.32(1H,t,3.7)
13	137.8(s)	139.1	
14	42.2(s)	42.2	
15	26.9(t)	28.1	1.81(1H,ddd,13.8,13.8,4.9) 1.06(1H,m)
16	23.2(t)	23.2	1.98(1H,m) 1.61(1H,m)
17	50.1(s)	50.1	
18	52.6(d)	52.6	1.98(1H,m)
19	39.0(d)	39.0	1.39(1H,m)
20	38.8(d)	38.8	0.95(1H,m)
21	30.2(t)	31.9	1.56(1H,m) 1.33(1H,m)
22	31.9(t)	33.1	1.36(1H,m) 1.29(1H,m)
23	28.1(q)	28.1	0.99(3H,s)
24	15.6(q)	15.5	0.78(3H,s)
25	15.5(q)	15.6	0.92(3H,s)
26	17.2(q)	17.2	0.76(3H,s)
27	23.2(q)	23.3	1.08(3H,s)
28	207.4(d)	207.5	9.33(1H,d.1.2)
29	16.7(q)	16.7	0.87(3H,d,6.6)
30	21.1(q)	21.1	0.96(3H,d,2.0)

13. 28-去甲乌苏-12-烯-3β-醇(化合物74)

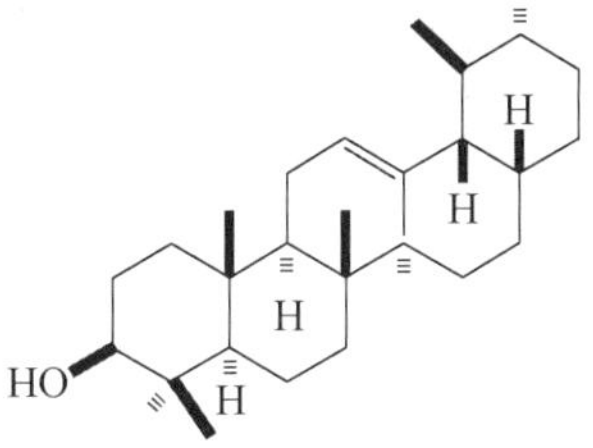

化合物74

化合物74为无色粉末，熔点为110～112 ℃，$[\alpha]_D^{20}$ = +51.9°(c(CHCl$_3$) = 0.462 0 mol/L)，IR(KBr)v_{max}为3 632、2 980、2 940、1 458、1 392 cm^{-1}。根据HRFABMS测得化合物74的m/z M$^+$为412.370 5，计算值为412.370 5，推测化合物74的分子式为$C_{29}H_{48}O$。^{13}C NMR谱图显示共有29个碳元素信号。1个连氧碳信号出现在δ79.0(d)处，2个烯烃碳信号分别处于δ126.2(d)和137.8(s)处。^{1}H NMR谱显示有5个单峰甲基(δ0.76、0.78、0.92、0.99、1.08)和2个双峰甲基信号(δ0.87和0.96)，与化合物73相比较失去了28位碳。推测化合物74为具有去甲乌苏骨架类型的五环三萜。该化合物的^{1}H，^{13}C NMR谱数据与化合物28-去甲乌苏-12-烯-3β-醇基本一致。因此化合物74被确定为28-去甲乌苏-12-烯-3β-醇，NMR数据见表2.74。

表2.74 化合物74的核磁数据(溶剂为氘代氯仿)

序号	^{13}C	Lit. ^{13}C	连接的H
1	38.7(t)	38.7	1.62(1H,m),1.02(1H,m)
2	27.2(t)	27.2	1.65(1H,m),1.58(1H,m)
3	79.0(d)	79.0	3.21(1H,dd,11.1,5.1)
4	38.8(s)	38.8	
5	55.2(d)	55.2	0.71(1H,m)
6	18.3(t)	18.3	1.51(1H,m),1.46(1H,m)
7	33.1(t)	33.1	1.49(1H,m),1.31(1H,m)
8	39.8(s)	39.8	
9	47.6(d)	47.6	1.48(1H,m)
10	36.9(s)	36.9	
11	23.3(t)	23.2	1.91(2H,dd,8.8,3.7)
12	126.2(d)	126.2	5.32(1H,t,3.7)
13	137.8(s)	139.1	
14	42.2(s)	42.2	
15	26.9(t)	28.1	1.81(1H,ddd,13.8,13.8,4.9),1.06(1H,m)
16	23.2(t)	23.2	1.98(1H,m),1.61(1H,m)
17	35.1(s)	35.1	1.28(1H,m)
18	32.6(d)	32.6	1.08(1H,m)
19	39.0(d)	39.0	1.39(1H,m)
20	38.8(d)	38.8	0.95(1H,m)
21	30.2(t)	31.9	1.56(1H,m),1.33(1H,m)

续表2.74

序号	^{13}C	Lit. ^{13}C	连接的 H
22	31.9(t)	33.1	1.36(1H,m),1.29(1H,m)
23	28.1(q)	28.1	0.99(3H,s)
24	15.6(q)	15.5	0.78(3H,s)
25	15.5(q)	15.6	0.92(3H,s)
26	17.2(q)	17.2	0.76(3H,s)
27	23.2(q)	23.3	1.08(3H,s)
28	16.7(q)	16.7	0.87(3H,d,6.6)
29	21.1(q)	21.1	0.96(3H,d,2.0)

14. 乌苏-12-烯-3β-醇(化合物 75)

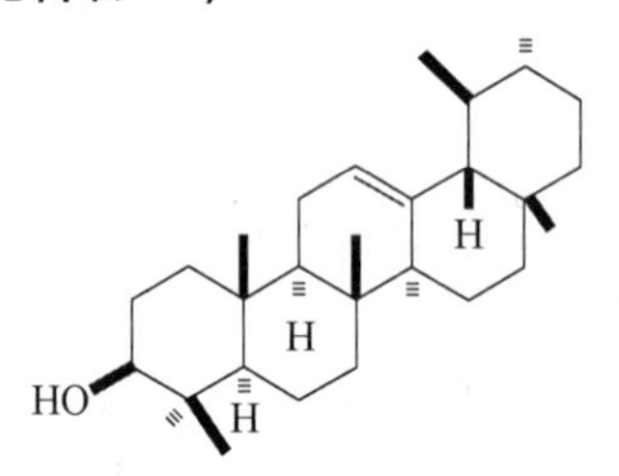

化合物75

化合物 **75** 为无色粉末,熔点为 130 ~ 132 ℃,$[\alpha]_D^{20}$ = +31.9°(c(CHCl$_3$) = 0.062 mol/L),IR(KBr)v_{max}为 3 632、2 980、2 940、1 458 和 1 392 cm^{-1}。根据 HRFABMS 测得化合物 **75** 的 m/z M$^+$为 426.386 2,计算值为 426.386 2,推测化合物 **75** 的分子式为 $C_{30}H_{50}O$。^{13}C NMR 谱图显示共有 30 个碳元素信号。1 个连氧碳信号出现在 δ79.0(d),2 个烯烃碳信号分别处于 δ126.2(d)和 137.8(s)处。^1H NMR 谱显示有 6 个单峰甲基(δ0.76、0.78、0.92、0.95、0.99、1.08)和 2 个双峰甲基信号(δ0.87 和 0.96)。推测化合物 **75** 为具有乌苏烷骨架类型的五环三萜。该化合物的^1H,^{13}C NMR 谱数据与化合物乌苏-12-烯-3β-醇基本一致。因此化合物 **75** 被确定为乌苏-12-烯-3β-醇,NMR 数据见表 2.75。

表 2.75 化合物 75 的核磁数据(溶剂为氘代氯仿)

序号	^{13}C	连接的 H
1	38.7(t)	1.62(1H,m),1.02(1H,m)
2	27.2(t)	1.65(1H,m),1.58(1H,m)
3	79.0(d)	3.21(1H,dd,11.1,5.1)
4	38.8(s)	
5	55.2(d)	0.71(1H,m)
6	18.3(t)	1.51(1H,m),1.46(1H,m)
7	33.1(t)	1.49(1H,m),1.31(1H,m)
8	39.8(s)	
9	47.6(d)	1.48(1H,m)
10	36.9(s)	

续表2.75

序号	^{13}C	连接的 H
11	23.3(t)	1.91(2H,dd,8.8,3.7)
12	126.2(d)	5.32(1H,t,3.7)
13	137.8(s)	
14	42.2(s)	
15	26.9(t)	1.81(1H,ddd,13.8,13.8,4.9),1.06(1H,m)
16	23.2(t)	1.98(1H,m),1.61(1H,m)
17	50.1(s)	
18	52.6(d)	1.98(1H,m)
19	39.0(d)	1.39(1H,m)
20	38.8(d)	0.95(1H,m)
21	30.2(t)	1.56(1H,m),1.33(1H,m)
22	31.9(t)	1.36(1H,m),1.29(1H,m)
23	28.1(q)	0.99(3H,s)
24	15.6(q)	0.78(3H,s)
25	15.5(q)	0.92(3H,s)
26	17.2(q)	0.76(3H,s)
27	23.2(q)	1.08(3H,s)
28	21.4(d)	0.95(3H,s)
29	16.7(q)	0.87(3H,d,6.6)
30	21.1(q)	0.96(3H,d,6.8)

15. 乌苏-12-烯-3β,28-二醇(化合物 76)

化合物76

化合物 **76** 为无色粉末,熔点为 180 ~ 182 ℃,$[\alpha]_D^{20}$ = +51.9°(c(CHCl$_3$)= 0.462 0 mol/L),IR(KBr)v_{max}为 3 632、2 980、2 940、1 458 和 1 392 cm^{-1}。根据 HRFABMS 测得化合物 **76** 的 m/z M$^+$为 442.381 1,计算值为 442.381 1,推测化合物 **76** 的分子式为 $C_{30}H_{50}O_2$。^{13}C NMR 谱图显示共有 30 个碳元素信号。2 个连氧碳信号分别出现在 δ79.0(d)和 64.4(t)处,2 个烯烃碳信号分别处于 δ126.2(d)和 137.8(s)处。^{1}H NMR 谱显示有 5 个单峰甲基(δ0.76、0.78、0.92、0.99、1.08)和 2 个双峰甲基信号(δ0.87,0.96)。推测化合物 **76** 为具有乌苏烷骨架类型的五环三萜。该化合物的^{1}H,^{13}C NMR 谱数据与化合物乌苏-12-烯-3β,28-二醇基本一致。因此化合物 **76** 被确定为乌苏-12-烯-3β,28-二醇,NMR 数据见表 2.76。

表 2.76 化合物 76 的核磁数据(溶剂为氘代氯仿)

序号	^{13}C	连接的 H
1	38.7(t)	1.62(1H,m) 1.02(1H,m)
2	27.2(t)	1.65(1H,m) 1.58(1H,m)
3	79.0(d)	3.21(1H,dd,11.1,5.1)
4	38.8(s)	
5	55.2(d)	0.71(1H,m)
6	18.3(t)	1.51(1H,m) 1.46(1H,m)
7	33.1(t)	1.49(1H,m) 1.31(1H,m)
8	39.8(s)	
9	47.6(d)	1.48(1H,m)
10	36.9(s)	
11	23.3(t)	1.91(2H,dd,8.8,3.7)
12	126.2(d)	5.32(1H,t,3.7)
13	137.8(s)	
14	42.2(s)	
15	26.9(t)	1.81(1H,ddd,13.8,13.8,4.9) 1.06(1H,m)
16	23.2(t)	1.98(1H,m) 1.61(1H,m)
17	50.1(s)	
18	52.6(d)	1.98(1H,m)
19	39.0(d)	1.39(1H,m)
20	38.8(d)	0.95(1H,m)
21	30.2(t)	1.56(1H,m) 1.33(1H,m)
22	31.9(t)	1.36(1H,m) 1.29(1H,m)
23	28.1(q)	0.99(3H,s)
24	15.6(q)	0.78(3H,s)
25	15.5(q)	0.92(3H,s)
26	17.2(q)	0.76(3H,s)
27	23.2(q)	1.08(3H,s)
28	64.4(t)	3.80(1H,d,12.2),3.34(1H,d,12.2)
29	16.7(q)	0.87(3H,d,6.6)
30	21.1(q)	0.96(3H,d,2.0)

16. 3β-羟基-12-齐墩果烯-28-羧酸(齐墩果酸,化合物77)

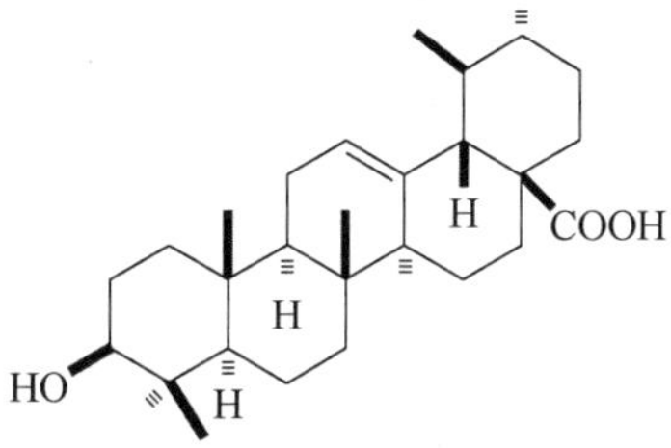

化合物77

化合物 **77** 为无色粉末,熔点为 298 ~ 300 ℃,$[\alpha]_D^{20}$ = +80.5°(c(CHCl$_3$) = 0.590 mol/L),IR(KBr)v_{max}为 3 452、2 948、2 872、1 466 和 1 380 cm^{-1}。根据 HRFABMS 测得化合物 **77** 的m/z M$^+$为 456.360 4,计算值为 456.360 3,推测化合物 **77** 的分子式为 $C_{30}H_{48}O_3$。^{13}C NMR 谱图显示共有 30 个碳元素信号。1 个连氧碳信号出现在 δ79.0(d)处,烯烃碳信号在 δ122.6(d)和 143.6(s)处,1 个羰基碳信号在 δ183.0(s)处。^{1}H NMR 谱显示有 7 个单峰甲基(δ0.68、0.70、0.83、0.85、0.86、0.92 和 1.06)。推测化合物 **77** 是具有齐墩果烷型骨架类型的五环三萜。该化合物的^{1}H,^{13}C NMR 谱数据与化合物齐墩果酸基本一致,故化合物 **77** 被确定为齐墩果酸,NMR 数据见表 2.77。

表 2.77 化合物 77 的核磁数据(溶剂为氘代吡啶)

序号	^{13}C	Lit. ^{13}C	连接的 H
1	38.4(t)	38.5	1.55(1H,m) 0.88(1H,m)
2	27.2(t)	27.4	1.54(1H,m) 1.52(1H,m)
3	79.0(d)	78.7	3.15(1H,dd,12.7,4.2)
4	38.8(s)	38.7	
5	55.2(d)	55.2	0.66(1H,m)
6	18.3(t)	18.3	1.50(1H,m) 1.36(1H,m)
7	32.6(t)	32.6	1.22(1H,m) 1.35(1H,m)
8	39.3(s)	39.3	
9	47.6(d)	47.6	1.47(1H,m)
10	37.1(s)	37.0	
11	22.9(t)	23.1	1.82(2H,m)
12	122.6(d)	122.1	5.12(1H,t,3.4)
13	143.6(s)	143.4	
14	41.6(s)	41.6	
15	27.7(t)	27.7	1.68(1H,m) 1.02(1H,m)
16	23.4(t)	23.4	1.84(2H,m)

续表2.77

序号	^{13}C	Lit. ^{13}C	连接的 H
17	46.5(s)	46.6	
18	41.0(d)	41.3	2.75(1H,dd,14.3,4.4)
19	45.9(t)	45.8	1.54(1H,m) 1.11(1H,m)
20	30.7(s)	30.6	
21	33.8(t)	33.8	1.30(1H,m) 1.16(1H,m)
22	32.4(t)	32.3	1.70(1H,m) 1.54(1H,m)
23	28.1(q)	28.1	0.92(3H,s)
24	15.5(q)	15.6	0.70(3H,s)
25	15.3(q)	15.3	0.85(3H,s)
26	17.1(q)	16.8	0.68(3H,s)
27	25.9(q)	26.0	1.06(3H,s)
28	183.0(s)	181.0	
29	33.1(q)	33.1	0.83(3H,s)
30	23.6(q)	23.6	0.86(3H,s)

17. 3β,27-二羟基-12-齐墩果烯-28-羧酸(化合物 78)

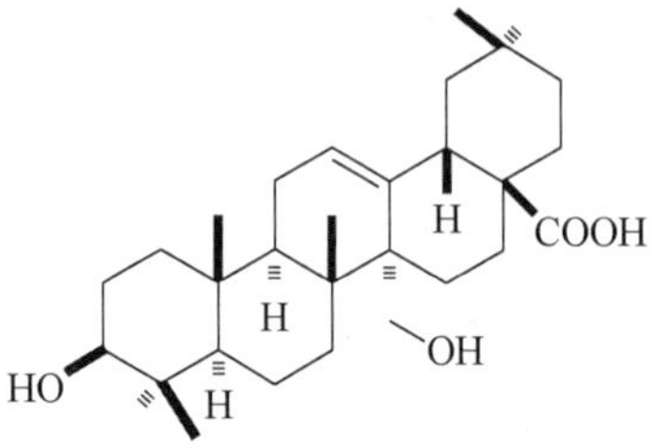

化合物78

化合物 **78** 为无色粉末,熔点为 298 ~ 300 ℃,$[\alpha]_D^{20}$ = +80.5°(c(CHCl$_3$)= 0.590 mol/L),IR(KBr)v_{max}为 3 452、2 948、2 872、1 466 和 1 380 cm^{-1}。根据 HRFABMS 测得化合物 **78** 的 m/z M^+为 472.355 3,计算值为 472.355 3,推测化合物 **78** 的分子式为 $C_{30}H_{48}O_4$。^{13}C NMR 谱图显示共有 30 个碳元素信号。2 个连氧碳信号分别出现在 δ79.0(d)和 64.4(t),烯烃碳信号在 δ122.6(d)和 143.6(s)处,1 个羰基碳信号在 δ183.0(s)。^{1}H NMR谱显示有 6 个单峰甲基(δ0.68、0.70、0.83、0.85、0.86 和 0.92)。推测化合物 **78** 为具有齐墩果烷型骨架类型的五环三萜。该化合物的^{1}H,^{13}C NMR 谱数据与化合物 3β,27-二羟基-12-齐墩果烯-28-羧酸的基本一致,故化合物 **78** 被确定为 3β,27-二羟基-12-齐墩果烯-28-羧酸,NMR 数据见表 2.78。

表 2.78 **化合物 78 的核磁数据(溶剂为氘代氯仿)**

序号	^{13}C	连接的 H
1	38.4(t)	1.55(1H,m),0.88(1H,m)
2	27.2(t)	1.54(1H,m),1.52(1H,m)
3	79.0(d)	3.15(1H,dd,12.7,4.2)
4	38.8(s)	
5	55.2(d)	0.66(1H,m)
6	18.3(t)	1.50(1H,m),1.36(1H,m)
7	32.6(t)	1.22(1H,m),1.35(1H,m)
8	39.3(s)	
9	47.6(d)	1.47(1H,m)
10	37.1(s)	
11	22.9(t)	1.82(2H,m)
12	122.6(d)	5.12(1H,t,3.4)
13	143.6(s)	
14	41.6(s)	
15	27.7(t)	1.68(1H,m),1.02(1H,m)
16	23.4(t)	1.84(2H,m)
17	46.5(s)	
18	41.0(d)	2.75(1H,dd,14.3,4.4)
19	45.9(t)	1.54(1H,m),1.11(1H,m)
20	30.7(s)	
21	33.8(t)	1.30(1H,m),1.16(1H,m)
22	32.4(t)	1.70(1H,m),1.54(1H,m)
23	28.1(q)	0.92(3H,s)
24	15.5(q)	0.70(3H,s)
25	15.3(q)	0.85(3H,s)
26	17.1(q)	0.68(3H,s)
27	64.4(t)	3.80(1H,d,12.2),3.34(1H,d,12.2)
28	183.0(s)	
29	33.1(q)	0.83(3H,s)
30	23.6(q)	0.86(3H,s)

18. 3β-羟基-20(29)-羽扇豆烯-28-羧酸(白桦酸)(化合物79)

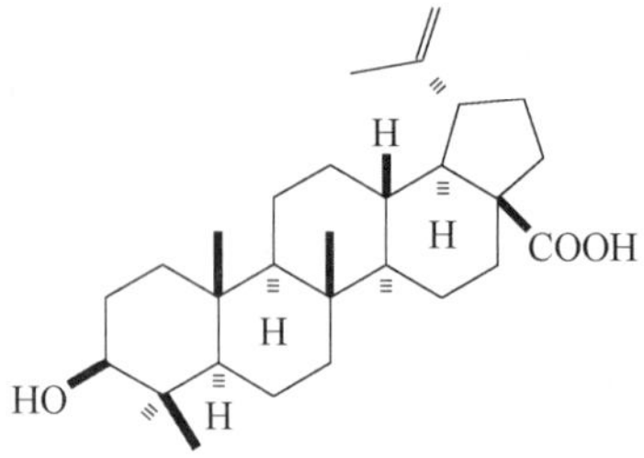

化合物79

化合物**79**的核磁数据见表2.79,其结构鉴定主要依据核磁数据及参考所报道相关文献。

表2.79　化合物79的核磁数据(溶剂为氘代氯仿)

序号	^{13}C	连接的H
1	39.0	1.55(1H,m),0.88(1H,m)
2	27.6	1.54(1H,m),1.52(1H,m)
3	78.1	3.15(1H,dd,10.0,6.0)
4	39.1	
5	55.5	0.66(1H,m)
6	18.3	1.50(1H,m),1.36(1H,m)
7	34.4	1.22(1H,m),1.35(1H,m)
8	40.5	
9	50.7	1.47(1H,m)
10	37.3	
11	21.0	1.82(2H,m)
12	25.3	2.12(2H,m)
13	38.1	
14	42.4	
15	30.8	1.68(1H,m),1.02(1H,m)
16	32.5	1.84(2H,m)
17	56.3	
18	47.0	2.75(1H,dd,14.3,4.4)
19	49.3	2.54(1H,m)
20	150.8	
21	29.9	1.30(1H,m),1.16(1H,m)
22	37.3	1.70(1H,m),1.54(1H,m)
23	28.2	0.83(3H,s)
24	15.6	0.77(3H,s)
25	16.1	0.83(3H,s)
26	16.2	1.12(3H,s)
27	14.7	0.93(3H,s)
28	178.8	0.83(3H,s)

续表2.79

序号	^{13}C	连接的 H
29	109.5	4.68(1H,br s),4.57(1H,br s)
30	19.4	1.68(3H,s)

19.20(29)-羽扇豆烯-3β,28-二醇(白桦醇)(化合物80)

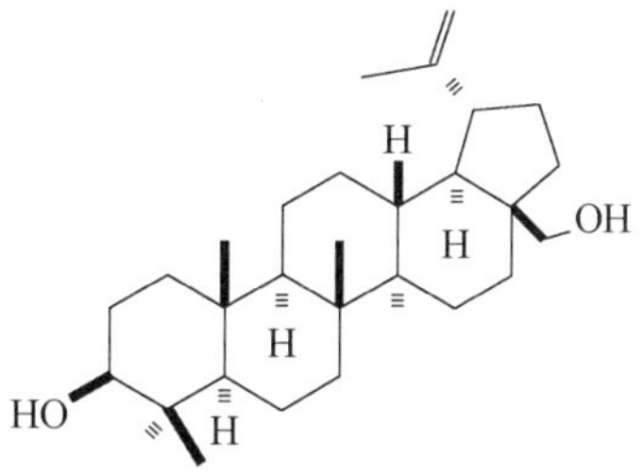

化合物80

化合物**80**的核磁数据见表2.80,在此基础上与相关文献的数据相比对,最终确定了化合物**80**的结构。

表2.80 化合物80的核磁数据(溶剂为氘代氯仿)

序号	^{13}C	连接的 H
1	38.7	1.65(1H,m),0.89(1H,m)
2	27.4	1.54(1H,m),1.52(1H,m)
3	79.1	3.18(1H,dd,12.7,4.2)
4	38.7	
5	55.2	0.67(1H,m)
6	18.2	1.52(1H,m),1.38(1H,m)
7	34.3	1.22(1H,m),1.35(1H,m)
8	41.2	
9	50.6	1.27(1H,m)
10	37.4	
11	20.8	1.41(1H,m),1.19(1H,m)
12	25.1	1.63(1H,m),1.03(1H,m)
13	37.2	1.64(1H,m)
14	42.7	
15	27.0	1.70(1H,m),1.04(1H,m)
16	29.1	1.93(1H,m),1.20(1H,m)
17	47.9	
18	47.7	1.57(1H,m)
19	48.8	2.38(1H,m)
20	150.5	
21	29.7	1.95(1H,m),1.40(1H,m)
22	34.2	1.86(1H,m),1.02(1H,m)
23	28.0	0.96(3H,s)
24	15.3	0.76(3H,s)

续表2.80

序号	^{13}C	连接的 H
25	16.0	0.82(3H,s)
26	16.1	1.02(3H,s)
27	14.8	0.98(3H,s)
28	60.6	3.77(1H,d,12.4),3.31(1H,d,12.4)
29	109.8	4.68(1H,d,2.1),4.58(1H,d,2.1)
30	19.0	1.68(3H,s)

20. 3β-羟基乌苏-12-烯-28-甲基乌苏酸(化合物 81)

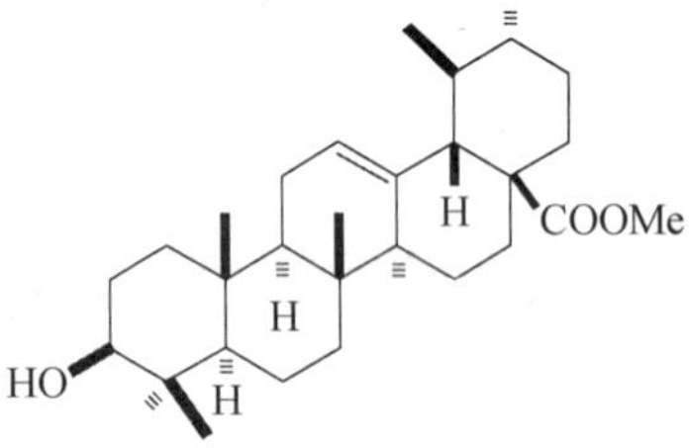

化合物81

化合物 **81** 为无色粉末，熔点为 266 ~ 269 ℃，$[\alpha]_D^{20}$ = +75.5°(c(MeOH) = 0.250 mol/L)，IR(KBr)v_{max}为 3 444、2 960、2 940、2 860、1 460 和 1 390 cm^{-1}。根据 HRFABMS测得化合物 **81** 的 m/z M^+为 470.376 0，计算值为 470.376 0，推测化合物 **81** 的分子式为$C_{31}H_{50}O_3$。^{13}C NMR 谱图显示共有 31 个碳元素信号。1 个连氧碳信号出现在 δ79.0(d)，1 个甲氧基信号 δ57.0(q)，2 个烯烃碳信号分别在 δ125.9(d)和 137.9(s)处，1 个羰基碳信号在δ180.1(s)处。^1H NMR 谱显示有 5 个单峰甲基(δ0.77、0.79、0.93、0.99、1.08)和 2 个双峰甲基信号(δ0.86，0.95)。推测化合物 **81** 为乌苏烷骨架类型的五环三萜。该化合物的^1H，^{13}C NMR 谱数据与 3β-羟基乌苏-12-烯-28-甲基乌苏酸对比基本一致。因此化合物 **81** 被确定为3β-羟基乌苏-12-烯-28-甲基乌苏酸，NMR 数据见表2.81。

表 2.81　化合物 81 的核磁数据(溶剂为氘代氯仿)

序号	^{13}C	连接的 H
1	38.6(t)	1.68(1H,m),1.00(1H,m)
2	27.2(t)	1.64(1H,m),1.52(1H,m)
3	79.0(d)	3.22(1H,dd,11.1,4.8)
4	38.8(s)	
5	55.2(d)	0.72(1H,br d,11.0)
6	18.3(t)	1.52(1H,m),1.36(1H,m)
7	33.0(t)	1.48(1H,m),1.31(1H,m)
8	39.5(s)	
9	47.5(d)	1.49(1H,m)
10	37.0(s)	
11	23.3(t)	1.92(2H,dd,8.8,3.4)
12	125.9(d)	5.32(1H,t,3.7)

续表2.81

序号	^{13}C	连接的 H
13	137.9(s)	
14	42.0(s)	
15	28.0(t)	1.85(2H,m)
16	24.2(t)	2.01(2H,dd,13.6,4.3)
17	47.9(s)	
18	52.7(d)	2.19(1H,brd,12.0)
19	37.1(d)	1.33(1H,m)
20	38.8(d)	0.97(1H,m)
21	30.6(t)	1.65(1H,m),1.29(1H,m)
22	36.7(t)	1.74(1H,m),1.52(1H,m)
23	28.1(q)	0.99(3H,s)
24	15.6(q)	0.79(3H,s)
25	15.5(q)	0.93(3H,s)
26	17.1(q)	0.77(3H,s)
27	23.6(q)	1.08(3H,s)
28	183.1(s)	
29	17.0(q)	0.86(3H,d,6.6)
30	21.2(q)	0.95(3H,d,6.1)
OMe	57.0(q)	3.51(3H,s)

21.3β-羟基-12-齐墩果烯-28-甲基齐墩果酸(甲基齐墩果酸)(化合物82)

化合物82

化合物 **82** 为无色粉末,熔点为 298 ~ 300 ℃,$[\alpha]_D^{20}$ = +80.5°(c(CHCl$_3$)= 0.590 mol/L),IR(KBr)v_{max}为 3 452、2 948、2 872、1 466、1 380 cm^{-1}。根据 HRFABMS 测得化合物 **82** 的m/z M$^+$为 470.376 0,计算值为 470.376 0,推测化合物 **82** 的分子式为 $C_{31}H_{50}O_3$。^{13}C NMR 谱图显示共有 31 个碳元素信号。1 个连氧碳信号出现在 δ79.0(d),1 个甲氧基信号 δ57.0(q),烯烃碳信号在 δ122.6(d)和 143.6(s)处,1 个羰基碳信号在 δ183.0(s)。^1H NMR谱显示有 7 个单峰甲基(δ0.68、0.70、0.83、0.85、0.86、0.92、1.06)。推测化合物 **82** 为具有齐墩果烷型骨架类型的五环三萜。该化合物的^1H,^{13}C NMR 谱数据与化合物 3β-羟基-12-齐墩果烯-28-甲基齐墩果酸基本一致,故化合物 **82** 被确定为 3β-羟基-12-齐墩果烯-28-甲基齐墩果酸,NMR 数据见表 2.82。

表 2.82 化合物 82 的核磁数据(溶剂为氘代氯仿)

序号	^{13}C	连接的 H
1	38.4(t)	1.55(1H,m) 0.88(1H,m)
2	27.2(t)	1.54(1H,m) 1.52(1H,m)
3	79.0(d)	3.15(1H,dd,12.7,4.2)
4	38.8(s)	
5	55.2(d)	0.66(1H,m)
6	18.3(t)	1.50(1H,m) 1.36(1H,m)
7	32.6(t)	1.22(1H,m) 1.35(1H,m)
8	39.3(s)	
9	47.6(d)	1.47(1H,m)
10	37.1(s)	
11	22.9(t)	1.82(2H,m)
12	122.6(d)	5.12(1H,t,3.4)
13	143.6(s)	
14	41.6(s)	
15	27.7(t)	1.68(1H,m) 1.02(1H,m)
16	23.4(t)	1.84(2H,m)
17	46.5(s)	
18	41.0(d)	2.75(1H,dd,14.3,4.4)
19	45.9(t)	1.54(1H,m) 1.11(1H,m)
20	30.7(s)	
21	33.8(t)	1.30(1H,m) 1.16(1H,m)
22	32.4(t)	1.70(1H,m)
23	28.1(q)	0.92(3H,s)
24	15.5(q)	0.70(3H,s)
25	15.3(q)	0.85(3H,s)
26	17.1(q)	0.68(3H,s)
27	25.9(q)	1.06(3H,s)
28	183.0(s)	
29	33.1(q)	0.83(3H,s)
30	23.6(q)	0.86(3H,s)
OMe	57.0(q)	3.51(3H,s)

22. 乌苏-12-烯-3β-乙酰(化合物 83)

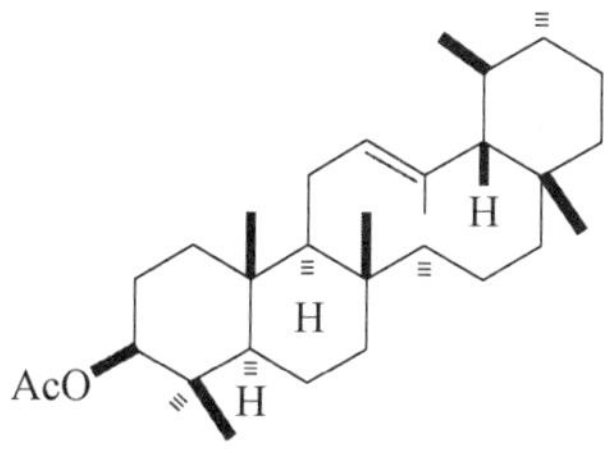

化合物83

化合物 **83** 为无色粉末，熔点为 130 ~ 132 ℃，$[\alpha]_D^{20}$ = +31.9°(c(CHCl$_3$) = 0.062 mol/L)，IR(KBr)v_{max}为 3 632、2 980、2 940、1 458、1 392 cm^{-1}。根据 HRFABMS 测得化合物 **83** 的 m/z M$^+$为 468.396 7，计算值为 468.396 7，推测化合物 **83** 的分子式为 $C_{32}H_{52}O_2$。^{13}C NMR 谱图显示共有 32 个碳元素信号。1 个连氧碳信号出现在 δ79.5(d)，2 个烯烃碳信号分别处于 δ126.2(d)和 137.8(s)处，1 个乙酰羰基 δ170.1(s)。^{1}H NMR 谱显示 6 个单峰甲基(δ0.76、0.78、0.92、0.95、0.99 和 1.08)，2 个双峰甲基信号(δ0.87 和 0.96)和 1 个乙酰甲基(δ1.83)。推测化合物 **83** 为具有乌苏烷骨架类型的五环三萜。该化合物的^{1}H，^{13}C NMR 谱数据与化合物乌苏-12-烯-3β-乙酰基本一致。因此化合物 **83** 被确定为乌苏-12-烯-3β-乙酰，NMR 数据见表 2.83。

表 2.83 化合物 83 的核磁数据(溶剂为氘代氯仿)

序号	^{13}C	连接的 H
1	38.7(t)	1.62(1H,m),1.02(1H,m)
2	27.2(t)	1.65(1H,m),1.58(1H,m)
3	79.5(d)	3.21(1H,dd,11.1,5.1)
4	38.8(s)	
5	55.2(d)	0.71(1H,m)
6	18.3(t)	1.51(1H,m),1.46(1H,m)
7	33.1(t)	1.49(1H,m),1.31(1H,m)
8	39.8(s)	
9	47.6(d)	1.48(1H,m)
10	36.9(s)	
11	23.3(t)	1.91(2H,dd,8.8,3.7)
12	126.2(d)	5.32(1H,t,3.7)
13	137.8(s)	
14	42.2(s)	
15	26.9(t)	1.81(1H,ddd,13.8,13.8,4.9),1.06(1H,m)
16	23.2(t)	1.98(1H,m),1.61(1H,m)
17	50.1(s)	
18	52.6(d)	1.98(1H,m)
19	39.0(d)	1.39(1H,m)
20	38.8(d)	0.95(1H,m)
21	30.2(t)	1.56(1H,m),1.33(1H,m)

续表2.83

序号	^{13}C	连接的 H
22	31.9(t)	1.36(1H,m),1.29(1H,m)
23	28.1(q)	0.99(3H,s)
24	15.6(q)	0.78(3H,s)
25	15.5(q)	0.92(3H,s)
26	17.2(q)	0.76(3H,s)
27	23.2(q)	1.08(3H,s)
28	21.4(d)	0.95(3H,s)
29	16.7(q)	0.87(3H,d,6.6)
30	21.1(q)	0.96(3H,d,6.8)
OAc	170.1(s)	
OAc	20.6(q)	1.83(3H,s)

23.β-乙酰-12-齐墩果烯-28-甲基(化合物 84)

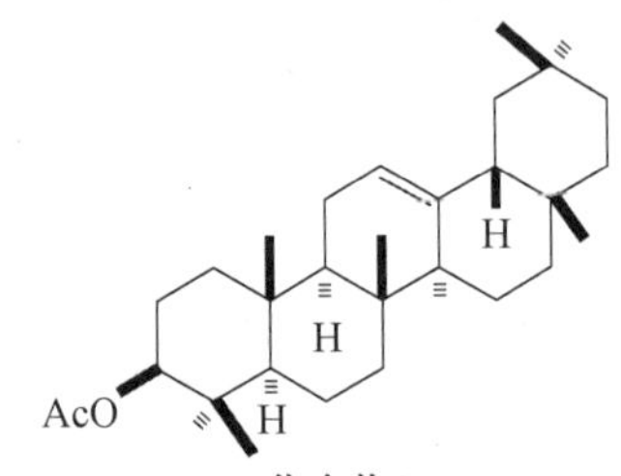

化合物84

化合物 **84** 为无色粉末，熔点为 298 ~ 300 ℃，$[\alpha]_D^{20}$ = +80.5°（c（$CHCl_3$）= 0.590 mol/L），IR(KBr)v_{max}为 3 452、2 948、2 872、1 466 和 1 380 cm^{-1}。根据 HRFABMS 测得化合物 **77** 的m/z M^+为 468.396 7，计算值为 468.396 7，推测化合物 **84** 的分子式为 $C_{32}H_{52}O_2$。^{13}C NMR谱图显示共有 32 个碳元素信号。1 个乙酰羰基碳信号出现在 δ171.1(s)，烯烃碳信号分别在δ122.6(d)和 143.6(s)处。^1H NMR 谱显示 8 个单峰甲基(δ0.68、0.70、0.83、0.85、0.86、0.92、0.99 和 1.06)。推测化合物 **84** 为具有齐墩果烷型骨架类型的五环三萜。该化合物的^1H,^{13}C NMR谱数据与化合物 β-乙酰-12-齐墩果烯-28-甲基基本一致，故化合物 **84** 被确定为β-乙酰-12-齐墩果烯-28-甲基，NMR 数据见表 2.84。

表 2.84　化合物 84 的核磁数据(溶剂为氘代氯仿)

序号	^{13}C	连接的 H
1	38.4(t)	1.55(1H,m) 0.88(1H,m)
2	27.2(t)	1.54(1H,m) 1.52(1H,m)
3	79.0(d)	3.15(1H,dd,12.7,4.2)
4	38.8(s)	
5	55.2(d)	0.66(1H,m)
6	18.3(t)	1.50(1H,m) 1.36(1H,m)

续表2.84

序号	^{13}C	连接的 H
7	32.6(t)	1.22(1H,m) 1.35(1H,m)
8	39.3(s)	
9	47.6(d)	1.47(1H,m)
10	37.1(s)	
11	22.9(t)	1.82(2H,m)
12	122.6(d)	5.12(1H,t,3.4)
13	143.6(s)	
14	41.6(s)	
15	27.7(t)	1.68(1H,m) 1.02(1H,m)
16	23.4(t)	1.84(2H,m)
17	46.5(s)	
18	41.0(d)	2.75(1H,dd,14.3,4.4)
19	45.9(t)	1.54(1H,m) 1.11(1H,m)
20	30.7(s)	
21	33.8(t)	1.30(1H,m) 1.16(1H,m)
22	32.4(t)	1.70(1H,m) 1.54(1H,m)
23	28.1(q)	0.92(3H,s)
24	15.5(q)	0.70(3H,s)
25	15.3(q)	0.85(3H,s)
26	17.1(q)	0.68(3H,s)
27	25.9(q)	1.06(3H,s)
28	23.0(q)	0.99(3H,s)
29	33.1(q)	0.83(3H,s)
30	23.6(q)	0.86(3H,s)
OAc	171.1(s)	
OAc	20.6(q)	1.83(3H,s)

24. 羽扇-20(29)-烯-3-乙酰(化合物 85)

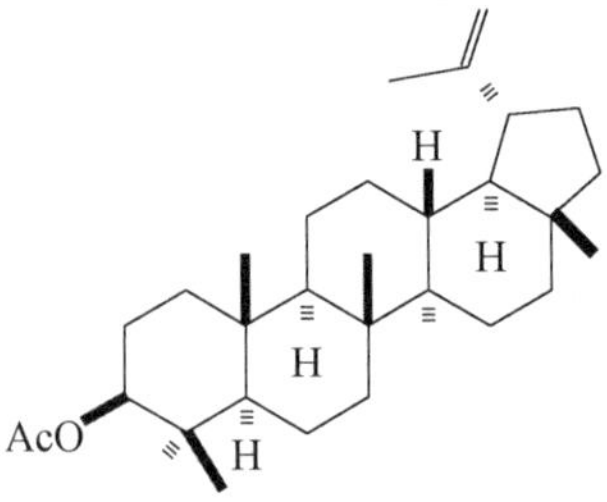

化合物85

化合物 **85** 的核磁数据见表 2.85,其结构依据所报道参考文献及核磁数据进行确定。

表 2.85　化合物 **85** 的核磁数据(溶剂为氘代氯仿)

序号	^{13}C	连接的 H
1	38.3	1.65(1H,m),0.89(1H,m)
2	23.7	1.54(1H,m),1.52(1H,m)
3	81.0	4.45(1H,dd,10.0,6.2)
4	37.6	
5	55.3	0.67(1H,m)
6	18.2	1.52(1H,m),1.38(1H,m)
7	34.1	1.22(1H,m),1.35(1H,m)
8	40.9	
9	50.4	1.27(1H,m)
10	37.1	
11	21.0	1.41(1H,m),1.19(1H,m)
12	25.0	1.63(1H,m),1.03(1H,m)
13	38.0	1.64(1H,m)
14	42.9	
15	27.4	1.70(1H,m),1.04(1H,m)
16	35.6	1.93(1H,m),1.20(1H,m)
17	43.0	
18	48.0	1.57(1H,m)
19	48.2	2.38(1H,m)
20	150.8	
21	29.9	1.95(1H,m),1.40(1H,m)
22	40.0	1.86(1H,m),1.02(1H,m)
23	28.0	0.84(3H,s)
24	16.5	0.77(3H,s)
25	16.2	0.84(3H,s)
26	16.0	1.02(3H,s)
27	14.5	0.94(3H,s)
28	18.0	0.84(3H,s)
29	109.2	4.68(1H,d,1.5),4.56(1H,d,1.5)
30	19.3	1.69(3H,s)

续表2.85

序号	^{13}C	连接的 H
OAc	171.1(s)	
OAc	18.0(q)	2.05(3H,s)

本章参考文献

[1] ABE F, YAMAUCHI T. Pregnanes in the root bark of *Nerium odorum*[J]. Phytochemistry, 1976, 15(11): 1745-1748.

[2]ANDO M, YOSHIMURA H. Studies on the syntheses of sesquiterpene lactones. 15. Syntheses of four possible diastereoisomers of Bohlmann's structure of isoepoxyestafiatin. The stereochemical assignment of isoepoxyestafiatin[J]. Journal of Organic Chemistry, 1993, 58(5): 4127-4131.

[3]YAMAUCHI T, HARA M, MIHASHI K. Pregnenolone glucosides of *Nerium odorum*[J]. Phytochemistry, 1972, 11(11): 3345-3347.

[4]YOU M, XIONG J, ZHAO Y, et al. Glycosides from the methanol extract of *Notopterygium incisum*[J]. Planta Medica, 2011, 77: 1939-1943.

[5]HANADA R, ABE F, YAMAUCHI T. Steroid glycosides from the roots of *Nerium odorum*[J]. Phytochemistry, 1992, 31(9): 3183-3187.

[6]WANG S K, DAI C F, DUH C Y. Cytotoxic pregnane steroids from the formosan soft coral *Stereonephthya crystalliana*[J]. Journal of Natural Products, 2006, 69(1): 103-106.

[7]AHMED A F, HSIEH Y T, WEN Z H, et al. Polyoxygenated sterols from the formosan soft Coral *Sinularia gibberosa*[J]. Journal of Natural Products, 2006, 69(9): 1275-1279.

[8]PAQUETTE L A, FRISTAD W E, SCHUMAN C A, et al. Reappraisal of the stereochemistry of electrophilic additions to 3-norcarenes. X-ray and proton NMR analysis of norcarene epoxide conformation. The role of magnetic anisotropic contributions of epoxide rings[J]. Journal of the American Chemical Society, 1979, 101(16): 4645-4655.

[9]ANDO M, AKAHANE A, YAMAOKA H. Syntheses of arborescin, 1,10-epiarborescin, and (11S)-guaia-3,10(14)-dieno-13,6. alpha. -lactone, the key intermediate in Greene and Crabbe's estafiatin synthesis, and the stereochemical assignment of arborescin [J]. Journal of Organic Chemistry, 1982, 47(20): 3909-3916.

[10]BEGUM S, SIDDIQUI B S , SULTANA S, et al. Bio-active cardenolides from the leaves of *Nerium oleander*[J]. Phytochemistry, 1999, 50(3): 435-438.

[11]CABRERA G M, DELUCA M E, SELDES A M. Cardenolide glycosides from the roots of mandevilla pentlandiana[J]. Phytochemistry, 1993, 32(5): 1253-1259.

[12]ANDO M, ARAI K, KIKUCHI K, et al. Synthetic studies of sesquiterpenes with a cis-fused decalin system, 4. Synthesis of (+)-5βH-eudesma-3,11-diene, (-)-5βH-eudesmane-4β,11-diol, and (+)-5βH-eudesmane-4α,11-diol, and structure revision of a natural eudesmane-4,11-diol isolated from Pluchea arguta[J]. Journal of Natural Products, 1994, 57(9): 1189-1199.

[13]KESSELMANS R P W, WIJNBERG J B P A, MINNAARD A J, et al. Synthesis of all stereoisomers of eudesm-11-en-4-ol. 2. Total synthesis of selin-11-en-4. alpha. -ol,

intermedeol, neointermedeol, and paradisiol. First total synthesis of amiteol[J]. Journal of Organic Chemistry, 1991, 56(26): 7237-7244.

[14]JAGER H, SCHINDLER O, REICHSTEIN T. Die glykoside der samen von *Nerium oleander* L. glykoside und aglykone, 200. mitteilung[J]. Helvetica Chimica Acta, 1959, 42 (3): 977–1013.

[15]JOLAD S D, HOFFMANN JJ, COLE J R, et al. 3′–O–methylevomonoside: a new cytotoxic cardiac glycoside from Thevetia ahouia A. DC (apocynaceae)[J]. Journal of Organic Chemistry, 1981, 46(9): 1946-1947.

[16]ABE F, YAMAUCHI T. Digitoxigenin oleandroside and 5α–adynerin in the leaves of *Nerium odorum*[J]. Chemical & Pharmaceutical Bulletin, 1978, 26(10): 3023-3027.

[17]YAMAUCHI T, MORI Y, OGATA Y. Δ16 – Dehydroadynerigenin glycosides of *Nerium odorum*[J]. Phytochemistry, 1973, 12(11): 2737-2739.

[18]ABE F, YAMAUCHI T, MINATO K. Presence of cardenolides and ursolic acid from oleander leaves in larvae and frass of Daphnis nerii[J]. Phytochemistry, 1996, 42(1): 45-49.

[19]JANIAK P S, WEISS E, EUW J V, et al. Die konstitution von adynerin. glykoside und aglykonc, 245. mitteilung[J]. Helvetica Chimica Acta, 1963, 46(1): 374-392.

[20] AEBI A, REICHSTEIN T. Über die glykoside der blätter von cryptostegia grandiflora (*Roxb.*) *R. Br.* (asclepiadaceae). Glykoside und aglykone, 59. mitteilung[J]. Helvetica Chimica Acta, 1950, 33(4): 1013-1034.

[21]TORI K, ISHII H, WOLKOWSKI Z W, et al. Carbon – 13 nuclear magnetic resonance spectra of cardenolides[J]. Tetrahedron Letters. 1973, 14(13): 1077-1080.

[22]ZHAO M, ZHANG S J, FU L W,et al. Taraxasterane– and ursane-type triterpenes from *Nerium oleander* and their biological activities[J]. Journal of Natural Products, 2006, 69 (8): 1164-1167.

[23]YAMAUCHI T, ABE F. Carciac glycosides and pregnanes from *Adenium obesum* (studies of the constituents of *Adenium* I)[J]. Chemical & Pharmaceutical Bulletin, 1990, 38 (3): 669-672.

[24]YAMAUCHI T, ABE F. Neriaside, a 8,14–*seco*-cardenolide in *Nerium odorum*[J]. Tetrahedron Letters, 1978, 19(21): 1825-1828.

[25]YAMAUCHI T, TAKATA N, MIMURA T. Cardiac glycosides of the leaves of *Nerium odorum*[J]. Phytochemistry, 1975, 14: 1379-1382.

[26]PAPER D, FRANZ G. Glycosylation of cardenolide aglycones on the leaves of *Nerium oleander*[J]. Planta Medica, 1989, 55: 30-34.

[27]YAMAUCHI T, ABE F, TAKAHASHI M. Neriumosides, cardenolide pigments in the root bark of *Nerium odorum*[J]. Tetrahedron Letters, 1976, 17(14): 1115-1116.

[28]ABE F, YAMAUCHI T. Oleaside: novel cardenolides with an unusual framework in *Nerium odorum* (*Nerium* 10)[J]. Chemical & Pharmaceutical Bulletin, 1979, 27: 1604-

1610.

[29]MIYATAKE K, OKANO A, KOJI K, et al. Studies on the constituents of Digitalis purpurea L. Xiv. 16-Acetyl and 16-propionyl derivatives of digitalinum verum[J]. Chemical & Pharmaceutical Bulletin, 1959, 7(5): 634-640.

[30]ABE F, YAMAUCHI T. Cardenolide triosides of oleander leaves[J]. phytochemistry, 1992, 31: 2459-2463.

[31]BAUER P, FRANZ G. Untersuchungen zur biosynthese von 2,6-didsoxy-3-O-methylhexosen in *Nerium oleander*[J]. Planta Medica, 1985, 3: 202-205.

[32]RANGASWAMI V S, REICHSTEIN T. Die glycoside von *Nerium odorum* Sol. I[J]. Pharmaceutica Acta Helvetiae, 1949, 24: 159-183.

[33]RITTEL W, REICHSTEIN T. Odoroside K and odorobioside K die glycoside von *Nerium odorum* Sol.[J]. Helvetica Chimica Acta, 1954, 37: 1361-1373.

[34]FU LW, ZHANG S J, LI N, et al. Three new triterpenes from *Nerium oleander* and biological activity of the isolated compounds[J]. Journal of Natural Products, 2005, 68(2): 198-206.

[35]BENYAHIA S, BENAYACHE S, BENAYACHE F, et al. Cladocalol, a pentacyclic 28-*nor*-triterpene from *Eucalyptus cladocalyx* with cytotoxic activity[J]. Phytochemistry, 2005, 66(6): 627-632.

[36]ZHAO M, FU L W, LI N, et al. The ursane-, oleanane-, dammarane-, lupane-, and taraxasterane-type triterpenes isolated from *Nerium oleander* and their biological activities[J]. Recent Progress in Medicinal Plants, 2007, 16(5): 83-107.

[37]MILLS J S, WERNER A E A. The chemistry of dammar resin[J]. Journal of the Chemical Society, 1955, 3132-3140.

[38]BUDZIKIEWICZ H, THOMAS H. 27-p-Cumaroxy ursolic acid—a new constituent of *Ilex aquifolium* L.[J]. Zeitschrift Für Naturforschung B, 1980, 35: 226-232.

[39]HUANG H, SUN H D, ZHAO S X. Triterpenoids of *Isodon loxothyrsus*[J]. Phytochemistry, 1996, 42(6): 1665-1666.

[40]HOTA R K, BAPUJI M. Triterpenoids from the resin of *Shorea robusta*[J]. Phytochemistry, 1994, 35(4): 1073-1074.

[41]SEO S, TOMITA Y, TORI K. Carbon-13 nmr spectra of urs-12-enes and application to structural assignments of components of Isodon japonicus hara tissue cultures[J]. Tetrahedron Letters, 1975, 16(1): 7-10.

[42]DEKEBO A, DAGNE E, GAUTUN O R, et al. Triterpenes from the resin of Boswellia neglecta[J]. Bulletin of the Chememical Society Ethiopia, 2002, 16(1): 87-90.

[43]SIDDIQUI S, HAFEEZ F, BEGUM S, et al. Kaneric acid, a new triterpene from the leaves of *Nerium oleander*[J]. Journal of Natural Products, 1986, 49(6): 1086-1090.

[44]ADESINA S K, REISCH J. A triterpenoid glycoside from *Tetrapleura tetraptera fruit*[J]. Phytochemistry, 1985, 24(12): 3003-3006.

[45]MAILLARD M, ADEWUNMI C O, HOSTETTMANN K. A triterpene glycoside from the fruits of *Tetrapleura tetraptera*[J]. Phytochemistry, 1992, 31(4): 1321-1323.

[46]KASHIWADA Y, ZHANG D C. Antitumor agents, 145. cytotoxic asprellic acids A and C and asprellic acid B, new p-coumaroyl triterpenes, from Ilex asprella[J]. Journal of Natural Products, 1993, 56(12): 2077-2082.

[47]SHOLICHIN M, YAMASAKI K, KASAI R, et al. ^{13}C Nuclear magnetic resonance of lupane-type triterpenes, lupeol, betulin and betulinic acid[J]. Chemical & Pharmaceutical Bulletin, 1980, 28(3): 1006-1008.

[48]OTSUKA H, FUJIOKA S, KOMIYA T, et al. Studies on anti-inflammatory agents. v. a new anti-inflammatory constituent of Pyracantha crenulata Roem. [J]. Chemical & Pharmaceutical Bulletin, 1981, 29(11): 3099-3104.

[49]TINO W F, BLAIR L C, ALLI A, et al. Lupane triterpenoids of *Salacza cordata*[J]. Journal of Natural Products, 1992, 55(3): 395-398.

[50]ZHANG Y N, ZHANG W, HONG D, et al. Oleanolic acid and its derivatives: new inhibitor of protein tyrosine phosphatase 1B with cellular activities[J]. Bioorganic & Medicinal Chemistry, 2008, 16: 8697-8705.

[51]KWON T H, LEE B, CHUNG S H, et al. Synthesis and NO production inhibitory activities of ursolic acid and oleanolic acid derivatives[J]. Bulletin of the Korean Chemical Society, 2009, 30(1): 119-123.

[52]MA C H, HUANG T F, QI H Y, et al. Chemical study of *Streptocaulon griffithii*[J]. Chinese Journal of Applied & Environmental Biology, 2005, 11(3) : 265-270.

[53]WANG H, ZHANG X F, PAN L, et al. Chemical constituents from *Euphorbia wallichii*[J]. Natural Product Research and Development, 2003, 15(6): 483-486.

[54]BARLA A, BIRMAN H, KÜLTÜR S, et al. Secondary metabolites from *Euphorbia helioscopia* and their vasodepressor activity[J]. Turkish Journal of Chemistry, 2006, 30: 325-332.

第 3 章　生物活性测试

本书对从夹竹桃中分离得到的 85 个单体化合物分别做了由白细胞介素-1(IL-1)和肿瘤坏死因子-α(TNF-α)诱导的细胞间黏附分子-1(ICAM-1)的诱导抑制活性实验。结果表明,化合物对 WI-38 成纤维细胞、VA-13 恶性肿瘤细胞和 HepG2 人体肝肿瘤细胞的体外生长表达抑制活性及多药耐药逆转活性。

3.1　活性测试方法

3.1.1　对细胞间黏附分子-1(ICAM-1)的诱导抑制活性

1. 细胞

人体肺腺癌细胞 A549 由日本东京的卫生科学研究资源库提供,A549 细胞系保存在 RPMI1640 培养基(Invitrogen Carlsbad,CA)中,悬浮于体积分数为 10% 胎牛血清(JRH Bioscience Lenexa,KS)和青霉素-链霉素-新霉素混合抗生素(Invitrogen)中。

2. 试剂

鼠抗人 ICAM-1 抗体(克隆 15.2)购于 Leinco 技术公司(St. Louis,MO),辣根过氧化物酶标记的山羊抗鼠 IgG 抗体购于 Jackson 免疫研究实验室有限公司(West-Grove,PA)。重组人 IL-1α 和 TNF-α 由 Dainippon 医药有限公司(Osaka Japan)友好提供。

3. 实验过程

将 A549 细胞以 2×10^4 个细胞/孔的浓度接种到微量滴定板中,24 h 后,测试微孔中各加入 75 mL 待测试样,同时留有空白,1 h 之后,在培养基中分别加入 25 mL IL-1α(1 ng/mL)或者 TNF-α(10 ng/mL),继续培养 6 h 后,用磷酸盐缓冲盐水(PBS)清洗细胞一次,加入体积分数为 1% 的多聚甲醛-PBS 培养 15 min 进行细胞固化后,再用 PBS 清洗一次。用体积分数为 1% 牛血清白蛋白-PBS 分区处理过夜,再将固定好的细胞用鼠抗人 ICAM-1 抗体处理 1 h,用体积分数为 0.02% 的吐温 20-PBS 溶液清洗 3 次后,将细胞用辣根过氧化物酶与抗鼠 IgG 抗体处理 1 h,细胞再用体积分数为 0.02% 的吐温 20-PBS 清洗 3 次后,细胞用培养基(体积分数为 0.1% 的 O-盐酸苯二胺和体积分数为 0.02% 的双氧水于 0.2 mol/L 的柠檬酸钠缓冲溶液中,pH=5.3)在 37 ℃避光培养 20 min,然后使用全自动定量绘图酶标仪测定在 415 nm 波长的吸光度,ICAM-1 的表达按下式计算:

ICAM-1 的表达=[(样品和细胞活素处理的吸收-无细胞活素处理的吸收)/(IL-1α 处理的吸收-无细胞活素处理的吸收)]×100%　　(3.1)

4. 细胞存活率

将 A549 细胞(2×10^4 个细胞/孔)加入到微量滴定板中,培养 24 h,加入待测样,与空白同时培养 24 h,在培养的最后 4 h,在细胞中加入 500 μg/mL 的 3-(4,5-二甲噻唑-2-

烷)-2,5-二苯基四氮唑溴(MTT)后培养 4 h,噻唑蓝甲用体积分数为 5% 的十二烷基硫酸钠(SDS)溶解过夜后使用,测定 595 nm 波长下的吸收。细胞存活率按下式计算:

$$细胞存活率=[(实验吸收-背景吸收)/(空白吸收-背景吸收)]\times100\% \quad (3.2)$$

3.1.2 化合物对 WI-38 成纤维细胞、VA-13 恶性肿瘤细胞和 HepG2 人肝肿瘤细胞的体外生长抑制活性

1. 细胞

WI-38 是取自女性肺部的正常成纤维细胞,VA-13 是通过 SV-40 病毒感染 WI-38 诱导得到的恶性肿瘤细胞,HepG2 是人类肝部肿瘤细胞。这些细胞株均来自于日本茨城筑波物理化学研究所(RIKEN)。WI-38 和 VA-13 细胞分别保存在 Eagle's MEM 培养基(日本东京日水制药公司)和 RITC80-7 培养基(日本千叶朝日科技公司)中,两种培养基均在含有 80 μg/mL 卡那霉素的体积分数为 10% 的胎牛血清(FBS)(澳大利亚 Filtron 有限公司)中培养。

2. 实验过程

分别将 100 mL 大约含有 5 000 个 WI-38、VA-13、HepG2 三种细胞的培养基置于微孔板中,在 37 ℃恒温、恒湿及体积分数为 5% 的 CO_2 培养箱中培养 24 h,然后以 DMSO 作溶剂将待测样品加入到上述培养基中,在相同的条件下培养 48 h,接着进行染色,将 WST-8[2-(2-甲氧基-4-硝苯基)-3-(4-硝苯基)-5-(2,4-二磺基苯)-2H-四唑单钠盐]加入到培养基中,所生成的甲月替由 450 nm 波长下的吸光度所确定。细胞的存活率按式(3.2)计算,以不同浓度待测样品中细胞的存活率描点作图,可以计算得到 50% 的生长抑制率,即 $c(IC_{50})$。

3.1.3 多药耐药逆转活性

1. 细胞

MDR 细胞系:MDR 人体卵巢癌 A2780 细胞(AD10)培养在含有 80 μg/mL 卡那霉素的体积分数为 10% 的胎牛血清(FBS)(澳大利亚 Filtron 有限公司)的 PRMI-1640 培养基(英杰公司)中。

2. 实验过程

将 100 mL 大约含有 1×10^6 个细胞的培养基置于微孔板中,在 37 ℃恒温、恒湿及体积分数为 5% 的 CO_2 培养箱中培养 24 h,将待测样品溶于 DMSO 中,并用磷酸盐缓冲盐水 PBS(-)稀释,取含待测样品的溶液 50 mL 加入到培养基中,培养 15 min,在培养基中加入 50 mL荧光染料钙荧光素乙酰氧基甲酯[1 μmol/L PBS(-)],继续培养 60 min,吸掉上清液,用 200 mL 冷 PBS(-)清洗每个微孔 2 次后,在每个微孔中再加入 200 mL 冷 PBS(-),微孔中的钙黄素最后以钙黄素的特定荧光吸收来检测,钙黄素的最大吸收和辐射波长分别为 494 和 517 nm。

3.2 由白细胞介素-1(IL-1)和肿瘤坏死因子-α(TNF-α)诱导的细胞间黏附分子-1(ICAM-1)的表达抑制活性

诸如白细胞介素-1(IL-1)和肿瘤坏死因子-α(TNF-α)在炎症以及由炎症所引起的一系列基因反应方面起到主要作用,例如细胞间黏附分子-1(ICAM-1)。细胞间黏附分子-1(ICAM-1)的表达是通过血管内皮细胞上的IL-1和TNF-α的诱导实现的,经过活化的内皮细胞上的ICAM-1与血液中白细胞上的淋巴细胞功能相关抗原-1(LFA-1)相互作用,引起白细胞向前滚动,在运动的过程中黏附在内皮表面,最终由于趋药性从血管内壁迁移到炎症部位。白细胞的这种介入会对炎症部位有严重的破坏作用。血管内皮细胞表面上这种过量的ICAM-1表达会加速炎症部位的恶化程度,综上所述,ICAM-1的诱导抑制剂可能会成为一种新的抗炎剂(图3.1)。因此,通过活性实验来检测从夹竹桃中分离纯化得到的单体化合物对ICAM-1诱导的抑制活性。

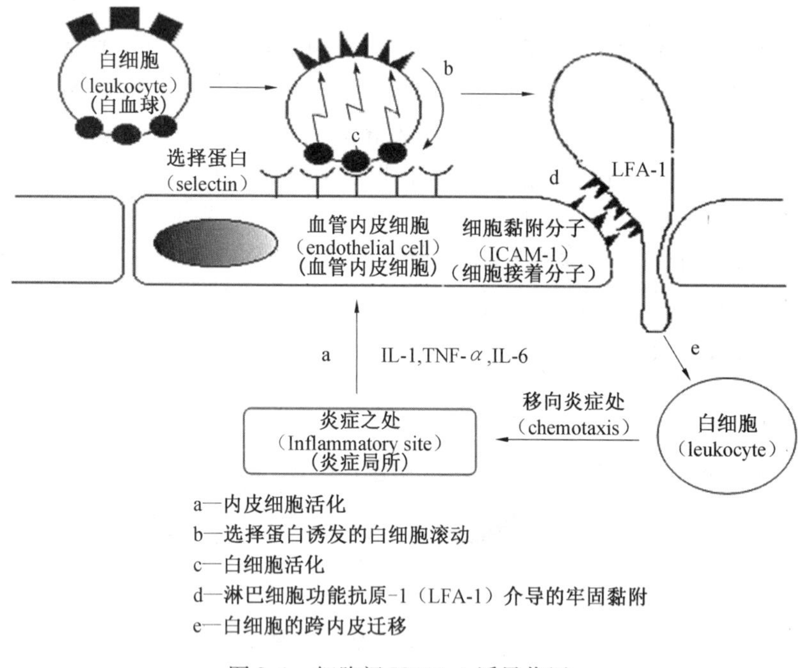

图3.1 细胞间ICAM-1诱导作用

3.2.1 孕甾烷类化合物1~8对由IL-1α诱导的ICAM-1表达的抑制活性

化合物**2~4**的体外抗炎活性是通过对ICAM-1的诱导抑制作用来评价的,所用细胞是人体A549肺腺癌细胞系,并将结果表示为$c(IC_{50})$。细胞存活率通过MTT法测定(表3.1),结果表明化合物**4**对ICAM-1具有显著的抑制作用,而对A549细胞的生长表现出较弱的抑制作用(表3.1)。

表 3.1 **化合物 2 ~ 4 对 ICAM-1 的抑制及细胞存活率的作用**

化合物	**2**	**3**	**4**
ICAM-1 $c(IC_{50})/(mmol \cdot L^{-1})$	>300	>100	7.0
MTT $c(IC_{50})/(mmol \cdot L^{-1})$	>300	>100	53.1

注:a. 待测化合物加入 A549 细胞中培养 1 h 后,再加入 IL-1α,继续培养 6 h 后,分别用一级抗体和二级抗体处理细胞,同时加入酶底物,在 415 nm 下测光吸收,每个浓度的实验重复 3 次;b. A549 细胞中加入不同浓度化合物后,培养 24 h,细胞存活性通过 MTT 法测定,并将结果换算成 $c(IC_{50})$,每个浓度的实验重复 3 次。

3.2.2 低极性强心苷及其单糖苷类化合物 9 ~ 21 对由 IL-1α 和 TNF-α 诱导的 ICAM-1 表达的抑制活性

化合物 **9 ~ 21**(图 3.2)的体外抗炎活性是通过对由 IL-1α 和 TNF-α 诱导的 ICAM-1 表达的抑制作用来评价的,所用细胞是人体 A549 肺腺癌细胞系。细胞存活率通过 MTT 法测定(表 3.2),化合物 **9 ~ 21** 的抗炎活性测定结果可以总结为如下几点:(1)连接基团 5β,14β-强心甾-20(22)-烯的化合物显示有很强的抗 ICAM-1 诱导抑制活性。(2)化合物强心甾 N-1(化合物 **9**)的活性最强,同时由于该化合物显示有很弱的细胞毒活性($c(IC_{50})$>100 mmol/L),所以化合物 **9** 是最有可能成为抗炎药物的化合物。(3)如果将化合物 **9** 在 C-3 位上的取代基 3β-O-(Δ-箭毒羊角拗糖基)-换成如化合物 **13** 和 **14** 所连接的 3β-O-(Δ-去氧洋地黄糖基)-或者 3β-羟基基团,所测得的活性实验结果相差不大。(4)如果在化合物 **9**、**13** 和 **14** 的 C-16 位上均引入乙酰基,相应变成化合物 **19 ~ 21**,结果表明,这种结构上的改变对活性测试结果影响不是很大。(5)在化合物 **14** 的 C-8 位上引入羟基变成化合物 **18**,或者将化合物 **14** 的 14-羟基以 8,14-环氧环取代后的结构与化合物 **17** 一致,所形成的化合物 **17** 和 **18** 都会使活性有所降低。(6)在化合物 **17** 的 C-16和 C-17 之间引入双键或环氧环后,与之对应的化合物分别是化合物 **16** 和 **11**,活性也会随之减弱。(7)将化合物 **14** 和 **21** 中的 5β,14β-强心甾-20(22)-烯相应转换成如化合物 **15** 和 **12** 中的 5α,14β-强心甾-20(22)-烯基团,会使活性大大降低。(8)化合物 **9 ~ 12**、**14**、**15**、**18**、**20** 和 **21** 显示相似的对由 IL-1α 和 TNF-α 诱导的ICAM-1表达抑制活性。

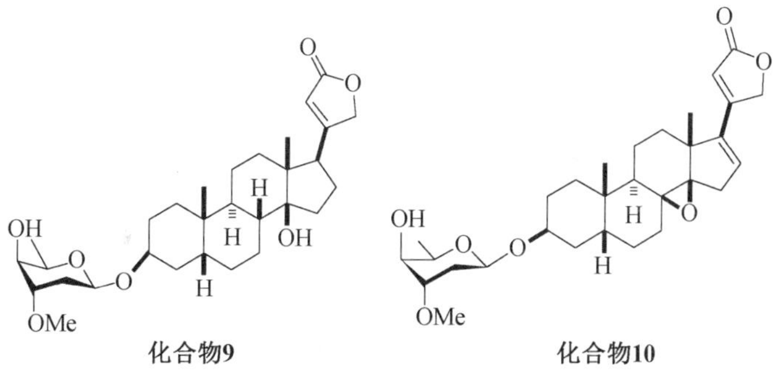

化合物9 **化合物10**

图 3.2 化合物 **9 ~ 21** 的结构式

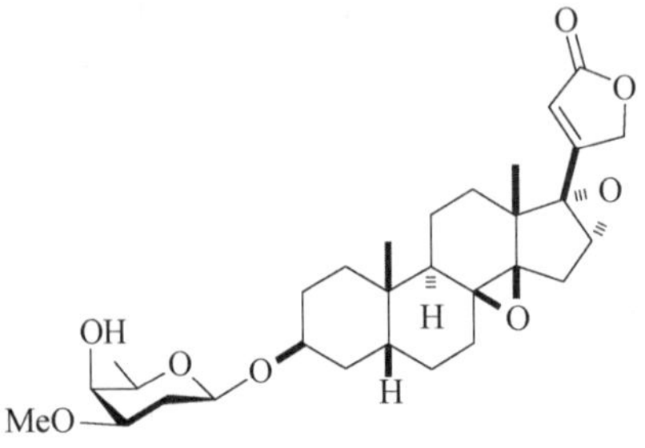

化合物11

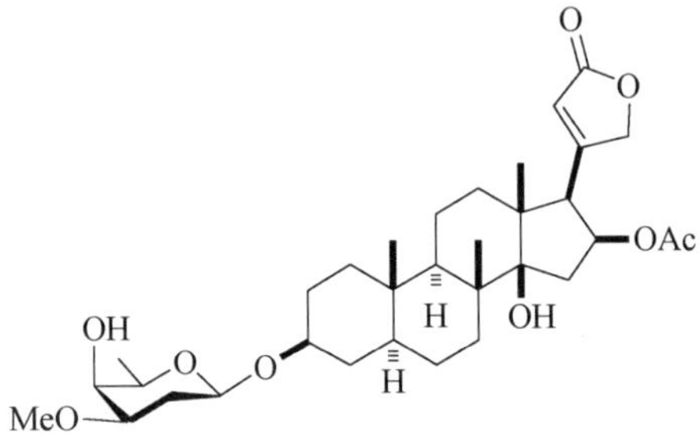

化合物12

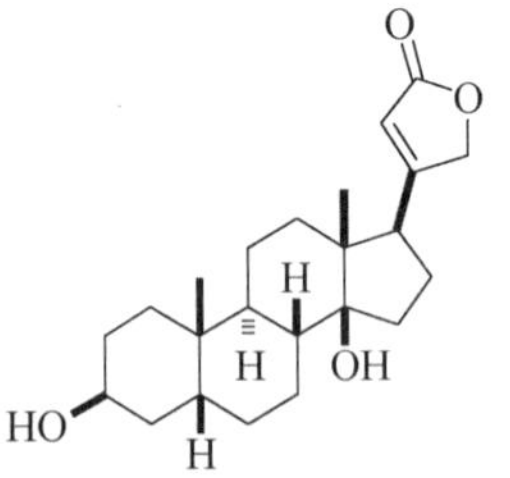

化合物13

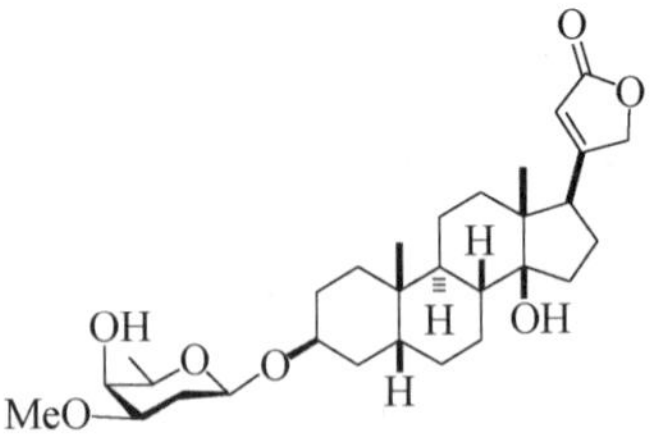

化合物14

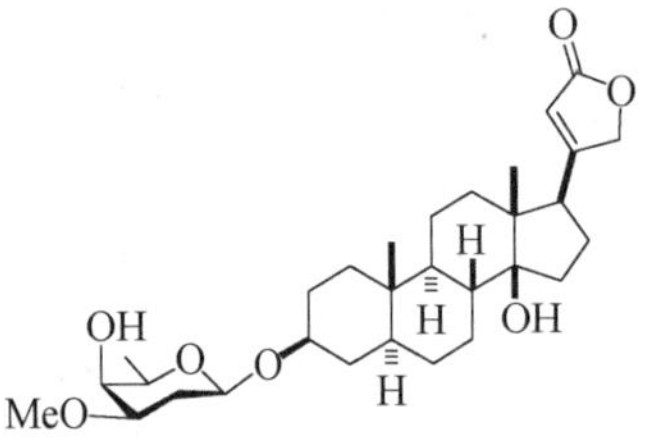

化合物15

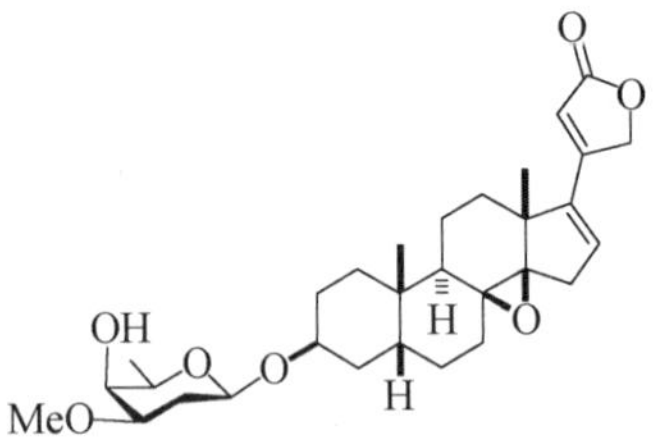

化合物16

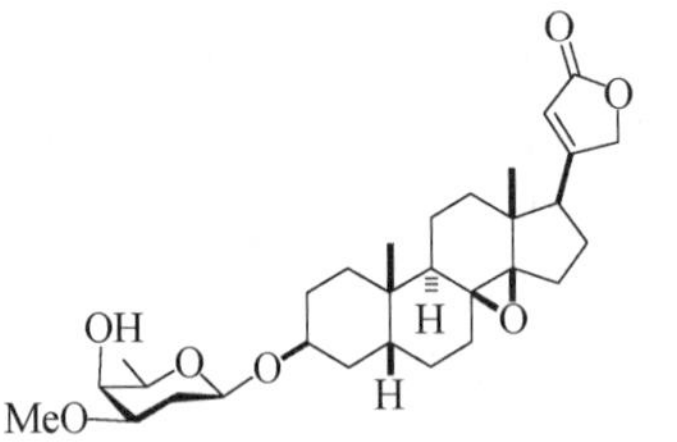

化合物17

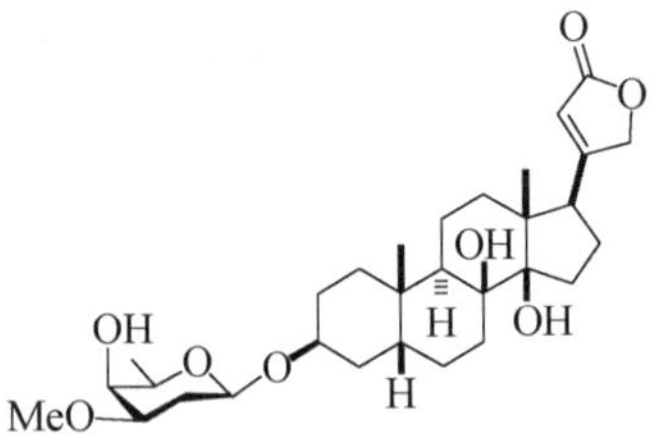

化合物18

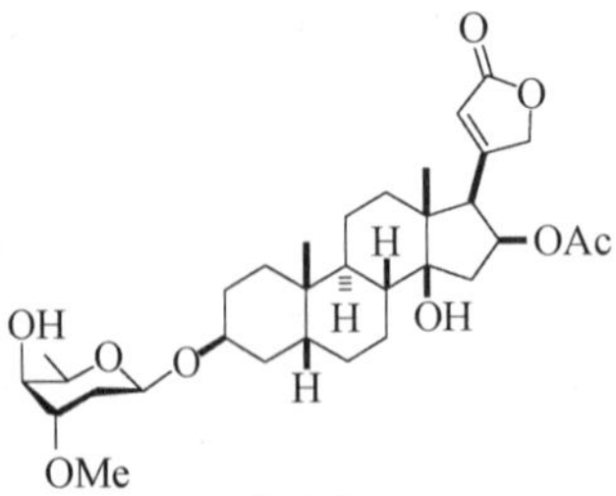

化合物19

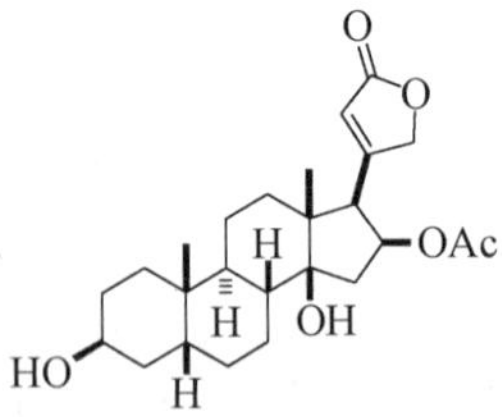

化合物20

续图 3.2

化合物21

续图 3.2

表 3.2 化合物 9~21 对 ICAM-1 的诱导作用及细胞存活率

化合物	ICAM-1[a]	细胞存活率	
	IL-1α	TNF-α	MTT[c]
	$c(IC_{50}^{b})/(\mu mol\cdot L^{-1})$	$c(IC_{50}^{b})/(\mu mol\cdot L^{-1})$	$c(IC_{50}^{d})/(\mu mol\cdot L^{-1})$
9	0.20	0.16	>100
10	69.3	55.4	>100
11	62.1	45.6	>100
12	21.5	16.9	>100
13	0.62	NT[e]	>316
14	0.20	0.48	>316
15	2.10	1.80	>316
16	133	NT	>316
17	13.9	NT	>316
18	6.0	5.9	>100
19	0.57	NT	>1 000
20	0.52	0.36	>100
21	0.5	0.3	>316

注:a. 将不同浓度的待测化合物加入 A549 细胞(2×10^4 个细胞/孔)中,培养 1 h 后,加入 IL-1α 或者 TNF-α,培养 6 h,正如活性测试下所用的材料和方法中讲述的那样,将细胞经过初级抗体和二次抗体以及酶底物处理后,测定在 415 nm 波长下的吸收,每组实验重复 3 次;b. (IC_{50})值通过式(3.1)计算;c. 将不同浓度的待测化合物加入 A549 细胞中,培养 24 h 后,细胞存活率通过 MTT 实验测试,每组实验重复 3 次;d. $c(IC_{50})$值通过式(3.2)计算;e. Not Tested,即未测定。

3.2.3 高极性强心苷及其单糖苷类化合物 22~34 对由 IL-1α 和 TNF-α 诱导的 ICAM-1 表达的抑制活性

化合物 **22~34**(图 3.3)的体外抗炎活性测试结果见表 3.3。结果表明:(1)连接基团 14-羟基-5β,14β-强心甾-20(22)-烯的化合物 **25~28** 显示很强的抗 ICAM-1 诱导抑制活性,且 $c(IC_{50})$值均低于 0.4 mmol/L,虽然 C-16 处的 16β—OAc 的存在与否对活性影响不大,但如化合物 **29** 所具有的 C-16 上的极性基团羟基会使活性减弱。(2)所有上述化合物中,化合物 **28** 的抗炎活性最强,$c(IC_{50})$值小于 0.2 mmol/L,同时由于其较低的细胞毒活性($c(IC_{50})$>320 μmol/L),化合物 **28** 是最有望成为抗炎药物的化合物。(3)具有相同苷元结构的化合物 **26 ~ 28**,所连接的单糖分别为 3β-O-(Δ-洋地黄糖基)、3β-O-(L-齐墩果糖基)和 3β-O-(Δ-葡糖基),这会使得它们的活性略有区别。(4)如果将化合物 **25** 在 C-14 位上的羟基结构转变成如强心苷 B-1(22)结构中的 8β,14β-环氧环,会使活性显著降低。(5)具有 14-羟基-5β,14β-强心甾-20(22)-烯结构的化合物 **32**,其 C-16 位上羟基的存在,使得其抗炎活性显著降低。(6)含有 5α,14β-强心甾-20(22)-烯结构的化合物 **30** 与具有 5β,14β-强心甾-20(22)-烯基团的化合物 **25** 相比,活性会大幅度减小。(7)化合物 **25** 的骨架 5β,14β-强心甾-20(22)-烯经过重排至转变成具有 15(14→8)松香烷型-结构的化合物 **24** 和 **33** 以及具有 8,14-闭联-结构的化合物 **34**,这种结构的重排也会使活性大幅度降低。(8)结果表明,化合物 **22 ~ 24**、**26**、**28** 以及 **30 ~ 33** 对由 IL-1α和TNF-α 诱导的 ICAM-1 表达的抑制作用几乎相等。

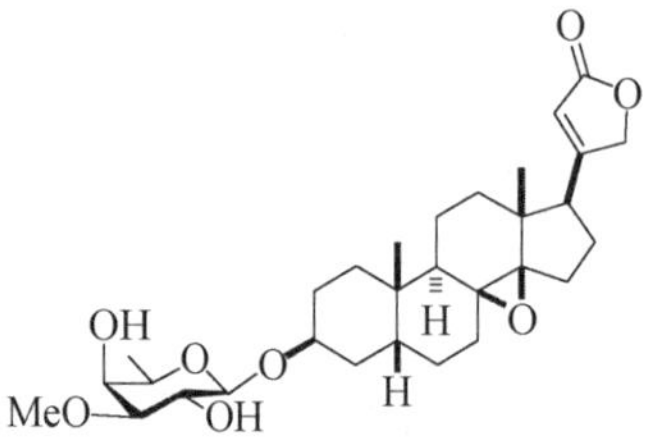

化合物22

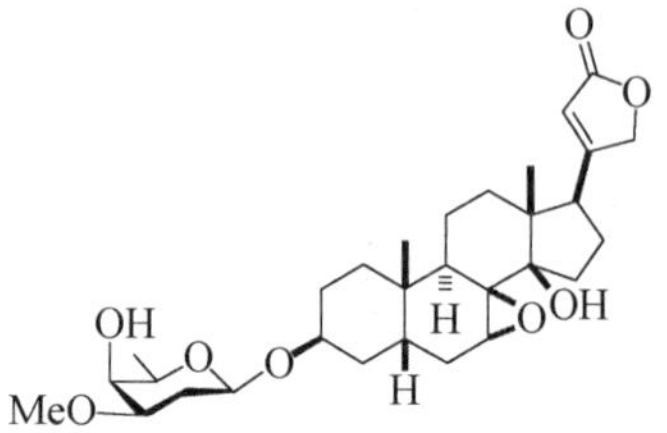

化合物23

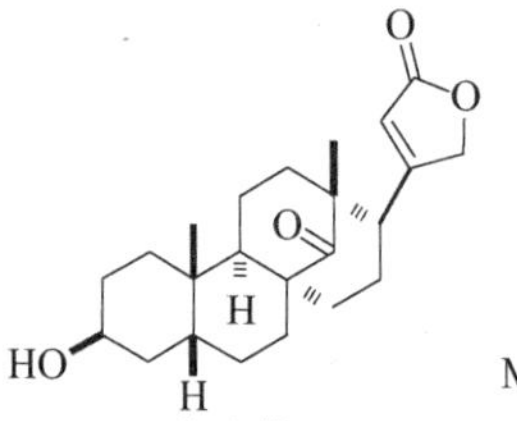

化合物24

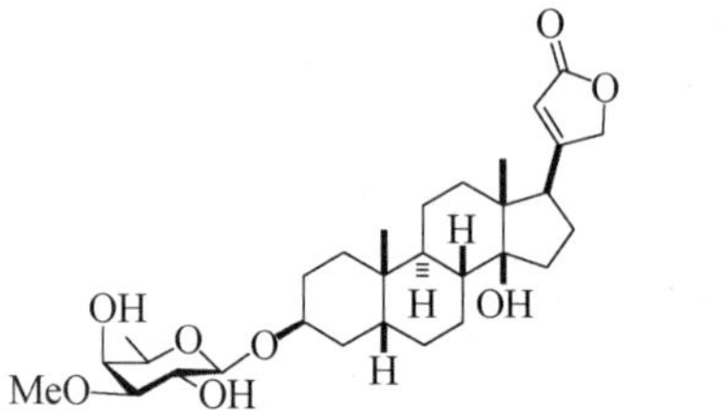

化合物25

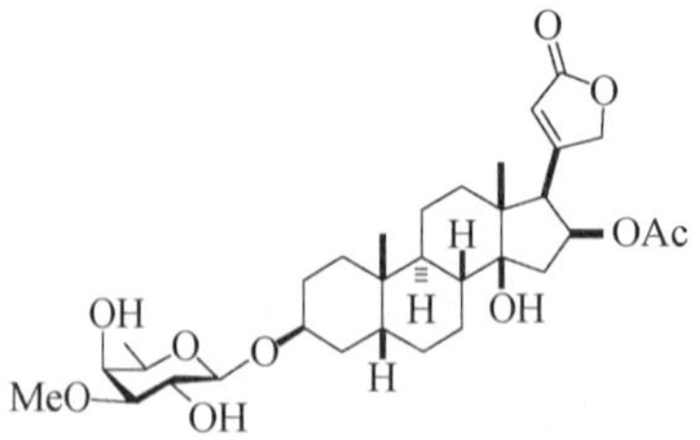

化合物26

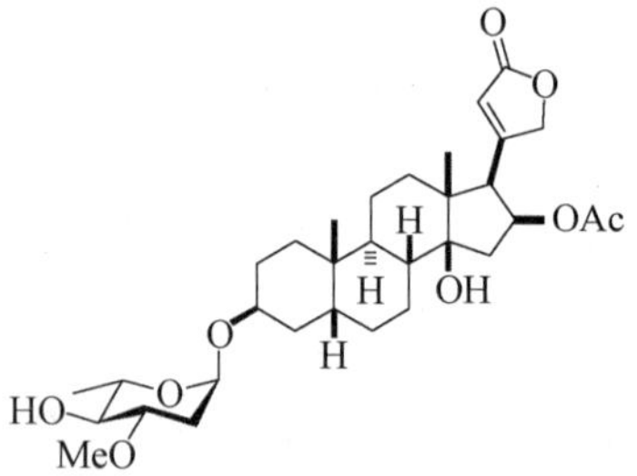

化合物27

图 3.3　化合物 **22 ~ 34** 的结构式

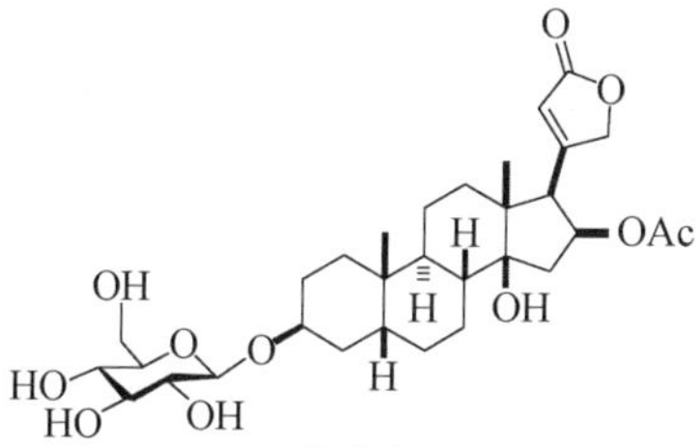

O
O
OAc
OH
H
H
OH
HO
HO
OH
O
O
H
O

化合物28

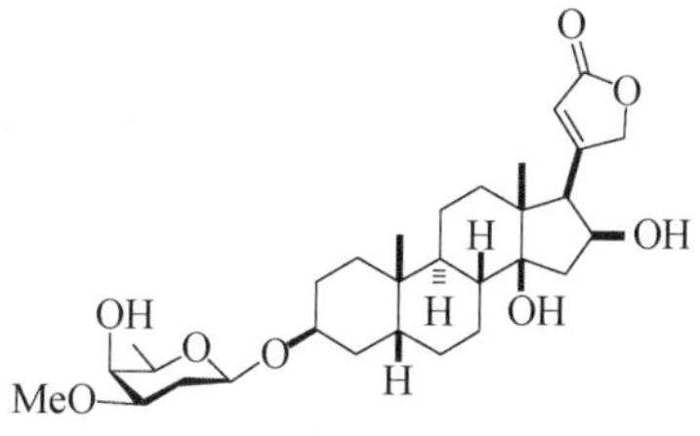

O
O
OH
OH
H
H
OH
O
MeO
O
O
H

化合物29

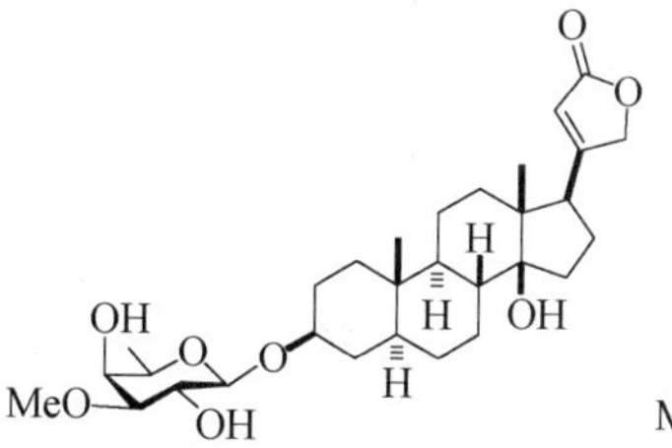

O
O
OH
H
H
OH
MeO
O
OH
O
O
H

化合物30

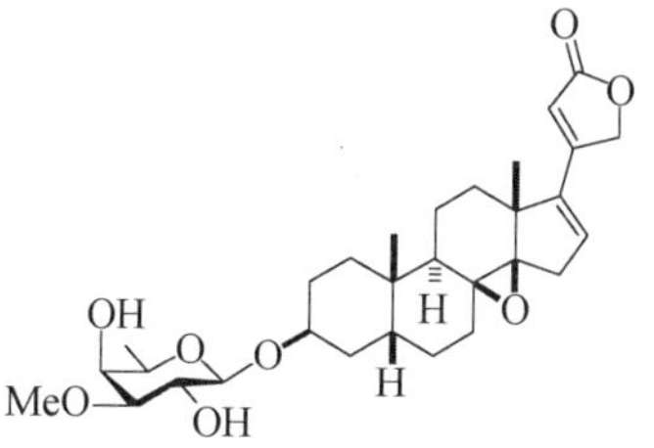

O
O
H
O
OH
O
MeO
O
OH
O
H

化合物31

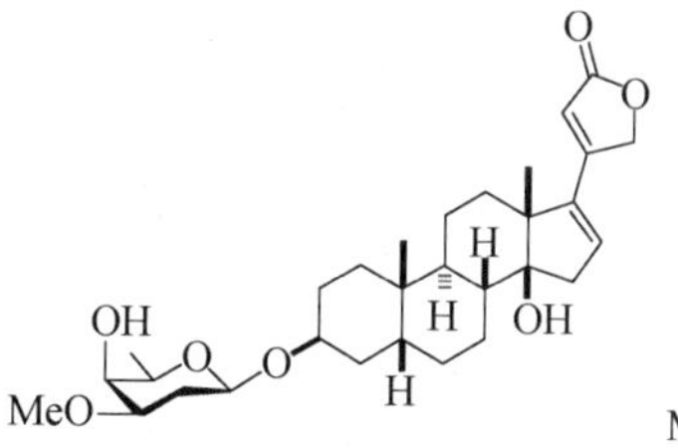

O
O
OH
H
H
OH
O
MeO
O
O
H

化合物32

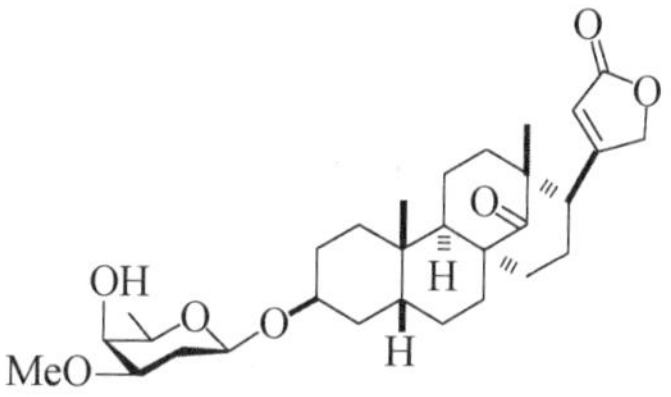

O
O
O
OH
H
O
MeO
O
O
H

化合物33

O
O
O
OH
H
OH
O
MeO
O
O
H

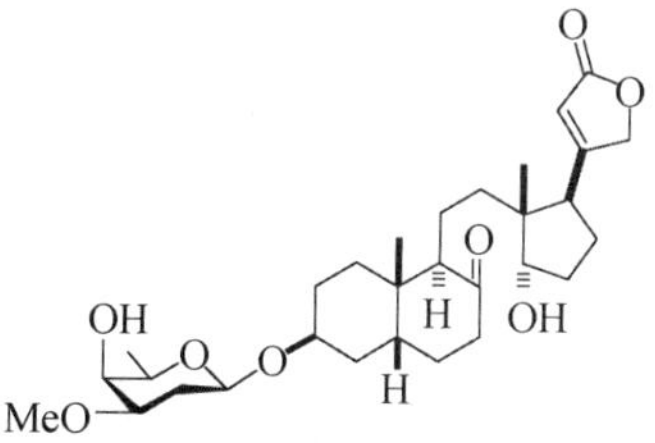

化合物34

续图 3.3

表 3.3 化合物 **22** ~ **34** 对 ICAM-1 的诱导作用及细胞存活率

化合物	ICAM-1[a] [$c(IC_{50}^{b})/(\mu mol \cdot L^{-1})$]		细胞存活率 MTT[c] [$c(IC_{50})/(\mu mol \cdot L^{-1})$]
	IL-1α[d]	TNF-α[d]	
22	220	140	>320
23	6.6	5.7	>330
24	90	54	>320
25	0.20	NT	>1 000
26	0.28	0.27	>320
27	0.39	NT	570
28	0.16	0.12	>320
29	5.2	NT	>1 000
30	7.5	6.2	>320
31	31	20	>320
32	63	39	>320
33	81	57	>320
34	56	NT	>1 000

注:a. 将不同浓度的待测试样加入 A549 细胞系中培养 1 h,然后加入 IL-1α 或 TNF-α 后,继续培养 6 h,将细胞经过初级抗体和二次抗体以及酶底物处埋后,测定在 415 nm 波长下的吸光度;b. 不同浓度实验均重复测定 3 次;c. 将不同浓度待测化合物加入 A549 系细胞系中培养 24 h,细胞存活率通过 MTT 法测定,并表示为 $c(IC_{50})$,每个浓度实验均重复测定 3 次;d. 除化合物 **25**、**27**、**29** 和 **34** 外,$c(IC_{50})$ 表示 2 次独立实验的结果。

3.2.4 强心苷及其二糖苷类化合物 35 ~ 45 对由 IL-1α 和 TNF-α 诱导的 ICAM-1 表达的抑制活性

化合物 **35** ~ **45**(图 3.4)的活性测试结果见表 3.4,结果表明:(1)化合物 **36** ~ **39** 所具有的对 ICAM-1 诱导抑制活性的重要活性基团是 3β-O-(二糖基)-16β-乙酰-14-羟基-5β,14β-强心甾-20(22)-烯。(2)3β-O-[β-D-吡喃葡萄糖基-(1→4)-α-L-吡喃夹竹桃糖基)]-16β-乙酰-14-羟基-5β,14β-强心甾-20(22)-烯(**37**)由于其低细胞毒活性($c(IC_{50})$>320 mmol/L)而成为上述二糖强心苷中活性最强的化合物,因此,化合物 **37** 最有可能成为抗炎药物的候选化合物。(3)如果将化合物 **37** 中 C-3 位上的二糖结构由 3β-O-[β-D-吡喃葡萄糖基-(1→4)-α-L-吡喃夹竹桃糖基]-转变成具有相同苷元的二糖苷化合物 **36**、**38** 和 **39** 中的 3β-O-[β-D-吡喃葡萄糖基-(1→4)-β-D-吡喃去氧洋地黄糖基]-,3β-O-[β-D-吡喃葡萄糖基-(1→4)-β-D-吡喃洋地黄糖基]-以及 3β-O-[β-D-吡喃葡萄糖基-(1→4)-β-D-吡喃羊角拗糖基]-结构时,活性会有所降低。(4)如果将化合物 **36** 和 **38** 苷元部分的 16β-乙酰-14-羟基-5β,14β-强心甾-20(22)-烯转变成化合物 **40** 和 **41** 中的 8,14-环氧-5β,14β-强心甾-20(22)-烯,或者如化合物 **42** 中的 8,14-环氧-5β,14β-强心甾-16,20(22)-二烯结构,苷元上的这种变化会使得活性大幅度降低。(5)同样,如果将化合物 **36** 和 **38** 中的 5β,14β-强心甾-20(22)-烯结构单元转变成如化合物 **44** 和 **45** 中的 5α,14β-强心甾-20(22)-烯,会使活性有所降低。(6)化合物 **36**、**37**、**39**、**41** ~ **45** 不同程度上表现出对由 IL-1α 和 TNF-α 诱导的 ICAM-1 表达的抑制活性。

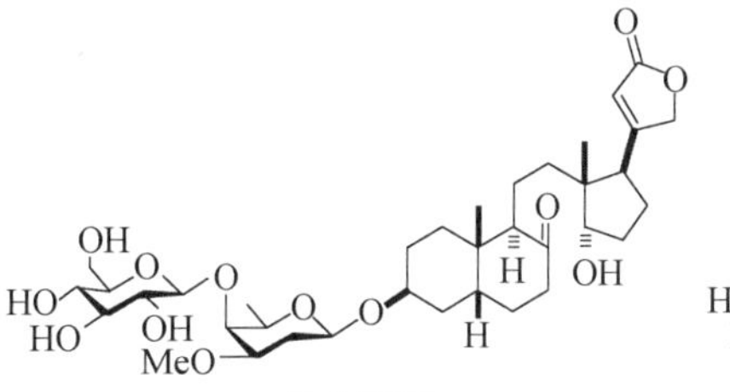

化合物**35**

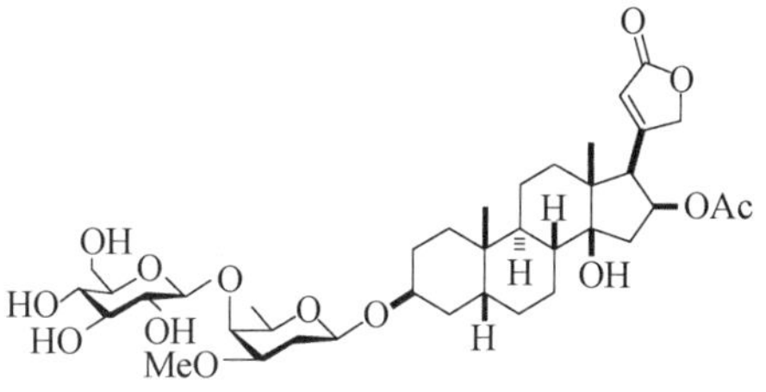

化合物**36**

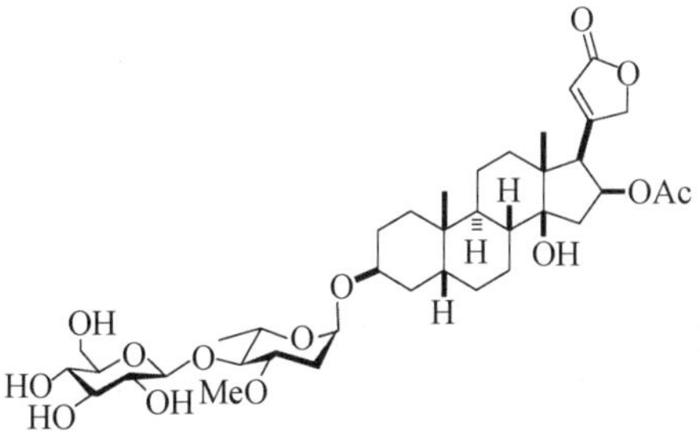

化合物**37**

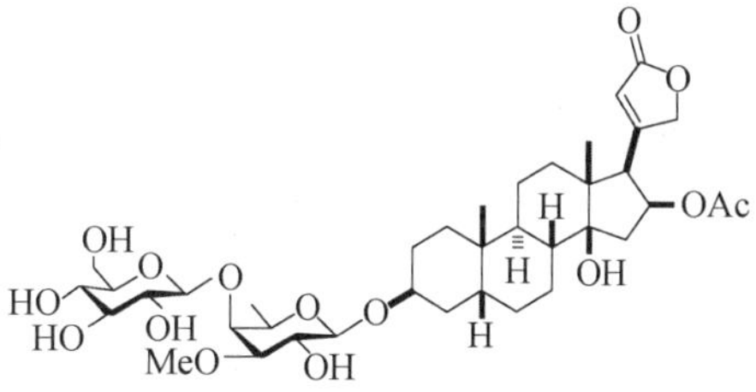

化合物**38**

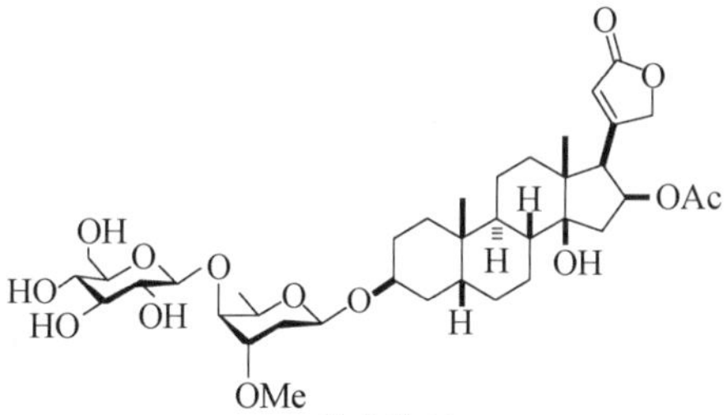

化合物**39**

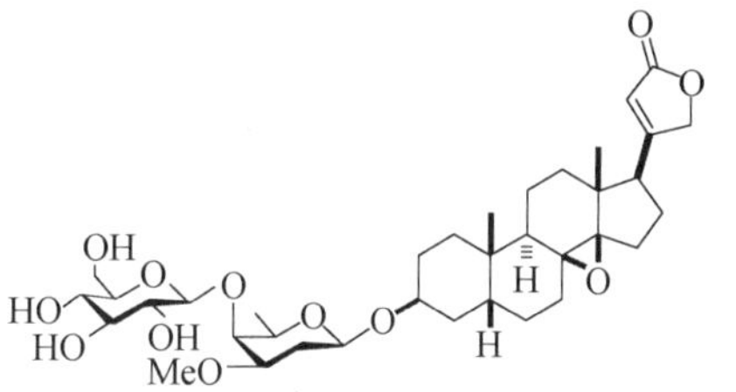

化合物**40**

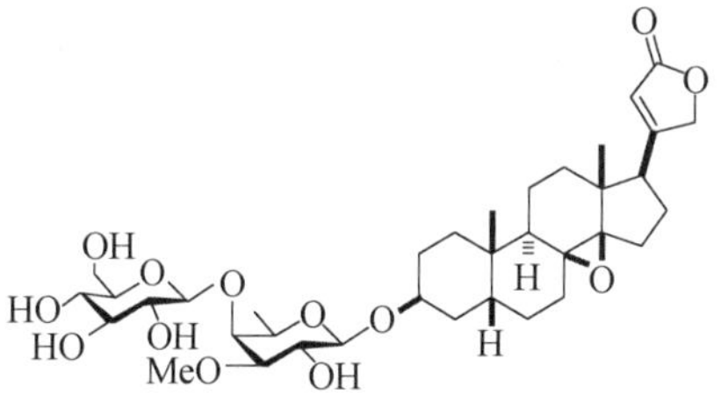

化合物**41**

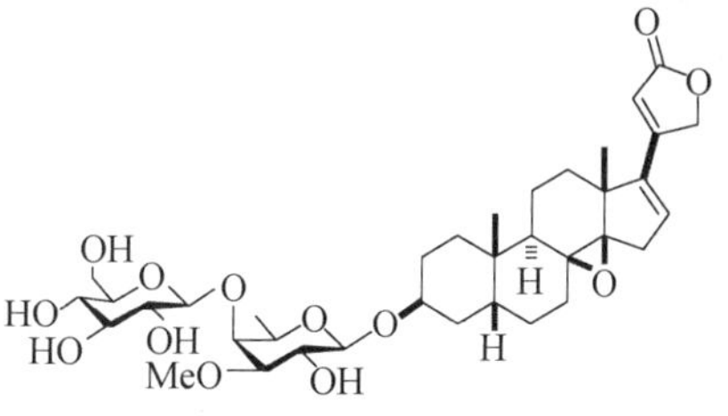

化合物**42**

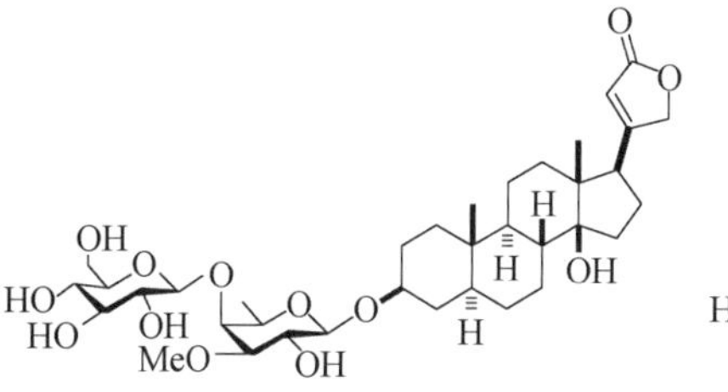

化合物**43**

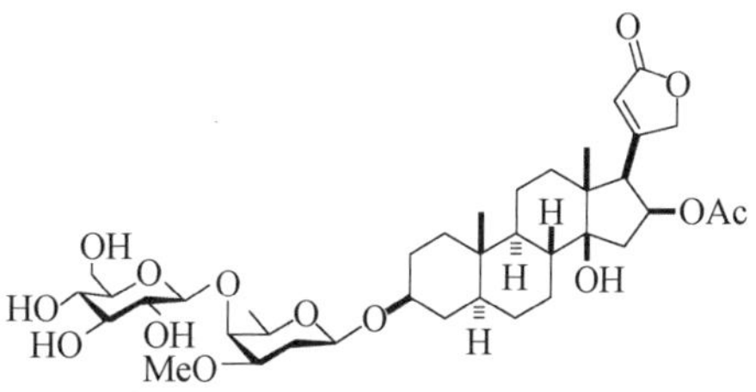

化合物**44**

图 3.4 化合物 **35～45** 的结构式

化合物45

续图 3.4

表 3.4 **化合物 35 ~ 45 对 ICAM-1 的诱导作用及细胞存活率**

化合物	ICAM-1[a] [c(IC_{50}^{b})/(μmol · L^{-1})]		细胞存活率 MTT[c]
	IL-1α[d]	TNF-α[d]	[c(IC_{50})/(μmol · L^{-1})]
35	>320	>320	>320
36	0.63	0.62	>330
37	0.34	0.25	>320
38	0.65	NT[e]	>320
39	0.72	0.60	>320
40	>320	300	>320
41	28	16	>320
42	35	21	>320
43	34	28	>320
44	29	22	>320
45	28	19	>320
夹竹桃苷 A[f]	0.20	0.48	>320

注：a. 将不同浓度的待测试样加入 A549 细胞系中培养 1 h，然后加入 IL-1α 或 TNF-α 后，继续培养 6 h，将细胞经过初级抗体和二次抗体以及酶底物处理后，测定在 415 nm 波长下的吸光度；b. 不同浓度实验均重复测定 3 次；c. 将不同浓度待测化合物加入 A549 细胞系中培养 24 h，细胞存活率通过 MTT 法测定，并表示为 c(IC_{50})，每个浓度实验均重复测定 3 次；d. 除化合物 **38** 外，c(IC_{50}) 表示 2 次独立实验的结果；e. 未测定；f. 3β-O-(β-D-吡喃去氧洋地黄糖基)-14-羟基-5β,14β-强心甾-20(22)-烯(14)。

3.2.5 强心苷三糖苷类化合物 46 ~ 61 对由 IL-1α 和 TNF-α 诱导的 ICAM-1 表达的抑制活性

强心苷三糖苷类化合物 **46 ~ 61**（图 3.5）的抗炎活性实验结果见表 3.5，结果表明：(1) 对由IL-1α和 TNF-α 诱导的 ICAM-1 表达的抑制活性而言，苷元中重要的活性基团是 14-羟基-5β,14β-强心甾-20(22)-烯，如化合物 **46 ~ 50** 的活性测试结果所示。(2) 上述化合物中，3β-O-(4-O-龙胆双糖基-L-齐墩果糖基)-16β-乙酰-14-羟基-5β,14β-强心甾-20(22)-烯(50)的活性最强，而且，由于其较低的细胞毒活性(c(IC_{50})>316 μmol/L)，化合物 **50** 是最有望成为抗炎药物的单体活性成分。(3) 如果将化合物 **50** 在 C-3 处的结构单元 3β-O-(4-O-龙胆双糖基-L-齐墩果糖基) 由 3β-O-(4-O-龙胆双糖基-D-去氧洋地黄糖基) 或3β-O-(4-O-龙胆双糖基-D-洋地黄糖基) 取代后，分别形成化合物 **48** 和

49,这种糖链部分的结构变化对活性影响不是很大。(4)比较化合物**46**、**47**和**48**、**49**的活性测试结果可知,C-16位上的乙酰基存在与否,对活性影响不大。(5)在C-8位上连有羟基的化合物**58**与相应的未连羟基的化合物**46**相比较,具有8,14-氧环结构的化合物**53**和**54**与连有14-羟基的化合物**46**和**47**相比较,活性均大幅度降低。(6)具有5α,14β-强心甾-20(22)-烯结构的化合物**51**和**52**与连有5β,14β-强心甾-20(22)-烯结构的化合物**46**和**47**相比较,活性大幅度降低。(7)与化合物**46**相比,具有7,8-氧环结构的化合物**61**,其活性大大减弱。综合上述,14-羟基-5β,14β-强心甾-20(22)-烯是该类化合物中具有抗炎活性的关键基团,在C-8或者C-16位上引入羟基或者引入8,14-氧环,均会使活性大大降低,与化合物**46**相比较,化合物**61**中新的环氧基团的引入同样会使活性大幅度降低。

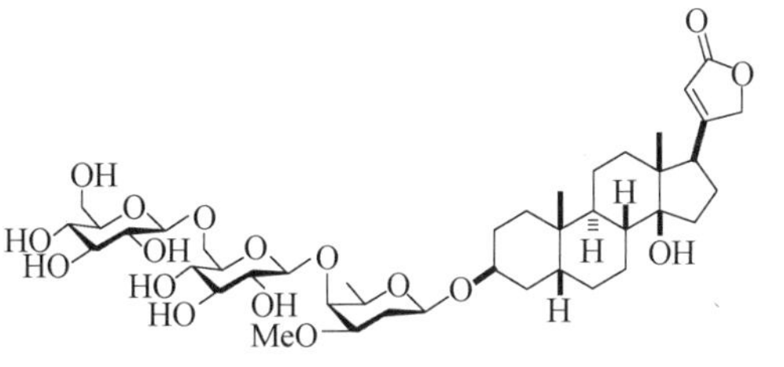

化合物46

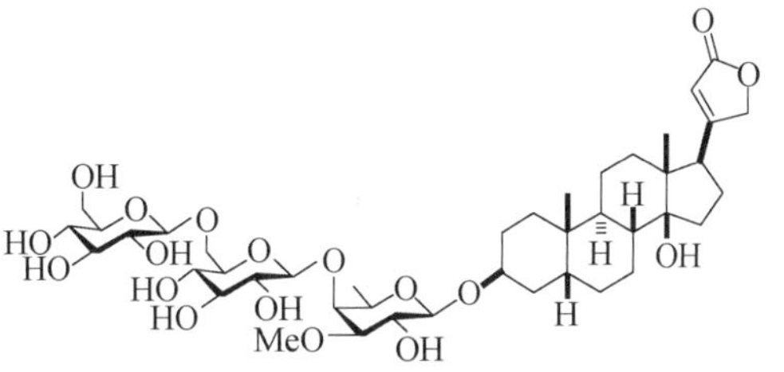

化合物47

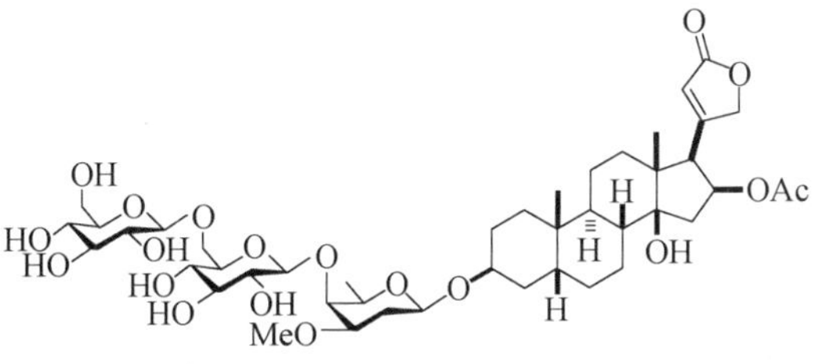

化合物48

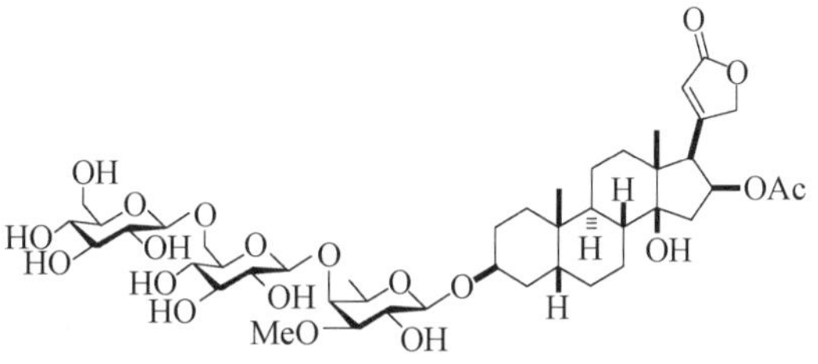

化合物49

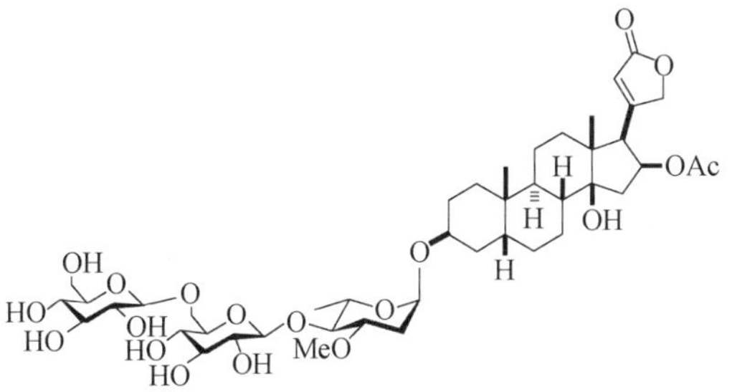

化合物50

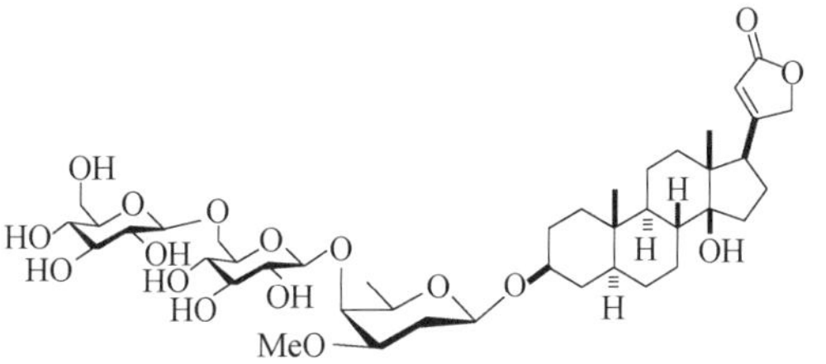

化合物51

图3.5 化合物**46**~**61**的结构式

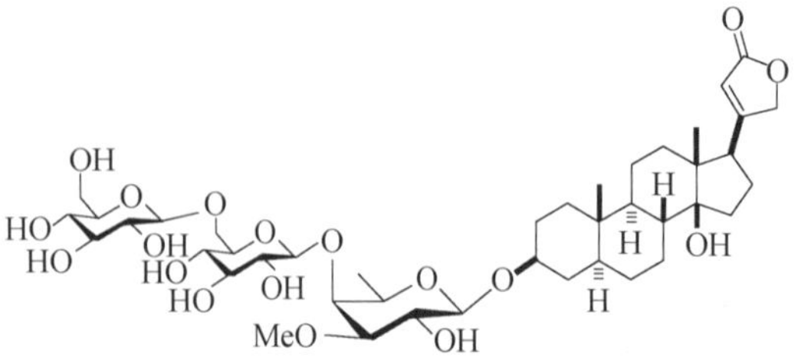

化合物52

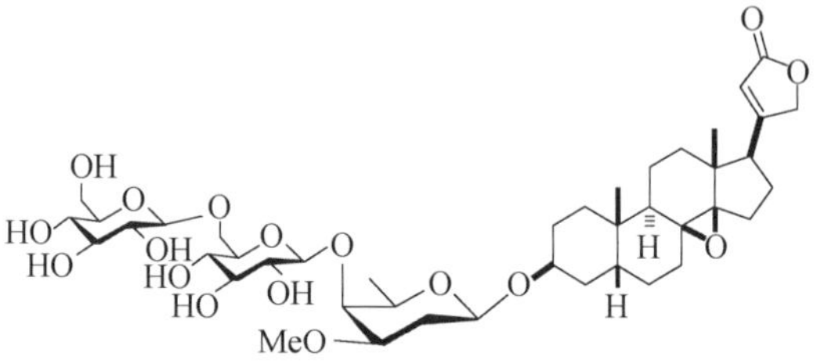

化合物53

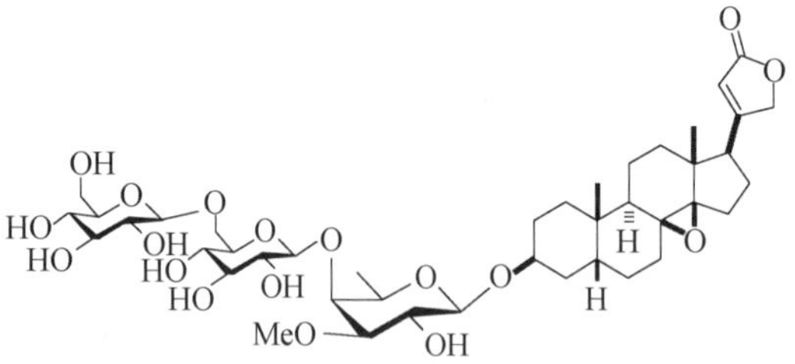

化合物54

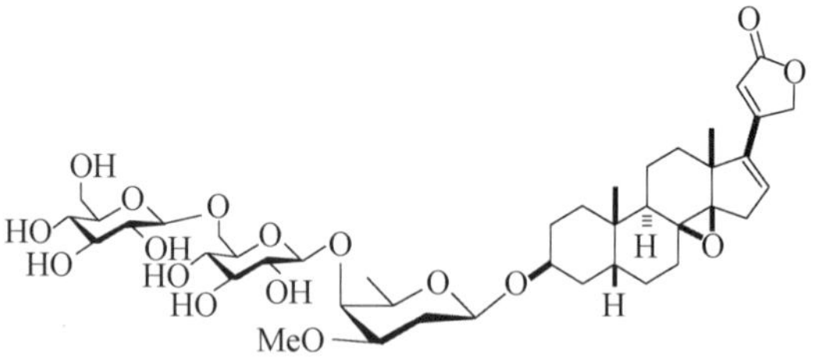

化合物55

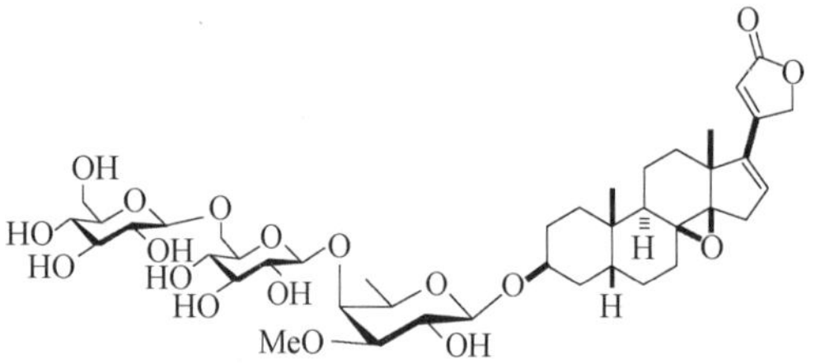

化合物56

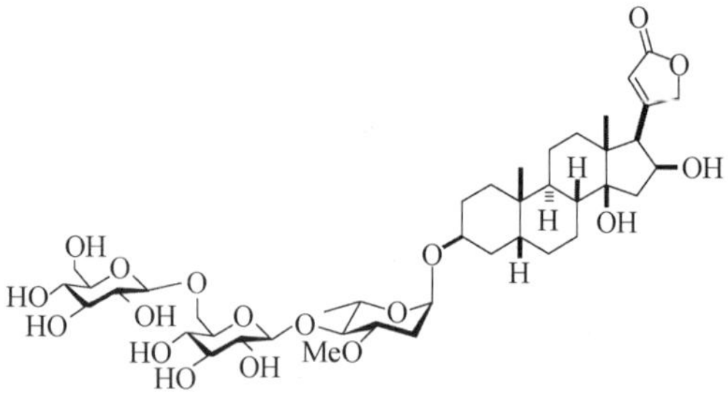

化合物57

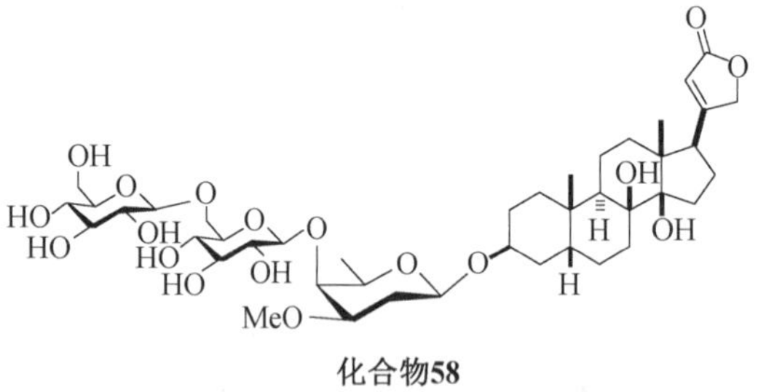

化合物58

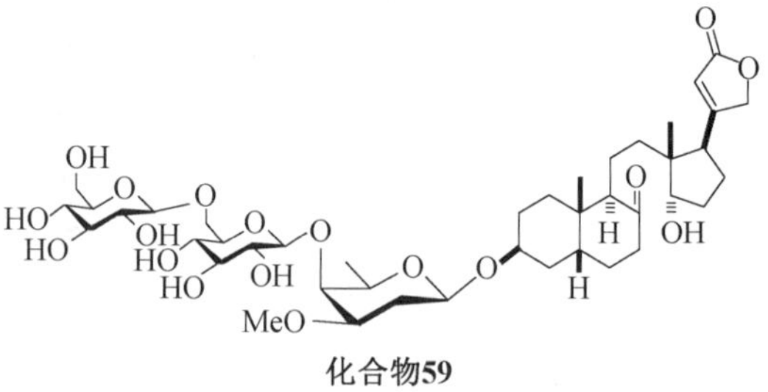

化合物59

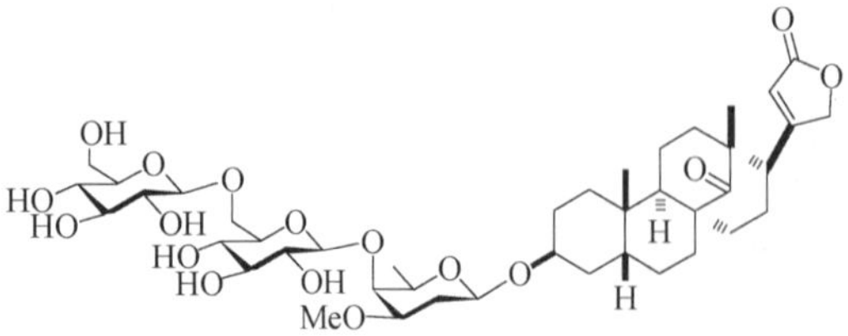

化合物60

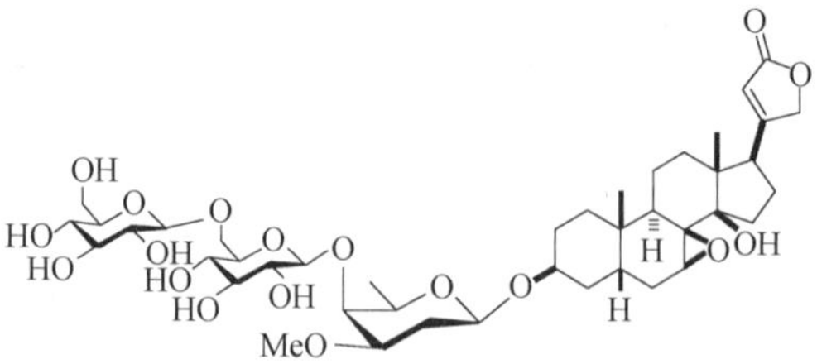

化合物61

续图 3.5

表 3.5 化合物 46 ~ 61 对 ICAM-1 的诱导作用及细胞存活率

化合物	ICAM-1[a][$c(IC_{50}^{b})/(\mu mol \cdot L^{-1})$]		细胞存活率 MTT[b] [$c(IC_{50})/(\mu mol \cdot L^{-1})$]
	IL-1α[c]	TNF-α[d]	
46	5.31	3.40	>316
47	3.16	2.01	>316
48	4.71	2.48	>316
49	6.54	3.29	>316
50	1.69	1.20	>316
51	65.4	46.0	>316
52	34.3	25.2	>316
53	>316	>316	>316
54	67.8	44.5	>316
55	>316	203	>316
56	78.1	62.2	>316
57	36.2	25.7	>316
58	66.6	49.0	>316
59	53.6	36.5	>316
60	>316	149	>316
61	150	66.2	>316

注:a. $c(IC_{50})$值通过式(3.1)计算。除化合物 **61** 外,所有 $c(IC_{50})$表示 2 次独立实验的结果;b. 将不同浓度的待测试样加入 A549(2×10^4个细胞/孔)细胞系中培养 1 h,然后加入 IL-1α 或 TNF-α 后,继续培养6 h,将细胞经过初级抗体和二次抗体以及酶底物处理后,测定在 415 nm 波长下的吸光度;c. $c(IC_{50})$值通过式(3.2)计算;d. 将不同浓度待测化合物加入 A549 细胞系中培养 24 h,细胞存活率通过 MTT 法测定,并表示为 $c(IC_{50})$,每个浓度实验均重复 3 次。

3.2.6 三萜类化合物 62 ~ 85 对由 IL-1α 和 TNF-α 诱导的 ICAM-1 表达的抑制活性

我们以前发表了关于一些合成的以及从天然药用植物中分离得到化合物有比较强的由 ICAM-1 诱导的抑制活性的研究。相比较而言,乌苏酸(化合物 **70**)表现出中等强度的抑制 ICAM-1 诱导活性($c(IC_{50})$= 21.6 mmol/L),同时,不减少细胞的存活率。化合物 **70** 的毒性($c(IC_{50})$= 55.8 mmol/L)所表现的浓度比 ICAM-1 诱导抑制活性浓度高 2 ~6 倍。MTT 测试结果也表明化合物 **70** 能够以中等浓度抑制肺癌细胞系 A549 的生长。而化合物 **70** 的甲酯(化合物 **81**)以及在化合物 **70** 的 C-27 位或 C-13 位上连有羟基的化合物 **71** 和 **72** 活性则降低。齐墩果酸(化合物 **77**)在不减少细胞存活率的条件下表现出中等强度的抑制 ICAM-1 诱导活性。桦木酸(化合物 **79**)齐墩果酸甲酯(化合物 **82**)以及在 C-17 位上连有缩醛基的化合物 **64** 和 **66** 表现出中等强度的抑制 ICAM-1 诱导活性及肺癌细胞系 A549 的生长活性。化合物 **63**、**67**、**76**、**80**、**84** 和 **85** 不能抑制 ICAM-1 诱导活性,并对 A549 细胞具有毒性,这些化合物(图 3.6)均在 C-17 位上连有羟甲基、羟基及甲基,而不是羧基。

以上活性测试的结果(表 3.6)表明,被测化合物抗 ICAM-1 诱导活性顺序如下:化合物 **70>82≥64**、**79≥66>77≥71≥72**、**73≥81≫63**、**67**、**76**、**80**、**84**、**85**。即所有连羧基的化合物如化合物 **70**、**71**、**72**、**77**、**79**,C-17 位上连甲酯的化合物如化合物 **81** 和 **82**,C-17 位上连

有缩醛或醛基的化合物如化合物 **64**、**66** 和 **73** 所表现出的抑制 ICAM-1 诱导活性由中等强度到逐渐减弱。因此，对于以上化合物来说，其活性基团可能为羧基，甲基酯及 C-17 位上连的缩醛或醛基。这与文献中报道的除鸡骨草苷元 E 以外大部分在 C-17 位上连有甲基的齐墩果烷不具有 ICAM-1 抑制活性，而且 50% 的此类化合物都不具有毒性的结果一致。事实上，对一些没有活性的化合物 **63**、**67**、**76**、**80**、**84** 和 **85**，仔细观察其结构会发现这些化合物都在 C-17 位上连有羟基，亚甲氧基，羟甲基和甲基，而不是羧基、缩醛基或甲酰基。化合物 **64**、**66**、**70**、**79** 和 **82** 对肺癌 A549 细胞系显示中等强度的毒性。

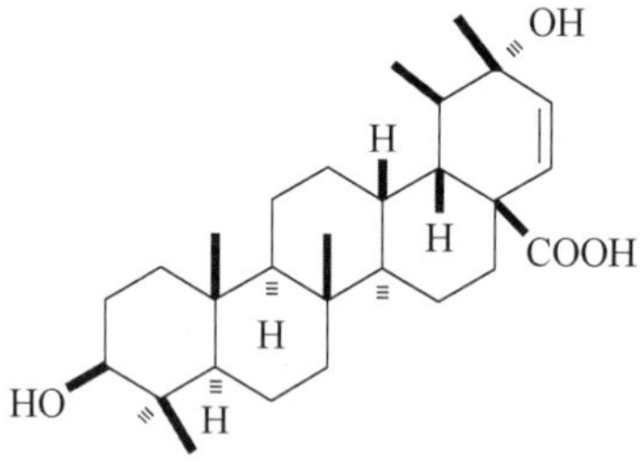

化合物62

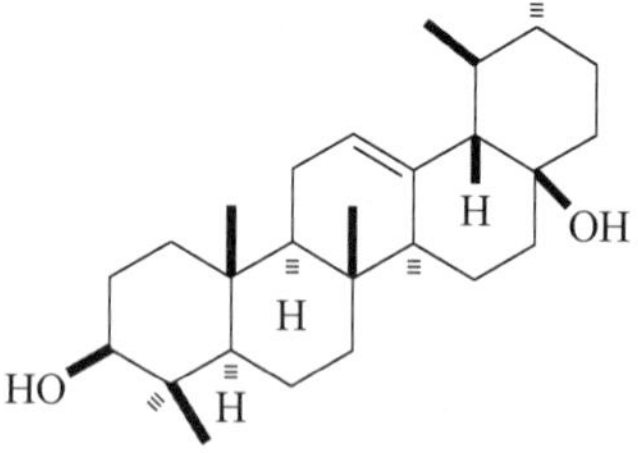

化合物63

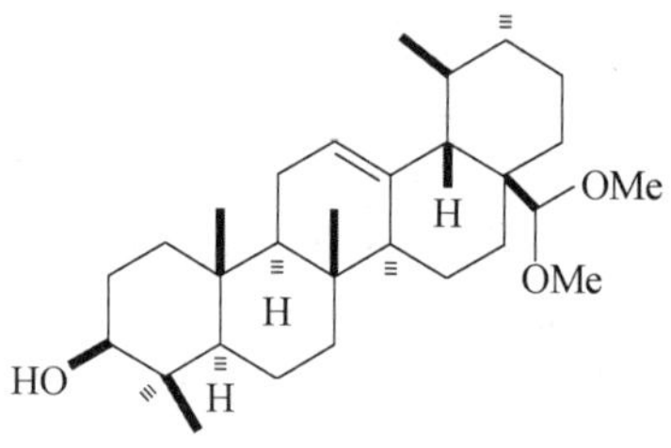

化合物64

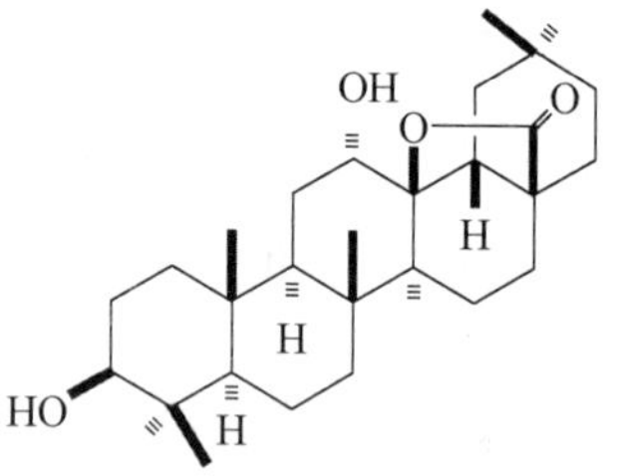

化合物65

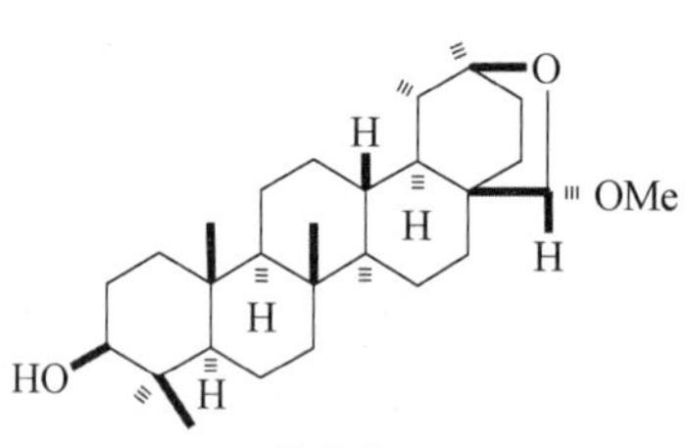

化合物66

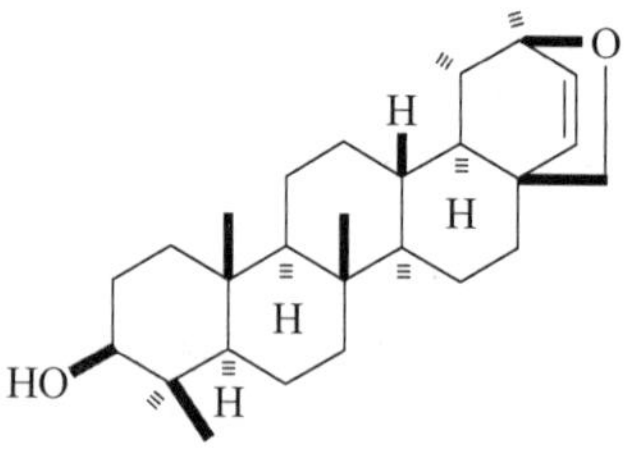

化合物67

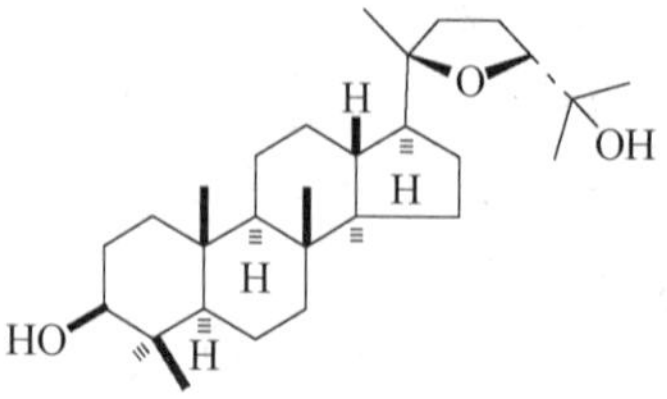

化合物68

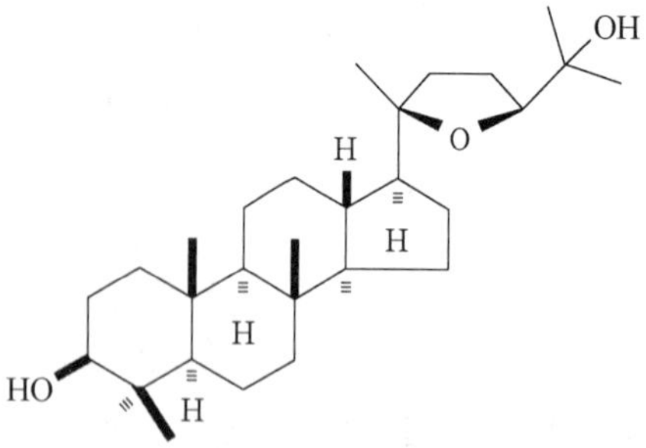

化合物69

图 3.6 化合物 **62** ~ **85** 的结构式

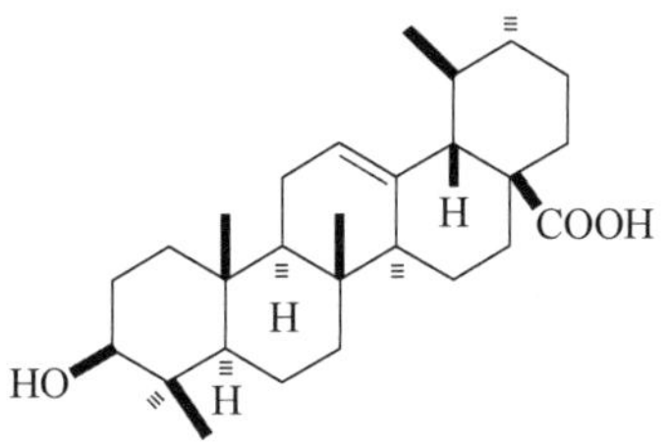

化合物70

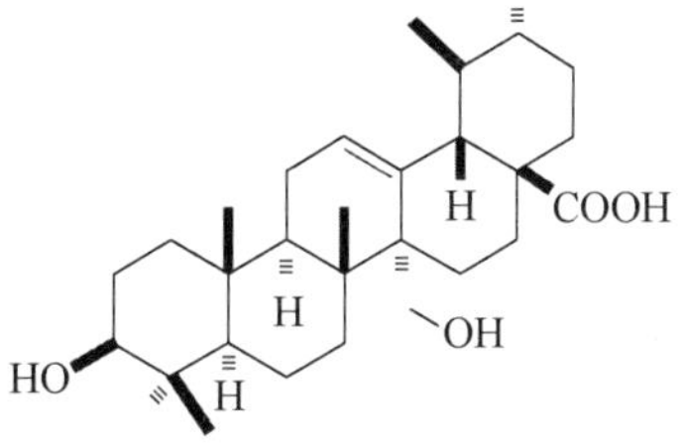

化合物71

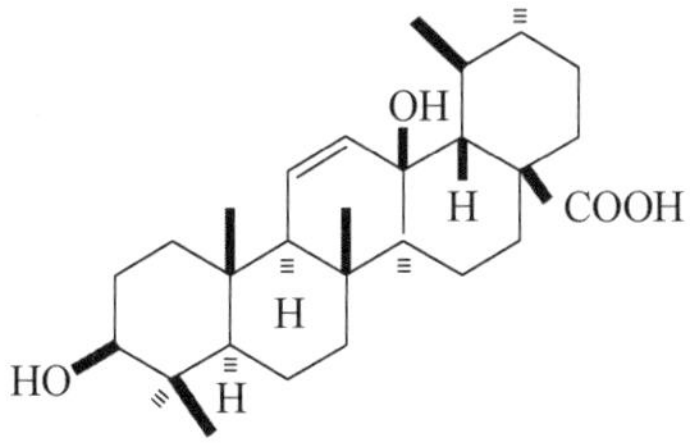

化合物72

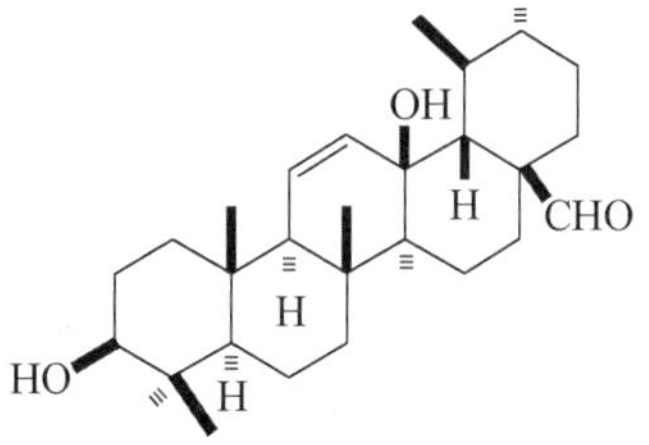

化合物73

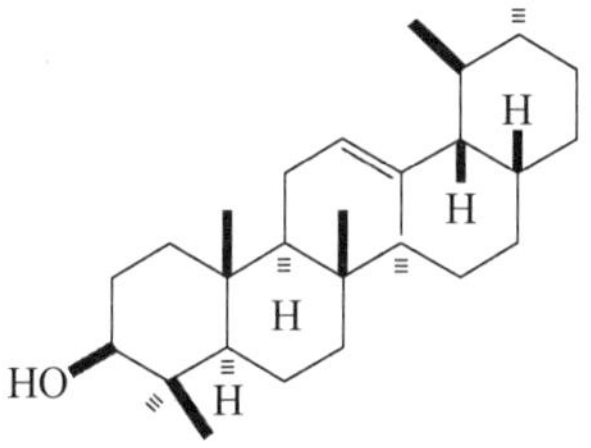

化合物74

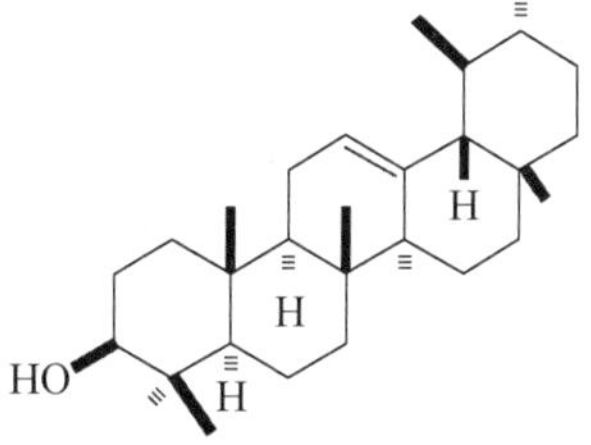

化合物75

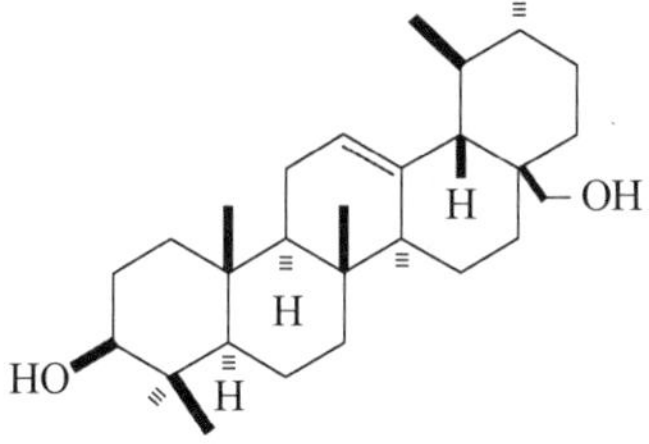

化合物76

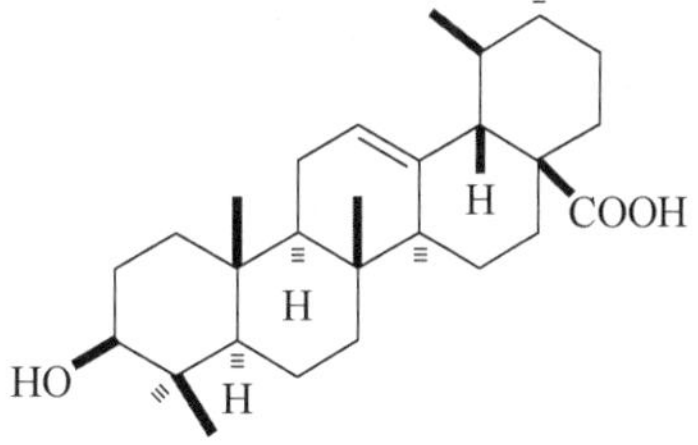

化合物77

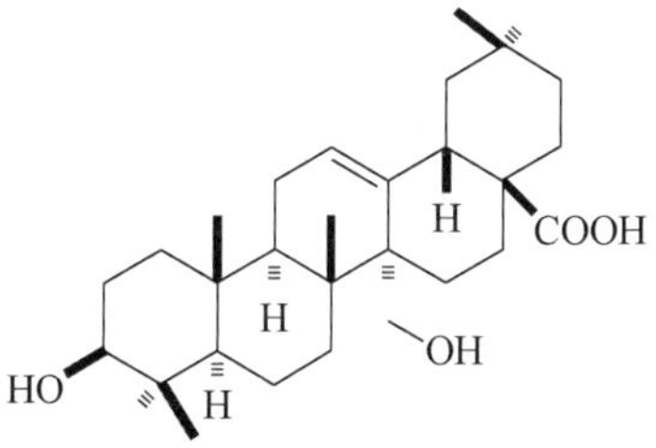

化合物78

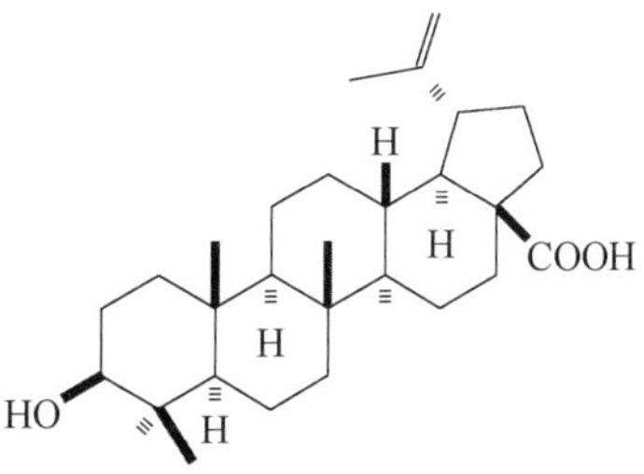

化合物79

续图 3.6

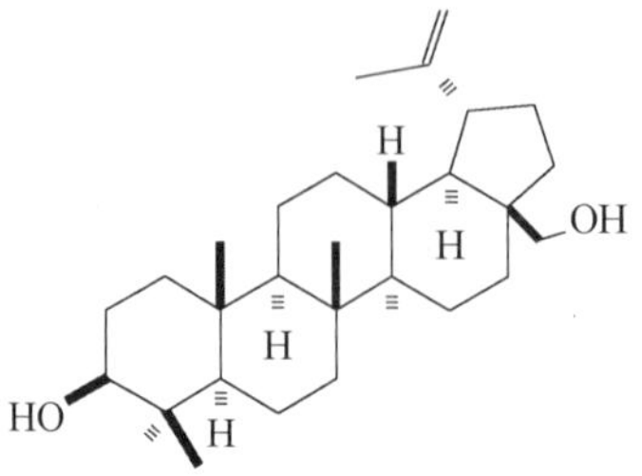

化合物80

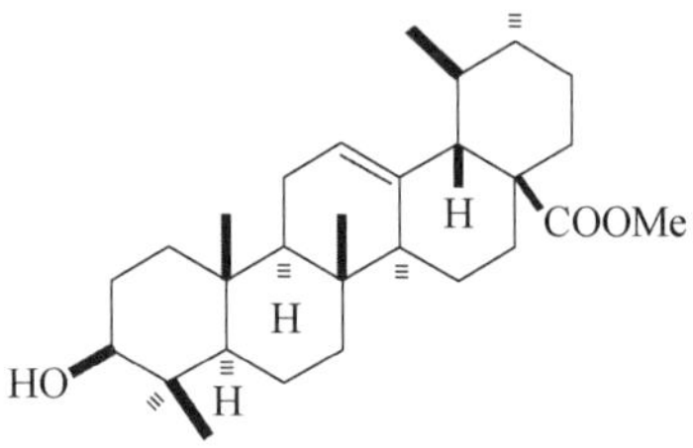

化合物81

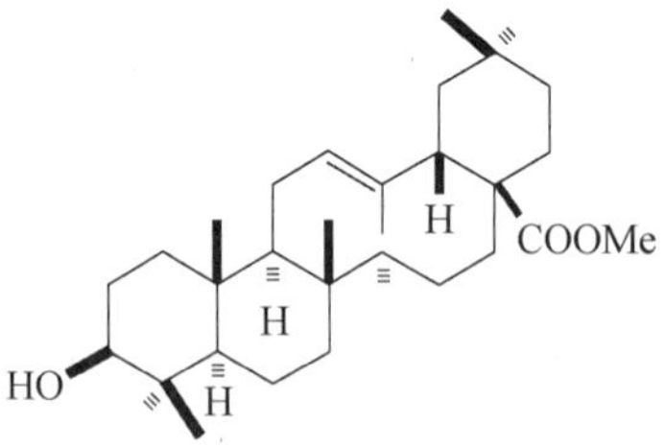

化合物82

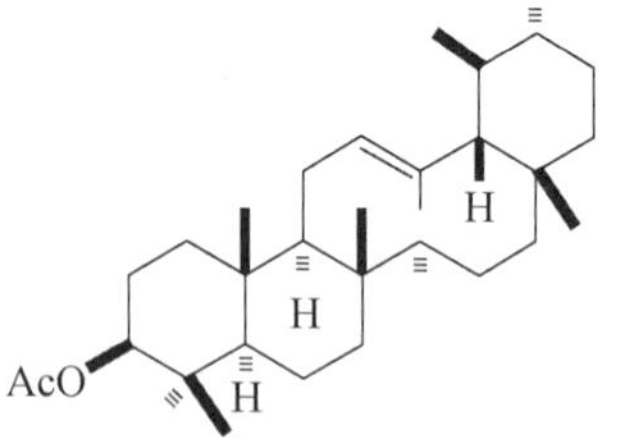

化合物83

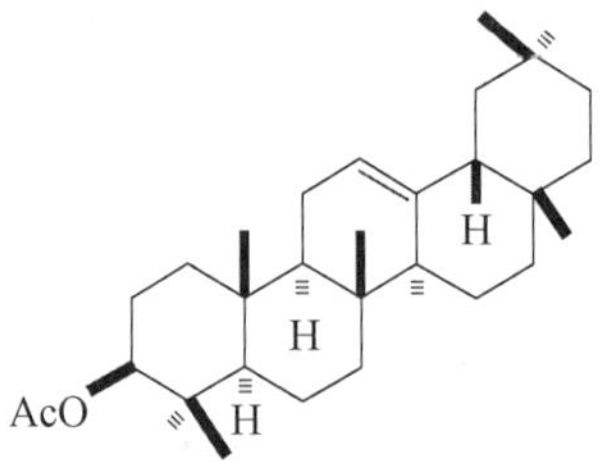

化合物84

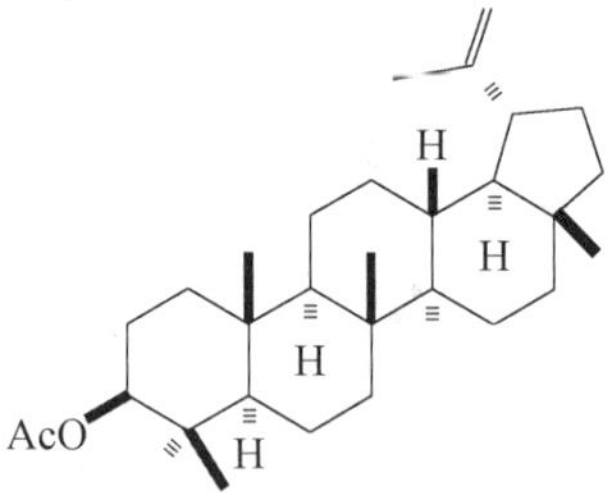

化合物85

续图 3.6

表 3.6 三萜类化合物对 ICAM-1 的诱导作用及细胞存活率[a]

化合物	ICAM-1[b] $c(IC_{50}^{b})/(\mu mol \cdot L^{-1})$	细胞存活率 MTT[c] $c(IC_{50}^{c})/(\mu mol \cdot L^{-1})$	化合物类型
63	>316	>316	乌苏酸
64	73	65	
70	21.6	55.8	
71	144	236	
72	159	>316	
73	158	205	
76	>316	>316	
81	191	191	
77	96.2	209	夹竹桃酸
82	55.7	84	
84	>316	>316	

续表3.6

化合物	ICAM-1[b] $c(IC_{50}^{b})/(\mu mol \cdot L^{-1})$	细胞存活率 MTT[c] $c(IC_{50}^{c})/(\mu mol \cdot L^{-1})$	化合物类型
79	72.8	85.3	羽扇豆烯
80	>316	>316	
85	>316	>316	
66	80	76	蒲公英甾烷
67	>316	>316	

注:a. 将不同浓度的待测化合物加入 A549 细胞系(2×10^4 个)中,培养 1 h 后,加入 IL-1α,培养6 h,正如活性测试下所用的材料和方法中讲述的那样,将细胞经过初级抗体和二次抗体以及酶底物处理后,测定在 415 nm 波长下的吸收,每组实验重复 3 次,$c(IC_{50})$按照活性实验材料与方法中的公式进行计算,细胞存活率通过 MTT 实验测定;b. 将不同浓度的待测化合物加入 A549 细胞系(2×10^4 个细胞/孔)中,培养 1 h 后,加入 IL-1α,培养6 h,然后通过活性实验材料与方法中所讲述的计算 ICAM-1 的诱导抑制率同时计算 $c(IC_{50})$,每组实验重复 3 次,ICAM-1 诱导抑制的 SD 值在 11.5% 以内;c. 将不同浓度的待测化合物加入到 A549 细胞系中,培养 24 h 后,细胞存活率能过 MTT 实验测试,同时计算 $c(IC_{50})$,每组实验重复 3 次,最后,细胞存活率的 SD 值在 9.9% 以内。

3.3 待测化合物对 WI-38 成纤维细胞、VA-13 恶性肿瘤细胞和 HepG2 人肝肿瘤细胞的体外生长抑制活性

WI-38 是取自正常女性肺部的成纤维细胞,VA-13 是能通过 SV-40 病毒感染 WI-38 诱导得到的恶性肿瘤细胞,HepG2 是人肝肿瘤细胞(图 3.7)。

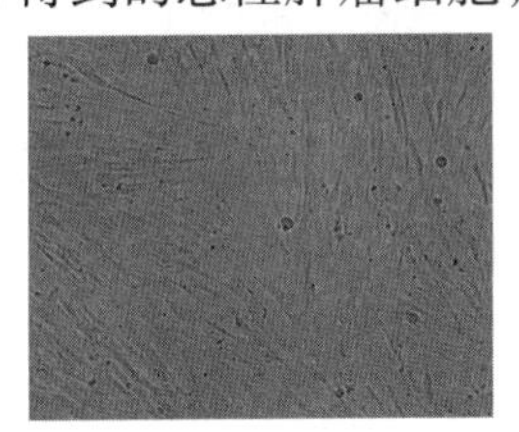

WI-38
(从正常人肺细胞诱导的纤维细胞)

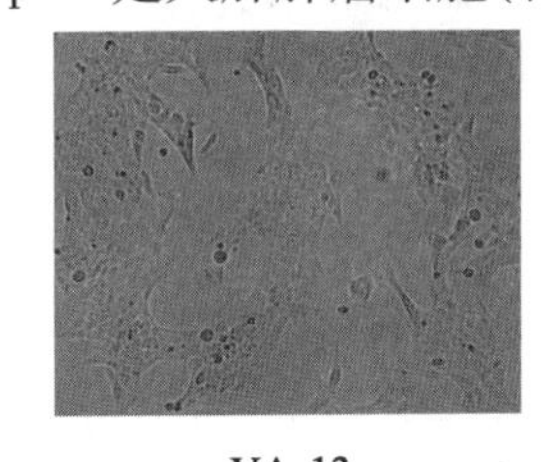

VA-13
(SV-40病毒感染WI—38细胞诱导的恶性肿瘤细胞)

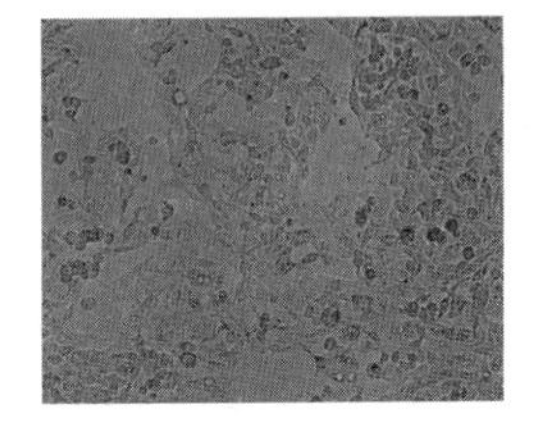

HepG2
(人肝肿瘤细胞)

图 3.7 3 种肿瘤细胞

3.3.1 孕甾烷类化合物 1 ~8 对 WI-38、VA-13 和 HepG2 细胞的生长抑制活性

本研究测定了化合物 **1 ~8** 对 3 种人体细胞系 WI-38、VA-13 和 HepG2 的细胞毒活性,化合物 **4** 对 VA-13 和 HepG2 表现出很强的生长抑制作用,值得一提的是,4 对正常母细胞 WI-38 的毒性(14.3 mmol/L)远低于 VA-13(表 3.7)。

表 3.7 化合物 1～8 对 WI-38、VA-13 和 HepG2 的生长抑制活性

化合物	$c(IC_{50}^{a})/(\mu mol \cdot L^{-1})$		
	WI-38	VA-13	HepG2
1	140	256	277
2	202	175	150
3	149	213	181
4	14.3	1.97	7.20
5	213	>290	>290
6	>290	>290	>290
7	>200	>200	>200
8	66.9	125	98.3
紫杉醇	0.04	0.005	8.1
阿霉素	0.70	0.40	1.3

注：a. $c(IC_{50})$是通过重复实验得到的。

3.3.2 低极性单糖强心苷类化合物 9～21 对 WI-38、VA-13 和 HepG2 细胞的生长抑制活性

化合物**9～21**对 3 个细胞系 WI-38、VA-13 和 HepG2 的细胞毒活性见表 3.8，结果表明：(1)强心苷类化合物对上述 3 种细胞系的生长抑制活性的活性基团是 5β,14β-强心甾-20(22)-烯，因此，单糖苷类化合物**14**和**21**对细胞系 VA-13 和 HepG2 的生长抑制活性强于具有 5α,14β-强心甾-20(22)-烯结构的化合物**15**和**12**。(2)强心甾 N-1(化合物**9**)对 HepG2 的抑制作用最强，而且其 3β-O-(D-去氧洋地黄糖基)-衍生物化合物**14**也表现出很强的 VA-13 细胞生长抑制活性，它们的$c(IC_{50})$值均小于 0.18 mmol/L。化合物**21**(化合物**14**在 C-16 位乙酰化的衍生物)及其苷元类化合物**20**显示很强的 VA-13 生长抑制活性，其$c(IC_{50})$值均小于 0.2 mmol/L。(3)化合物**21**的 3β-O-(D-箭毒羊角拗糖基)-衍生物化合物**19**以其小于 1 mmol/L 的$c(IC_{50})$值也表现出很强的 VA-13 和 HepG2 细胞毒活性。总之，具有 3β-O-(D-箭毒羊角拗糖基)-或 3β-O-(D-去氧洋地黄糖基)-的 14-羟基-5β,14β-强心甾-20(22)-烯结构的强心苷，无论 C-16 是否酰基化，均表现出很强的 VA-13 和 HepG2 的细胞毒活性。(4)如果将化合物**14**的 C-14 位羟基由 8,14-环氧或者 8,14-二羟基取代后，分别形成化合物**17**和**18**。此时，随着$c(IC_{50})$值的增大，活性会减少 10～100 倍。(5)与化合物**17**相比较，化合物**16**和**11**的$c(IC_{50})$值增加接近 10 倍，从而使活性进一步减弱，主要是由于化合物**17**的 C-16、17 之间双键和α-环氧环的引入。因此，化合物**9**、**14**、**19**、**20**和**21**对 VA-13 和 HepG2 表现出较强的细胞毒活性，其关键活性基团是 C-14 位上羟基的存在。(6)化合物**12**、**13**、**17**、**18**和**20**对 WI-38 的$c(IC_{50})$值较 VA-13 大 2～10 倍，说明上述化合物对恶性肿瘤细胞 VA-13 的细胞毒活性强于其母体正常细胞WI-38。由此可见，上述化合物因其对正常母细胞的低副作用及对 VA-13 的较强抑制活性，最有望成为抗肿瘤制剂的候选单体成分。同时，化合物**20**对 VA-13 表现出$c(IC_{50})$值小于 0.2 mmol/L 的极强细胞毒活性，而对正常母细胞 WI-38 的毒性较其他化合物低 10 倍以上，因此备受关注。虽然化合物**9**、**14**、**19**和**21**对

VA-13 也表现出很强的细胞毒活性($c(IC_{50})$<1 mmol/L),相比之下,对 WI-38 的细胞毒活性也会高出 2~40 倍,所以,上述化合物因其对正常母细胞的毒性强于对恶性肿瘤细胞 VA-13 的抑制活性而不适合做抗肿瘤制剂的候选化合物。

表 3.8 化合物 9~21 对 WI-38、VA-13 和 HepG2 的生长抑制活性

化合物	$c(IC_{50}^{a})/(\mu mol \cdot L^{-1})$		
	WI-38	VA-13	HepG2
9	<0.02	0.80	0.14
10	16.3	85.7	81.4
11	40.9	178	74.1
12	20.1	8.63	16.5
13	11.8	1.9	18
14	0.07	0.18	1.5
15	0.37	1.3	10.2
16	102	161	151
17	33.1	13.4	76.4
18	9.4	1.6	4.7
19	0.08	0.24	0.82
20	1.7	0.16	0.20
21	0.09	0.17	1.5
紫杉醇	0.04	0.005	8.1
阿霉素	0.70	0.40	1.3

注:a. $c(IC_{50})$是通过重复实验得到的。

3.3.3 高极性单糖强心苷类化合物 22~34 对 WI-38、VA-13 和 HepG2 细胞的生长抑制活性

化合物**22~34**对3种细胞 WI-38(常人纤维细胞)、VA-13(由 WI-38 诱导的恶性肿瘤细胞)和 HepG2(人肝肿瘤细胞)的细胞毒活性见表 3.9。由活性测试结果可知:(1)强心苷的重要活性基团是 5β,14β-强心甾-20(22)-烯,因此,具有 5β,14β-强心甾-20(22)-烯结构的化合物**25**其活性测试$c(IC_{50})$值较具有 5α,14β-强心甾-20(22)-烯结构的化合物**30**低 30~1 000 倍。(2)将化合物**25**的结构 3β-O-葡糖基-5β,14β-强心苷重排至 3β-O-葡糖基-15(14→8)松香烷型-强心苷(化合物**33**)和 3β-O-葡糖基-8,14-闭联-强心苷(化合物**34**)时,化合物**33**和**34**的$c(IC_{50})$值分别增至 40~100 倍和 80~800 倍,使其细胞毒活性有所减小。(3)具有 3β-O-葡糖基-16β-乙酰-14-羟基-5β,14β-强心苷类化合物**27**和**28**是对 HepG2 细胞毒性最强的成分,如果将化合物**27**中的 3β-O-葡糖基的 L-齐墩果糖基片段重排至 D-齐墩果糖基,形成化合物**28**,这种重排对活性测试结果基本没有影响,其$c(IC_{50})$值均小于 0.14 mmol/L。(4)具有 3β-O-葡糖基-14-羟基-5β,14β-强心苷的化合物**25**及其 16-乙酰衍生物化合物**26**、**27**和**28**对 VA-13 均显示出较强的抑制活性($c(IC_{50})$<0.7 mmol/L)。(5)因此,具有 3β-O-葡糖基-14-羟基-5β,14β-强心甾-20(22)-烯结构的强心苷,无论 C-16 位是否连有乙酰基,均对

VA-13和 HepG2 细胞表现出很强的毒性作用。(6)如果在化合物**25**的 C-7、C-8 位上引入环氧环会减小其活性,如化合物**23**由于环氧环的存在,其 $c(IC_{50})$值增加了 20~700 倍。同样,通过将化合物**25**的 14-羟基衍化成 8,14-氧环而形成的化合物**22**,因其 $c(IC_{50})$值增加了 400~8 000 倍,而使其活性大幅度减小。化合物**31**的活性大幅度减小,其原因是在其 14-羟基-5β,14β-强心甾-20(22)-烯结构的C-16位引入了双键。结果表明:14β-羟基和 17β-α,β-不饱和 g-内酯是化合物**25~28**对 VA-13 和 HepG2 具有细胞毒活性的主要官能团。

表 3.9 化合物 22~34 对 WI-38、VA-13 和 HepG2 的生长抑制活性

化合物	$c(IC_{50}^{a})/(\mu mol \cdot L^{-1})$		
	WI-38	VA-13	HepG2
22	125	>188	171
23	10.8	14.2	6.48
24	184	224	165
25	0.016	0.123	0.41
26	0.013	0.121	1.35
27	0.019	0.128	0.09
28	0.11	0.68	0.14
29	1.50	1.53	1.50
30	18.1	149	11.0
31	128	131	73.9
32	34.6	79.5	90.2
33	1.85	10.9	18.2
34	13.1	9.5	78.2
紫杉醇	0.04	0.005	8.1
阿霉素	0.70	0.40	1.3

注:a. $c(IC_{50})$是通过重复实验得到的。

3.3.4 二糖强心苷类化合物 35~45 对 WI-38、VA-13 和 HepG2 细胞的生长抑制活性

化合物**35~45**对 3 种细胞系 WI-38、VA-13 和 HepG2 的细胞毒活性结果见表3.10,活性测试结果可总结如下:(1)对二糖强心苷而言,16β-乙酰-14-羟基-5β,14β-强心甾-20(22)-烯是对上述 3 种细胞系体现生长抑制活性的重要官能团,因此,具有该结构的化合物**36**和**38**较具有 16β-乙酰-14-羟基-5α,14β-强心甾-20(22)-烯结构的化合物**44**和**45**显示较强的 WI-38、VA-13 和 HepG2 细胞生长抑制活性。(2)化合物 3β-O-(β-D-吡喃葡萄糖基-(1→4)-α-L-吡喃齐墩果糖基)-16β-乙酰-14-羟基-5β,14β-强心甾-20(22)-烯是对上述 3 种细胞系生长抑制活性最强的单体成分。其衍生物 3β-O-[β-D-吡喃葡萄糖基-(1→4)-β-D-吡喃去氧洋地黄糖基]-,3β-O-[β-D-吡喃葡萄糖基-(1→4)-β-D-吡喃洋地黄糖基]-及 3β-O-[β-D-吡喃葡萄糖基-(1→4)-β-D-吡喃箭毒羊角拗糖基]-(**36**、**38**和**39**)也对 WI-38 和 HepG2 显示较强的抑制活性($c(IC_{50})<$

1.3 mmol/L)。(3)如果将化合物**36**和**38**的苷元部分16β-乙酰-14-羟基-5β,14β-强心甾-20(22)-烯分别衍变成8,14-环氧-5β,14β-强心甾-20(22)-烯(41)和8,14-环氧-5β,14β-强心甾-16,20(22)-二烯(42),所得到的化合物**41**和**42**的活性会随着$c(IC_{50})$值的增大而减小1/10~1/100倍。因此,化合物**36~39**显示强活性的官能团是14β-羟基。

表3.10 化合物35~45对WI-38、VA-13和HepG2的生长抑制活性

化合物	$c(IC_{50}^{a})/(\mu mol \cdot L^{-1})$		
	WI-38	VA-13	HepG2
35	117.0	>143	130.0
36	0.95	9.2	0.80
37	0.37	2.32	0.83
38	0.94	8.05	1.29
39	0.39	3.08	0.79
40	>147	>147	>147
41	57.7	114	24.8
42	46.6	87.3	87.9
43	22.0	125	17.9
44	36.9	71.2	9.25
45	23.2	88.5	12.8
紫杉醇	0.04	0.005	8.1
阿霉素	0.70	0.40	1.3

注:a. $c(IC_{50})$是通过重复实验得到的。

3.3.5 三糖强心苷类化合物46~61对WI-38、VA-13和HepG2细胞的生长抑制活性

三糖强心苷类化合物**46~61**对3种细胞系WI-38、VA-13和HepG2的细胞毒活性测试结果见表3.11,现将构效关系总结如下:(1)结构单元14-羟基-5β,14β-强心甾-20(22)-烯是此类强心苷具有细胞生长抑制活性的主要官能团,因此,具有上述结构的三糖苷类化合物**46**和**47**对WI-38、VA-13和HepG2的细胞毒活性明显强于具有14-羟基-5α,14β-强心甾-20(22)-烯结构的化合物**51**和**52**。(2)化合物3β-O-(4-O-龙胆双糖基-L-齐墩果糖基)-16β-乙酰-14-羟基-5β,14β-强心甾-20(22)-烯(50)是对上述3种细胞系生长抑制活性最强的单体成分。其衍生物3β-O-(4-O-龙胆双糖基-D-去氧洋地黄糖基)-(48)和3β-O-(4-O-龙胆双糖基-D-洋地黄糖基)-(49)均对HepG2细胞显示较强的生长抑制活性。(3)如果将化合物**46**和**47**中的官能团14-羟基衍变成如化合物**53**和**54**结构中的8,14-环氧环,这种结构上的变化会随着测试结果中$c(IC_{50})$值的增大而使活性大幅度降低。(4)化合物**58**是在化合物**46**的C-8位引入羟基后得到的结构,结果是随着活性测试结果中$c(IC_{50})$值的增大,化合物**58**对3种细胞系的生长抑制作用大幅度减弱。(5)同样,由化合物**46**的C-7和C-8之间引入7β,8β-环氧而形成的三糖苷类化合物**61**,其活性随着$c(IC_{50})$值的增大而大幅度降低。(6)如果将化合物**50**在C-16位的乙酰基衍变成羟基,如化合物**57**的结构所示,这种结构上的改变会使化合物**57**

的 $c(\mathrm{IC}_{50})$ 值增加，而使其对上述 3 种细胞系的细胞毒活性大大减小。总之，14-羟基-5β,14β-强心甾-20(22)-烯是上述三糖强心苷对 3 种细胞系 WI-38、VA-13 和 HepG2 显示细胞毒活性的关键结构，一些结构上的变化，如在 C-8 或者 C-16 位引入羟基，在 C-7 和 C-8 之间引入 7β,8β-环氧，以及将 C-14 位上的羟基衍变成 8,14-环氧，均会减小相应化合物的活性。

表 3.11　化合物对 WI-38，VA-13 和 HepG2 细胞的生长抑制活性

化合物	$c(\mathrm{IC}_{50})/(\mu\mathrm{mol}\cdot\mathrm{L}^{-1})$			化合物类型
	WI-38	VA-13	HepG2	
62	3.4	>212	159	乌苏酸
63	83.8	108.1	21.1	
64	127.1	65.8	>205.6	
70	1.8	93.6	145	
71	7.2	67.1	99.7	
72	14	19.3	92.7	
73	94.7	85.4	99	
74	8	121	65	
75	12.7	>235	220	
76	11.8	58.3	214	
81	>213	>213	105	
83	>213	>213	>213	
65	>212	>212	>212	夹竹桃酸
77	14.5	123	165	
78	>212	36.2	117	
83	>213	121	90.6	
84	>213	>213	>213	
66	11.8	11.7	10.3	蒲公英甾烷
67	83.8	111	155	
68	1.3	15	136	达玛烷
69	2.4	199	142	
79	1.3	11.6	21	羽扇豆烯
80	1.4	20.3	17	
85	>213	>213	>213	
紫杉醇	0.04	0.005	8.1	
阿霉素	0.66	0.38	1.2	

3.3.6　三萜类化合物 62～85 对 WI-38、VA-13 和 HepG2 细胞的生长抑制活性

已有文献报道乌苏酸和齐墩果酸有抑制肿瘤细胞分化和生长的作用，最近，又有文献报道羽扇豆烷型三萜具有毒性和抗白血病活性。本研究对 11 种乌苏烷型三萜类化合物 **62～64**，**70～76** 和 **83**，4 种齐墩果烷型三萜类化合物 **65**、**77**、**78** 和 **84**，3 种羽扇豆烷型三萜

类化合物**79**、**80**和**85**,2种达玛烷型三萜类化合物**68**和**69**,2种蒲公英甾烷型三萜类化合物**66**和**67**,熊果酸甲酯类化合物**81**和齐墩果酸甲酯类化合物**82**测试了细胞生长抑制活性,结果见表3.12。结果表明:化合物**62**、**68**、**69**、**70**、**71**、**74**、**79**和**80**表现很强的细胞生长抑制活性,而化合物**65**、**78**、**81**、**82**、**83**、**84**和**85**对WI-38细胞生长没有抑制活性。

化合物**72**、**78**、**79**、**80**、**66**和**68**对恶性肿瘤细胞系VA-13具有中等强度的生长抑制活性,$c(IC_{50})$值分别为19.3、36.2、11.6、20.3、11.7和15.0 mmol/L,其他的化合物**70**、**71**、**73**、**74**、**76**、**77**、**69**、**81**和**82**对VA-13细胞显示较弱的生长抑制活性,根据以上活性实验结果,值得关注的是化合物**78**对VA-13显示很强的抑制活性($c(IC_{50})$= 36.2 mmol/L),而对WI-38的抑制作用很弱($c(IC_{50})$>212 mmol/L),同时,对该细胞系不显示毒性。

化合物**63**、**66**、**79**和**80**对HepG2具有中等强度的生长抑制活性,$c(IC_{50})$值分别为21.1、10.3、21.0和17.0 mmol/L,其他的化合物只显示较弱的细胞生长抑制活性。

在活性测试实验前一天将A549细胞以2×10^4个细胞/孔的浓度接种到细胞培养板中培养1 h,然后加入溶有待测样品的IL-1α(1 ng/mL)75 mL,25 mL及空白,继续培养6 h后,吸走细胞上清液并用磷酸缓冲盐溶液(PBS)清洗1次,再用体积分数为1%多聚甲醛的PBS溶液进行细胞固定化培养15 min后用PBS清洗1次,用体积分数为1%牛血清白蛋白-PBS分区处理过夜,再将固定好的细胞用鼠抗人ICAM-1抗体处理1 h,用体积分数为0.02%的吐温20-PBS清洗3次后,将细胞用过氧化物酶与抗鼠IgG抗体处理1 h,细胞再用体积分数为0.02%的吐温20-PBS清洗3次后,细胞用培养基(体积分数为0.1% O-盐酸苯二胺和体积分数为0.02%双氧水于0.2 mol/L柠檬酸钠缓冲溶液中,pH=5.3)在37 ℃无光培养20 min,然后使用全自动定量绘图酶标仪测定在415 nm波长下的吸收。

在活性测试的前1天将A549细胞(2×10^4个细胞/孔)加入到微量滴定板中,加入待测样,与空白同时培养24 h,在培养的最后4 h在细胞中加入500 μg/mL的3-(4,5-二甲噻唑-2-烷)-2,5-二苯基四氮唑溴(MTT)后培养4 h,噻唑蓝甲用体积分数为5%的十二烷基硫酸钠(SDS)溶解过夜,测定595 nm波长下的吸收。

根据表3.12的实验结果可以得出,化合物**78**、**81**和**82**对正常人体肺部细胞WI-38细胞系($c(IC_{50})$>212 μmol/L)没有毒性,却对恶性肿瘤细胞VA-13和人肝癌细胞HepG2显示中等强度的细胞生长抑制活性。

对比以上实验结果,羽扇豆烷型三萜类化合物**79**和**80**对相应的具有相同官能团的乌苏烷型三萜类化合物**70**和**76**及齐墩果烷型三萜类化合物**77**具有比较强的活性。

3.4 化合物对多药耐药(MDR)A2780细胞中钙黄绿素积累的影响

癌症化疗过程中的多药耐药归因于P-糖蛋白(P-gp)的过表达,这种糖蛋白广泛存在于多种不同的MDR细胞系中,P-gp以与三磷酸腺苷(ATP)引导的离子泵相似的方式将抗癌成分移出细胞,这其中涉及由ATP水解引发的P-gp构象变化,使得抗癌药剂在MDR肿瘤细胞的聚集量会比亲体细胞有所减少,MDR逆转剂,如维拉帕米和塔辛宁NN-1能够抵抗多药耐药性而使得抗癌药剂集中存在于MDR细胞内(图3.8)。

肿瘤抑制剂（Antitumor agent）

钙黄奈AM（Calcein AM）

P-gp抑制剂（Inhibitor to P-gp）

维拉帕米（Verapamil）

塔辛宁NN-1（Taxinine NN-1）

人体P-糖蛋白［Human P-glycoprotein(P-gp)］

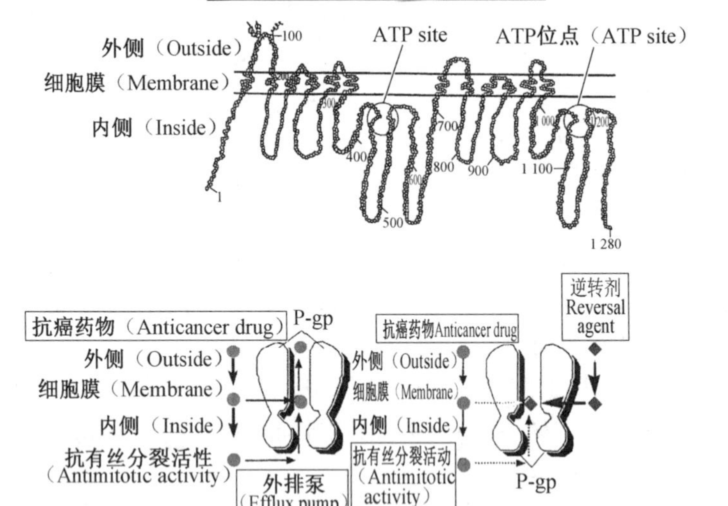

图 3.8　化合物多药耐药原理图

3.4.1　孕甾烷类化合物 1 ~ 8 的多药耐药(MDR)逆转活性

本研究考查了孕甾烷类化合物 **1 ~ 8** 对多药耐药(MDR)人卵巢癌细胞 A2780 中钙黄素积累的影响,结果如表 3.12 所示,与空白相比较,化合物 **1**、**2** 和 **5** 显示较强的抗 MDR 活性,化合物 **4**、**6** 和 **7** 则显示中等强度的抗 MDR 活性,使人感兴趣的是化合物 **1 ~ 3** 和 **5 ~ 8**对 WI-38、VA-13 和 HepG2 三种细胞系显示弱的细胞毒活性,而对 MDR A2780 的钙黄素积累作用却由强至中等强度,原因是抗癌药物的多药耐药性研究中不考虑细胞毒活性。孕甾烷类化合物 **2** 和 **5** 对 MDR A2780 细胞中钙黄素积累活性强于阳性对照维拉帕米,且与维拉帕米对比率的最大值分别为 120% 和 141%(表 3.13)。

表 3.12 化合物 1～8 对 MDRA2780 细胞钙黄素的积累作用及对 WI-38、VA-13 和 HepG2 的细胞毒活性

化合物	空白相的钙黄素积累[a,b]			细胞毒活性 $c(IC_{50}^{c})/(\mu g \cdot mL^{-1})$		
	0.25 μg/mL	2.5 μg/mL	25 μg/mL	WI-38	BA-13	HepG2
1	110	105	140	48.1	87.7	94.9
2(1)	100	122	136	66.4	57.4	49.2
2(2)	116	127	138			
3	103	108	99	51.1	73.1	62.1
4	109	92	107	4.9	0.68	2.5
5	110	154	148	73.5	>100	>100
6	102	114	112	>100	>100	>100
7	98	109	109	>100	>100	>100
8	93	110	98	53.7	>100	78.9

注:a. 多药耐药人体卵巢癌 A2780 细胞中钙黄素的积累量是每种待测化合物在不同质量浓度下(0.25、2.5 和 25 μg/mL)相对于空白相的百分数;b. 数值表示细胞中积累的钙黄素与空白相比较得到的相对数值,代表 3 组平行实验的结果;c. $c(IC_{50})$值代表重复实验的结果。

表 3.13 化合物 2 和 5 对 MDR A2780 细胞钙黄素的积累作用

化合物	钙黄素积累[a]				
	质量浓度 $/(\mu g \cdot mL^{-1})$	平均值[b] 细胞数/孔	空白相 百分数[c]/%	活性[d]	维拉帕米 对比率/%
2(2)	0.25	3 937	116	+	120
	2.5	4 327	127	+	117
	25	4 679	138	++	93
5	0.25	3 743	110	±	113
	2.5	5 240	154	++	141
	25	5 019	148	++	100
维拉帕米	0(空白)	3 395	100		
	0.25	3 298	97	±	100
	2.5	3 701	109	±	100
	25	5 034	148	++	100

注:a. 多药耐药人体卵巢癌 A2780 细胞中钙黄素的积累量是每种待测化合物在不同质量浓度下(0.25、2.5 和 25 μg/mL)相对于空白相的百分数。b. 数值代表 3 组平行实验的结果。c. 数值表示细胞中积累的钙黄素与空白相比较得到的相对数值。d. 根据钙黄素的积累与空白相比较得到的相对值的大小,将活性分为 5 个等级:+++——>151%;++——131%～150%;+——111%～130%;±——91%～110%;-——<90%。e. 数值表示细胞中积累的钙黄素与维拉帕米相比得到的相对数值。

3.4.2 低极性单糖强心苷类化合物 9～21 的多药耐药(MDR)逆转活性

本研究考查了强心苷类化合物 **9～21** 对 MDR 人卵巢癌 A2780 细胞的钙黄素积累作用,由实验结果(表 3.14)可知,与空白相比,化合物 **12**、**17** 和 **18** 对 MDR A2780 细胞显示钙黄素积累作用。值得提出的是化合物 **17** 对 WI-38、VA-13 和 HepG2 显示弱的细胞毒活性，而对 MDR A2780 细胞显示显著的钙黄素积累作用，主要是由于抗癌 MDR 逆转药剂的研究不考虑细胞毒活性方面的内容。与化合物 **17** 不同的是，化合物 **12** 和 **18** 分别对 VA-13、VA-13 和 HepG2 显示由显著到中等强度的细胞毒活性。因此，化合物 **17** 最有可能成为抗癌 MDR 逆转药剂的先导化合物，而化合物 **12** 和 **18** 则有望成为抗 MDR 癌症药剂的候选单体成分。化合物 **12** 在质量浓度为 2.5 μg/mL 时，其钙黄素积累与阳性对照维拉帕米相比较的最大值是 128%（表 3.15）。

表 3.14　化合物 9～21 对 MDR A2780 细胞钙黄素的积累作用

化合物	空白相的钙黄素积累[a,b]		
	0.25 μg/mL	2.5 μg/mL	25 μg/mL
9	89	83	86
10	99	100	102
11	104	96	97
12	105	126	109
13	86	74	66
14	93	89	96
15	78	67	58
16	88	89	99
17	92	102	112
18	112	107	112
19	90	81	91
20	92	100	99
21	67	77	75

注：a. 多药耐药人体卵巢癌 A2780 细胞中钙黄素的积累量是每种待测化合物在不同质量浓度下（0.25、2.5 和 25 μg/mL）相对于空白相的百分数；b. 数值表示细胞中积累的钙黄素与空白相比较得到的相对数值，代表 3 组平行实验的结果。

表 3.15　化合物 12 对 MDR A2780 细胞钙黄素的积累作用

化合物	钙黄素积累[a]				
	质量浓度/($\mu g \cdot mL^{-1}$)	平均值[b]细胞数/孔	空白相百分数/%	活性[d]	维拉帕米对比率/%
12	0.25	2 559	105	±	113
	2.5	3 081	126	+	128
	25	2 665	109	±	82
维拉帕米	0(空白)	2 445	100		
	0.25	2 268	93	±	100
	2.5	2 407	98	±	100
	25	3 249	133	++	100

注：a. 多药耐药人体卵巢癌 A2780 细胞中钙黄素的积累量是每种待测化合物在不同质量浓度下（0.25、2.5 和 25 μg/mL）相对于空白的百分数。b. 数值代表 3 组平行实验的结果。c. 数值表示细胞中积累的钙黄素与空白相比较得到的相对数值。d. 根据钙黄素的积累与空白相比较得到的相对值的大小，将活性分为 5 个等级：+++——>151%；++——131%～150%；+——111%～130%；±——91%～110%；-——<90%。e. 数值表示细胞中积累的钙黄素与维拉帕米相比较得到的相对数值。

3.4.3 高极性单糖强心苷类化合物 22～34 的多药耐药(MDR)逆转活性

对分离得到的13个强心苷衍生物化合物**22～34**测试了对MDR人卵巢癌A2780细胞钙黄素积累作用。结果表明,化合物**22**、**27**、**33**和**34**显示MDR逆转活性(表3.16),由于化合物**22**显示弱的细胞毒活性,因此,它可以成为抗癌制剂MDR逆转药剂潜在的先导化合物。

表3.16 化合物22～34对MDR A2780细胞钙黄素的积累作用

化合物	空白相的钙黄素积累[a,b]		
	0.25 μg/mL	2.5 μg/mL	25 μg/mL
22	109[c]	110[c]	130[c]
23	108	81	86
24	91	95	92
25	96	83	91
26	94[c]	85[c]	85[c]
27	97	87	111
28	79	79	75
29			
30	99	84	82
31	101[c]	105[c]	99[c]
32	97	99	98
33	112	126	117
34	108	96	106

注:a.多药耐药人体卵巢癌A2780细胞中钙黄素的积累量是每种待测化合物在不同质量浓度下(0.25、2.5和25 μg/mL)相对于空白相的百分数;b.数值表示细胞中积累的钙黄素与空白相比较得到的相对数值,代表3组平行实验的结果;c.数值表示多次实验得到的。

3.4.4 二糖强心苷类化合物 35～45 的多药耐药(MDR)逆转活性

实验研究了二糖强心苷类化合物**35～45**对MDR人卵巢癌A2780细胞的钙黄素积累作用,结果见表3.17,通过与空白比较可知化合物**35**和**42**对MDR A2780细胞显示钙黄素积累作用,而二者对WI-38、VA-13和HepG2显示相对较弱的细胞毒活性,因此,化合物**35**和**42**最有可能成为肿瘤药MDR逆转药剂的先导化合物。

表 3.17　化合物 **35～45** 对 MDR A2780 细胞钙黄素的积累作用

化合物	空白相的钙黄素积累[a,b]		
	0.25 μg/mL	2.5 μg/mL	25 μg/mL
35	103	93	118
36	87	88	76
37	97	93	92
38	95	70	83
39	98	93	96
40	90	93	95
41	104	110	86
42	126	110	111
43	105	94	84
44	95	83	88
45	92	91	64

注：a. 多药耐药人体卵巢癌 A2780 细胞中钙黄素的积累量是每种待测化合物在不同质量浓度下(0.25、2.5 和 25 μg/mL)相对于空白相的百分数；b. 数值表示细胞中积累的钙黄素与空白相比较得到的相对数值，代表 3 组平行实验的结果。

3.4.5　三糖强心苷类化合物 46～61 的多药耐药(MDR)逆转活性

实验研究了三糖强心苷类化合物 **46～61** 对 MDR 人卵巢癌 A2780 细胞的钙黄素积累作用，通过与空白比较，化合物 **54～56**、**58～60** 对 MDR A2780 细胞分别显示由中等强度到显著的钙黄素积累作用(表 3.18)，值得提出的是化合物 **58** 和 **59** 对 HepG2 显示中等强度的细胞毒活性，而对 MDR A2780 的钙黄素积累作用显著。相比之下，化合物 **54～56** 和 **60** 对VA-13和 HepG2 显示弱的细胞毒活性，由此得出，化合物 **54～56** 和 **60** 最有可能成为 MDR 肿瘤的逆转药剂的先导化合物，而化合物 **58** 和 **59** 则有望成为该类药剂的候选单体化合物。

表 3.18　化合物 **46～61** 对 MDR A2780 细胞钙黄素的积累作用

化合物	空白相的钙黄素积累[a,b]		
	0.25 μg/mL	2.5 μg/mL	25 μg/mL
46	113	98	81
47	98	92	79
48	86	88	75
49	112	103	94
50	105	90	82
51	98	99	90
52	107	102	86
53	99	95	93
54	114	102	104
55	108	100	106

续表3.18

化合物	空白相的钙黄素积累[a,b]		
	0.25 μg/mL	2.5 μg/mL	25 μg/mL
56	95	96	106
57	93	101	66
58	104	101	117
59	111	109	117
60	108	106	103
61	93	91	97

注:a. 多药耐药人体卵巢癌 A2780 细胞中钙黄素的积累量是每种待测化合物在不同质量浓度下(0.25、2.5 和25 μg/mL)相对于空白相的百分数;b. 数值表示细胞中积累的钙黄素与空白相比较得到的相对数值,代表 3 组平行实验的结果。

3.4.6 三萜类化合物 62 ~ 85 的多药耐药(MDR)逆转活性

对分离得到的三萜类化合物 **63**、**64**、**66**、**67**、**70**、**72**、**73**、**75**、**77**、**78** ~ **82**、**84** 和 **85** 通过钙黄素积累测定了 MDR 逆转活性(表 3.19 ~ 表 3.22),在 C-3 和 C-17 位均连有羟基的一种乌苏烷 63 对 MDR 人卵巢癌 A2780 细胞显示弱的 MDR 逆转活性。同样,连有 28-甲氧基-20,28-环氧和 C-3 位羟基的化合物 **66** 也对 MDR 肿瘤细胞 A2780 显示弱的钙黄素积累作用,也许是因为连有 20,28-环氧的化合物 **67** 没有活性的原因,推测 C-28 位的甲氧基是显示 MDR 逆转活性的关键基团。此外,3β,27-二羟基-12-齐墩果酸(化合物 **78**)显示中等强度的 MDR 逆转活性,由于同样条件下,化合物 **77** 不显示活性,可以推测化合物 **78** 中的 27-羟基是使其具有 MDR 逆转活性的主要基团。结果表明,具有细胞毒活性的化合物 **63**、**66** 和 **78** 显示弱的 MDR 逆转活性。

表 3.19 化合物 66、63、67、73 和 64 对 MDR A2780 细胞钙黄素的积累作用

化合物	钙黄素积累[a]				
	质量浓度 /($\mu g \cdot mL^{-1}$)	平均值 细胞数/孔	空白相 百分数/%	维拉帕米 对比率/%	塔辛宁 MU-1 对比率/%
空白	0	3 541	100		
维拉帕米	0.25	3 536	100	100	
	2.5	3 627	102	100	
	25	5 419	153	100	
塔辛宁 NN-1	0.25	4 026	114	114	100
	2.5	4 696	133	129	100
	25	5 064	143	93	100
66	0.25	3 591	101	102	89
	2.5	3 227	91	89	69
	25	3 641	103	67	72

续表3.19

化合物	钙黄素积累[a]				
	质量浓度/(μg·mL⁻¹)	平均值细胞数/孔	空白相百分数/%	维拉帕米对比率/%	塔辛宁 MU-1 对比率/%
63	0.25	3 652	103	103	91
	2.5	3 605	102	99	77
	25	3 621	102	67	72
67	0.25	3 370	95	95	84
	2.5	3 351	95	92	71
	25	3 166	89	58	63
73	0.25	3 286	93	93	82
	2.5	3 191	90	88	68
	25	3 371	95	62	67
64	0.25	3 132	88	89	78
	2.5	3 255	92	90	69
	25	3 485	98	64	69

表3.20 化合物**70**、**72**、**75**、**77**和**78**对 MDR A2780 细胞钙黄素的积累作用

化合物	钙黄素积累[a]				
	质量浓度/(μg·mL⁻¹)	平均值细胞数/孔	空白相百分数/%	维拉帕米对比率/%	塔辛宁 NN-1 对比率/%
空白	0	2 811	100		
维拉帕米	0.25	2 766	98	100	
	2.5	3 041	108	100	
	25	4 157	148	100	
塔辛宁 MU-1 对比率	0.25	2 859	102	103	100
	2.5	3 691	131	121	100
	25	4 685	167	113	100
70	0.25	2 609	93	94	91
	2.5	2 592	92	85	70
	25	2 453	87	59	52
72	0.25	2 523	90	91	88
	2.5	2 657	95	87	72
	25	2 846	101	68	61
75	0.25	2 333	83	84	82
	2.5	2 491	89	82	67
	25	2 575	92	62	55
77	0.25	2 672	95	97	93
	2.5	2 545	91	84	69
	25	2 544	90	61	54

续表3.20

化合物	钙黄素积累[a]				
	质量浓度/(μg·mL^{-1})	平均值细胞数/孔	空白相百分数/%	维拉帕米对比率/%	塔辛宁 NN-1 对比率/%
78	0.25	2 782	99	101	97
	2.5	2 816	100	93	76
	25	3 227	115	78	69

表 3.21　化合物 **79**、**80**、**81** 和 **82** 对 MDR A2780 细胞钙黄素的积累作用

化合物	钙黄素积累[a]				
	质量浓度/(μg·mL^{-1})	平均值细胞数/孔	空白相百分数/%	维拉帕米对比率/%	塔辛宁 NN-1 对比率/%
空白	0	2 552	100		
维拉帕米	0.25	2 382	93	100	
	2.5	2 661	104	100	
	25	3 781	148	100	
塔辛宁 NN-1	0.25	2 469	97	104	100
	2.5	2 950	116	111	100
	25	4 107	161	109	100
79	0.25	2 065	81	87	84
	2.5	1 981	78	74	67
	25	1 816	71	48	44
80	0.25	2 233	88	94	90
	2.5	2 424	95	91	82
	25	2 395	94	63	58
81	0.25	2 444	96	103	99
	2.5	1 992	78	75	68
	25	2 136	84	56	52
82	0.25	2 433	95	102	99
	2.5	2 368	93	89	80
	25	2 253	88	60	55

表 3.22 化合物 **79**、**80**、**81** 和 **82** 对 MDR A2780 细胞钙黄素的积累作用

化合物	钙黄素积累				
	质量浓度 /(μg · mL^{-1})	平均值 细胞数/孔	空白相 百分数/%	维拉帕米 对比率/%	塔辛宁 NN-1 对比率/%
空白	0	3 751	100		
维拉帕米	0.25	3 743	100	100	
	2.5	4 080	109	100	
	25	5 937	158	100	
塔辛宁 NN-1	0.25	3 706	99	99	100
	2.5	4 716	126	116	100
	25	7 233	193	122	100
84	0.25	3 728	99	100	101
	2.5	3 380	90	83	72
	25	3 462	92	58	48
85	0.25	3 692	98	99	100
	2.5	3 695	99	91	78
	25	3 817	102	64	53

本章参考文献

[1] HOTA R K, BAPUJI M. Triterpenoids from the resin of *Shorea robusta*[J]. Phytochemistry, 1994, 35(4): 1073-1074.

[2] ISHIDATE M, TAMURA Z, OKADA M. Studies on the cardiotonic constituents of *Nerium odorum* leaves[J]. Yakugaku Zasshi, 1947, 67: 206-208.

[3] MAHATO S M, KUNDU A P. ^{13}C NMR Spectra of pentacyclic triterpenoids—a compilation and some salient features[J]. Phytochemistry, 1994, 37(6): 1517-1575.

[4] ADESINA S K, REISCH J. A triterpenoid glycoside from *Tetrapleura tetraptera* fruit[J]. Phytochemistry, 1985, 24(12): 3003-3006.

[5] CASTOLA V, BIGHELLI A, REZZI S, et al. Composition and chemical variability of the triterpene fraction of dichloromethane extracts of cork (*Quercus suber* L.)[J]. Industrial Crops and Products, 2002, 15(1): 15-22.

[6] KAWAI S, KATAOKA T, SUGIMOTO H, et al. Santonin-related compound 2 inhibits the expression of ICAM-1 in response to IL-1 stimulation by blocking the signaling pathway upstream of IkB degradation[J]. Immunopharmacology, 2000, 48(2): 129-135.

[7] LIU J. Pharmacology of oleanolic acid and ursolic acid[J]. Journal of Ethnopharmacology, 1995, 49(2): 57-68.

[8] YUUYA S, HAGIWARA H, SUZUKI T, et al. Guaianolides as immunomodulators. synthesis and biological activities of dehydrocostus lactone, mokko lactone, eremanthin, and their derivatives[J]. Journal of Natural Products, 1999, 62(1): 22-30.

[9] HIGUCHI Y, SHIMOMA F, KOYANAGI R, et al. Synthetic approach to exo-endo cross-conjugated cyclohexadienones and its application to the syntheses of dehydrobrachylaenolide, isodehydrochamaecynone, and *trans*-isodehydrochamaecynone[J]. Journal of Natural Products, 2003, 66(5): 588-594.

[10] AHN K S, KIM J H, KIM S R, et al. Effects of oleanane-type triterpenoids from Fabaceous plants on the expression of ICAM-1[J]. Biological and Pharmaceutical Bulletin, 2002, 25(8): 1105-1107.